A. J. Lohwater's

RUSSIAN-ENGLISH DICTIONARY OF THE MATHEMATICAL SCIENCES

Second Edition

A. J. Lohwater's RUSSIAN-ENGLISH DICTIONARY OF THE MATHEMATICAL SCIENCES

Edited by
R. P. Boas

Second Edition,
Revised and Expanded
with the Assistance of
Alana I. Thorpe

American Mathematical Society
Providence, Rhode Island

Project sponsored by the National Security Agency under Grant Number MDA904-88-H-2004. The United States Government is authorized to reproduce and distribute reprints for government purposes notwithstanding any copyright notation hereon.

Library of Congress Cataloging-in-Publication Data

Boas, R. P.
A. J. Lohwater's Russian-English dictionary of the mathematical sciences / R. P. Boas. — 2nd ed., rev. and expanded / with the assistance of Alana I. Thorpe.
p. cm.
ISBN 0-8218-0133-3 (alk. paper)
1. Mathematics—Dictionaries—Russian. 2. Russian language—Dictionaries—English. I. Boas, Ralph Philip. II. Thorpe, Alana I. III. Title.
QA5.L64 1990
510′.3—dc20 90-290
CIP

The paper used in this book is acid-free and falls within guidelines established to ensure permanence and durability.

This publication was typeset using the TEX typesetting system.

10 9 8 7 6 5 4 3 2 1 95 94 93 92 91 90

Advisory Committee

Contents

Preface

This dictionary is intended for use primarily by speakers of English who need to understand Russian mathematical writing and/or to translate such writing. As far as possible, the "definitions" are translations rather than explanations, and reflect current usage in mathematical writing. The vocabulary has been extensively enlarged and brought up to date, although it retains some obsolete terms that may be needed by users who have to consult older literature. Users may encounter material that has not been composed in the most approved or correct style. Therefore, some words that are frowned on by Soviet purists have been retained, or added, because they occur in writing by Soviet authors whose native language is not Russian, and whose knowledge of Russian is less than perfect.

The dictionary must not be inverted: that is, read backwards as an English-Russian dictionary. We have attempted to give idiomatic translations, but a Russian word is not necessarily a correct or exact equivalent of the English word that is used to translate it in a particular context. Just because краевáя задáча can be correctly translated as "boundary value problem" does not mean that either, or any part, of the Russian words means "value."

Many users of the dictionary have asked for the addition of stress markings on Russian words, and these have now been supplied. We have added many new entries and amplified old entries; and we have eliminated as many as possible of the mistakes of the first edition. However, some inconsistencies remain. A few spurious words have been added as a trap for plagiarists.

The grammar section has been rewritten by Alana I. Thorpe of the Brown University Slavic Department. We have added some notes on Russian mathematical notation. An appendix contains complete paradigms of a large number of selected words, to facilitate the identification of irregular inflected forms. The grammar is intended only for reference. Users who need instruction in Russian grammar should consult publications that are devoted to that topic. S. H. Gould's *A Manual for Translators of Mathematical Russian*, published by the American Mathematical Society, contains many useful suggestions that are beyond the scope of the Dictionary.

We have assumed that users will know enough Russian to be able to recognize inflected forms of words. We have followed the common practice of listing nouns in the nominative singular, adjectives in the masculine nominative singular, and verbs in the imperfective infinitive, with the perfective (if there is one) in parentheses.

Theoretically, the Russian spelling of foreign names is supposed to represent the pronunciation used in the original language. Thus, Э́йлер = Euler, Надь = Nagy, Гатó = Gâteaux. Nevertheless, it is often difficult to determine the correct spelling of the original name, especially when it is French or Hungarian. We have included a selection of Russian versions of mathematicians' names.

Adjectives formed from proper names are not capitalized in Russian. If a word seems strange, it very well may be such an adjective.

Some entries may seem unnecessary, because they mean just what they look like. There are, however, enough Russian words that resemble English words, but mean something entirely different, that we preferred to include too many rather than too few.

We thank the hundreds of mathematicians, from many countries, who have made the revision of the Dictionary possible by contributing suggestions for corrections and additions.

The Society intends to update the Dictionary from time to time. Consequently, users are encouraged to submit additions and corrections to Russian-English Dictionary, c/o American Mathematical Society, P.O. Box 6248, Providence, RI 02940-6248.

R. P. Boas
Northwestern University

Abbreviations Used in the Dictionary

abbrev. abbreviation
acc. accusative case
adj. adjective
adv. adverb
cf. compare
colloq. colloquial
compar. comparative
conj. conjunction
dat. dative case
f. feminine
gen. genitive case
imperf. imperfective
instr. instrumental case
loc. locative case
m. masculine
n. neuter
nom. nominative case
num. numeral
ord. num. ordinal numeral
part. participle
perf. perfective
pl. plural
p.n. proper name, personal name
pred. predicate
prep. preposition
pron. pronoun
sing. singular
v. verb

A SHORT GRAMMAR OF THE RUSSIAN LANGUAGE

Introduction and Alphabet

Like any inflected Indo-European language, the Russian language is studied by means of an analysis of the declension of nouns and adjectives and the conjugation of verbs, together with their use in conjunction with prepositions, connectives, etc. The first obstacle which the beginner encounters, however, is the problem of the alphabet. Once the alphabet has been learned, the study of Russian becomes relatively simple, certainly no more difficult than the study of German. The Russian, or Cyrillic, alphabet is an interesting combination of Roman, Greek, and Hebrew characters; following the Bolshevik Revolution, the orthography was revised and modernized, and, in the alphabet given in the following table, the older characters are listed for the convenience of those readers who must make occasional references to the pre-Revolution literature. Since the italicized alphabet is used in places of such critical interest as the statements of theorems, etc., many phrases and sentences are duplicated in italics in the grammatical sketch so that the reader will become accustomed to reading italicized printing.

No universal agreement has been reached on the transliteration of the Russian alphabet, and the most commonly used systems of transliteration are given in the following table. System I is that used by the Library of Congress and is the most commonly used system for nontechnical literature in the United States. System II is the system used in *Mathematical Reviews* from 1980 onward. System III was used in *Mathematical Reviews* from 1962 to 1979. System IV is a German system which is frequently encountered in mathematical literature.

The Alphabet

PRINTED		ITALICS		SOUND	TRANSLITERATION			
					I	II	III	IV
А	а	*А*	*а*	ah (f*a*ther)	a	a	a	a
Б	б	*Б*	*б*	b (*b*ed)	b	b	b	b
В	в	*В*	*в*	v (*v*igor)	v	v	v	w
Г	г	*Г*	*г*	g (*g*o)	g	g	g	g
Д	д	*Д*	*д*, *g*	d (*d*o)	d	d	d	d
Е	е	*Е*	*е*	yeh (*ye*t)	ye, e	e	e	je
Ё	ё[1]	*Ё*	*ё*[1]	yo (*yo*lk)	ye, e	ë	ë	jo
Ж	ж	*Ж*	*ж*	zh (plea*s*ure)	zh	zh	ž	sh
З	з	*З*	*з*	z (*z*igzag)	z	z	z	s
И	и	*И*	*и*	ee (f*ee*t)	i	i	i	i
Й	й	*Й*	*й*	y (to*y*)	y	ĭ	ĭ	j
(І	і)[2]	*І*	*і*	ee (f*ee*t)				
К	к	*К*	*к*	k (*k*ing)	k	k	k	k
Л	л	*Л*	*л*	l (ba*ll*)	l	l	l	l
М	м	*М*	*м*	m (*m*an)	m	m	m	m
Н	н	*Н*	*н*	n (*n*ose)	n	n	n	n
О	о	*О*	*о*	o (s*o*rt)	o	o	o	o
П	п	*П*	*п*	p (*p*in)	p	p	p	p
Р	р	*Р*	*р*	r (*r*ing, trilled)	r	r	r	r
С	с	*С*	*с*	s (*s*un)	s	s	s	s (ss)
Т	т	*Т*	*т*, т	t (*t*ime)	t	t	t	t
У	у	*У*	*у*	oo (p*oo*r)	u	u	u	u
Ф	ф	*Ф*	*ф*	f (*f*ig)	f	f	f	f
Х	х	*Х*	*х*	kh (like *ch* in German *ach*)	kh	kh	h	ch
Ц	ц	*Ц*	*ц*	ts (tar*ts*)	ts	ts	c	z
Ч	ч	*Ч*	*ч*	ch (mu*ch*)	ch	ch	č	tsch
Ш	ш	*Ш*	*ш*	sh (*sh*op)	sh	sh	š	sch
Щ	щ	*Щ*	*щ*	shch (lu*sh ch*erry)	shch	shch	šč	stsch
Ъ	ъ[3]	*Ъ*	*ъ*	(silent)	″	″	″	′
Ы	ы	*Ы*	*ы*	i or e (*i*t, w*e*)	y	y	y	y
Ь	ь	*Ь*	*ь*	(silent)	′	′	′	j
(Ѣ	ѣ)[4]	*Ѣ*	*ѣ*	ye (*ye*t)				
Э	э[5]	*Э*	*э*	e (t*e*n)	e	è	è	e
Ю	ю	*Ю*	*ю*	yu (*you*)	yu	yu	yu	ju
Я	я	*Я*	*я*	ya (*ya*rd)	ya	ya	ya	ja
(Ѳ	ѳ)[6]	*Ѳ*	*ѳ*	f (*f*at)				
(Ѵ	ѵ)[7]	*Ѵ*	ѵ	ee (m*ee*t)				

1. Usually written as е although the pronunciation of ё is retained.
2. Replaced by и in the post-Revolution orthography.
3. Used only as a separation mark after certain consonants; sometimes replaced by the symbols ′ or ″ in the middle of words, and dropped altogether when used at the end of a word in the old orthography.
4. Replaced by е in the post-Revolution orthography.
5. Retained in the post-Revolution orthography, but replaced by е in certain words.
6. Replaced by ф in the post-Revolution orthography.
7. Replaced by и in the post-Revolution orthography.

The Noun

Russian is an inflected language; its nouns and adjectives are declined into six cases depending upon their function in a sentence. Also, nouns are grouped into three genders, masculine (*m.*), feminine (*f.*), and neuter (*n.*), and the gender of a given noun may generally be determined by its ending.

A. Functional Description of the Six Cases in Russian

1. Nominative case. A noun in the nominative case denotes the subject or the predicate nominative.

a. Subject.

Мы зна́ем.	We know.
Студе́нт зна́ет.	The student knows.

b. Predicate nominative.

Они́ студе́нты.	They are students.

c. The nominative form is the one listed in the dictionaries.

2. Genitive case. A noun appears in the genitive case when expressing any of the following:

a. Possession.

рабо́та профе́ссора	the professor's work, the work of the professor
У профе́ссора рабо́та.	The professor has work.

b. "Of" clauses.

реше́ние уравне́ния	the solution of the equation

c. Object of negation.

Число́ X не превосхо́дит э́той величины́.	The number X does not exceed the magnitude.

d. Complement of certain verbs.

Мы дости́гнем результа́та.	We shall achieve the result.

e. Following numbers (except the number one and any compound with the number one):

i) Genitive singular following 2, 3, and 4, as well as any compounds in which the final component is 2, 3, or 4 (e.g., 22, 33, 54): три (3) кни́ги, "three books"

ii) Genitive plural following 5 through 20, as well as any compounds in which the final component is 5, 6, etc.: пять (5) книг, "five books"

f. Following words denoting quantity.

Ско́лько теоре́м?	How many theorems?
мно́го теоре́м	a lot of theorems

3. **Dative case.** A noun appears in the dative case in the following environments:

a. **Indirect object.**

Студе́нт чита́ет докла́д профе́ссору.	The student gives (reads) a paper to the professor.

b. **Impersonal expressions** (sentences in which there is no grammatical subject):

Ива́ну легко́ чита́ть по-ру́сски.	It's easy for John to read Russian.
Студе́нту на́до занима́ться.	The student must study. It is necessary for the student to study.

4. **Accusative case.** A noun in the accusative case denotes the direct object: рассмо́трим су́мму, "let us consider the sum." In the accusative singular of masculine animate nouns, the accusative coincides in form with the genitive singular, while inanimate nouns exhibit the usual accusative endings: он чита́л докла́д (inanimate masculine object докла́д), "he read the paper"; он ви́дел студе́нта (animate masculine object студе́нт), "he saw the student." Feminine nouns have only one form of the accusative in the singular. However, in the plural, all animate nouns, regardless of gender, have the form of the accusative which coincides with the genitive plural, while the accusative for inanimate nouns coincides with the nominative plural.

5. **Instrumental case.** A noun in the instrumental case denotes the following:

a. **Means by which something is done.**

выража́ть фо́рмулой	to express by a formula
Он пи́шет ме́лом.	He writes with chalk.

b. **Agent in a passive construction.**

Статья́ напи́сана Ива́ном.	The article is written by John.

c. **Manner of action.**

говори́ть ти́хим го́лосом	to speak in a quiet voice

6. **Locative case.** A noun occurs in the locative case after the following prepositions:

в: в го́роде	in the city
на: на собра́нии	at the meeting
о: о пробле́ме	about the problem

In addition to the above uses, each preposition requires its object to be in a particular case. As described above under the Locative case, the three prepositions в, на, and о require the locative case. The preposition ме́жду requires the instrumental case, while the preposition о́коло requires the genitive case. The preposition and its object, which may include one or more adjectives as well as the noun or pronoun, are adjacent to each other in a given sentence. See the table of prepositions on pp. 37–45.

Also, certain verbs require their objects to be in a particular case. For instance, the verb называ́ться (to be called, to be named) generally requires its object to be in the instrumental case. However, there has been a tendency for this verb to require the nominative case, as well.

7. **Word order.** Word order in Russian is flexible because each noun and its modifiers are in a particular case which expresses a specific meaning. In English, the word order

subject-verb-object is the standard, while in Russian this order is not mandatory. Because the subject of a sentence is in the nominative case, the subject may appear at the end of the sentence; the reader can always identify the subject by its case. Similarly, the direct object is in the accusative case, while the indirect object appears in the dative case; these objects may appear anywhere in the sentence because the reader can always identify them by their cases. However, the word order subject-verb-object appears frequently. There are constraints, of course, in the ordering of components within a sentence. For instance, a preposition is not separated from its object, nor is a noun separated from its adjective in a noun phrase. Thus, noun phrases and prepositional phrases are generally placed as units within a sentence.

Mathematical symbols are of course not inflected, so that, strictly speaking, Russian cannot say "the number of edges of Q" but has to say числó гранéй кóнуса Q ("the number of edges of the cone Q"). The extra word is not needed in English, and consequently a translation will read better if the extra кóнуса is omitted. However, some Russian authors now disregard the rule, apparently when "the syntax is clear from the context," and write числó гранéй Q to mean "the number of edges of Q," where the translator has to insert the "of" to prevent the reader from thinking that the edges are what is denoted by Q.

A further very common ambiguity arises when an author wants to describe an object and give it a name. For example, if we have a sequence of increasing continuous functions and want to name it S, we would be likely to write "a sequence S of increasing continuous functions." Russian prefers to put the descriptive phrase first: послéдовательность возрастáющих непреры́вных фýнкций S. A reader who is not aware of this construction is quite likely to translate the phrase as "a sequence of increasing continuous functions S," and give the impression that the functions are called S, whereas the author's intention was to call the sequence itself S.

B. Nominative Endings of Nouns

In general, masculine nouns end in a consonant with or without a soft sign, feminine nouns in the vowels -а, -я, and -ь, and neuter nouns in the vowels -о, -е. However, a more complete listing is given below. Note that the nouns presented here are in the nominative case, which is the case in which they are typically presented in the dictionary. The endings for each of the other cases are presented later.

1. Masculine nouns may end in a **consonant**, with or without a -ь, -й.

   a. Consonant.

   интегрáл, ранг, вы́игрыш

   b. Consonant plus -ь.

   дели́тель

   c. -й: слýчай, край

2. Feminine nouns may end in -а, -я, -ия, -ь.

   a. -а: сторонá, задáча

   b. -я: потéря

   c. -ия: фýнкция

   d. -ь: часть, приводи́мость, вещь

3. Neuter nouns may end in -о, -е, -ие, -мя.

   a. -о: ме́сто, мно́жество

   b. -е: по́ле, мо́ре

   c. -ие: отображе́ние

   d. -мя: вре́мя, и́мя

4. The plural endings for masculine, feminine, and neuter nouns in the nominative are as follows:

   a. **Masculine and feminine plural:** -ы, -и, -а
      интегра́лы, слу́чаи, профессора́, края́ (*m.*)
      стороны́, зада́чи (*f.*)

   b. **Neuter plural:** -а, -я
      мно́жества, поля́, отображе́ния

C. Case Endings of Nouns

The endings given above in part B are those of the *nominative case*. Each of the other five cases exhibits its own set of endings for singular and plural. For nouns derived from adjectives, refer to the section on the adjective for a complete list of endings.

1. **Genitive case.**

   a. Masculine nouns have the following endings:

      i) Singular: -а, -я
         слу́чай (*nom. sing.*), слу́чая (*gen. sing.*)
         интегра́л (*nom. sing.*), интегра́ла (*gen. sing.*)

      ii) Plural: -ов, -ев, -ей
         ранг (*nom. sing.*), ра́нгов (*gen. pl.*)
         слу́чай (*nom. sing.*), слу́чаев (*gen. pl.*)
         дели́тель (*nom. sing.*), дели́телей (*gen. pl.*)

   b. Feminine nouns have the following endings:

      i) Singular: -ы, -и
         перестано́вка (*nom. sing.*), перестано́вки (*gen. sing.*)
         сторона́ (*nom. sing.*), стороны́ (*gen. sing.*)
         зада́ча (*nom. sing.*), зада́чи (*gen. sing.*)
         поте́ря (*nom. sing.*), поте́ри (*gen. sing.*)

      ii) Plural: -∅, -ь, -й, -ей*
         сторона́ (*nom. sing.*), сторон_ (*gen. pl.*)
         зада́ча (*nom. sing.*), зада́ч_ (*gen. pl.*)

* The symbol -∅ refers to a zero-ending; all nouns consist of a stem plus ending, and technically all endings are vocalic. Thus, masculine nouns in the nominative, ending in a consonant, actually exhibit a zero-ending. In the genitive plural of the feminine noun сторона́, the nominative singular ending -а is replaced by the zero-ending: сторон_.

перестанóвка (*nom. sing.*), перестанóвок_ (*gen. pl.*)*
потéря (*nom. sing.*), потéрь (*gen. pl.*)
часть (*nom. sing.*), частéй (*gen. pl.*)
фýнкция (*nom. sing.*), фýнкций (*gen. pl.*)

c. Neuter nouns have the following endings:

i) Singular: -а, -я
мéсто (*nom. sing.*), мéста (*gen. sing.*)
отображéние (*nom. sing.*), отображéния (*gen. sing.*)

ii) Plural: -∅, -й, -ей
мéсто (*nom. sing.*), мéст_ (*gen. pl.*)
отображéние (*nom. sing.*), отображéний (*gen. pl.*)
пóле (*nom. sing.*), полéй (*gen. pl.*)

2. Dative case.

a. Masculine and neuter nouns have the following endings in the singular: -у, -ю.

i) Examples of masculine nouns:
интегрáл (*nom. sing.*), интегрáлу (*dat. sing.*)
слýчай (*nom. sing.*), слýчаю (*dat. sing.*)

ii) Examples of neuter nouns:
мéсто (*nom. sing.*), мéсту (*dat. sing.*)
отображéние (*nom. sing.*), отображéнию (*dat. sing.*)

b. Feminine nouns have the following endings in the singular: -е, -и.
сторонá (*nom. sing.*), сторонé (*dat. sing.*)
потéря (*nom. sing.*), потéре (*dat. sing.*)
фýнкция (*nom. sing.*), фýнкции (*dat. sing.*)
часть (*nom. sing.*), чáсти (*dat. sing.*)

c. The plural endings in the dative case are identical for masculine, feminine, and neuter nouns: -ам, -ям.

i) Examples of masculine nouns:
интегрáл (*nom. sing.*), интегрáлам (*dat. pl.*)
слýчай (*nom. sing.*), слýчаям (*dat. pl.*)

ii) Examples of neuter nouns:
мéсто (*nom. sing.*), местáм (*dat. pl.*)
отображéние (*nom. sing.*), отображéниям (*dat. pl.*)

iii) Examples of feminine nouns:
сторонá (*nom. sing.*), сторонáм (*dat. pl.*)
потéря (*nom. sing.*), потéрям (*dat. pl.*)
фýнкция (*nom. sing.*), фýнкциям (*dat. pl.*)

* Often when a zero-ending is required, a consonant cluster results, such as the -вк in перестановк; a vowel is inserted to break the cluster.

3. Accusative case.

a. Masculine nouns have the following endings:

i) Singular: -∅, -а*

интегрáл (*nom. sing.*), интегрáл_ (*acc. sing.*)

профéссор (*nom. sing.*), профéссора (*acc. sing.*)

ранг (*nom. sing.*), ранг_ (*acc. sing.*)

ii) Plural: -ы, -и, -ов (and other genitive plural endings)†

интегрáл (*nom. sing.*), интегрáлы (*acc. pl.*)

студéнт (*nom. sing.*), студéнтов (*acc. pl.*)

b. Feminine nouns have the following endings:

i) Singular: -у, -ю, -ь

сторонá (*nom. sing.*), стóрону (*acc. sing.*)

потéря (*nom. sing.*), потéрю (*acc. sing.*)

часть (*nom. sing.*), часть (*acc. sing.*)

ii) Plural: -ы, -и†

сторонá (*nom. sing.*), стóроны (*acc. pl.*)

перестанóвка (*nom. sing.*), перестанóвки (*acc. pl.*)

c. Neuter nouns have the following endings:

i) Singular: -о, -е

мéсто (*nom. sing.*), мéсто (*acc. sing.*)

пóле (*nom. sing.*), пóле (*acc. sing.*)

ii) Plural: -а, -я†

мéсто (*nom. sing.*), местá (*acc. pl.*)

пóле (*nom. sing.*), поля́ (*acc. pl.*)

Note the normal stress shift.

4. Instrumental case.

a. Masculine and neuter nouns have the following endings in the singular: -ом, -ем.

i) Examples of masculine nouns:

интегрáл (*nom. sing.*), интегрáлом (*instr. sing.*)

дели́тель (*nom. sing.*), дели́телем (*instr. sing.*)

ii) Examples of neuter nouns:

мéсто (*nom. sing.*), мéстом (*instr. sing.*)

пóле (*nom. sing.*), пóлем (*instr. sing.*)

* Notice that the masculine accusative singular and masculine nominative singular are identical for masculine **inanimate** nouns. However, masculine **animate** nouns in the accusative coincide with the genitive. Many mathematical terms ending in -тель, which appear to be inanimate, actually act as animate nouns. For instance, in the phrase Возьмём дели́теля, the direct object дели́тель appears in the animate accusative rather than the inanimate accusative дели́тель.

† In the accusative **plural**, the forms of **inanimate** nouns of **all** genders coincide with those of the nominative plural, while the forms of **animate** nouns coincide with the genitive plural.

b. Feminine nouns have the following endings in the singular: -ой, -ей, -ью.

сторона́ (*nom. sing.*), стороно́й (*instr. sing.*)

фу́нкция (*nom. sing.*), фу́нкцией (*instr. sing.*)

часть (*nom. sing.*), ча́стью (*instr. sing.*)

c. The plural endings in the dative case are identical for masculine, neuter, and feminine nouns: -ами, -ями.

i) Examples of masculine nouns:

интегра́л (*nom. sing.*), интегра́лами (*instr. pl.*)

дели́тель (*nom. sing.*), дели́телями (*instr. pl.*)

ii) Examples of neuter nouns:

ме́сто (*nom. sing.*), места́ми (*instr. pl.*)

по́ле (*nom. sing.*), поля́ми (*instr. pl.*)

iii) Examples of feminine nouns:

сторона́ (*nom. sing.*), сторона́ми (*instr. pl.*)

фу́нкция (*nom. sing.*), фу́нкциями (*instr. pl.*)

5. Locative case.

a. Masculine nouns have the following ending in the singular: -е.

интегра́л (*nom. sing.*), интегра́ле (*loc. sing.*)

дели́тель (*nom. sing.*), дели́теле (*loc. sing.*)

b. Neuter nouns have the following endings in the singular: -е, -и.

ме́сто (*nom. sing.*), ме́сте (*loc. sing.*)

отображе́ние (*nom. sing.*), отображе́нии (*loc. sing.*)

c. Feminine nouns have the following endings in the singular: -е, -и.

сторона́ (*nom. sing.*), стороне́ (*loc. sing.*)

часть (*nom. sing.*), ча́сти (*loc. sing.*)

d. The plural endings in the locative case are identical for masculine, feminine, and neuter nouns: -ах, -ях.

i) Examples of masculine nouns:

интегра́л (*nom. sing.*), интегра́лах (*loc. pl.*)

дели́тель (*nom. sing.*), дели́телях (*loc. pl.*)

ii) Examples of feminine nouns:

сторона́ (*nom. sing.*), сторона́х (*loc. pl.*)

поте́ря (*nom. sing.*), поте́рях (*loc. pl.*)

iii) Examples of neuter nouns:

ме́сто (*nom. sing.*), ме́стах (*loc. pl.*)

отображе́ние (*nom. sing.*), отображе́ниях (*loc. pl.*)

D. Nouns with Stem Changes

There are several sets of nouns which exhibit stem changes throughout their declensions. Among these are the р-stem nouns, с-stem nouns, and н-stem nouns. Some examples are given below in partial declension, while more complete declensions are given in the Appendix.

1. Two important feminine nouns are found in the р-stem declension: мать (mother) and дочь (daughter).

    мать (*nom. sing.*), ма́тери (*gen. sing.*)

    дочь (*nom. sing.*), до́чери (*gen. sing.*)

2. Among the с-stem nouns is the neuter noun не́бо (sky).

    не́бо (*nom. sing.*), не́беса (*nom. pl.*)

3. Two important neuter nouns are found in the н-stem declension: и́мя (name) and вре́мя (time)

    и́мя (*nom. sing.*), и́мени (*gen. sing.*)

    вре́мя (*nom. sing.*), вре́мени (*gen. sing.*)

E. Proper Names

Proper names in Russian are declined. Last names may end in an adjectival ending, which decline as adjectives, or they may end in -ов (-ев) or -ин. The latter forms exhibit a mixed declension. The masculine singular is declined like a noun, except for the instrumental, which is declined like an adjective. The feminine singular is declined like a pronoun. In the plural, the nominative is declined like a short-form adjective, while the remaining forms are declined like long-form adjectives.

Russian names ending in -ых, -их, -аго, and -ово are invariable. Last names ending in -а/-я follow the feminine noun pattern, regardless of the gender of the person to whom the name refers. Sample paradigms of declined names are given in the Appendix.

The Adjective

The adjective in Russian may occur in both a long form and a short form. It also expresses the positive, comparative, and superlative degrees. Moreover, the long-form adjective is declined; it agrees with the corresponding noun in gender, number, and case.

A. Adjectives can be used in the attributive position, as in но́вая кни́га, "the new book," or the predicate position, as in кни́га но́ва, "the book is new."* Thus, an adjective used attributively occurs next to the noun it modifies without a linking verb, while an adjective used predicatively is separated from the noun it modifies by a linking verb. In the latter case, the predicate adjective refers back to the subject of the clause, which is in fact the noun the adjective modifies. The long form of an adjective is used in either an attributive or predicative position.

* Notice the absence of the verb "to be" in the present tense. In the past and the future tenses of the verb "to be," the long-form predicate adjective may appear in either the instrumental or the nominative case: ле́кция была́ интере́сной, ле́кция была́ интере́сна.

The long-form adjective is declined into all six cases, and both types of adjective express the three genders in the singular, while there is no gender distinction in the plural. The difference in form between the two types of adjective is in the form of the ending; the short form exhibits a simple ending, while the long form exhibits a compound ending.* In the above example, the short-form adjective ending is -а (simple), and the long-form ending is -ая (compound).

Adjectives may in some instances stand alone and act as nouns, although they still decline as long-form adjectives: крива́я, "a curve," is a feminine noun; подынтегра́льный, "an integrand," is a masculine noun.

1. **The long form of the adjective.** The adjectives сло́жный, "complicated," and дугово́й†, "arc," are declined into all the cases in singular and plural, and in the three genders.

   сло́жный вопро́с — a complicated question (*m.*)
   сло́жная зада́ча — a complicated problem (*f.*)
   сло́жное реше́ние — a complicated solution (*n.*)

   a. сло́жный; stem: сложн-

	Singular			***Plural***
	m.	***f.***	***n.***	
nom.	сло́жный	сло́жная	сло́жное	сло́жные
gen.	сло́жного	сло́жной	сло́жного	сло́жных
dat.	сло́жному	сло́жной	сло́жному	сло́жным
acc.	сло́жный	сло́жную	сло́жное	сло́жные
instr.	сло́жным	сло́жной	сло́жным	сло́жными
loc.	сло́жном	сло́жной	сло́жном	сло́жных

   b. дугово́й; stem: дугов-

	Singular			***Plural***
	m.	***f.***	***n.***	
nom.	дугово́й	дугова́я	дугово́е	дуговы́е
gen.	дугово́го	дугово́й	дугово́го	дуговы́х
dat.	дугово́му	дугово́й	дугово́му	дуговы́м
acc.	дугово́й	дугову́ю	дугово́й	дуговы́е
instr.	дуговы́м	дугово́й	дуговы́м	дуговы́ми
loc.	дугово́м	дугово́й	дугово́м	дуговы́х

2. **The short form of the adjective.** The adjectives пра́вый and голо́дный appear below in their short forms. The simple endings are added to the adjectival stem, which is identical to the stem of the long form.

   a. Пра́вый; stem: прав-

   прав (*m. sing.*), права́ (*f. sing.*)
   пра́во (*n. sing.*), пра́вы (*pl.*)

* As in the nominal case endings, a masculine short-form adjective which apparently ends in a consonant, such as нов, actually expresses the vocalic zero-ending (-∅).

† Note that in the masculine adjective declension, those adjectives which have stress on the stem have the ending -ый in the nominative singular, while those which have ending stress have the ending -о́й.

b. Голóдный; stem: голодн-

гóлоден (*m. sing.*), голоднá (*f. sing.*)

гóлодно (*n. sing.*), гóлодны (*pl.*)

Note that in the adjective голóдный, the masculine singular short form exhibits what appears to be an alternate stem. This occurs in a number of adjectives; an -е or an -о appears between the two final consonants. Two other adjectives which exhibit this alternation are рéдкий, "infrequent," and вéрный, "correct," whose stems are редк- and верн-. The corresponding short forms are рéдок and вéрен.

3. A complete reference chart of adjectival endings appears in the Appendix.

B. The Russian adjective occurs not only in the positive degree, whose forms have been given in the previous section, but also in the comparative and superlative degrees.

1. The comparative degree of the adjective may be expressed in two ways.

a. Suffixation. The suffix -ее (and -е in certain adjectives) is added to the adjectival stem. This form is invariable. For the adjective слóжный, "complex," the comparative form is сложнée, "more complex," while the comparative of большóй, "large," is бóльше, "larger."

b. Use of the words бóлее, "more," and мéнее, "less." These words are used in conjunction with the positive adjective in either its long or short form, depending upon its use in the sentence. Бóлее and мéнее are not inflected, but the long-form adjective used is declined.

бóлее рáнняя теорéма Белúнского	an earlier theorem of Belinskiĭ
в бóлее ýзком смы́сле	in a narrower sense

2. The comparative conjunction (English "than") in Russian is the word чем. However, a comparison may be expressed without the word чем by declining the second item into the genitive case.

Нерáвенство (11) слабée чем нерáвенство (12).

Нерáвенство (11) слабée нерáвенства (12).

The inequality (11) is weaker than the inequality (12).

3. The superlative degree may be expressed in several ways, some used more frequently than others.

a. Use of the word сáмый followed by the adjective. Both the adjective and the word сáмый, which is also an adjective, are declined.

сáмый слóжный	most complex
сáмой интерéсной теорéмы	of the most interesting theorem

b. Suffixation. The suffix -ейш, -айш is added to the adjectival stem, and the adjectival endings are added to the resultant form.

нóвый, новéйший	new, newest
вáжный, важнéйший	important, most important
высóкий, высочáйший	high, highest*

* Note the consonant changes in the stem; this is consistent with the following common consonant alternations: г, д – ж; х – ш; ст – щ; т, к – ч.

While a common translation of this form is "the most complex theorem," the use of this form generally indicates a high, although not superlative, degree of the adjective, such as "a most complex theorem."

c. **Use of the prefix наи-.** This occurs infrequently.

наисильнейший	strongest

d. **Use of the word наиболее instead of самый.** Although far less common in usage than самый, наиболее may precede the adjective and is indeclinable.

наиболее интересный	most interesting

e. **Use of the word всех in the predicate.** The comparative form (that form of the adjective ending in -ее) plus the genitive plural of весь (all) may be used to express the superlative degree of an adjective.

сложнее всех	(the) most complex one (of all)

C. Formation of Adjectives from Proper Names

Adjectives may be formed from proper names by adding the following suffixes: -овский, -овый, or -овой. For instance, the adjective corresponding to the name Эйнштейн is either Эйнштейновский or Эйнштейновый (Einsteinian). However, as adjectives these words may also appear in a short form; the adjective Евклидовой (Euclidean) may be rendered as Евклидов. Such adjectives are usually listed in the dictionary in the more modern short form. Unlike other short-form adjectives, this type does decline and is used nonpredicatively. The declension is given in the Appendix.

The Pronoun

The various pronouns in Russian, like the nouns and adjectives, are declined. The use of each type of pronoun is described below, while complete paradigms of the pronouns are found in the Appendix.

A. The Personal Pronoun

The Russian personal pronouns correspond to the English "I," "you," "he," "she," "it," etc. However, unlike English, and like French, Russian expresses the difference between the "formal you" and the "informal you." That is, the second-person singular form ты is used in familiar circumstances, while вы, the second-person plural form is used in more polite and formal address. (However, the informal style is uncommon in mathematical writing.) Вы is also used to express plurality when more than one person is addressed in conversation.

1. The following table lists the personal pronouns in the nominative case.

	Singular	*Plural*
1st person	я (I)	мы (we)
2nd person	ты (you)	вы (you)
3rd person	он (he, it)	они (they)
	она (she, it)	
	оно (it)	

2. The third-person personal pronouns, in the singular and plural, prefix an н- when they are objects of a prepositional phrase.

   его́: *m. acc. sing.*, 3rd-person personal pronoun without a preposition

Профе́ссор ви́дел его́.	The professor saw him.

   ним: *m. instr. sing.*, 3rd-person personal pronoun as object of preposition с

Профе́ссор говори́л с ним.	The professor spoke with him.

B. The Possessive Pronoun-Adjectives

Presentation of the possessive pronoun-adjectives is best divided into two categories: first- and second-person pronouns and third-person pronouns.

1. **First- and second-person possessive pronouns.** The pronouns of the first- and second-person agree with the noun possessed in gender, number, and case. Also, in Russian, there is no distinction (as in English) between "my X" and "mine," "your X" and "yours," etc.

   a. **The pronouns in the nominative.**

   1st person singular (my, mine): мой (*m.*), моя́ (*f.*), моё (*n.*), мои́ (*pl.*)

   2nd person singular (your, yours): твой (*m.*), твоя́ (*f.*), твоё (*n.*), твои́ (*pl.*)

   1st person plural (our, ours): наш (*m.*), на́ша (*f.*), на́ше (*n.*), на́ши (*pl.*)

   2nd person plural (your, yours): ваш (*m.*), ва́ша (*f.*), ва́ше (*n.*), ва́ши (*pl.*)

   b. **Examples of the possessive pronouns.**

моё реше́ние	my solution
Это реше́ние моё.	This solution is mine.
на́ша зада́ча	our problem
Эта зада́ча на́ша.	This problem is ours.

2. **Third-person possessive pronouns.** These pronouns often cause some confusion; they are identical in form to the genitive of the third-person personal pronouns.

   Unlike the first- and second-person possessive pronouns, the third-person pronouns do not agree in gender, number, or case with the noun possessed, nor do they ever change form. They are: его́ (his), её (her, hers), их (their, theirs).

Её профе́ссор чита́л докла́д.	Her professor read the paper.
Он говори́л с её профе́ссором.	He spoke with her professor.

   The second sentence above indicates that unlike the third-person **personal** pronouns, these **possessive** pronouns never prefix н- when they are part of the object of a preposition.

3. The pronoun свой declines like мой, твой. This pronoun-adjective helps to avoid certain ambiguities often found in English: e.g., "He read his paper" ("his" may refer to the subject of the clause, "he," or to another male previously indicated).

Он чита́л его́ докла́д.	He read (gave) his (someone else's) paper.
Он чита́л свой докла́д.	He read (gave) his (own) paper.

The pronoun свой and the subject to which it refers must be in the same clause or sentence.

C. The Demonstrative Pronouns

This category includes the pronouns э́тот (this), тот (that), and тако́й (such). The full declension of these pronouns is given in the Appendix. Demonstrative pronouns agree in gender, number, and case with the nouns they modify.

Тот and тако́й may be followed by же to express identity and similarity:

из того́ же ра́венства сле́дует	from the same equation follows
така́я же гру́ппа	a similar group

D. The Interrogative and Relative Pronouns

The interrogative pronouns include кто (who), что (what), чей (whose), како́й (which, what kind), and кото́рый (which, who). Declensions are given in the Appendix.

The relative pronoun requires some explanation. Кото́рый is a relative pronoun, and as such it links two clauses together:

Пробле́ма, кото́рую мы ста́вили, была́ сло́жная.

Пробле́ма, кото́рую мы ста́вили, была́ сло́жная.

The problem, which we posed, was complex.

Note that the relative pronoun not only agrees in gender and number with the noun it replaces, but it also appears in the case required by its function within the relative clause. In this sentence, the pronoun is feminine and singular as it refers to пробле́ма, and is in the accusative case because it is the direct object of the verb ста́вили.

E. The Negative Pronouns

The pronouns никто́ (nobody), ничто́ (nothing), никако́й (no, no sort of), and ниче́й (nobody's) are declined like the corresponding positive interrogative pronouns. Note, however, that when used in conjunction with a preposition, the preposition is inserted between the ни- and the appropriate form of the pronoun.

ничто́:	ни о чём	about nothing

Also, double negatives are the rule in Russian phrases containing negative pronouns.

Никто́ не отве́тил на вопро́с профе́ссора.

Никто́ не отве́тил на вопро́с профе́ссора.

No one answered the professor's question.

F. The Definite Pronouns

The category of definite pronouns includes the following: ка́ждый (each, every, everybody), вся́кий (any, anybody, all sorts of), сам (myself, yourself, himself, etc.), and весь (all, whole, everybody, everything). The full declensions appear in the Appendix.

Ка́ждый and вся́кий act attributively as well as standing alone as subjects:

У ка́ждого студе́нта реше́ние.	Each student has a solution.
У ка́ждого реше́ние.	Everyone has a solution.

Сам is used to intensify or emphasize. In the following sentence, сам is used to emphasize the subject pronoun я:

Я сам не зна́ю, как реши́ть э́ту зада́чу.

Я сам не зна́ю, как реши́ть э́ту зада́чу.

I myself don't know how to solve this problem.

The Verb

One of the distinguishing characteristics of the Russian language is the notion of verbal aspect. There are two aspects in Russian: the imperfective aspect and the perfective aspect. In its simplest definition, the imperfective aspect indicates that an action is in progress, that it has not necessarily been, nor will be, completed, or is continuous or recurring. Conversely, the perfective aspect indicates that an action has been, or will be, completed, or that there has been, or will be, a definite result.

In languages that do not have special grammatical forms to express verbal aspect, the distinctions described above are rendered by the many verbal tenses, such as the perfect and pluperfect. Consequently, since Russian does exhibit verbal aspect, its inventory of tenses is minimal. In fact, Russian has only three tenses: past, present, and future. Furthermore, perfective verbs have no present tense, since they describe a completed action, and thus are used only in the past and future tenses.

Most Russian verbs have two infinitives—an imperfective infinitive and a perfective infinitive. For instance, the verb "to read" in Russian has the imperfective infinitive чита́ть and the perfective infinitive прочита́ть. The imperfective verb чита́ть appears in all three tenses, while the perfective form прочита́ть appears only in the past and future tenses:

чита́ть (imperfective infinitive)

Я чита́ю кни́гу.	I read, I am reading, I do read the book
Я чита́л (чита́ла, чита́ло, чита́ли)* кни́гу	I read, I was reading, I did read the book (but did not finish reading it)
Я бу́ду чита́ть кни́гу.	I will read, I will be reading the book (but will not finish reading it)

прочита́ть (perfective infinitive)

Я прочита́ю кни́гу.	I will read the book (and will finish reading it)
Я прочита́л (прочита́ла, прочита́ло, прочита́ли)* кни́гу.	I read, I have read, I did read the book (and did finish it)

Notice that the imperfective future tense is compound, while the perfective future is simple. The first component of the compound future construction, бу́ду of бу́ду чита́ть, is

* Note that in the past tense forms, gender is distinguished in the singular, but not in the plural. The endings are the zero-ending for masculine subjects, -а for feminine subjects, -о for neuter subjects, and -и for plural subjects. These endings, preceded by the past tense suffix -л-, are added to the verbal stem, which is usually formed by removing the infinitival suffix -ть. This is true for the past tense forms of most verbs. Example: реши́ть—реши́л (*m.*), реши́ла (*f.*), реши́ли (*pl.*).

the future tense of the verb "to be" and is used to form all imperfective future tenses. The following sentence illustrates the imperfective future tense:

Мы бу́дем называ́ть фу́нкцию $f(z)$ непреры́вной, е́сли ....
Мы бу́дем называ́ть фу́нкцию $f(z)$ *непреры́вной, е́сли* ....
We will call a function $f(z)$ continuous if ....

Although a great number of imperfective and perfective verb pairs may be derived from each other by affixation (adding or removing a prefix, suffix, or infix), not all pairs are easily recognized as pairs by their form. In the dictionary, the imperfective verb is listed with its definition, with the perfective form given in parentheses. The perfective form may be listed with or without a definition, but is usually referenced to its imperfective. When no perfective form is indicated, this is not necessarily an oversight: some verbs do not have a perfective aspect, some have only the perfective, and many, especially verbs adopted from other languages, have the same form in both aspects. (These special situations are not usually mentioned in the dictionary, since nonexistent forms do not have to be translated.) The definition may be repeated for the perfective form when the imperfective and perfective are widely separated in the dictionary. The perfective forms of reflexive or passive verbs are not usually mentioned if the corresponding active forms are given.

A. The Verb "To Be"

The verb "to be" (быть) is very important in Russian, as in all languages. Following is the conjugation of быть:

present tense*

он, она́, оно́ есть	he, she, it is	они́ суть	they are

future tense

я бу́ду	I will be	мы бу́дем	we will be
ты бу́дешь	you will be	вы бу́дете	you will be
он, она́, оно́ бу́дет	he, she, it will be	они́ бу́дут	they will be

past tense был, была́, бы́ло, бы́ли

я был, была́	I was	мы бы́ли	we were
ты был, была́	you were	вы бы́ли	you were
он был	he, it was	они́ бы́ли	they were
она́ была́	she, it was		
оно́ бы́ло	it was		

1. It has already been illustrated that the present tense of быть is usually omitted in Russian sentences. Review the following sentence:

Нера́венство (11) слабе́е чем нера́венство (12).
Нера́венство (11) *слабе́е чем нера́венство* (12).
The inequality (11) is weaker than the inequality (12).

Consider also the following sentence:

Предложе́ние P эквивале́нтно Q.
Предложе́ние P *эквивале́нтно* Q.
Proposition P is equivalent to Q.

* These forms are archaic but do appear.

The present tense of быть, "to be," is omitted in both sentences. However, often a dash (—) is used in place of the omitted verb, as in the following example:

Éсли E — некотóрое мнóжество тóчек комплéксной плóскости, ...

Éсли E — некотóрое мнóжество тóчек комплéксной плóскости, ...

If E is a set of points of the complex plane, ...

Occasionally, the forms есть and суть, from быть, are used:

Границa э́той óбласти есть окрýжность K_r, где r — постоя́нная.

Грани́ца э́той óбласти есть окрýжность K_r, где r — постоя́нная.

The frontier of this domain is the circle K_r, where r is a constant.

Мáтрицы суть спи́новые мáтрицы Пáули.

Мáтрицы суть спи́новые мáтрицы Пáули.

The matrices are the Pauli spin matrices.

2. Unlike the present tense, the future and past tenses of быть are never omitted. Furthermore, when быть is used in the future or the past, the predicate is often in the instrumental case:

Éсли α алгебраи́ческая величинá относи́тельно Σ, а Σ алгебраи́ческое пóле относи́тельно Δ, то α бýдет алгебраи́ческим относи́тельно Δ.

Éсли α алгебраи́ческая величинá относи́тельно Σ, а Σ алгебраи́ческое пóле относи́тельно Δ, то α бýдет алгебраи́ческим относи́тельно Δ.

If α is algebraic with respect to Σ, and Σ is algebraic with respect to Δ, then α will be algebraic with respect to Δ.

3. **The verb явля́ться.** The verb явля́ться (to appear, to present oneself) is often used to replace the present tense of "to be" in sentences which would be confusing if lacking a verb. In such instances, the verb is translated as the appropriate form of "to be." The third-person singular and plural forms are, respectively: явля́ется, явля́ются. The predicate of these verb forms is always in the instrumental case. The following sentences illustrate this construction:

Такáя фýнкция существýет и явля́ется еди́нственной.

Такáя фýнкция существýет и явля́ется еди́нственной.

Such a function exists and is unique.

Еди́нственными изоморфи́змами топологи́ческой грýппы T в себя́ явля́ются тождéственное отображéние и симметри́я $X \to -X$.

Еди́нственными изоморфи́змами топологи́ческой грýппы T в себя́ явля́ются тождéственное отображéние и симметри́я $X \to -X$.

The only isomorphisms of the topological group T into itself are the identity map and the symmetry $X \to -X$.

Вероя́тность P бýдет явля́ться абстрáктной кóпией эмпири́ческой частоты́.

Вероя́тность P бýдет явля́ться абстрáктной кóпией эмпири́ческой частоты́.

The probability P will be an abstract counterpart of the empirical frequency ratio.

B. Verb Conjugations

Russian verbs are classified as members of either the first or second conjugation, according to their nonpast personal endings. It is possible, however, for a verb to exhibit a mixed conjugation; that is, some of its endings are those of the first conjugation, while the rest are from the second. The following chart shows the endings of the two conjugations:

	First Conjugation		*Second Conjugation*	
	Singular	***Plural***	***Singular***	***Plural***
1st person	-ю (-у)	-ем	-ю (-у)	-им
2nd person	-ешь	-ете	-ишь	-ите
3rd person	-ет	-ют (-ут)	-ит	-ят (-ат)*

The verb чита́ть is of the first conjugation: я чита́ю, ты чита́ешь, он чита́ет, мы чита́ем, вы чита́ете, они́ чита́ют. The verb говори́ть is of the second conjugation: я говорю́, ты говори́шь, он говори́т, мы говори́м, вы говори́те, они́ говоря́т. The forms in parentheses, first person singular and third person plural, are common alternate endings and occur when dictated by certain spelling conventions.

A verb typically consists of several components when fully conjugated, although there are variations; perfective verbs, for instance, have no present tense, and thus no present participles. Among the inventory of components are the infinitive, the present, future, and past tenses (the indicative mood), the imperative mood, the conditional mood, the present participles, the past participles, and the gerund, or adverbial participle.

1. **Sample verb conjugations.** The following are sample conjugations. The Appendix includes a more comprehensive set of paradigms, as well as a list of common irregular verbs and their conjugations. The paradigms in the Appendix follow the given format, but are somewhat condensed and abbreviated where possible (for instance, only the masculine form of a participle is given).

де́лать (imperfective), "to do"

present tense

я де́лаю	I do, I am doing	мы де́лаем	we do
ты де́лаешь	you do	вы де́лаете	you do
он де́лает	he, it does	они́ де́лают	they do
она́ де́лает	she, it does		
оно́ де́лает	it does		

future tense

я бу́ду де́лать	I will do	мы бу́дем де́лать	we will do
ты бу́дешь де́лать	you will do	вы бу́дете де́лать	you will do
он бу́дет де́лать	he, it will do	они́ бу́дут де́лать	they will do
она́ бу́дет де́лать	she, it will do		
оно́ бу́дет де́лать	it will do		

* These endings are "nonpast" endings; they are used for the imperfective present tense as well as the perfective future.

past tense де́лал, де́лала, де́лало, де́лали

я де́лал	I did, was doing	мы де́лали	we did, were doing
ты де́лал(а)	you did, were doing	вы де́лали	you did, were doing
он де́лал	he, it did, was doing	они́ де́лали	they did, were doing
она́ де́лала	she, it did, was doing		
оно́ де́лало	it did, was doing		

imperative

де́лай (singular); де́лайте (plural) do! make!

participles

		active		*passive*
present	де́лающий	doing, making	де́лаемый	being made, being done
past	де́лавший	(who was) doing, (who was) making	де́ланный	made

adverbial participle

де́лая doing, making, if we make

сде́лать (perfective), "to do"

no present tense

future tense

я сде́лаю	I will do	мы сде́лаем	we will do
ты сде́лаешь	you will do	вы сде́лаете	you will do
он сде́лает	he, it will do	они́ сде́лают	they will do
она́ сде́лает	she, it will do		
оно́ сде́лает	it will do		

past tense сде́лал, сде́лала, сде́лало, сде́лали

я сде́лал	I did	мы сде́лали	we did
ты сде́лал(а)	you did	вы сде́лали	you did
он сде́лал	he, it did	они́ сде́лали	they did
она́ сде́лала	she, it did		
оно́ сде́лало	it did		

imperative

сде́лай (singular); сде́лайте (plural) do! make!

participles

		active		*passive*
past	сде́лавший	having done, having made	сде́ланный	done, made, having been done

adverbial participle

сде́лав having done, having made

2. **The infinitive.** The infinitive does not indicate person or tense—it describes the action. The infinitive is translated as "to X"; the imperfective infinitive де́лать is translated as "to do," as is the perfective infinitive сде́лать. The infinitive of a verb consists of the infinitive stem plus the infinitival ending. In Russian, there are three infinitive types: those ending in -ть, those ending in -ти, and those ending in -чь. The ending -ть is the most common and includes such verbs as де́лать (to do), сде́лать (to do),

сесть (to sit), говори́ть (to speak), and занима́ться (to study).* The ending -ти is found in some infinitives, such as: идти́ (to go), расти́ (to grow), and найти́ (to find). The third ending, -чь, occurs in the following verbs: жечь (to burn), течь (to flow), and мочь (to be able to).

It is the infinitive of the verb which is listed in the dictionary. Therefore, it is important for the reader of Russian to convert to the infinitive before looking in the dictionary. While it would be impossible here to give a formal and complete description of the relation between the infinitive types and all the conjugations, without a lengthy linguistic explanation, the following generalizations should be helpful. The reader should remove the conjugated ending (i.e., the present and future tense endings, which are collectively called nonpast endings, and the past tense ending) to find a stem. If working with a past tense, whose stem is equivalent to the infinitive stem, the infinitive is easily determined by dropping the past tense suffix and adding the infinitive ending. Generally, if the stem ends in a vowel, the -ть suffix will apply (де́ла/ют, де́ла/ть).

However, when working from a verb with two different stems, one in the infinitive and one in the nonpast, sometimes a regular consonant mutation is present: пи́сать, пишу́, пи́шешь, etc. The infinitive-past tense stem is писа́-, and the present tense stem is пиш-. This is a regular alternation. The following is a list of common consonant alternations:

щ from ск, ст
ж from з, г, д
жд from д
ш from с, х
ч from к, т
мл, пл, бл, фл, вл from м, п, б, ф, в

If the stem ends in a -ч, -к, -г, and the verb is first conjugation, the -чь suffix will apply (мог/у́т, мо/чь; тек/у́т, течь).† These verbs exhibit stem consonant alternations; к alternates with ч, г with ж, with the first-person singular and the third-person plural being the same: течь (to flow), теку́, течёшь, течёт, течём, течёте, теку́т. The past tense of these verbs lacks the suffix -л- in the masculine form: тёк, текла́, текло́, текли́.

If the stem ends in some other consonant and the verb is first conjugation, the -ти suffix applies (ид/у́т, ид/ти́; раст/у́т, рас/ти́). A warning is necessary here, however; these generalizations are not comprehensive linguistic rules, nor are they without exception. The reader should therefore keep in mind the list of consonant alternations; these often occur and subsequently mask the relation between the infinitive and its conjugated forms.

When an alternation occurs in a first-conjugation verb, except those in -чь, the alternation occurs in all the persons, while in second-conjugation verbs, the alternation occurs only in the first-person singular; the remaining forms retain the consonant of the infinitive.

* This verb is reflexive; the suffix -ся in no way interferes with the conjugation of the verb—it is merely attached to the end of the conjugated verb.

† Note the loss of the stem-final consonant in deriving the infinitive.

Also, in the Appendix are several sample paradigms which will assist the reader in determining infinitives. The Appendix also lists several of the most common irregular verbs and their conjugations.

3. **The present, future, and past tenses (the indicative mood).** These forms have already been introduced at the beginning of this section. To review, the imperfective verbs have all three tenses, while perfective verbs have only past and present tenses. The future tense of imperfective verbs is compound; the future tense of perfective verbs is simple.* The compound future tense is formed with the appropriate form (person and number) of the future tense of "to be" plus the infinitive of the main verb. The past-tense suffix is -л, to which is added the endings -∅, -а, -о, -и (masculine, feminine, neuter, and plural). To determine the past-tense stem, which is identical to the infinitive stem, remove the suffix -л and the endings.

   Reflexive verbs end in the particle -ся (-сь), and are conjugated as are other verbs. The particle -ся is added to the end of the verb; -ся is added if the verb form ends in a consonant, and the alternate form -сь is added if the verb form ends in a vowel.

   занима́ться, "to study"

present	я занима́юсь	мы занима́емся
	ты занима́ешься	вы занимае́тесь
	он занима́ется	они занима́ются
past	занима́лся, занима́лась, занима́лось, занима́лись	

4. **The imperative mood.** The imperative form of a verb is also known as the "command": "Solve the problem, read your paper." The imperative, as in English, has the understood subject "you." In Russian, since there are two "you's," there are two imperative forms, one for ты and one for вы: Де́лай рабо́ту! Де́лайте рабо́ту! "Do the work!" singular and plural; Расти́! Расти́те! "Grow!" singular and plural. The singular endings are -и or -й after a vowel; the plural endings are the same but with an additional -те. Reflexive verbs, those ending in the particle -ся retain this particle at the end of the imperative: занима́йтесь from занима́ться, "study."

5. **The conditional mood.** The conditional is formed by following the past tense form of the verb with the particle бы.

Он чита́л бы.	He should have read. He would have read.

6. **Participles.** Participles are verb forms which act as adjectives. They retain the quality of transitivity if the verb is transitive, intransitivity if the verb is intransitive. A participle also retains the aspect of the verb from which it is formed.

   a. Participles may be present or past tense:

студе́нт, чита́ющий докла́д	a student who read/is reading a paper
студе́нт, чита́вший докла́д	a student who read/was reading/had been reading a paper

* Note, however, that in form, the endings of the perfective future are the same as those of the imperfective present tense. Therefore, care must be taken to determine whether the verb is perfective or imperfective.

Note the adjectival endings on the participles. Participles agree in gender, number, and case with the nouns they modify.

b. Participles are also active or passive. An active participle describes the noun which is the agent of the action, whereas a passive participle describes the noun which is the object of the action.

студе́нт, прочита́вший докла́д	the student who had read the paper
статья́, прочи́танная студе́нтом	the article read by the student

Note that the agent of the passive participle is in the instrumental case. Passive participles are formed only from transitive verbs (those which take direct objects); reflexive verbs, which are intransitive, thus do not form passive participles.

c. Formation of the participle.

i) Present active participles

Add the suffix plus adjectival endings to the present-tense stem.

a) 1st-conjugation verbs add -ущ-, -ющ-:
чита́ть – чита́/ют – чита́/ющ/ий, чита́ющий

b) 2nd-conjugation verbs add -ащ-, -ящ-:
говори́ть – говор/я́т – говор/я́щ/ий, говоря́щий

ii) Past active participles

Add the suffix plus adjectival endings to the past-tense stem.

a) If the stem ends in a vowel, add -вш-:
чита́ть – чита́/л – чита́/вш/ий, чита́вший

b) If the stem ends in a consonant, add -ш-:
нес/ти́ – нёс – нёс/ш/ий, нёсший

iii) Present passive participles

Add the suffix plus adjectival endings to the stem of the present tense.

a) 1st-conjugation verbs add -ем-:
чита́ть – чита́/ют – чита́/ем/ый, читае́мый
рисова́ть– рису́/ют – рису́/ем/ый, рису́емый

b) 2nd-conjugation verbs add -им-:
люби́ть – лю́б/ят – люб/и́м/ый, люби́мый

iv) Past passive participles

Add the suffix plus adjectival endings to past-tense stem.

a) -нн-, or -т- if stem ends in a vowel:
прочита́ть – прочита́/л – прочи́та/нн/ый, прочи́танный
взять – взя/л – взя́/т/ый, взя́тый

b) -енн- if stem ends in a consonant or -и-:
принести́ – принёс – принес/ённ/ый, принесённый
изучи́ть – изучи́/л – изуч/е́нн/ый, изуче́нный*

* Note the loss of stem-final vowel in forming this participle.

v) **Participles from reflexive verbs**

Participles ending in the reflexive particle always take the -ся form.

vi) **Short-form participles**

Because participles are adjectival in form, they may occur as short-form participles. However, only passive participles have both the long and short forms; active participles occur only in the long form. Short-form participles are used as the predicate of a passive construction. They consist of stem plus suffix plus short-form adjective endings. Like short-form adjectives, they are only used as predicate adjectives, and so they do not decline. The suffixes -н-, -ен- (-ён-), and -т- are added to the stem:

прочита́ть – про́читан

реши́ть – решён

заня́ть – за́нят

7. **The adverbial participle, or the gerund.** The adverbial participle exhibits properties of both the verb and the adverb. Verbs ending in the reflexive particle exhibit the particle in the gerund, and the gerund exhibits the aspect of the verb from which it is derived. The form of the gerund, as with all adverbs, is invariable. It acts as a modifier by describing the environment in which the action of the predicate verb occurs. The adverbial participle may be past or present; past participles are formed from perfective verbs and refer to actions occurring prior to the action of the main verb, while present participles are formed from imperfective verbs and refer to actions occurring simultaneously with the action of the main verb.

a. **Past adverbial participles.** The suffix -в- (and less frequently -вши-, -ши-) is added to the stem of the past tense.

прочита́ть – прочита́/л – прочита́/в, прочита́в	having read
сказа́ть – сказа́/л – сказа́/в, сказа́в	having said
написа́ть – написа́/л – написа́/в, написа́в	having written
принести́ – принёс – принёс/ши, принёсши	having brought

Прочита́в докла́д, он отве́тил на вопро́сы профе́ссора.

Прочита́в докла́д, он отве́тил на вопро́сы профе́ссора.

Having read the paper, he answered the professor's questions.

b. **Present adverbial participles.** The suffix -я (-а after ж, ч, ш, щ) is added to the present-tense stem of the imperfective verb.

чита́ть – чита́/ют – чита́/я, чита́я	reading

Отвеча́я на вопро́с профе́ссора, он сде́лал оши́бку.

Отвеча́я на вопро́с профе́ссора, он сде́лал оши́бку.

In answering the professor's question, he made a mistake.

c. **Gerunds from verbs ending in the reflexive particle -ся.** Gerunds may be formed from verbs ending in -ся, although the ending always appears as -сь.

8. **Auxiliaries: до́лжен, ну́жно, нельзя́, мо́жно, мочь.** These verbs, adverbs, and adjectives are translated as auxiliaries.

a. **До́лжен, "must, ought to."** This form is used as a short adjective and is usually followed by an infinitive.

до́лжен (*m.*), должна́ (*f.*), должно́ (*n.*), должны́ (*pl.*)

Должны́ быть удовлетво́рены грани́чные усло́вия.

Должны́ быть удовлетво́рены грани́чные усло́вия.

The boundary conditions must be satisfied.

b. **Ну́жно, на́до, "must, it is necessary," нельзя́, "must not, it is impossible, cannot."** These forms are invariable and take the logical subject if there is one, in the dative case, and are followed by the infinitive.

Что́бы предста́вить уравне́ние в номографи́ческой фо́рме, ну́жно снача́ла на́йти зквивале́нтчый детермина́нт.

Что́бы предста́вить уравне́ние в номографи́ческой фо́рме, ну́жно снача́ла на́йти зквивале́нтчый детермина́нт.

To represent an equation nomographically (in nomographic form), we must first find an equivalent determinant.

Теоре́му А́беля нельзя́ распространи́ть на пути́, каса́тельные едини́чной окру́жности.

Теоре́му А́беля нельзя́ распространи́ть на пути́, каса́тельные едини́чной окру́жности.

It is not possible to extend Abel's theorem to paths which are tangent to the unit circle.

c. **Мо́жно, "may, can, it is possible."** This form is invariable and is followed by the infinitive.

Испо́льзуя интегра́л Фу́рье, мо́жно сконструи́ровать сфери́ческие и́ли цилиндри́ческие во́лны из пло́ских волн.

Испо́льзуя интегра́л Фу́рье, мо́жно сконструи́ровать сфери́ческие и́ли цилиндри́ческие во́лны из пло́ских волн.

By using the Fourier integral, it is possible to construct spherical or cylindrical waves out of plane waves.

d. **Мочь, "to be able to."** This verb is conjugated as follows:

present tense

я могу́	мы мо́жем
ты мо́жешь	вы мо́жете
он мо́жет	они мо́гут

past tense мог, могла́, могло́, могли́

participles

	active
present	мо́гущий
past	мо́гший

Видоизменéния центрáльной предéльной теорéмы мóгут всё показáть, что распределéние приближённо нормáльно.

Видоизменéния центрáльной предéльной теорéмы мóгут всё показáть, что распределéние приближённо нормáльно.

Modifications of the central limit theorem may still show that the distribution is approximately normal.

C. The Verbs of Motion

The verbs of motion, or more specifically, of **going** and **carrying**, exhibit a further distinction within the imperfective category. While the majority of verbs have only one imperfective form to describe two separate types of action (i.e., action in progress and habitual action), the verbs of motion have two imperfective forms which distinguish these separate meanings. The **determinate** imperfective describes an action (going or carrying) in progress and in a specific direction. The **indeterminate** imperfective describes habitual actions (going or carrying) and actions in which no specific direction is involved.

For instance, the two imperfective forms of "to go by one's own means" are the indeterminate ходи́ть and the determinate идти́: Профéссор хóдит (ходи́л) в лаборатóрию кáждый день, "The professor goes (went) to the laboratory every day"; Профéссор идёт (шёл, когдá я егó ви́дела) в лаборатóрию, "The professor is going (was going, when I saw him) to the laboratory." The conjugations of these two verbs are as follows:

ходи́ть (indeterminate imperfective), "to go by one's own means"

present хожу́ хóдим
хóдишь хóдите
хóдит хóдят

past ходи́л, ходи́ла, ходи́ло, ходи́ли

идти́ (determinate imperfective), "to go by one's own means"

present иду́ идём
идёшь идёте
идёт иду́т

past шёл, шла, шло, шли

Note the past tense of идти́: он шёл, онá шла, онó шло, они́ шли.

The perfective of the verb "to go by one's own means" is пойти́: Где профéссор? Он пошёл в лаборатóрию, "Where is the professor? He has gone to the lab." The conjugation of the verb пойти́ is as follows:

пойти́ (perfective), "to go by one's own means"

future пойду́ пойдём
пойдёшь пойдёте
пойдёт пойду́т

past пошёл, пошлá, пошлó, пошли́

Note that the past tense of пойти́ corresponds to that of идти́, plus the prefix по-.

Other common verbs of motion include the following:

éздить (indeterminate imperfective), “to ride”

present	éзжу	éздим
	éздишь	éздите
	éздит	éздят
past	éздил, éздила, éздило, éздили	

éхать (determinate imperfective), “to ride”

present	éду	éдем
	éдешь	éдете
	éдет	éдут
past	éхал, éхала, éхало, éхали	

поéхать (perfective), “to ride”

future	поéду	поéдем
	поéдешь	поéдете
	поéдет	поéдут
past	поéхал, поéхала, поéхало, поéхали	

носи́ть (indeterminate imperfective), “to carry”

present	ношу́	но́сим
	но́сишь	но́сите
	но́сит	но́сят
past	носи́л, носи́ла, носи́ло, носи́ли	

нести́ (determinate imperfective), “to carry”

present	несу́	несём
	несёшь	несёте
	несёт	несу́т
past	нёс, несла́, несло́, несли́	

понести́ (perfective), “to carry”

future	понесу́	понесём
	понесёшь	понесёте
	понесёт	понесу́т
past	понёс, понесла́, понесло́, понесли́	

Note the past tense of нести́ and понести́.

вози́ть (indeterminate imperfective), “to carry (by vehicle)”

present	вожу́	во́зим
	во́зишь	во́зите
	во́зит	во́зят
past	вози́л, вози́ла, вози́ло, вози́ли	

везти́ (determinate imperfective), "to carry (by vehicle)"

present	везу́	везём
	везёшь	везёте
	везёт	везу́т
past	вёз, везла́, везло́, везли́	

повезти́ (perfective), "to carry (by vehicle)"

future	повезу́	повезём
	повезёшь	повезёте
	повезёт	повезу́т
past	повёз, повезла́, повезло́, повезли́	

Note the past tense of везти́ and повезти́.

Furthermore, these verbs of going and carrying may be prefixed by "directional prefixes." For example, the verb приноси́ть/принести́ means "to bring"; the verb уноси́ть/унести́ means "to carry away," or "to take away." The prefix при- means "up to," while у- means "away." These prefixed compounds have only two forms: imperfective and perfective.

Some Comments on the Translation of Verb Forms

The difference in the sense of the imperfective and perfective can be emphasized by exhibiting both aspects of the same verb in one sentence. (It is recommended that each word in the sentence be looked up in the dictionary; the superscripts refer to the comments immediately following the translation.)

(1) Пре́жде чем[1] **дока́зывать**,[2] что все со́бственные значе́ния ма́трицы A удовлетворя́ют[3] уравне́нию (4), мы **дока́жем**,[4] что е́сли $h(\lambda)$ — о́бщий наибо́льший дели́тель[5] элеме́нтов присоединённой к $A - \lambda I$ ма́трицы,[6] то[7] $\phi(\lambda) = h(\lambda)\psi(\lambda)$.

Пре́жде чем дока́зывать, что все со́бственные значе́ния ма́трицы А удовлетворя́ют уравне́нию (4), *мы дока́жем, что е́сли* $h(\lambda)$ — *о́бщий наибо́льший дели́тель элеме́нтов присоединённой к* $A - \lambda I$ *ма́трицы, то* $\phi(\lambda) = h(\lambda)\psi(\lambda)$.

Before we go on to prove (or, Before we prove) that all the eigenvalues of the matrix A satisfy equation (4), we shall prove that if $h(\lambda)$ is the highest common divisor of the elements of the matrix (which is) adjoint to $A - \lambda I$, then $\phi(\lambda) = h(\lambda)\psi(\lambda)$.

1. Under the entry пре́жде appears the phrase пре́жде чем as a conjunction, meaning *before*, which is usually followed by an infinitive.

2. The infinitive here can be rendered in many ways, the simplest and most usual way being "Before proving that..."; the less common English expression in the translation has been used to emphasize the use of the imperfective aspect which must be explicit in Russian.

3. Imperfective infinitive is удовлетворя́ть; the conjugation is like выполня́ть in Appendix D.

4. Perfective form доказа́ть from the imperfective infinitive дока́зывать (see Appendix D). Although дока́жем is first-person plural, future indicative, the translation "we prove" is as correct as "we shall prove," since the two renderings are fully equivalent in the context of the sentence.

5. The expression о́бщий наибо́льший дели́тель will be found listed in the dictionary after each of the three words in the phrase, since a literal rendering with the same word-order could conceivably lead to confusion, particularly since о́бщий has other meanings.

6. The phrase присоединённой к $A - \lambda I$ ма́трицы is literally "of the adjoint to $A - \lambda I$ matrix" and is somewhat reminiscent of a construction in German. Note that the — between A and λI cannot be misinterpreted as a substitute for the verb *to be*, since Soviet mathematical writers are quite careful not to use the dash or hyphen for the verb *to be* whenever there is any possibility of confusion.

7. The word то is the conjunction *then*, not the demonstrative pronoun.

(2) Для ка́ждой стро́го возраста́ющей[1] после́довательности σ и́ндексов мно́жество A_σ откры́то[2] в $L_{n+1,p+1}$ и насы́щено[2] по $\Delta_{n,p}$; поэ́тому его́[3] канони́ческий о́браз C_σ в $P_{n,p}$ явля́еця откры́тым[4] мно́жеством[4], гомеомо́рфным фактормно́жеству мно́жества A_σ по отноше́нию[5] эквивале́нтности[5] θ_σ, индуци́руемому[6] в A_σ отноше́нием $\Delta_{n,p}$.

Для ка́ждой стро́го возраста́ющей после́довательности σ и́ндексов мно́жество A_σ откры́то в $L_{n+1,p+1}$ и насы́щено по $\Delta_{n,p}$; поэ́тому его́ канони́ческий о́браз C_σ в $P_{n,p}$ явля́еця откры́тым мно́жеством, гомеомо́рфным фактормно́жеству мно́жества A_σ по отноше́нию эквивале́нтности θ_σ, индуци́руемому в A_σ отноше́нием $\Delta_{n,p}$.

For every strictly increasing sequence of indices σ, the set A_σ is open in $L_{n+1,p+1}$ and saturated for $\Delta_{n,p}$; hence its canonical image C_σ in $P_{n,p}$ is an open set (which is)[7] homeomorphic to the quotient of the set A_σ by the equivalence relation θ_σ induced in A_σ by the relation $\Delta_{n,p}$.

1. Present participle, having the form of an adjective; this form is listed as an adjective in the dictionary.
2. Short form, neuter, of откры́тый (open) indicates a predicative use with the verb "to be" omitted; note the short form, neuter, of, насы́щенный (saturated).
3. Note that его́ is not declined, even though it is linked to о́браз.
4. The verb явля́ться (to be) is followed by the instrumental case.
5. отноше́ние эквивале́нтности (lit. *relation of equivalence*) is the usual way of expressing the English phrase *equivalence relation*. In Russian, the noun "equivalence" cannot be used as an adjective without adding an adjectival ending. It is quite possible to form the adjective эквивале́нтностный (equivalence, pert. to an equivalence) and write эквивале́нтностное отноше́ние (equivalence relation), but it lacks one essential ingredient: it is not the idiomatic expression for "equivalence relation" in Russian.
6. This is the present passive participle индуци́руемый of индуци́ровать (to induce) and has a second meaning "inducible"; both meanings are given in the dictionary.
7. This phrase in parentheses may or may not be inserted, at the discretion of the translator.

(3) Е́сли о́бластью[1], в кото́рой за́дана[2] нача́льная температу́ра $t(x, y, z)$, явля́ется все[3] простра́нство, то[4] реше́ние мо́жет быть[5] запи́сано[5] в замкну́той фо́рме.

Е́сли о́бластью, в кото́рой за́дана нача́льная температу́ра $t(x, y, z)$, явля́ется все простра́нство, то реше́ние мо́жет быть запи́сано в замкну́той фо́рме.

If the domain, in which the initial temperature $t(x, y, z)$, is prescribed, is the whole space, then the solution can be written in closed form.

1. Instrumental case with явля́ться (to be).
2. Short form, feminine, of за́данный; a predicative use is indicated here, and the passive participle gives the passive sense to the translation.
3. все is an adjective, and its synonyms often give a smoother translation than "all."
4. The conjunction "then" rather than the neuter of тот.
5. The same use of the passive participle as in note 2; the link-verb быть must be used here following мо́жет. Note also that мо́жет быть as a phrase has the meaning "perhaps," but that the context rules out this possibility. See also Some Special Verbs below.

(4) Для того́ что́бы[1] э́тот проце́сс име́л[2] смысл, необходи́мо[3], что́бы[4] он дава́л еди́нственный результа́т.

Для того́ что́бы э́тот проце́сс име́л смысл, необходи́мо, что́бы он дава́л еди́нственный результа́т.

In order that this process have meaning, it is necessary that it give a unique result.

1. для того́ что́бы is the usual phrase "in order that," and the verb to follow is always subjunctive or conditional.
2. The conditional or subjunctive mood of име́ть (to have); the particle бы has been attached to the что (that) in the clause.
3. Note the short form and the implied predicative.
4. The conditional of дава́ть (to give) is дава́л бы, and the particle бы usually combines with что.

(5) Повторя́я[1] э́то рассужде́ние, мы получи́м[2] тот же[3] результа́т для фу́нкции $f_n(x)$.

Повторя́я э́то рассужде́ние, мы получи́м тот же результа́т для фу́нкции $f_n(x)$.

By repeating this argument, we obtain the same result for the function $f_n(x)$.

1. Adverbial participle of повторя́ть (to repeat); the translation of повторя́я could have been rendered by "Repeating" or "If we repeat," to suit the taste of the translator.
2. Perfective form, and the future "we shall obtain" has the same sense, in the context, as "we obtain."
3. Note the pair тот же under тот or under же in the dictionary.

(6) Распределе́ние, задава́емое[1] фу́нкцей[2] пло́тности[2] $s_n(x)$ или фу́нкцей[2] распределе́ния[2] $S_n(x)$ изве́стно под назва́нием *распределе́ния Стьюде́нта* или *t-распределе́ния*; оно́ бы́ло впервы́е использова́но[3] в одно́й ва́жной статисти́ческой пробле́ме В. Го́ссетом, писа́вшим[4] под псевдони́мом «Стьюде́нт» (Student)[5].

Распределе́ние, задава́емое фу́нкцей пло́тности $s_n(x)$ *или фу́нкцей распределе́ния* $S_n(x)$ *изве́стно под назва́нием* распределе́ния Стьюде́нта *или t*-распределе́ния*; оно́ бы́ло впервы́е использова́но в одно́й ва́жной статисти́ческой пробле́ме В. Го́ссетом, писа́вшим под псевдони́мом «Стьюде́нт»* (*Student*).

The distribution defined by the frequency function $s_n(x)$ or the distribution function $S_n(x)$ is known under the name of *Student's distribution* or the *t-distribution*; it was first used in an important statistical problem by W. Gosset, writing under the pseudonym of "Student."

1. Present passive participle задава́емый of задава́ть (to define, etc.).
2. Cf. note 5 under example 2 of this section.
3. Short form of the participle использова́нный; with бы́ло the verb is passive.
4. The past active participle писа́вший of писа́ть (to write); it may also be rendered as "who wrote" or "who was writing," the latter expressing literally the imperfective aspect of the verb.
5. When a Western surname is introduced into Russian for the first time, the original spelling in the Roman alphabet used sometimes to follow the transliteration into Russian; this is rarely done today.

(7) Приме́ры §1 пока́зывают, что ряд мо́жет быть сходя́щимся[1], не бу́дучи[2] абсолю́тно сходя́щимся[1].

Приме́ры §1 *пока́зывают, что ряд мо́жет быть сходя́щимся, не бу́дучи абсолю́тно сходя́щимся.*

The examples of §1 show that a series can be convergent without being absolutely convergent.

1. Instrumental case of the predicate following the simple past or simple future of быть.
2. Adverbial participle of быть.

Some Special Verbs

Examples of a number of auxiliary verbs and forms, such as *must, can*, etc., will be given in this section. Please refer to the section concerning modals in The Verb for further discussion.

(1) Е́сли ско́ростью ча́стицы нельзя́ пренебре́чь по сравне́нию со ско́ростью све́та c и́ли эне́ргией её нельзя́ пренебре́чь по сравне́нию c эне́ргией поко́ящейся ма́ссы, то необходи́мо по́льзоваться фо́рмулой $\lambda_D = \cdots$

Е́сли ско́ростью ча́стицы нельзя́ пренебре́чь по сравне́нию со ско́ростью све́та с и́ли эне́ргией её нельзя́ пренебре́чь по сравне́нию с эне́ргией поко́ящейся ма́ссы, то необходи́мо по́льзоваться фо́рмулой $\lambda_D = \cdots$

If the velocity of the particle is not negligible compared to the velocity of light, c, or if the energy is not negligible compared to the rest mass energy, then it is necessary to use the formula $\lambda_D = \cdots$ (Literally, If one must not, or cannot, neglect the velocity of the particle in comparison to the velocity of light, c, or if one must not neglect the energy, etc.)

The English words "must," "ought to," and "should" may also be rendered by сле́дует followed by the infinitive; the past is сле́довало бы (should have, ought to have); for example

(2) Сле́дует быть остро́жным при испо́льзовании э́той фо́рмулы.

Сле́дует быть остро́жным при испо́льзовании э́той фо́рмулы.

One must be careful in using this formula.

(3) Вам сле́довало бы исключи́ть снача́ла A, зате́м B.

Вам сле́довало бы исключи́ть снача́ла A, зате́м B.

You should have eliminated A first, and then B.

Note. Сле́дует may also have its usual meaning "follows," for example

(4) Из (2) сле́дует, что ...

Из (2) сле́дует, что ...

It follows from (2) that ...

(5) Самодуа́льному те́нзору $G^{\rho\sigma}$ мо́жно сопоста́вить симметри́ческий спи́нор второ́го ра́нга g_{rs}.

Самодуа́льному те́нзору $G^{\rho\sigma}$ *мо́жно сопоста́вить симметри́ческий спи́нор второ́го ра́нга* g_{rs}.

With a self-dual tensor $G^{\rho\sigma}$ one can associate a symmetric spinor g_{rs} of rank two. (*Or*: It is possible to associate with a self-dual tensor $G^{\rho\sigma}$ a symmetric spinor g_{rs} of rank two.)

(6) Для зада́нного ε мо́жно найти́ тако́е[1] δ, что[1] $|I_1| < \varepsilon/3$ для всех значе́ний n; фикси́ровав[2] э́то значе́ние δ, мо́жно найти́ тако́е[3] $n_0 = n_0(\delta)$, что[3] $|I_2| < \varepsilon/3$ и $|I_3| < \varepsilon/3$ при $n > n_0$.

Для зада́нного ε *мо́жно найти́ тако́е* δ, *что* $|I_1| < \varepsilon/3$ *для всех значе́ний* n; *фикси́ровав э́то значе́ние* δ, *мо́жно найти́ тако́е* $n_0 = n_0(\delta)$, *что* $|I_2| < \varepsilon/3$ *и* $|I_3| < \varepsilon/3$ *при* $n > n_0$.

For given ε, we can find δ such that $|I_1| < \varepsilon/3$ for all values of n; having fixed δ, we can find $n_0 = n_0(\delta)$ such that $|I_2| < \varepsilon/3$ and $|I_3| < \varepsilon/3$ for $n > n_0$.

1. Literally, "such a δ that"; this is the usual Russian construction.
2. Adverbial participle; note that фикси́ровать is both perfective and imperfective.
3. Same comment as in note 1.

(7) Мо́жет показа́ться, что тако́е явле́ние тру́дно объясни́ть.
Мо́жет показа́ться, что тако́е явле́ние тру́дно объясни́ть.
This phenomenon may seem difficult to explain.

(8) Е́сли мы мо́жем располага́ть бо́льшим чи́слом то́чных наблюде́ний, ...
Е́сли мы мо́жем располага́ть бо́льшим чи́слом то́чных наблюде́ний, ...
If we could have at our disposal a large number of precise observations, ...

(9) Е́сли мы интегри́руем фу́нкцую $(1 + x^2)^{-1}$ от 0 до ∞, мы смо́жем определи́ть значе́ние π.
Е́сли мы интегри́руем фу́нкцую $(1 + x^2)^{-1}$ *от* 0 *до* ∞, *мы смо́жем определи́ть значе́ние* π.
If we integrate the function $(1 + x^2)^{-1}$ from 0 to ∞, we shall be able to determine the value of π.

(10) Отве́т на э́тот вопро́с мо́жет дать ключ ко всей пробле́ме.
Отве́т на э́тот вопро́с мо́жет дать ключ ко всей пробле́ме.
The answer to this question may give the key to the whole problem.

The Adverb

Unlike the noun and the adjective in Russian, the form of the adverb is invariable.

A. Formation of the Adverb

1. Most adverbs are formed from corresponding adjectives by replacing the adjectival ending (-ый, -ий, -ой) with the adverbial suffix (-о, -е):

хоро́ший – хорошо́	good – well
плохо́й – пло́хо	bad – badly
интере́сный – интере́сно	interesting – interestingly
могу́чий – могу́че	powerful – powerfully

Note that these forms may resemble the neuter short-form adjective and should not be confused.

2. Adjectives ending in -ский form corresponding adverbs in -и, with or without the prefix по- :

англи́йский – по-англи́йски	English – in English
практи́ческий – практи́чески	practical – practically
теорети́ческий – теорети́чески	theoretical – theoretically

3. Adverbs may also be formed by use of case endings, resulting in an invariable form:

a. по- plus the dative singular of the corresponding adjective:

настоя́щий – по-настоя́щему	real – really

b. The instrumental singular of a noun:

по́лностью	fully

4. Some adverbs are **not** formed from corresponding adjectives by adverbial suffixation. These include the following:

здесь	here
там	there
сюда́	to here
туда́	to there
отсю́да	from here
отту́да	from there
о́чень	very

5. The adverb may express degree:

a. The adverbial comparative degree is equivalent in form to that of the adjective. The suffix -ее is used:

интере́сно	interestingly (*adv.*)
интере́снее	more interesting (*adj.*), more interestingly (*adv.*)
Он говори́т интере́сно.	He speaks interestingly.
Она́ говори́т интере́снее, чем он.	She speaks more interestingly than he does.

b. The superlative degree is the comparative degree plus всех (of all):

Он реши́л зада́чу ра́ньше всех.

Он реши́л зада́чу ра́ньше всех.

He solved the problem earlier than all the rest.

c. As in adjectival comparative constructions, the comparative conjunction **than** is expressed by using the word чем:

Они́ реши́ли зада́чу ра́ньше, чем мы.

Они́ реши́ли зада́чу ра́ньше, чем мы.

They solved the problem earlier than we (did).

B. Uses of the Adverb

1. Adverbs may modify verbs, adjectives, and other adverbs:

Он пра́вильно реши́л зада́чу.

Он пра́вильно реши́л зада́чу.

He solved the problem correctly.

Профе́ссор чита́л о́чень интере́сный докла́д.

Профе́ссор чита́л о́чень интере́сный докла́д.

The professor read a very interesting paper.

Студéнт óчень бы́стро отвéтил на вопрóс профéссора.

Студéнт óчень бы́стро отвéтил на вопрóс профéссора.

The student answered the professor's question very quickly.

2. Adverbs may be used in the predicate in impersonal constructions (sentences which lack a grammatical subject):

a. These constructions may express a state or condition:

i) State of environment

Здесь хóлодно. — It is cold here.

В кабинéте теплó и светлó.

В кабинéте теплó и светлó.

It is warm and light in the study.

Э́ту задáчу трýдно реши́ть.

Э́ту задáчу трýдно реши́ть.

It is difficult to solve this problem.

ii) State of necessity or possibility

Нýжно прáвильно реши́ть задáчу.

Нýжно прáвильно реши́ть задáчу.

It is necessary to solve the problem correctly.

Здесь нельзя́ кури́ть.

Здесь нельзя́ кури́ть.

Smoking is not allowed here.

b. When a logical subject is required, a noun or pronoun in the dative case may be used:

Емý хóлодно. — He is cold.

Эту задáчу студéнту трýдно реши́ть.

Эту задáчу студéнту трýдно реши́ть.

It is difficult for the student to solve this problem.

Note that the verb in such constructions is in the infinitive.

c. In the past tense, these constructions use the neuter past form of **to be** (бы́ло), while in the future tense the singular form of **to be** is used (бýдет). This occurs because there is no grammatical subject in the sentences; thus the verb has nothing with which to agree.

Трýдно бы́ло реши́ть задáчу.

Трýдно бы́ло реши́ть задáчу.

It was difficult to solve the problem.

Профéссору бýдет легкó вы́полнить э́то задáние.

Профéссору бýдет легкó вы́полнить э́то задáние.

It will be easy for the professor to carry out this task.

The Preposition

The meanings of many of the common English prepositions are already embodied in the case endings of the Russian nouns and pronouns; the most obvious instance is, of course, the implicit rendering of the preposition "of" by the genitive case, the preposition "by" with the instrumental, for example, применённый áвтором (applied by the author), etc. The table below gives some of the more commonly used Russian prepositions, including adverbial participles, and the corresponding cases together with some typical phrases.

Preposition	*Case*	*Illustration*
без (безо) without	*gen.*	без потéри óбщности without loss of generality без крáтных тóчек without multiple points
благодаря́ due to, because of	*dat.*	благодаря́ применéнию нóвых мéтодов because of the application of new methods благодаря́ сфери́ческой симметри́и потенциáла V because of the spherical symmetry of the potential V
в (во) in, into, at, on, to	*acc.*	мнóжество A перехóдит в мнóжество B the set A goes into a set B
	loc.	в тóчке z_0 at the point z_0 почти́ во всех точкáх мнóжества E at almost all points of the set E в результáте as a result в 1952 г. in 1952
вблизи́ near, in the vicinity of	*gen.*	пóле сконцентри́руется вблизи́ экваториáльной плóскости the field is concentrated near the equatorial plane Éсли $f(z)$ ограниченá вблизи́ осóбых тóчек, ... If $f(z)$ is bounded in the vicinity of the singular points, ...
вдоль along, down, via, around	*gen.*	интегрáл взя́тый вдоль едини́чной окрýжности the integral taken around the unit circle интегрáл взят вдоль кóнтура C the integral is taken along the contour C

Preposition	*Case*	*Illustration*
вдоль (*cont.*) along, down, via, around	*gen.*	вдоль соотве́тствующих сто́рон along the corresponding sides
включа́я including, inclusive of	*acc.*	включа́я бесконе́чно удалённую то́чку including the point at infinity
вме́сто instead of, in place of	*gen.*	вме́сто обы́чных фу́нкций instead of the usual functions
вне outside, exterior to	*gen.*	вне едини́чной окру́жности outside the unit circle, exterior to the unit circle
внутри́ inside, interior to, on compact subsets of	*gen.*	внутри́ о́бласти D interior to the domain D равноме́рно схо́дится внутри́ о́бласти D converges uniformly on compact subsets of the domain D
внутрь in, into, inside	*gen.*	где $\partial/\partial n$ — произво́дная по норма́ли, напра́вленной внутрь о́бласти where $\partial/\partial n$ is the normal derivative directed into the domain
вокру́г around, about	*gen.*	Интегра́л взят вокру́г элли́пса E The integral is taken around the ellipse E враще́ние вокру́г то́чки $w = 0$ a rotation about the point $w = 0$
для for	*gen.*	для всех n for all n для того́ что́бы in order that
до to, up to, until, with respect to	*gen.*	мы интегри́руем от то́чки z_1 до то́чки z_2 we integrate from the point z_1 to the point z_2 расстоя́ние до изображе́ния distance to the image (i.e., image distance) приведены́ выраже́ния то́лько до чле́нов тре́тьего поря́дка expressions are given only up to the third order

Preposition	*Case*	*Illustration*
до (*cont.*) to, up to, until, with respect to	*gen.*	дополнéние A до пóлного прострáнства the complement of A with respect to the whole space
за for, as, at, in, over, across, beyond, with	*acc.*	продолжáть $f(z)$ за едини́чный круг to continue $f(z)$ beyond the unit circle
		за пери́од немнóгим бóлее четырёх лет in a period of a little over four years
		за врéмя t_0 at time t_0
		Éсли за закóн компози́ции приня́ть сложéние двух чи́сел из I, ... If we take as the law of composition the addition of two numbers of I, ...
		за оди́н оборóт in one revolution (per revolution)
		числó части́ц рассéянных за едини́цу врéмени the number of particles scattered per unit time
	instr.	за исключéнием величины́ A with the exception of the quantity A
из of, out of, by, from	*gen.*	мéньший из элемéнтов A, B the smaller of the elements A, B
		однó из мнóжеств E_n one of the sets E_n
		состоя́щий из конéчного числá дуг consisting of a finite number of arcs
		Из (1) слéдует, что ... It follows from (1) that ...
		Многочлéны определя́ются из рáвенств $A_i = B_i$ The polynomials are defined by the equalities $A_i = B_i$
из-за because of, from behind	*gen.*	Послéднюю из теорéм не привóдим из-за громóздкости предвари́тельных услóвий We do not cite the last of the theorems because of the awkwardness of the preliminary conditions
изнутри́ in, from within	*gen.*	Жи́дкость вытекáет чéрез ds изнутри́ крýга The liquid flows across ds from within the circle

Preposition	***Case***	***Illustration***
исключа́я* except, except for	*acc.*	Пусть u, v и U, V – две па́ры фу́нкций, обладáющие всéми укáзанными в определéнии (6) свóйствами, исключáя отношéние (1) Let u, v and U, V be two pairs of functions having all the properties mentioned in Definition (6) except for the relation (1)
к (ко) to, towards, at, on	*dat.*	прáвая часть стреми́тся к ну́лю the right-hand side tends to zero P_n стреми́тся к некотóрому предéлу P_n tends to some limit произведéние расхóдится к ну́лю the product diverges to zero теорéма применена́ к кóнтуру охвáтывающему начáло the theorem is applied to a contour which surrounds the origin ко врéмени написáния at the time of writing замечáния к предыду́щей теорéме remarks on the previous theorem
кончáя until, ending with	*instr.*	кончáя октя́брем until October
крóме except, besides	*gen.*	крóме тóчек мнóжества мéра котóрого рáвна ну́лю except for a set of measure zero† крóме слу́чая, в котóром ... except for the case in which ...
мéжду between	*instr.*	мéжду э́тими тóчками between these points отношéние мéжду уравнéниями (1) и (2) the relation between equations (1) and (2)

* This is the adverbial participle formed from исключáть and means literally "excluding" or "excepting." The word has a second meaning in extensive use, for example

Исключáя t из двух послéдних рáвенств, получáем $s = 1$.

If we eliminate t from the last two equalities, we obtain $s = 1$.

† Literally, "except for points of a set, the measure of which is equal to zero" the Russian is frequently phrased in this way.

Preposition	*Case*	*Illustration*
на on, onto, at, about, by, for, into	*loc.*	на грани́це $u(x,y)=0$ on the boundary $u(x,y)=0$ умножа́я уравне́ние (8) на e^{-xt} и интегри́руя, ... if we multiply (8) by e^{-xt} and integrate, ...
	acc.	ограниче́ния на поведе́ние $f(z)$ restrictions on the behavior of $f(z)$ отобража́я круг $\lvert w\rvert<1$ на круг $\lvert z\rvert<1$, ... if we map the disk $\lvert w\rvert<1$ onto the disk $\lvert z\rvert<1$, ... зада́ча на обтека́ние a flow problem (a problem on flow) на расстоя́ние r от нача́ла at a distance r from the origin враще́ние на не́который угол a rotation about some angle О́бласти D_n разобьём на два кла́сса We (shall) divide the domains D_n into two classes си́ла на едини́цу объёма force per unit volume с характери́стиками, отлича́ющимися от характери́стик $f(z)$ на величину́ поря́дка ε with characteristics differing from the characteristics of $f(z)$ by a quantity of the order of ε
над over, above, at	*instr.*	слой над x a fibre over x вы́сота над о́сью height above the axis пи́ки над то́чками $z=n$ the peaks over the points $z=n$
начина́я с beginning with	*gen.*	начина́я с доста́точно больши́х значе́ний n beginning with sufficiently large values of n
несмотря́ на in spite of, despite	*acc.*	несмотря́ на то, что $f(x)$ напреры́вна, ... in spite of the continuity of $f(x)$, ... (in spite of the fact that $f(x)$ is continuous, ...)
о (об, обо) on, about, concerning	*loc.*	теоре́ма о сре́днем значе́нии mean-value theorem (theorem about the mean value)

Preposition	*Case*	*Illustration*
о (об, обо) (*cont.*) on, about, concerning	*loc.*	овы́сших инвари́антах Хо́пфа on the higher Hopf invariants ов одно́м обобщении фу́нкций concerning a generalization of functions
о́коло about, near, by, close to	*gen.*	эмпири́ческие значе́ния j_P обы́чно составля́ют о́коло $j_T/3$ empirical values of j_P are usually about one-third of j_T По́лное движе́ние ускоря́емых части́ц мо́жно описа́ть колеба́ниями их о́коло адиабати́чески изменя́ющейся равнове́сной орби́ты The general motion of accelerated particles can be described by their oscillations about an adiabatically varying equilibrium orbit
от from, of, on	*gen.*	интегра́л не зави́сит от вы́бора о́бластей D_n the integral does not depend on the choice of the domains D_n незави́симый от вы́бора ба́зиса independent of the choice of basis Мы перехо́дим от одно́й систе́мы к но́бой систе́ме We go over from one system to a new system
относи́тельно with respect to, over, about (concerning)	*gen.*	гиперкомпле́ксная систе́ма относи́тельно коммута́тивного по́ля a hypercomplex system over a commutative field По́ле Σ расшире́ния называ́ется алгебраи́ческим относи́тельно Δ, е́сли ... An extension field Σ is called algebraic over Δ if ... гармони́ческая ме́ра E относи́тельно о́бласти D the harmonic measure of E with respect to the domain D относи́тельно фу́нкции $T(t)$, см. §2, п. 1 concerning the function $T(t)$, see §2, part 1
пе́ред in front of, before, preceding, compared to	*instr.*	Ци́фры в кру́глых ско́бках, стоя́щие пе́ред разли́чными гру́ппами обозначе́ний numbers in parentheses preceding various groups of symbols

Preposition	*Case*	*Illustration*
пе́ред (*cont.*) in front of, before, preceding, compared to	*instr.*	Пе́ред эпсило́новыми доказа́тельствами вставля́ется интуити́вный набро́сок. Preceding the epsilon-proofs, there is an intuitive sketch.
по by, on, in, according to, with respect to, up to	*dat.*	по теоре́ме 1 by Theorem 1 инду́кция по n induction on n разложе́ние по сте́пеням z expansion in powers of z пе́рвое слага́емое по мо́дулю не превосхо́дит ε the first term does not exceed ε in modulus дифференци́руя (19) по x и y, ... if we differentiate (19) with respect to x and y, ... ле́кция по тео́рии идеа́лов a lecture on ideal theory (the theory of ideals) по отноше́нию к ду́ге Γ with respect to the arc Γ по отноше́нию E modulo E схо́дится по ме́ре converges in measure по всем некаса́тельным путя́м along all nontangential paths
под under, by, at	*instr.*	под зна́ком интегра́ла under the integral sign под у́глом ϑ at an angle ϑ Под n-м ко́рнем из едини́цы подразумева́ем ко́рень полино́ма $x^n - 1$. By an n-th root of unity we mean a root of the polynomial $x^n - 1$.
по́сле after, following	*gen.*	по́сле отображе́ния B на B_1 following a mapping of B onto B_1 по́сле подстано́вки after a substitution
при for, at, under, by, on	*loc.*	при фиксиро́ванном r for fixed r при всех $n > N_0$ for all $n > N_0$

Preposition	*Case*	*Illustration*
при (*cont.*) for, at, under, by, on	*loc.*	при ýгле падéния at the angle of incidence при нормáльном падéнии at normal incidence при услóвиях теорéмы 1 under the hypotheses of Theorem 1 При разложéнии по стéпеням x мы получáем ряд (1). By (on) expanding in powers of x, we obtain the series (1). при конфóрмном отображéнии крýга $\|w\| < 1$ на круг $\|z\| < 1, \ldots$ under a conformal mapping of the circle $\|w\| < 1$ onto the disk $\|z\| < 1, \ldots$
прóтив against, opposite, facing	*gen.*	прóтив пáза рóтора opposite the slot of the rotor прóтив чáсовой стрéлки counter-clockwise
путём by, by means of	*gen.*	путём разложéния по стéпеням x by means of an expansion in powers of x путём сопоставлéния by way of contrast Путём сравнéния (1) с рáнее установленным Гýлдом выражéнием для $1 - 1$ вывóдится тóждество $0 \equiv 0$. By comparison of (1) with an expression for $1 - 1$ established earlier by Gould, the identity $0 \equiv 0$ is deduced.
с (со) with, of, on, from	*instr.*	со скóростью v with velocity v с рáвенством тóлько для $A = A$ with equality only for $A = A$ кóрень с порÿдком n a root of order n
	gen.	с другóй стороны́ on the other hand с 1952 г. since 1952 с бесконéчно большóй длины́ волны́ of infinite wave length продолжи́ть с отрéзка $[0, 2\pi)$ во пóлосу Ω continue from the interval $[0, 2\pi)$ to Ω

Preposition	*Case*	*Illustration*
согла́сно by, according to	*dat.*	согла́сно предыду́щему, $A = 0$ by the preceding, $A = 0$ согла́сно определе́нию according to the definition
среди́ among	*gen.*	среди́ экстрема́льных фу́нкций among the extremal functions
у by, with, on, of	*gen.*	у него́ реше́ние he has a solution Изложе́ние у нас бо́лее подро́бное, чем в [1]. Our account is more detailed than [that given] in [1]. Для моле́кул, у кото́рых инверсио́нным удвое́нием пренебрега́ть нельзя́, ... For molecules whose inversion doubling cannot be neglected, ... Штрих у зна́ков су́ммы означа́ет, что ... The prime on the summation signs means that ...
че́рез across, by, in terms of	*acc.*	пото́к че́рез едини́чную площа́дку the flow across a unit area выража́ются че́рез и́мпульсы (they) are expressed in terms of the momenta фу́нкция продолжа́ется че́рез ду́гу A the function is continued across the arc A Обозна́чим че́рез $[a]$, как обы́чно, це́лую часть числа́ a. Let us denote by $[a]$, as is customary, the integral part of the number a. Элеме́нты мно́жества A мо́гут быть обозначе́ны через $a_1, a_2, \ldots$ The elements of the set A can be denoted by $a_1, a_2, \ldots$ прямы́е, не проходя́щие че́рез нача́ло straight lines not passing through the origin

Cardinal and Ordinal Numbers

In Russian, as in English, numerals may be divided into two categories, cardinal (one, two, three, etc.) and ordinal (first, second, third, etc.). The following table lists the cardinal and ordinal numbers in Russian; the cardinal numbers appear first, and the ordinals follow the semicolon:

1	оди́н (*m.*), одна́ (*f.*), одно́ (*n.*), одни́ (*pl.*); пе́рвый, пе́рвая, пе́рвое
2	два (*m., n.*), две (*f.*); второ́й, -а́я, -о́е
3	три; тре́тий, -ья, -ье
4	четы́ре; четвёртый, -ая, -ое
5	пять; пя́тый, -ая, -ое
6	шесть; шесто́й, -а́я, -о́е
7	семь; седьмо́й, -а́я, -о́е
8	во́семь; восьмо́й, -а́я, -о́е
9	де́вять; девя́тый, -ая, -ое
10	де́сять; деся́тый, -ая, -ое
11	оди́ннадцать; оди́ннадцатый, -ая, -ое
12	двена́дцать; двена́дцатый, -ая, -ое
13	трина́дцать; трина́дцатый, -ая, -ое
14	четы́рнадцать; четы́рнадцатый, -ая, -ое
15	пятна́дцать; пятна́дцатый, -ая, -ое
16	шестна́дцать; шестна́дцатый, -ая, -ое
17	семна́дцать; семна́дцатый, -ая, -ое
18	восемна́дцать; восемна́дцатый, -ая, -ое
19	девятна́дцать; девятна́дцатый, -ая, -ое
20	два́дцать; двадца́тый, -ая, -ое
21	два́дцать оди́н (*m.*); два́дцать пе́рвый
	два́дцать одна́ (*f.*); два́дцать пе́рвая
	два́дцать одно́ (*n.*); два́дцать пе́рвое
25	два́дцать пять; два́дцать пя́тый, -ая, -ое
30	три́дцать; тридца́тый, -ая, -ое
35	три́дцать пять; три́дцать пя́тый, -ая, -ое
40	со́рок; сороково́й, -а́я, -о́е
50	пятьдеся́т; пятидеся́тый, -ая, -ое
60	шестьдеся́т; шестидеся́тый, -ая, -ое
70	се́мьдесят; семидеся́тый, -ая, -ое
80	во́семьдесят; восьмидеся́тый, -ая, -ое
90	девяно́сто; девяно́стый, -ая, -ое
100	сто; со́тый, -ая, -ое
200	две́сти; двухсо́тый, -ая, -ое
300	три́ста; трёхсо́тый, -ая, -ое
400	четы́реста; четырёхсо́тый, -ая, -ое
500	пятьсо́т; пятисо́тый, -ая, -ое
600	шестьсо́т; шестисо́тый, -ая, -ое
700	семьсо́т; семисо́тый, -ая, -ое
800	восемьсо́т; восьмисо́тый, -ая, -ое
900	девятьсо́т; девятисо́тый, -ая, -ое
1000	ты́сяча; ты́сячный, -ая, -ое
10^6	миллио́н; миллио́нный, -ая, -ое
10^9	миллиа́рд; миллиа́рдный, -ая, -ое
10^{12}	биллио́н; биллио́нный, -ая, -ое

A. Ordinal Numbers

Both types of numeral are declined. Ordinal numbers are adjectival in form, and thus simply follow the adjectival declension. In compound ordinals, however, only the final component is in the ordinal (adjectival) form:

два́дцать пя́тый, twenty-fifth:

два́дцать пя́того (*gen. sing.*)

два́дцать пя́том (*loc. sing.*)

два́дцать пя́тых (*gen. pl.*), etc.

The only ordinal number which requires additional explanation is the adjective "third," or тре́тий (*m.*), тре́тья (*f.*), тре́тье (*n.*). Notice that the feminine and neuter adjectival endings are not the expected compound endings -ая (-яя), -ое (-ее). This is so in the nominative and accusative, both singular and plural. The complete declension of this ordinal appears in the Appendix.

B. Cardinal Numbers

Declensions of the cardinal numbers are found in the Appendix. Note that only the numbers "one" and "two" distinguish gender; the number "one" has the following forms which follow the declension of э́тот: оди́н (*m.*), одна́ (*f.*), одно́ (*n.*), and одни́ (*pl.*); the number "two" exhibits the form два for masculine and neuter nouns and the form две for feminine nouns.

1. **Use of case with numbers.** Numbers may occur in any of the cases, depending upon their function in the sentence.

   a. The number "one" is essentially an adjective, and as such agrees in gender, number, and case with its noun. The plural form, одни́, is used when the following noun occurs only in the plural:

   Е́сли одни́ часы́ коле́блюця с пери́одом T, ...

   Е́сли одни́ часы́ коле́блюця с пери́одом T, ...

   If one clock vibrates with period T, ...

   When the number "one" is part of a compound number, both the number "one" and the noun remain in the singular:*

   Он написа́л пятьде́сят одну́ статью́.

   Он написа́л пятьде́сят одну́ статью́.

   He wrote fifty-one articles.

   The word оди́н may also express the meanings "certain," "alone," and "a":

   Одни́ матема́тики согласи́лись с Лобаче́вским.

   Одни́ матема́тики согласи́лись с Лобаче́вским.

   Certain mathematicians agree with Lobachevsky.

   одна́ теоре́ма Лобаче́вского

   одна́ теоре́ма Лобаче́вского

   a theorem of Lobachevsky

* Unless the noun occurs only in the plural, like the Russian word for "clock," in which case they will be plural.

b. When the numbers два, две, три, and четы́ре (and compounds ending in them) are used in the nominative and inanimate accusative (which looks like the nominative), the accompanying noun appears in the genitive singular:

два приме́ра: (*gen. sing.* of приме́р) — two examples

разби́ть на 2 интегра́ла (*gen. sing.* of интегра́л) — to split into two integrals

Пусть i, j, k — три ве́ктора едини́чной длины́, ...

Пусть i, j, k — три ве́ктора едини́чной длины́, ...

Let i, j, k be three vectors of unit length, ...

If the noun following the number is preceded by an adjective, it may be in either the genitive plural or the nominative plural (although the noun is genitive singular in both instances). Generally, the genitive plural is used with masculine and neuter nouns, while the nominative plural is used with feminine nouns:

три сло́жных приме́ра — three complex examples (*masculine noun*)

три сло́жные кни́ги — three complex books (*feminine noun*)

Вводя́ три едини́чных ве́ктора i_1, i_2, i_3, ...

Вводя́ три едини́чных ве́ктора i_1, i_2, i_3, ...

If we introduce the three unit vectors i_1, i_2, i_3, ...

If the item following the number is a substantivized adjective, that is, an adjective acting as a noun, the word is treated as an adjective under the above conditions:

два переме́нных — two variables

две кривы́е — two curves

c. When the numbers пять (five) and up through девятна́дцать (nineteen), and any compound numbers ending in five, six, seven, eight, nine, or zero are in the nominative or inanimate accusative cases, both the noun and its adjective appear in the genitive plural:

три́дцать шесть ру́сских книг — thirty-six Russian books

d. When a number is used in a case other than the nominative or inanimate accusative, the number and the noun and adjectives following that number are in the plural of that particular case.* In other words, the number no longer determines the case of the adjective and noun following it; rather, it agrees in case with the following noun. In compound numbers, all components decline:

из двадцати́ но́вых книг

из двадцати́ но́вых книг

from twenty new books

из двадцати́ двух но́вых книг

из двадцати́ двух но́вых книг

from twenty-two new books

* If the number is a compound ending in "one," the noun is in the singular.

Éсли ýгол мéжду двумя́ зéркалами рáвен α, ...

Éсли ýгол мéжду двумя́ зéркалами рáвен α, ...

If the angle between two mirrors is equal to α, ...

V явля́ецъя фýнкцией 12 величи́н.

V *явля́ецъя фýнкцией* 12 *величи́н.*

V is a function of twelve variables.

d. Nouns following the numbers ты́сяча, миллиóн, and миллиáрд are usually in the genitive plural, regardless of the case in which the number is being used. These words are declined as nouns.

2. Indefinite numerals. When the actual number is unspecified, the noun following the number is usually in the genitive plural:

Пусть уравнéние $L = 0$ имéет n разли́чных корнéй.

Пусть уравнéние $L = 0$ *имéет* n *разли́чных корнéй.*

Let the equation $L = 0$ have n distinct roots.

Similarly, the expressions of quantity мнóго (much, many), мáло (little, few), нéсколько (several, some, a few) are indefinite numerals. When the noun following them can be counted, it appears in the genitive plural; when the noun can be measured but not counted, it is in the genitive singular:

Приведём нéсколько примéров.

Приведём нéсколько примéров.

We cite a few examples.

Имéется мнóго разли́чных вариáнтов.

Имéется мнóго разли́чных вариáнтов.

Many different variants are possible.

мáло свéта, мнóго воды́

мáло свéта, мнóго воды́

a little light, a lot of water

The above are sentences in which the indefinite numerals are in the nominative or accusative case. These expressions may themselves occur in the other cases as well; the nouns following them occur also in that particular case, and generally in the plural:

мнóго нóвых книг	many new books (*nominative plus genitive plural*)
из мнóгих нóвых книг	from many new books (*all in genitive plural*)
со мнóгими нóвыми кни́гами	with many new books (*all in instrumental plural*)

Some Mathematical Conventions

tg = tan
ctg = cotangent
sh = sinh
ch = cosh
Apea- before a hyperbolic function means the inverse of the function
$i = \overline{1,n}$ stands for $i = 1, \ldots, n$.

APPENDIXES

APPENDIX A: THE NOUN

Nouns with Stem Changes

	Singular	*Plural*	*Singular*	*Plural*
nom.	ма́ть	ма́тери	до́чь	до́чери
gen.	ма́тери	матере́й	до́чери	дочере́й
dat.	ма́тери	матеря́м	до́чери	дочеря́м
acc.	ма́ть	матере́й	до́чь	дочере́й
instr.	ма́терью	матеря́ми	до́черью	дочерьми́
loc.	ма́тери	матеря́х	до́чери	дочеря́х

	Singular	*Plural*	*Singular*	*Plural*
nom.	и́мя	имена́	вре́мя	времена́
gen.	и́мени	имён	вре́мени	времён
dat.	и́мени	имена́м	вре́мени	времена́м
acc.	и́мя	имена́	вре́мя	времена́
instr.	и́менем	имена́ми	вре́менем	времена́ми
loc.	и́мени	имена́х	вре́мени	времена́х

	Singular	*Plural*
nom.	не́бо	небеса́
gen.	не́ба	небе́с
dat.	не́бу	небеса́м
acc.	не́бо	небеса́
instr.	не́бом	небеса́ми
loc.	не́бе	небеса́х

Proper Names

	m.	*f.*	*m.*	*f.*
nom.	Алекса́ндров	Алекса́ндрова	Бели́нский	Бели́нская
gen.	Алекса́ндрова	Алекса́ндровой	Бели́нского	Бели́нской
dat.	Алекса́ндрову	Алекса́ндровой	Бели́нскому	Бели́нской
acc.	Алекса́ндрова	Алекса́ндрову	Бели́нского	Бели́нскую
instr.	Алекса́ндровым	Алекса́ндровой	Бели́нским	Бели́нской
loc.	Алекса́ндрове	Алекса́ндровой	Бели́нском	Бели́нской

Masculine Nouns

	Singular	*Plural*	*Singular*	*Plural*
nom.	интегра́л	интегра́лы	ранг	ра́нги
gen.	интегра́ла	интегра́лов	ра́нга	ра́нгов
dat.	интегра́лу	интегра́лам	ра́нгу	ра́нгам
acc.	интегра́л	интегра́лы	ранг	ра́нги
instr.	интегра́лом	интегра́лами	ра́нгом	ра́нгами
loc.	интегра́ле	интегра́лах	ра́нге	ра́нгах

	Singular	*Plural*	*Singular*	*Plural*
nom.	слу́чай	слу́чаи	дели́тель	дели́тели
gen.	слу́чая	слу́чаев	дели́теля	дели́телей
dat.	слу́чаю	слу́чаям	дели́телю	дели́телям
acc.	слу́чай	слу́чаи	дели́тель	дели́тели
instr.	слу́чаем	слу́чаями	дели́телем	дели́телями
loc.	слу́чае	слу́чаях	дели́теле	дели́телях

Feminine Nouns

	Singular	*Plural*	*Singular*	*Plural*
nom.	сторона́	сто́роны	перестано́вка	перестано́вки
gen.	стороны́	сторо́н	перестано́вки	перестано́вок
dat.	стороне́	сторона́м	перестано́вке	перестано́вкам
acc.	сто́рону	сто́роны	перестано́вку	перестано́вки
instr.	стороно́й	сторона́ми	перестано́вкой	перестано́вками
loc.	стороне́	сторона́х	перестано́вке	перестано́вках

	Singular	*Plural*	*Singular*	*Plural*
nom.	поте́ря	поте́ри	фу́нкция	фу́нкции
gen.	поте́ри	поте́ри	фу́нкции	фу́нкций
dat.	поте́ре	поте́рям	фу́нкции	фу́нкциям
acc.	поте́рю	поте́ри	фу́нкцию	фу́нкции
instr.	поте́рей	поте́рями	фу́нкцией	фу́нкциями
loc.	поте́ре	поте́рях	фу́нкции	фу́нкциях

	Singular	*Plural*	*Singular*	*Plural*
nom.	ве́щь	ве́щи	приводи́мость	приводи́мости
gen.	ве́щи	веще́й	приводи́мости	приводи́мостей
dat.	ве́щи	веща́м	приводи́мости	приводи́мостям
acc.	ве́щь	ве́щи	приводи́мость	приводи́мости
instr.	ве́щью	веща́ми	приводи́мостью	пприводи́мостями
loc.	ве́щи	веща́х	приводи́мости	приводи́мостях

Neuter Nouns

	Singular	*Plural*	*Singular*	*Plural*
nom.	ме́сто	места́	по́ле	поля́
gen.	ме́ста	ме́ст	по́ля	поле́й
dat.	ме́сту	места́м	по́лю	поля́м
acc.	ме́сто	места́	по́ле	поля́
instr.	ме́стом	места́ми	по́лем	поля́ми
loc.	ме́сте	места́х	по́ле	поля́х

	Singular	*Plural*
nom.	отображе́ние	отображе́ния
gen.	отображе́ния	отображе́ний
dat.	отображе́нию	отображе́ниям
acc.	отображе́ние	отображе́ния
instr.	отображе́нием	отображе́ниями
loc.	отображе́нии	отображе́ниях

APPENDIX B: THE ADJECTIVE

Adjectival Endings

	Singular			*Plural*
	m.	***f.***	***n.***	
nom.	-ый/-ий, -о́й	-ая/-яя	-ое/-ее	-ые/ие
gen.	-ого/-его	-ой/-ей	-ого/-его	-ых/-их
dat.	-ому/-ему	-ой/-ей	-ому/-ему	-ым/-им
acc.	-ый/-ий, -ой -ого/-его	-ую/-юю	-ое/-ее	-ые/-ие -ых/-их
instr.	-ым/-им	-ой/-ей	-ым/-им	-ыми/-ими
loc.	-ом/-ем	-ой/-ей	-ом/-ем	-ых/-их

Adjective Paradigms

	Singular			*Plural*
	m.	***f.***	***n.***	
nom.	ло́жный	ло́жная	ло́жное	ло́жные
gen.	ло́жного	ло́жной	ло́жного	ло́жных
dat.	ло́жному	ло́жной	ло́жному	ло́жным
acc.	ло́жный ло́жного	ло́жную	ло́жное	ло́жные ло́жных
instr.	ло́жным	ло́жной	ло́жным	ло́жными
loc.	ло́жном	ло́жной	ло́жном	ло́жных

	Singular			*Plural*
	m.	***f.***	***n.***	
nom.	двойно́й	двойна́я	двойно́е	двойны́е
gen.	двойно́го	двойно́й	двойно́го	двойны́х
dat.	двойно́му	двойно́й	двойно́му	двойны́м
acc.	двойно́й двойно́го	двойну́ю	двойно́е	двойны́е двойны́х
instr.	двойны́м	двойно́й	двойны́м	двойны́ми
loc.	двойно́м	двойно́й	двойно́м	двойны́х

	Singular			*Plural*
	m.	***f.***	***n.***	
nom.	хоро́ший	хоро́шая	хоро́шее	хоро́шие
gen.	хоро́шего	хоро́шей	хоро́шего	хоро́ших
dat.	хоро́шему	хоро́шей	хоро́шему	хоро́шим
acc.	хоро́ший хоро́шего	хоро́шую	хоро́шее	хоро́шие хоро́шых
instr.	хоро́шим	хоро́шей	хоро́шим	хоро́шими
loc.	хоро́шем	хоро́шей	хоро́шем	хоро́ших

	Singular			Plural
	m.	*f.*	*n.*	
nom.	вну́тренний	вну́тренняя	вну́треннее	вну́тренние
gen.	вну́треннего	вну́тренней	вну́треннего	вну́тренних
dat.	вну́треннему	вну́тренней	вну́треннему	вну́тренним
acc.	вну́тренний вну́треннего	вну́треннюю	вну́треннее	вну́тренние вну́тренних
instr.	вну́тренним	вну́тренней	вну́тренним	вну́тренними
loc.	вну́треннем	вну́тренней	вну́треннем	вну́тренних

Nonpredicative Short-Form Adjectives from Proper Names

	Singular			Plural
	m.	*f.*	*n.*	
nom.	Эрми́тов	Эрми́това	Эрми́тово	Эрми́товы
gen.	Эрми́това	Эрми́товой	Эрми́това	Эрми́товых
dat.	Эрми́тову	Эрми́товой	Эрми́тову	Эрми́товым
acc.	Эрми́тов	Эрми́тову	Эрми́тово	Эрми́товы
instr.	Эрми́товым	Эрми́товой	Эрми́товым	Эрми́товыми
loc.	Эрми́товом	Эрми́товой	Эрми́товом	Эрми́товых

APPENDIX C: THE PRONOUN

Personal Pronouns

	Singular				
	1st person	***2nd person***	***3rd person****		
nom.	я	ты	он	она́	оно́
gen.	меня́	тебя́	его́	её	его́
dat.	мне	тебе́	ему́	ей	ему́
acc.	меня́	тебя́	его́	её	его́
instr.	мной†	тобо́й†	им	ей	им
loc.	мне	тебе́	нём	ней	нём

	Plural		
	1st person	***2nd person***	***3rd person****
nom.	мы	вы	они́
gen.	нас	вас	их
dat.	нам	вам	им
acc.	нас	вас	их
instr.	на́ми	ва́ми	и́ми
loc.	нас	вас	них

Possessive Pronoun-Adjectives

мой (твой, свой)

	Singular			*Plural*
	m.	***f.***	***n.***	
nom.	мой	моя́	моё	мои́
gen.	моего́	мое́й	моего́	мои́х
dat.	моему́	мое́й	моему́	мои́м
acc.	мой моего́	мою́	моё	мои́ мои́х
instr.	мои́м	мое́й	мои́м	мои́ми
loc.	моём	мое́й	моём	мои́х

* All forms of он, оно́, она́, они́ are prefixed with н- when the object of a preposition.

† The alternate forms мно́ю, е́ю, собо́ю, тобо́ю are bookish.

наш (ваш)

	Singular			Plural
	m.	*f.*	*n.*	
nom.	наш	на́ша	на́ше	на́ши
gen.	на́шего	на́шей	на́шего	на́ших
dat.	на́шему	на́шей	на́шему	на́шим
acc.	наш	на́шу	на́ше	на́ши
	на́шего			на́ших
instr.	на́шим	на́шей	на́шим	на́шими
loc.	на́шем	на́шей	на́шем	на́ших

Reflexive Personal Pronoun

nom.	—
gen.	себя́
dat.	себе́
acc.	себя́
instr.	собо́й
loc.	себе́

Demonstrative Pronouns

	Singular			Plural
	m.	*f.*	*n.*	
nom.	э́тот	э́та	э́то	э́ти
gen.	э́того	э́той	э́того	э́тих
dat.	э́тому	э́той	э́тому	э́тим
acc.	э́тот	э́ту	э́то	э́ти
	э́того			э́тих
instr.	э́тим	э́той	э́тим	э́тими
loc.	э́том	э́той	э́том	э́тих

	Singular			Plural
	m.	*f.*	*n.*	
nom.	тот	та	то	те
gen.	того́	той	того́	тех
dat.	тому́	той	тому́	тем
acc.	тот	ту	то	те
	того́			тех
instr.	тем	той	тем	те́ми
loc.	том	той	том	тех

Interrogative Pronouns

nom.	кто	что
gen.	кого́	чего́
dat.	кому́	чему́
acc.	кого́	что
instr.	кем	чем
loc.	ком	чём

	Singular			***Plural***
	m.	***f.***	***n.***	
nom.	чей	чья	чьё	чьи
gen.	чьего́	чьей	чьего́	чьих
dat.	чьему́	чьей	чьему́	чьим
acc.	чей чьего́	чью	чьё	чьи чьих
instr.	чьим	чьей	чьим	чьи́ми
loc.	чьём	чьей	чьём	чьих

Definite Pronouns

	Singular			***Plural***
	m.	***f.***	***n.***	
nom.	сам	сама́	само́	са́ми
gen.	самого́	само́й	самого́	сами́х
dat.	самому́	само́й	самому́	сами́м
acc.	сам самого́	саму́	само́	са́ми сами́х
instr.	сами́м	само́й	сами́м	сами́ми
loc.	само́м	само́й	само́м	сами́х

	Singular			***Plural***
	m.	***f.***	***n.***	
nom.	весь	вся	всё	все
gen.	всего́	всей	всего́	всех
dat.	всему́	всей	всему́	всем
acc.	весь всего́	всю	всё	все всех
instr.	всем	всей	всем	все́ми
loc.	всём	всей	всём	всех

APPENDIX D: THE VERB

Conjugations

	First Conjugation		*Second Conjugation*	
	Singular	***Plural***	***Singular***	***Plural***
1st person	-ю/-у	-ем	-ю/-у	-им
2nd person	-ешь	-ете	-ишь	-ите
3rd person	-ет	-ют/-ут	-ит	-ят/-ат

Common Consonant Alternations

щ from ск, ст
ж from з, г, д
жд from д
ш from с, х
ч from к, т
мл, пл, вл, бл, фл from м, п, в, б, ф

Sample Verb Paradigms

The following paradigms are arranged in two columns, with the imperfective form given on the left, and the perfective form on the right.

List of Abbreviations Used in the Following Paradigms

impf. (following verb infinitive): imperfective
perf. (following verb infinitive): perfective
pr.: present tense
fu.: future tense
ps.: past tense
pr.a.p.: present active participle
pr.p.p.: present passive participle
ps.a.p.: past active participle
ps.p.p.: past passive participle
adv.p.: adverbial participle
imp.: imperative

чита́ть (*impf.*), "to read"

pr.	чита́ю	чита́ем
	чита́ешь	чита́ете
	чита́ет	чита́ют
ps.	чита́л, -а, -о, -и	
pr.a.p.	чита́ющий	
pr.p.p.	чита́емый; чита́ем, -а, -о, -ы	
ps.a.p.	чита́вший	
ps.p.p.	(чи́танный)	
adv.p.	чита́я	
imp.	чита́й, -те	

прочита́ть (*perf.*), "to read"

fu.	прочита́ю	прочита́ем
	прочита́ешь	прочита́ете
	прочита́ет	прочита́ют
ps.	прочита́л, -а, -о, -и	
pr.a.p.	—	
pr.p.p.	—	
ps.a.p.	прочита́вший	
ps.p.p.	прочи́танный; прочи́тан, -а, -о, -ы	
adv.p.	прочита́в	
imp.	прочита́й, -те	

сле́довать (*impf.*), "to follow"

pr.	сле́дую	сле́дуем
	сле́дуешь	сле́дуете
	сле́дует	сле́дуют
ps.	сле́довал, -а, -о, -и	
pr.a.p.	сле́дующий	
pr.p.p.	сле́дуемый; сле́дуем, -а, -о, -ы	
ps.a.p.	сле́довавший	
ps.p.p.	—	
adv.p.	сле́дуя	
imp.	сле́дуй, -те	

после́довать (*perf.*), "to follow"

fu.	после́дую	после́дуем
	после́дуешь	после́дуете
	после́дует	после́дуют
ps.	после́довал, -а, -о, -и	
pr.a.p.	—	
pr.p.p.	—	
ps.a.p.	после́довавший	
ps.p.p.	—	
adv.p.	после́довав[ши]	
imp.	после́дуй, -те	

бить (*impf.*), "to beat"

pr.	бью	бьём
	бьёшь	бьёте
	бьёт	бьют
ps.	би́л, -а, -о, -и	
pr.a.p.	бью́щий	
pr.p.p.	—	
ps.a.p.	би́вший	
ps.p.p.	би́тый; би́т, -а, -о, -ы	
adv.p.	бия́	
imp.	бей, -те	

доби́ть (*perf.*), "to finish off, kill"

fu.	добю́ь	добьём
	добьёшь	добьёте
	добьёт	добью́т
ps.	доби́л, -а, -о, -и	
pr.a.p.	—	
pr.p.p.	—	
ps.a.p.	доби́вший	
ps.p.p.	доби́тый; доби́т, -а, -о, -ы	
adv.p.	доби́в	
imp.	добе́й, -те	

влечь (*impf.*), "to draw, attract"

pr.	влеку́	блечём
	влечёшь	влечёте
	влечёт	влеку́т
fu.	буду влечь	
ps.	влёк, влекла́, -о́, -и́	
pr.a.p.	влеку́щий	
pr.p.p.	влеко́мый	
ps.a.p.	влёкший	
ps.p.p.	—	
adv.p.	—	
imp.	влеки́, -те	

вовле́чь (*perf.*), "to drag (into)"

fu.	вовлеку́	вовлечём
	вовлечёщь	вовлечёте
	вовлечёт	вовлеку́т
ps.	вовлёк, вовлекла́, -о́, -и́	
pr.a.p.	—	
pr.p.p.	—	
ps.a.p.	вовлёкший	
ps.p.p.	вовлечённый; вовлечён, вовлечена́, -о́, -ы́	
adv.p.	вовлёкши	
imp.	вовлеки́, -те	

горе́ть (*impf.*), "to burn"

pr.	горю́	гори́м
	гори́шь	гори́те
	гори́т	горя́т
ps.	горе́л, -а, -о, -и	
pr.a.p.	горя́щий	
pr.p.p.	—	
ps.a.p.	горе́вший	
ps.p.p.	—	
adv.p.	горя́	
imp.	гори́, -те	

сгоре́ть (*perf.*), "to burn (down, up)"

fu.	сгорю́	сгори́м
	сгори́шь	сгори́те
	сгори́т	сгоря́т
ps.	сгоре́л, -а, -о, -и	
pr.a.p.	—	
pr.p.p.	—	
ps.a.p.	сгоре́вший	
ps.p.p.	—	
adv.p.	сгоре́в	
imp.	сгори́, -те	

спо́рить (*impf.*), "to argue, dispute"

pr.	спо́рю	спо́рим
	спо́ришь	спо́рите
	спо́рит	спо́рят
ps.	спо́рил, -а, -о, -и	
pr.a.p.	спо́рящий	
pr.p.p.	—	
ps.a.p.	спо́ривший	
ps.p.p.	—	
adv.p.	спо́ря	
imp.	спорь, -те	

оспо́рить (*perf.*), "to dispute"

fu.	оспо́рю	оспо́рим
	оспо́ришь	оспо́рите
	оспо́рит	оспо́рят
ps.	оспо́рил, -а, -о, -и	
pr.a.p.	—	
pr.p.p.	—	
ps.a.p.	оспо́ривший	
ps.p.p.	оспо́ренный; оспо́рен, -а, -о, -ы	
adv.p.	оспо́рив	
imp.	оспо́рь, -те	

мели́ть (*impf.*), "to chalk"

pr.	мелю́	мели́м
	мели́шь	мели́те
	мели́т	меля́т
ps.	мели́л, -а, -о, -и	
pr.a.p.	меля́щий	
pr.p.p.	мели́мый	
ps.a.p.	мели́вший	
ps.p.p.	мелённый; мелён, мелена́, -о, -ы	
adv.p.	меля́	
imp.	мели́, -те	

извини́ть (*perf.*), "to excuse"

fu.	извиню́	извини́м
	извини́шь	извини́те
	извини́т	извиня́т
ps.	извини́л, -а, -о, -и	
pr.a.p.	—	
pr.p.p.	—	
ps.a.p.	извини́вший	
ps.p.p.	извинённый; извинён, извинена́, -о, -ы	
adv.p.	извини́в	
imp.	извини́, -те	

стро́ить (*impf.*), "to build"

pr.	стро́ю	стро́им
	стро́ишь	стро́ите
	стро́ит	стро́ят
ps.	стро́ил, -а, -о, -и	
pr.a.p.	стро́ящий	
pr.p.p.	стро́имый; стро́им, -а, -о, -ы	
ps.a.p.	стро́ивший	
ps.p.p.	стро́енный	
adv.p.	стро́я	
imp.	стро́й, -те	

постро́ить (*perf.*), "to build"

fu.	постро́ю	постро́им
	постро́ишь	постро́ите
	постро́ит	постро́ят
ps.	постро́ил, -а, -о, -и	
pr.a.p.	—	
pr.p.p.	—	
ps.a.p.	постро́ивший	
ps.p.p.	постро́енный; постро́ен, -а, -о, -ы	
adv.p.	постро́ив	
imp.	постро́й, -те	

толкну́ть (*perf.*), "to push"

fu.	толкну́	толкнём
	толкнёшь	толкнёте
	толкнёт	толкну́т
ps.	толкну́л, -а, -о, -и	
pr.a.p.	—	
pr.p.p.	—	
ps.a.p.	толкну́вший	
ps.p.p.	то́лкнутый; то́лкнут, -а, -о, -ы	
adv.p.	толкну́в	
imp.	толкни́, -те	

доказа́ть (*perf.*), "to prove"

fu.	докажу́	дока́жем
	дока́жешь	дока́жете
	дока́жет	дока́жут
ps.	доказа́л, -а, -о, -и	
pr.a.p.	—	
pr.p.p.	—	
ps.a.p.	доказа́вший	
ps.p.p.	дока́занный; дока́зан, -а, -о, -ы	
adv.p.	доказа́в[ши]	
imp.	докажи́, -те	

каса́ться (*impf.*), "to touch"

pr.	каса́юсь	каса́емся
	каса́ешься	каса́етесь
	каса́ется	каса́ются
ps.	каса́лся, каса́лась, каса́лось, каса́лись	
pr.a.p.	каса́ющийся	
pr.p.p.	—	
ps.a.p.	каса́вшийся	
ps.p.p.	—	
adv.p.	каса́ясь	
imp.	каса́йся, каса́йтесь	

косну́ться (*perf.*), "to touch"

fu.	косну́сь	коснёмся
	коснёшься	коснётесь
	коснётся	косну́тся
ps.	косну́лся, косну́лась, косну́лось, косну́лись	
pr.a.p.	—	
pr.p.p.	—	
ps.a.p.	косну́вшийся	
ps.p.p.	—	
adv.p.	косну́вшись	
imp.	косни́сь, косни́тесь	

выполня́ть (*impf.*), "to fulfil, carry out"

pr.	выполня́ю	выполня́ем
	выполня́ешь	выполня́ет
	выполня́ет	выполня́ют
ps.	выполня́л, -а, -о, -и	
pr.a.p.	выполня́ющий	
pr.p.p.	выполня́емый	
ps.a.p.	выполня́вший	
ps.p.p.	—	
adv.p.	выполня́я	
imp.	выполня́й, -те	

вы́полнить (*perf.*), "to fulfil, carry out"

fu.	вы́полню	вы́полним
	вы́полнишь	вы́полните
	вы́полнит	вы́полнят
ps.	вы́полнил, -а, -о, -и	
pr.a.p.	—	
pr.p.p.	—	
ps.a.p.	вы́полнивший	
ps.p.p.	вы́полненный	
adv.p.	вы́полнив(ши)	
imp.	вы́полни, -те	

приводи́ть (*impf.*), "to bring"

pr.	привожу́	приво́дим
	приво́дишь	приво́дите
	приво́дит	приво́дят
ps.	приводи́л, -а, -о, -и	
pr.a.p.	приводя́щий	
pr.p.p.	приводи́мый	
ps.a.p.	приводи́вший	
ps.p.p.	—	
adv.p.	приводя́	
imp.	приводи́, -те	

брать (*impf.*), "to take"

pr.	беру́	берём
	берёшь	берёте
	берёт	беру́т
ps.	брал, брала́, бра́ло, бра́ли	
pr.a.p.	беру́щий	
pr.p.p.	—	
ps.a.p.	бра́вший	
ps.p.p.	—	
adv.p.	беря́	
imp.	бери́, -те	

дава́ть (*impf.*), "to give"

pr.	даю́	даём
	даёшь	даёте
	даёт	даю́т
ps.	дава́л, -а, -о, -и	
pr.a.p.	даю́щий	
pr.p.p.	дава́емый	
ps.a.p.	дава́вший	
ps.p.p.	—	
adv.p.	дава́я	
imp.	дава́й, -те	

привести́ (*perf.*), "to bring"

fu.	приведу́	приведём
	приведёшь	приведёте
	приведёт	приведу́т
ps.	привёл, привела́, -о́, -и́	
pr.a.p.	—	
pr.p.p.	—	
ps.a.p.	приве́дший	
ps.p.p.	приведённый; приведён, -ена́, -ено́, -ены́	
adv.p.	приведя́ (приве́дши)	
imp.	приведи́, -те	

взять (*perf.*), "to take"

fu.	возьму́	возьём
	возьмёшь	возьмёте
	возьмёт	возьму́т
ps.	взял, взяла́, взя́ло, -и	
pr.a.p.	—	
pr.p.p.	—	
ps.a.p.	взя́вший	
ps.p.p.	взя́тый; взят, взята́, взя́то, -ы	
adv.p.	взяв	
imp.	возьми́, -те	

дать (*perf.*), "to give"

fu.	дам	дади́м
	дашь	дади́те
	даст	даду́т
ps.	дал, дала́, да́ло, да́ли	
pr.a.p.	—	
pr.p.p.	—	
ps.a.p.	да́вший	
ps.p.p.	да́нный; дан, дана́, -о, -ы	
adv.p.	дав	
imp.	дай, -те	

откры́ть (*perf.*), "to open"

fu.	откро́ю	откро́ем
	откро́ешь	откро́ете
	откро́ет	откро́ют
ps.	откры́л, -а, -о, -и	
pr.a.p.	—	
pr.p.p.	—	
ps.a.p.	откры́вший	
ps.p.p.	откры́тый; откры́т, -а, -о, -ы	
adv.p.	откры́в	
imp.	откро́й, -те	

поня́ть (*perf.*), "to understand"

fu.	пойму́	поймём
	поймёшь	поймёте
	поймёт	пойму́т
ps.	по́нял, поняла́, по́няло, -и	
pr.a.p.	—	
pr.p.p.	—	
ps.a.p.	поня́вший	
ps.p.p.	по́нятый; по́нят, понята́, поня́то, -ы	
adv.p.	поня́в	
imp.	пойми́, -те	

жить (*impf.*), "to live"

pr.	живу́	живём
	живёшь	живёте
	живёт	живу́т
ps.	жил, жила́, жи́ло, жи́ли	
pr.a.p.	живу́щий	
pr.p.p.	—	
ps.a.p.	жи́вший	
ps.p.p.	—	
adv.p.	живя́	
imp.	живи́, -те	

мочь (*impf.*), "to be able to"

pr.	могу́	мо́жем
	мо́жешь	мо́жете
	мо́жет	мо́гут
ps.	мог, могла́, -о, -и	
pr.a.p.	могу́щий	
pr.p.p.	—	
ps.a.p.	мо́гший	
ps.p.p.	—	
adv.p.	—	
imp.	моги́, -те	

хоте́ть (*impf.*), "to want, wish"

pr.	хочу́	хоти́м
	хо́чешь	хоти́те
	хо́чет	хотя́т
ps.	хоте́л, -а, -о, -и	
pr.a.p.	хотя́щий	
pr.p.p.	—	
ps.a.p.	хоте́вший	
ps.p.p.	—	
adv.p.	хотя́	
imp.	хоти́, -те	

быть (*impf.*), “to be”

pr.	есть, суть	
fu.	бу́ду	бу́дем
	бу́дешь	бу́дете
	бу́дет	бу́дут
ps.	был, была́, бы́ло, -и	
pr.a.p.	—	
pr.p.p.	—	
ps.a.p.	бы́вший	
ps.p.p.	—	
adv.p.	бу́дучи, бы́вши	
imp.	бу́дь, -те	

вести́ (*impf.*), “to lead”

pr.	веду́	ведём
	ведёшь	ведём
	ведёт	веду́т
ps.	вёл, вела́, -о, -и	
pr.a.p.	веду́щий	
pr.p.p.	ведо́мый	
ps.a.p.	ве́дший	
ps.p.p.	—	
adv.p.	ведя́	
imp.	веди́, -те	

е́хать (*impf.*), “to go by vehicle”

pr.	е́ду	е́дем
	е́дешь	е́дете
	е́дет	е́дут
ps.	е́хал	
pr.a.p.	е́дущий	
pr.p.p.	—	
ps.a.p.	е́хавший	
ps.p.p.	—	
adv.p.	е́хав	
imp.	поезжа́й, -те	

идти́ (*impf.*), “to go by own means”

pr.	иду́	идём
	идёшь	идёте
	идёт	иду́т
ps.	шёл, шла́, шло́, шли́	
pr.a.p.	иду́щий	
pr.p.p.	—	
ps.a.p.	ше́дший	
ps.p.p.	—	
adv.p.	идя́	
imp.	иди́, -те	

нести́ (*impf.*), "to carry by own means"

pr.	несу́	несём
	несёшь	несёте
	несёт	несу́т
ps.	нёс, несла́, -и, -и	
pr.a.p.	несу́щий	
pr.p.p.	несо́мый	
ps.a.p.	нёсший	
ps.p.p.	—	
adv.p.	неся́	
imp.	неси́, -те	

везти́ (*impf.*), "to carry by vehicle"

pr.	везу́	везём
	везёшь	везёте
	везёт	везу́т
ps.	вёз, везла́, -о, -и	
pr.a.p.	везу́щий	
pr.p.p.	везо́мый	
ps.a.p.	вёзший	
ps.p.p.	—	
adv.p.	везя́	
imp.	вези́, -те	

переходи́ть (*impf.*), "to cross, get over"

pr.	перехожу́	перехо́дим
	перехо́дишь	перехо́дите
	перехо́дит	перехо́дят
ps.	переходи́л, -а, -о, -и	
pr.a.p.	переходя́щий	
pr.p.p.	переходи́мый	
ps.a.p.	переходи́вший	
ps.p.p.	—	
adv.p.	переходя́	
imp.	переходи́, -те	

обойти́ (*perf.*), "to go round"

fu.	обойду́	обойдём
	обойдёшь	обойдёте
	обойдёт	обойду́т
ps.	обошёл, обошла́, обошло́, обошли́	
pr.a.p.	—	
pr.p.p.	—	
ps.a.p.	обоше́дший	
ps.p.p.	обойдённый; обойдён, обойдена́, -о, -ы	
adv.p.	обойдя́, обоше́дши	
imp.	обойди́, -те	

Participial Endings

-щий present active participle (де́лающий: "doing, making")
-мый present passive participle (де́лаемый: "being done, made")
-в(ши) past adverbial (сде́лав: "having done, made")
-вший past active participle (сде́лавший: "(who) had done, made")
-нный past passive participle (сде́ланный: "done, made")
-тый past passive participle (за́нятый: "occupied")
-я present adverbial (де́лая: "doing, making")

APPENDIX E: NUMERALS

Declension of the Ordinal Number "Third"

	Singular			*Plural*
	m.	***f.***	***n.***	
nom.	тре́тий	тре́тья	тре́тье	тре́тьи
gen.	тре́тьего	тре́тьей	тре́тьего	тре́тьих
dat.	тре́тьему	тре́тьей	тре́тьему	тре́тьим
acc.	тре́тий тре́тьего	тре́тью	тре́тье	тре́тьи тре́тьих
instr.	тре́тьим	тре́тьей	тре́тьим	тре́тьими
loc.	тре́тьем	тре́тьей	тре́тьем	тре́тьих

Declension of the Cardinal Numbers

nom.	два, две	три	четы́ре	пять
gen.	двух	трёх	четырёх	пяти́
dat.	двум	трём	четырём	пяти́
acc.	два, две двух	три трёх	четыре четырёх	пять
instr.	двумя́	тремя́	четырьмя́	пятью́
loc.	двух	трёх	четырёх	пяти́

nom.	во́семь	шестьдеся́т	со́рок	девяно́сто
gen.	восьми́	шести́десяти	сорока́	девяно́ста
dat.	восьми́	шести́десяти	сорока́	девяно́ста
acc.	во́семь	шестьдеся́т	со́рок	девяно́сто
instr.	восьмью́*	шестью́десятью	сорока́	девяно́ста
loc.	восьми́	шести́десяти	сорока́	девяно́ста

nom.	сто	две́сти	три́ста	пятьсо́т
gen.	ста	двухсо́т	трёхсо́т	пятисо́т
dat.	ста	двумста́м	трёмста́м	пятиста́м
acc.	сто	две́сти двухсо́т	три́ста трёхсо́т	пятьсо́т
instr.	ста	двумяста́ми	тремяста́ми	пятьюста́ми
loc.	ста	двухста́х	трёхста́х	пятиста́х

* An alternate form is восемью́.

APPENDIX F: ROOT LIST*

Russian words are composed of the following components: prefixes, roots, suffixes, and endings. Technically, each inflected word may be broken down into a stem plus an ending. The ending is inflectional, such as the nominative singular adjectival ending -ая, the genitive plural nominal ending -ов, and the zero-ending (-∅) in the masculine noun ранг. The stem itself may be broken down into at least one root, as well as prefix and/or suffix, or it may consist only of a root. As in Latin, these components each convey a certain meaning or significance. Thus, when translating papers, it is helpful to have a list of common roots, prefixes, and suffixes; should a given word not be listed in the dictionary, the reader is able to make an educated guess at the definition by examining its components. For example, the word переговóры (from the verb переговори́ть) may be divided into the prefix пере-, the root говор-, and the inflectional ending -ы (the stem is переговóр). The prefix пере- means "across," the root говор- means "talk," and the ending -ы indicates nominative plural. Thus, the word means "negotiations." Similarly, the verb переноси́ть consists of the prefix пере-, the root нос-, the suffix -и-, and the ending -ть. The prefix пере- means "across", the root нос- is actually нес-, which means "carry," the suffix -и- is verbal, and the ending -ть indicates the infinitive. Thus, the verb means "to transfer."

Of course, this process of breaking words into their components is not always straightforward. Often, consonant alternations have occurred, as well as truncation of the final consonant of the root before the suffixes and/or endings are added. Most Russian roots are of the form consonant-vowel-consonant; thus, if the root appears to end in a vowel, either it is foreign or the final consonant has been truncated. Also, consonant-consonant roots occur; the fill vowels o/e usually occur between the consonants when they are used in words. For instance, the root бр- means "take"; in the present tense of the verb брать, "to take," the stem is бер-, as in the first-person singular form я берý.

Many Russian words have been borrowed from Latin; therefore, it is often helpful to translate the Russian components directly to Latin, which in turn gives the English. For example, the verb подписáть is broken down into под/пис/а/ть. The prefix под- means "under, below," the root пис- means "write, scribe," and the suffix -а- is verbal. Unfortunately, these clues do not give a clear definition of the word. However, by using the Latin equivalents, the reader is able to arrive at the correct definition; "under, below" is "sub-" in Latin, and "scribe, write" is "scribe" in Latin: подписáть is "to subscribe."

The following list contains prefixes, roots, and nominal suffixes (i.e., those suffixes which form nouns) and consists only of the most common elements. Remember also that prefixes may not always indicate a specific meaning; in the imperfective/perfective verb pairs писáть/написáть, дéлать/сдéлать, the prefixes на- and с- indicate perfectivity, not the meanings "onto," "off of." Within each entry, separate meanings are set apart by a semicolon. While using the root list, keep in mind the following consonant alternations:

щ from ск, ст	ш from с, к
ж from з, г, д	ч from к, т
жд from д	мл, пл, вл, бл, фл from м, п, в, б, ф

* This list has been abridged from *Russian Root List with a Sketch of Word Formation*, second edition, by Charles E. Gribble, and is used with his permission. We have included only those roots that seem most likely to appear in mathematical writing. Anyone who has occasion to read widely in Russian mathematical literature is advised to obtain the complete book. It is available from Slavica Publishers, Inc., P.O. Box 14388, Columbus, Ohio, 43214.

Common Prefixes

БЕЗ- without
В- in, into
ВЗ-, ВОЗ- up
ВНЕ- outside
ВНУТРИ- inside
ВЫ- out (of); to completion
ДО- up to; before; add to
ЗА- begin; beyond
ИЗ- out (of)
МЕЖДУ- between
НА- on, onto
НАД- over
НАИ- superlative
НЕ- not
НИЗ- down
О-, ОБ- (a)round
ОКОЛО- around
ОТ- from, away from
ПЕРЕ-, ПРЕ- across; again
ПО- perfective prefix; a little; along; after
ПОД- under; go up to
ПРЕД- before
ПРИ- up to; near
ПРО- through
ПРОТИВО- anti-
РАЗ- apart
С-, СО- with; off of, from the top
СВЕРХ- super-
У- away
ЧЕРЕЗ-, ЧРЕЗ- across

Common Roots

БЕГ- run
БЕР- *see* БР-
БЕРЕГ- bound, limit
БЛИЗ- close, near
БЛЮД- observe
БОК- side
БОЛ- large
БР- take
БРЕГ- *see* БЕРЕГ-
БУД- future
БУКВ- letter
БЫВ- exist, be
БЫЙ- *see* БЫВ-
БЫСТР- quick
ВЕД- know
ВЁД- lead
ВЁЗ- convey, carry
ВЕЛ- great, big
ВЕР- believe, true
ВЕРХ- top, upper
ВЕТ- say
ВИД- see, view
ВН- out, outside
ВНУТР- *see* НУТР-
ВОД- *see* ВЕД-
ВОЗ- *see* ВЕЗ-
ВОЛ- free
ВОЛН- wave
ВОР- steal
ВОРОТ- turn
ВРАТ- *see* ВОРОТ-
ВРЕМ(ЁН)- time
ВС- all, entire
ВСТРЕТ- meet
ВТОР- second
ВЫС- high
ВЯЗ- bind, tie, adjoin
ГЛАВ- head; chief
ГЛАД- smooth
ГЛАЗ- eye
ГЛУБ- deep
ГЛЯД- look, glance
ГОВОР- talk, speech
ГОД- time, year
ГОЛОВ- head
ГОЛОС- voice
ГОРОД- city, town
ГОТОВ- ready
ГРАД- *see* ГОРОД-
ГРАН- border

ГРОМ- huge
ГРУЗ- load
ГУБ- ruin
ГУСТ- thick
ДАД- *see* ДАЙ-
ДАЙ- give
ДАЛ- far
ДАЛЕК- *see* ДАЛ-
ДАН- *see* ДАЙ-
ДАР- gift, give
ДАТ- *see* ДАЙ-
ДВ- two
ДВИГ- move
ДВИН- *see* ДВИГ-
ДВОЙ- two, dual
ДЕЙ- do, act, make
ДЕЛ-[1] make, do, deed
ДЕЛ-[2] divide
ДЕРЕВ- tree, wood
ДЛ- long
ДЛИН- *see* ДЛ-
ДН- bottom
ДОБ- convenient
ДОБР- good
ДОВЛ- satisfy
ДОЛГ- long
ДОРОГ- road
ДРАГ- *see* ДОРОГ-
ДРУГ- other
ДУМ- think
ЕСТ- exist
ЗАБЫВ- forget
ЗАД- back, rear
ЗВ- call
ЗВОЛ- permit
ЗВУК- sound
ЗНАЙ- know
ЗНАК- sign
ИГР- play
ИД- go
ИМ- have, hold, take
ИМ(ЕН)- name
ИН- other
ИСК- look for
КАЗ- show
КАТ- roll
КЛАД- put
КЛОН- incline
КНИГ- book
КОЛ- round, ring
КОЛЕС- wheel
КОН- end, limit
КОР-/КОРН- root
КОРОТ- short
КОС- touch
КРАЙ- border
КРАТ- *see* КОРОТ-
КРИВ- curve
КРУГ- round, circle
КРЫЙ- cover
КУС- try
ЛАГ- lay
ЛЕВ- left
ЛЁГ-[1] light, easy
ЛЁГ-[2] lie
ЛЁТ- fly
ЛЕТ- summer, year
ЛИСТ- leaf; sheet
ЛОГ- put, lay
ЛОМ- break
ЛУЧ- ray
МАЛ- little
МЕДЛ- slow
МЕН-[1] change
МЕН-[2] less
МЕР- measure
МЕСТ- place, local
МЕТ- notice, mark
МНОГ- many
МОГ- able, might
МОЛОД- young
МОСТ- bridge
МОЧ- *from* MOG-T
МР- die
МЫСЛ- thought
НАРОД- people
НАУК- science
НЁС- carry
НИЗ- low
НОВ- new
НОС- *see* НЕС-
НУТР- inside
ОБОРОТ- turn
ОБРАТ- turn, reverse
ОД(И)Н- one
ОК- eye
ОПЫТ- experiment
ОСНОВ- base

ОСОБ- special, self
ОСТР- sharp, acute
ОШИБ- mistake
ПАМЯТ- memory
ПЕРВ- first
ПЕРЁД- front
ПИС- write, scribe
ПЛОХ- bad
ПОЗД- late
ПОЛ- half
ПОЛН- fill, full
ПОМН- remember
ПОМОГ- help
ПРАВ- right, correct; rule
ПРОБ- try
ПРОТ-ИВ- against
ПРЯМ- straight
ПУТ- way, road
ПЫТ- try, attempt
РАБОТ- work
РАВ- even
РАН- early
РЕД- rare
РЕЗ- cut
РЁК-/РЕК- speak
РЕШ- solve
РИС- draw
РОВ- even, smooth
РОСТ- grow
САМ- self
СВЕТ- light; world
СВОБ-ОД- free
СВОЙ- own
СЕРД- heart
СЕРЕД- middle
СИЛ- strength
СКАЗ- say
СКОР- quick, soon
СЛ- send
СЛАБ- weak
СЛЕД- follow, trace
СЛОВ- word
СЛОГ- complex
СМОТР- look, watch
СРЕД- mid, middle
СТАВ- put, place
СТАН- become, begin to stand
СТАН-ОВ- put, stand
СТАР- old, ancient
СТЕП(ЕН)- step, degree
СТОЙ-[1] stand
СТОЙ-[2] cost
СТОРОН- side
СТРАН- strange, foreign
СТРЕЛ- shoot, arrow
СТРЕМ- strive
СТРОГ- strict
СТРОЙ- order, build
СТУП- step
ТВЁРД- hard, firm
ТВОР- make, create
ТЁК- flow, run
ТЕЛ- body
ТЁМ- dark
ТЁП- warm
ТОП- *see* ТЕП-
ТРУД- labor, work
УМ- mind
УТР- inside
ХВАТ- catch; be sufficient
ХОД- go, pass
ХОРОШ- good
ХОТ- wish, want
ЦЕЛ- goal
ЦЕН- price, value
ЧАСТ-[1] part, share
ЧАСТ-[2] often
ЧЕРЕД- line, turn
ЧЁРК- line, drawn
ЧЕРТ- line, draw, feature
ЧИСЛ- number
ЧИСТ- clean
ЧЛЕН- member
ЧН- begin
ШАГ- step
ШЁД- *see* ХОД-
ШИР- wide
ШЬД- *see* ХОД-
Я- *see* ИМ- take
ЯВ- appear, display
ЯСН- clear, bright

Common Nominal Suffixes

-АНТ agent
-АРЬ agent
-АТОР agent
-ЬБА noun derived from a verb
-ЕНИЕ noun derived from a verb
-ЕНТ agent
-ЕР agent
-ЕЦ agent
-ИЦА abstract noun; feminine noun
-ИЩЕ place
-ИЯ = -ion
-НИЕ/-НЬЕ noun derived from a verb
-ЬНИК agent
-ЬНЯ noun derived from a verb
-ОК diminutive; agent
-ОСТЬ abstract noun (from adjective), = -ness, -ity
-ЬСТВО abstract; collective
-ТЕЛЬ agent (from verbs)
-ТИЕ noun derived from a verb
-УРА abstract; collective; = -ship, -ate
-ЦИЯ = -tion
-ЬЩИК agent

RUSSIAN-ENGLISH DICTIONARY

А а

а, *conj.*, and, but, while; не..., а..., not..., but...; а и́менно, namely; а не то, or else; а так как, and since, now as
а-, *prefix*, non-
аба́к, *m.*, abacus (*a device for calculations*)
аба́ка, *f.*, abacus (*top of a column in architecture*); nomogram; аба́ка Дека́рта, Cartesian nomogram
аббревиату́ра, *f.*, abbreviation
а́белев, *adj.*, Abelian
а́белевость, *f.*, commutativity
абелианиза́тор, *m.*, abelianizer
аберрацио́нный, *adj.*, aberrational
аберра́ция, *f.*, aberration, deviation, error
абза́ц, *m.*, indentation, paragraph, item
абнорма́льный, *adj.*, abnormal
абоне́нт, *m.*, subscriber
а́брис, *m.*, contour, outline, sketch
абсолю́т, *m.*, the absolute (*geometry, topology*)
абсолю́тно, *adv.*, absolutely; абсолю́тно наиме́ньший вы́чет, least positive residue; абсолю́тно неотдели́мая тополо́гия, indiscrete topology
абсолю́тный, *adj.*, absolute, total (*convexity*)
абсорбе́нт, *m.*, absorbent
абсо́рбер, *m.*, absorber
абсорби́ровать, *v.*, absorb
абсорби́рующий, *adj.*, absorbing, absorptive
абсо́рбция, *f.*, absorption
абстраги́ровать, *v.*, abstract
абстраги́руясь, *adv.*, abstracting, generalizing, if we abstract
абстра́ктность, *f.*, abstractness, abstraction
абстра́ктный, *adj.*, abstract
абстра́кция, *f.*, abstraction
абсу́рд, *m.*, absurdity, nonsense
абсу́рдность, *f.*, absurdity; абсу́рдность допу́щенного очеви́дна, the absurdity of the assumption is obvious
абсу́рдный, *adj.*, absurd, inept, preposterous
абсци́сса, *f.*, abscissa, *x*-coordinate

ава́рия, *f.*, accident, wreck, damage, mishap
авиа-, *prefix*, air-, aero-; *for example*, авиаба́за, airbase
авиацио́нный, *adj.*, aviation
авиа́ция, *f.*, aviation
АВМ, *abbrev.* (анало́говая вычисли́тельная маши́на), analog computer
авто-, *prefix*, auto-, self-
автоблокиро́вка, *f.*, automatic block system
автодистрибути́вность, *f.*, autodistributivity
автодуа́льный, *adj.*, self-dual, autodual; автодуа́льное отображе́ние, autoduality
автоковариа́ция, *f.*, autocovariance
автоколеба́ние, *n.*, auto-oscillation, self-induced oscillation
автоколеба́тельный, *adj.*, self-vibrating, self-oscillating
автокоррели́рованный, *adj.*, autocorrelated
автокоррелогра́мма, *f.*, autocorrelogram
автокорреляцио́нный, *adj.*, autocorrelated, self-correlated
автокорреля́ция, *f.*, autocorrelation
автома́т, *m.*, automatic machine, automaton; автома́ты, *pl.*, automata
автоматиза́ция, *f.*, automation
автоматизи́рованный, *adj.*, automatized, automated, computer-aided; автоматизи́рованное проекти́рование, automated, automatic, computer-based, computer-aided, *or* computer-assisted, design
автоматизи́ровать, *v.*, automatize
автомати́зм, *m.*, automatism
автома́тика, *f.*, automation
автомати́чески, *adv.*, automatically
автомати́ческий, *adj.*, automatic; автомати́ческий перево́д, machine translation
автомаши́на, *f.*, truck, motor vehicle, lorry, car, van
автомоби́ль, *m.*, motor vehicle, car

автомоде́льный, *adj.*, self-similar, automodelling; автомоде́льная фу́нкция, regularly varying function
автоморфи́зм, *m.*, automorphism
автомо́рфность, *f.*, automorphism, automorphy
автомо́рфный, *adj.*, automorphic
автони́мия, *f.*, autonym
автоно́мность, *f.*, autonomy, self-regulation
автоно́мный, *adj.*, autonomous, self-governing, self-regulating; автоно́мное регули́рование, noninteracting control
автопаралле́льный, *adj.*, self-parallel, autoparallel
автопило́т, *m.*, automatic pilot, mechanical pilot, robot pilot
автополя́рность, *f.*, self-polarity
автополя́рный, *adj.*, self-polar, autopolar
автопроективите́т, *m.*, autoprojectivity
автопроекти́вный, *adj.*, self-projective, autoprojective
а́втор, *m.*, author
авторегресси́вный, *adj.*, autoregressive
авторегрессио́нный, *adj.*, autoregressive
авторегре́ссия, *f.*, autoregression
авторегуля́тор, *m.*, control by means of feedback
автора́ферат, *m.*, author's summary
авторизо́ванний, *adj.*, authorized
а́вторский, *adj.*, author
автостро́фия, *f.*, autostrophy
автостро́фный, *adj.*, autostrophic
автото́пия, *f.*, autotopy
автоусто́йчивость, *f.*, self-stability
агвине́я, *f.*, (Newton's) anguinea, serpentine curve
агглютинати́вный, *adj.*, agglutinative
агглютини́рующий, *adj.*, agglutinating
аге́нт, *m.*, agent, factor
агрега́т, *m.*, aggregate, set, collection, assembly
агрега́тный, *adj.*, aggregate, assembly
агрега́ция, *f.*, set, aggregate, collection
агрономи́ческий, *adj.*, agricultural
Адама́р, *p.n.*, Hadamard
адама́ров (адама́ровский), *adj.*, Hadamard
адапта́ция, *f.*, adaptation
ада́птер, *m.*, adapter
адапти́вный, *adj.*, adaptive; decision directed (*information theory*); адапти́вное управле́ние, adaptive control
адапти́рованный, *adj.*, adapted
адапти́ровать, *v.*, adapt
адвекти́вный, *adj.*, advective
адве́кция, *f.*, advection
аддити́вность, *f.*, additivity
аддити́вный, *adj.*, additive; аддити́вная фу́нкция, additive function, valuation (*in convexity theory*)
аддицио́нный, *adj.*, addition
адеква́тно, *adv.*, adequately, sufficiently, equally
адеква́тность, *f.*, adequacy, sufficiency
адеква́тный, *adj.*, adequate, sufficient, equal to; identical, coincident
аде́ль, *m.*, adele
адиаба́та, *f.*, adiabatic curve
адиабати́ческий, *adj.*, isentropic, adiabatic
адиабати́чный, *adj.*, adiabatic
адиаба́тный, *adj.*, adiabatic
ади́ческий, *adj.*, adic
-ади́ческий, *suffix*, -adic
а́дресный, *adj.*, address
адсорби́рование, *n.*, adsorption
адсорби́рованный, *adj.*, adsorbed
адсорби́ровать, *v.*, adsorb
адсо́рбция, *f.*, adsorption
адсо́рпция, *f.*, adsorption
адъю́нкта, *m.*, adjoint, adjunct, cofactor
адэре́нтный, *adj.*, adherent
аза́рт, *m.*, gambling
аза́ртный, *adj.*, gambling, risky; аза́ртная игра́, game of chance, gambling (game)
а́зимут, *m.*, azimuth
азимута́льный, *adj.*, azimuth
азо́т, *m.*, nitrogen
акаде́мик, *m.*, academician
акаде́мия, *f.*, academy; акаде́мия нау́к, academy of sciences
аккомода́ция, *f.*, accommodation, adaptation
аккрети́вный, *adj.*, accretive
аккре́ция, *f.*, accretion
аккумули́рование, *n.*, accumulation

аккумули́рованный, *adj.*, accumulated, stored
аккумули́ровать, *v.*, accumulate
аккумуля́тор, *m.*, accumulator, storage battery
аккумуля́ция, *f.*, accumulation
аккура́тно, *adv.*, accurately, exactly, neatly
аккура́тность, *f.*, accuracy, exactness, neatness, punctuality
аккура́тный, *adj.*, accurate, exact, neat, regular
акселера́тор, *m.*, accelerator
акселера́ция, *f.*, acceleration
акселеро́метр, *m.*, accelerometer, acceleration gauge
аксиа́льный, *adj.*, axial
аксио́ма, *f.*, axiom, postulate; аксио́ма вы́бора, axiom of choice
аксиоматиза́ция, *f.*, axiomatization
аксиоматизи́ровать, *v.*, axiomatize
аксиоматизи́руемость, *f.*, axiomatizability
аксиоматизиру́емый, *adj.*, axiomatizable
аксиомати́зуемость, *f.*, axiomatizability
аксиома́тика, *f.*, axiomatics
аксиомати́ческий, *adj.*, axiomatic
аксонометри́ческий, *adj.*, axonometric
аксономе́трия, *f.*, axonometry, perspective geometry
акт, *m.*, act
акти́в, *m.*, assets
актива́тор, *m.*, activator, catalyst
актива́ция, *f.*, activation, activization, sensitization
активизи́ровать, *v.*, activate, promote
акти́вностный, *adj.*, activity
акти́вность, *f.*, activity; нулева́я акти́вность, excluded activity; ненулева́я акти́вность, included activity
акти́вный, *adj.*, active, live
акти́ниевый, *adj.*, actinic
актуа́льность, *f.*, urgency
актуа́льный, *adj.*, actual; urgent, current
аку́стика, *f.*, acoustics
акусти́ческий, *adj.*, acoustic
акцелера́тор (*see* акселера́тор)
акцелеро́метр (*see* акселеро́метр)
акце́пт, *m.*, acceptance
акцепта́нт, *m.*, acceptor
акцепти́ровать, *v.*, accept
акцептова́ние, *n.*, acceptance
акцептова́ть, *v.*, accept
акце́птор, *m.*, acceptor
акце́пторный, *adj.*, acceptor
акционе́р, *m.*, stockholder, shareholder
акционе́рный, *adj.*, joint-stock; акционе́рный капита́л, capital stock, share, stock
АЛГА́МС, *acronym*, ALGAMS
а́лгебра, *f.*, algebra; а́лгебра ло́гики, Boolean algebra; а́лгебра Ли, Lie algebra; а́лгебра с деле́нием, division algebra
алгебраиза́ция, *f.*, algebraization
алгебраи́ческий, *adj.*, algebraic
алгебро́идный, *adj.*, algebroidal
АЛГО́Л, *acronym*, ALGOL
алгори́тм (алгори́фм), *m.*, algorithm, scheme; алгори́тм Евкли́да, Euclidean algorithm; итерацио́нный алгори́тм, iteration scheme
алгоритми́чески, *adv.*, by an algorithm, algorithmically
алгоритми́ческий, *adj.*, algorithmic
А́лексич, *p.n.*, Alexits
алети́ческий, *adj.*, alethetic
а́леф, *m.*, aleph
аликво́тный, *adj.*, aliquot; аликво́тная дробь, unit fraction
аллотропи́ческий, *adj.*, allotropic
аллотро́пия, *f.*, allotropy
алма́з, *m.*, diamond; решётка ти́па алма́за, diamond-type lattice
алфави́т, *m.*, alphabet; по алфави́ту, alphabetically
алфави́тно, *adv.*, alphabetically
алфави́тный, *adj.*, alphabetical
алхи́мия, *f.*, alchemy
альбе́дный, *adj.*, albedo
альтерна́нс, *m.*, alternance, point of alternation
альтерна́нт, *m.*, alternant
альтернати́ва, *f.*, alternative
альтернати́вный, *adj.*, alternative, alternate; альтернати́вное реше́ние, yes-no decision
альтерна́ция, *f.*, alternation
альтернио́н, *m.*, alternion
альтерни́рование, *n.*, alternation, antisymmetrization

альтерни́рованный, *adj.*, alternating, alternated
альтерни́рующий, *adj.*, alternating
А́ЛЬФА, *acronym*, ALPHA
алюми́ний, *m.*, aluminum
амальга́ма, *f.*, amalgam
амортиза́тор, *m.*, damper, shock absorber, buffer
амортизацио́нный, *adj.*, amortization, buffer; амортизацио́нный запа́с, buffer inventory
амортиза́ция, *f.*, amortization
ампе́р, *m.*, ampere
ампе́р-вито́к, *m.*, ampere turn
ампе́р-секу́нда, *f.*, ampere-second
амплиту́да, *f.*, amplitude
амплиту́дный, *adj.*, amplitude
аналагмати́ческий, *adj.*, analagmatic
ана́лиз, *m.*, analysis; математи́ческий ана́лиз, calculus; гармони́ческий ана́лиз, Fourier analysis, harmonic analysis
анализа́тор, *m.*, analyzer
анализи́рованный, *adj.*, analyzed
анализи́ровать, *v.*, analyze
анализи́руемый, *adj.*, analyzable, analyzed
анали́тик, *m.*, analyzer, analyst
анали́тика, *f.*, analytics
аналити́ческий, *adj.*, analytical, analytic; аналити́ческое продолже́ние, analytic continuation
аналити́чность, *f.*, analyticity
ана́лог, *m.*, analog; статисти́ческий ана́лог, statistical image
аналоги́ческий, *adj.*, analogical, analogous, similar
аналоги́чно, *adv.*, analogously, similarly, by analogy with
аналоги́чный, *adj.*, analogous, similar; быть аналоги́чным, be analogous (to), be similar (to)
анало́гия, *f.*, analogy, similarity, comparison; по анало́гии, by analogy (with); проводи́ть анало́гию, draw analogy (to, with)
анало́говый, *adj.*, analog (*computer*)
ана́лого-цифрово́й, *adj.*, analog-digital
анаморфо́за, *f.*, anamorphism, anamorphosis
ангармони́ческий, *adj.*, anharmonic; ангармони́ческое отноше́ние, *n.*, cross-ratio
ангармони́чность, *f.*, anharmonicity
англи́йский, *adj.*, English
а́нгстрем, *m.*, angstrom
анизометри́ческий, *adj.*, anisometric
анизотропи́ческий, *adj.*, anisotropic
анизотропи́я, *f.*, anisotropy; эффе́кты анизотропи́и, anisotropic effects
анизотро́пность, *f.*, anisotropy
анизотро́пый, *adj.*, non-isotropic, anisotropic
анио́н, *m.*, anion
а́нкер, *m.*, anchor
анке́та, *f.*, form, questionnaire
аннигиля́тор, *m.*, annihilator
аннигиля́торный, *adj.*, annihilator; аннигиля́торная а́лгебра, annihilator algebra
аннигиля́ция, *f.*, annihilation
аннота́ция, *f.*, annotation, synopsis, summary
аннoти́рованный, *adj.*, annotated
аннуите́т, *m.*, annuity
аннули́рование, *n.*, annulment, cancellation, nullification, annihilation, abrogation, abolition
аннули́рованный, *adj.*, annulled, canceled, annihilated, nullified, abrogated, abolished
аннули́ровать, *v.*, annul, cancel, annihilate, nullify, abolish, abrogate, destroy
аннули́роваться, *v.*, vanish
аннули́руемость, *f.*, annihilation
аннули́руемый, *adj.*, (being) annihilated, annullable
аннули́рующая, *f.*, annihilator, nullifier
аннуля́тор, *m.*, annihilator
аннуля́торный, *adj.*, annihilator
ано́д, *m.*, anode
ано́дный, *adj.*, anode
анома́лия, *f.*, anomaly
анома́льный, *adj.*, anomalous (*sometimes confused with* анорма́льный)
анони́мный, *adj.*, anonymous
ано́нс, *m.*, notice, announcement

анонси́рованный, *adj*, advertised, announced, noted
анонси́ровать, *v.*, announce
анорма́льный, *adj.*, abnormal
анса́мбль, *m.*, group, set, ensemble
антагонисти́ческий, *adj.*, antagonistic; антагонисти́ческая игра́, two-person zero-sum game
анте́нна, *f.*, antenna
антецеде́нт, *m.*, antecedent
антецеде́нтный, *adj.*, antecedent
анти-, *prefix*, anti-
антиавтоморфи́зм, *m.*, antiautomorphism
антианалити́ческий, *adj.*, antianalytic
антигомоморфи́зм, *m.*, antihomomorphism
антидискре́тный, *adj.*, indiscrete (*space*)
антижа́нр, *m.*, antigenus
антиизоморфи́зм, *m.*, antiisomorphism
антиизомо́рфный, *adj.*, antiisomorphic
антиинволю́ция, *f.*, anti-involution
антиканони́ческий, *adj.*, anticanonical
антиколлинеа́ция, *f.*, anticollineation
антикоммутати́вность, *f.*, anticommutativity
антикоммутати́вный, *adj.*, anticommutative
антикоммута́тор, *m.*, anticommutator
антикоммути́рование, *n.*, anticommutation
антиконфо́рмный, *adj.*, inversely conformal
антилине́йный, *adj.*, antilinear
антинейтри́но, *n.*, antineutrino
антино́мия, *f.*, antinomy
антипаралле́льный, *adj.*, antiparallel
антиплюриканони́ческий, *adj.*, antipluricanonical
антипо́д, *m.*, antipode
антипода́льный, *adj.*, antipodal
антипо́дный, *adj.*, antipodal; антипо́дное мно́жество, antipodal set
антипредставле́ние, *n.*, antirepresentation
антипроекти́вный, *adj.*, antiprojective
антирефлекси́вность, *f.*, antireflexiveness, skew-reflexivity
антиро́д, *m.*, antigenus
антисимметри́ческий, *adj.*, antisymmetric, skew-symmetric, alternating
антисимметри́чность, *f.*, antisymmetry, skew-symmetry
антисимметри́чный, *adj.*, antisymmetric, skew-symmetric
антисто́ксов, *adj.*, anti-Stokes; антисто́ксова ли́ния, anti-Stokes line
антите́за, *f.*, antithesis
антитети́ческий, *adj.*, antithetic; антитети́ческая переме́нная, antithetic variate
антито́нный, *adj.*, antitone
антиупоря́доченный, *adj.*, antiordered, star-ordered, inversely ordered
антиферромагнети́зм, *m.*, antiferromagnetism
антифо́рма, *f.*, antiform
антице́пь, *f.*, antichain, inverse chain
античасти́ца, *f.*, antiparticle
анти́чный, *adj.*, antique
антиэрми́тов, *adj.*, anti-Hermitian, skew-Hermitian
антье́ (от), greatest integer (in), [...] (*from French entier*)
Анье́зи, *p.n.*, Agnesi
а́пекс, *m.*, apex
апелли́ровать, *v.*, appeal
апериоди́ческий, *adj.*, aperiodic, nonperiodic
апериоди́чность, *f.*, aperiodicity
аперту́ра, *f.*, aperture, opening; ограниче́ние аперту́ры, over-all aperture ratio
аперту́рный, *adj.*, aperture
апланати́зм, *m.*, aplanatism
апоге́й, *m.*, apogee
аполло́ниев, *adj.*, Apollonian
аполя́рность, *f.*, apolarity, nonpolarity
аполя́рный, *adj.*, apolar, nonpolar
апосиндети́ческий, *adj.*, aposyndetic
апосиндети́чно, *adv.*, aposyndetically
апостерио́ри, *adv.*, a posteriori
апостерио́рный, *adj.*, a posteriori, based on experience
апофе́ма, *f.*, apothem

аппара́т, *m.*, apparatus, means, instrument, device; *also* a component of some particular kind of apparatus
аппара́тный, *adj.*, hardware (*computing*)
аппарату́ра, *f.*, apparatus, equipment, hardware (*in computing*); аппарату́ра взаимоде́йствия с по́льзователем, interactive interface
аппарату́рный, *adj.*, instrument, apparatus, built-in
аппលика́та, *f.*, *z*-coordinate
аппроксимати́вный, *adj.*, approximate; аппроксимати́вная едини́ца, approximate identity
аппроксима́ционный, *adj.*, approximate, approximating, approximated
аппроксима́ция, *f.*, approximation, approximant, fitting (*curves*)
аппроксими́ровать, *v.*, approximate
аппроксими́руемость, *f.*, approximability
аппроксими́руемый, *adj.*, approximable, approximate, approximated; фини́тно-аппроксими́руемый, residually finite (*algebra*); коне́чно аппроксими́руемая гру́ппа, residually finite group
аппроксими́рующий, *adj.*, approximating, approximate
аппроксими́руя, *adv.*, approximating, if we approximate
априо́ри, *adv.*, a priori
априо́рный, *adj.*, a priori, not based on experience
апроба́ция, *f.*, approbation, approval
апроби́ровать, *v.*, approve
апси́да, *f.*, apsis, apse; ли́ния апси́д, line of apsides
ар, *m.*, are (100 square meters)
ара́бский, *adj.*, Arab, Arabian, Arabic
арби́тр, *m.*, arbiter, arbitrator
арбитра́ж, *m.*, arbitration
Арга́н, *p.n.*, Argand
арго́н, *m.*, argon
аргуме́нт, *m.*, argument, amplitude, independent variable
аргумента́ция, *f.*, argumentation
аргументи́ровать, *v.*, argue
ареа-, *prefix*, notation for inverse of a hyperbolic function, *for example* а́реа-ко́синус (гиперболи́ческий) = $\cosh^{-1}$
ареа́льный, *adj.*, areal
ареоля́рный, *adj.*, areolar
аристо́телев, *adj.*, Aristotelian
арифметиза́ция, *f.*, arithmetization
арифме́тика, *f.*, arithmetic; number theory
арифме́тико-геометри́ческий, *adj.*, arithmetic-geometrical
арифмети́ческий, *adj.*, number-theoretic, arithmetical, arithmetic; арифмети́ческий треуго́льник, Pascal triangle; арифмети́ческое сре́днее, arithmetic mean; арифмети́ческая прогре́ссия, arithmetic progression *or* series
арифмо́метр, *m.*, adding machine, comptometer, calculator
а́рка, *f.*, arch
аркси́нус, *m.*, arcsine
аркта́нгенс, *m.*, arctangent
а́рность, *f.*, arity
а́рочный, *adj.*, arch, arched
арети́рование, *n.*, locking, holding, stopping
аррети́рованный, *adj.*, stopped, locked, locking; аррети́рующее устро́йство (*or* приспособле́ние), stopping device, locking device, brake
аррети́рующий, *adj.*, stopping
а́ртинов, *adj.*, Artin
Архиме́д, *p.n.*, Archimedes; аксио́ма Архиме́да, Archimedean property *or* principle
архиме́дов, *adj.*, Archimedean; архиме́довски упоря́доченный, Archimedean ordered
архиме́довость, *f.*, property of being Archimedean
архитекту́ра, *f.*, architecture, design (*software*)
архитекту́рный, *adj.*, architectural
асимметри́ческий, *adj.*, asymmetric
асимметри́чный, *adj.*, asymmetric, skew-symmetric
асимметри́я, *f.*, asymmetry, skewness
асимпто́та, *f.*, asymptote
асимпто́тика, *f.*, asymptotics, asymptotic behavior
асимптоти́ческий, *adj.*, asymptotic; асимптоти́ческий преде́л, approximate

limit; асимптоти́ческая произво́дная, approximate derivative
асимптоти́чность, *f.*, asymptotic property
асинхро́нный, *adj.*, nonsynchronous, asynchronous
аспе́кт, *m.*, aspect, appearance
аспира́нт, *m.*, graduate student, post-graduate student (*someone in training for research work*)
ассигно́ванный, *adj.*, assigned
ассоциати́вность, *f.*, associativity
ассоциати́вный, *adj.*, associative
ассоциа́тор, *m.*, associator
ассоциа́ция, *f.*, association; по ассоциа́ции, by association; ассоциа́ция ка́чественных при́знаков, contingency
ассоции́рованность, *f.*, association, associativity
ассоции́рованный, *adj.*, associated, associate; фу́нкция, ассоции́рованная по Боре́лю с, Borel transform of
ассоции́ровать, *v.*, associate
ассоции́рующий, *adj.*, associating
астати́ческий, *adj.*, astatic, nonstatic
астигмати́зм, *m.*, astigmatism
астигмати́ческий, *adj.*, astigmatic
астро́ида, *f.*, astroid
астрологи́ческий, *adj.*, astrological
астроло́гия, *f.*, astrology
астроме́трия, *f.*, astrometry
астроно́м, *m.*, astronomer
астрономи́ческий, *adj.*, astronomical
астроно́мия, *f.*, astronomy
астроспектроскопи́я, *f.*, stellar spectroscopy
астрофи́зика, *f.*, astrophysics
астрофизи́ческий, *adj.*, astrophysical
асфери́ческий, *adj.*, nonspherical, aspherical
асфери́чность, *f.*, asphericity
ата́ка, *f.*, attack; у́гол ата́ки, angle of attack
а́тлас, *m.*, atlas
атмосфе́ра, *f.*, atmosphere
атмосфери́ческий, *adj.*, atmospheric, atmosphere
атмосфе́рный, *adj.*, atmospheric, atmosphere
а́том, *m.*, atom
атома́рность, *f.*, atomicity (*in algebra*)
атома́рный, *adj.*, atomic
атомисти́ческий, *adj.*, atomistic
атомисти́чность, *f.*, property of being atomistic; гипо́теза атомисти́чности, atomistic hypothesis
атоми́ческий, *adj.*, atomic
а́томность, *f.*, atomicity
а́томный, *adj.*, atomic
атрибу́т, *m.*, attribute, property, quality
атриоди́ческий, *adj.*, atriodic, nontriodic
аттенюа́тор, *m.*, attenuator, reducer
аттра́ктор, *m.*, attractor; стра́нный аттра́ктор, strange attractor
А́тья, *p.n.*, Atiyah
а́укай, *particle*, O.K.
аутенти́чность, *f.*, authenticity
афе́лий, *m.*, aphelion
афо́ртиори, *adv.*, a fortiori, all the more
а́ффикс, *m.*, affix
аффините́т, *m.*, affinity, affineness
аффи́нно, *adv.*, affinely, affine; аффи́нно-евкли́дов, affine-Euclidean
аффи́нность, *f.*, affinity, affineness
аффи́нный, *adj.*, affine
аффи́нор, *m.*, affinor; едини́чый аффинор, idemfactor
ахрома́т, *m.*, achromat; конта́ктный ахрома́т, contact achromat
ахроматизи́рованный, *adj.*, achromatized; ахроматизи́рованный дубле́т, achromatized doublet
ахромати́зм, *m.*, achromatism
ахромати́ческий, *adj.*, achromatic
ацикли́ческий, *adj.*, acyclic
ацикли́чный, *adj.*, acyclic, noncyclic
аэра́ция, *f.*, aeration
аэрогидродина́мика, *f.*, aerohydrodynamics
аэродина́мика, *f.*, aerodynamics
аэродинами́ческий, *adj.*, aerodynamic
аэрозо́ль, *m.*, aerosol
аэрона́втика, *f.*, aeronautics

Б б

ба́бочка, *f.*, butterfly
бабочкообра́зный, *adj.*, butterfly-shaped
ба́за, *f.*, basis, base, foundation; ба́за да́нных, data base
бази́ровать, *v.*, base on, found, ground
бази́роваться, *v.*, be based on
бази́руемый, *adj.*, basable (*graph*)
бази́рующийся, *adj.*, based on
ба́зис, *m.*, base, basis, foundation; ба́зис Га́меля *or* Ха́меля, Hamel basis
ба́зисность, *f.*, basis property, property of being a basis
ба́зисный, *adj.*, base, basis; ба́зисное простра́нство, base space; ба́зисная после́довательность, basic sequence
ба́зовый, *adj.*, base; ба́зовый пери́од, base period; ба́зовый вес, base weight
ба́йесов, *adj.*, Bayes; ба́йесова страте́гия, Bayes strategy
Байе́тт, *p.n.*, Baillette
байт, *m.*, byte
бакте́рия, *f.*, bacterium
бала́нс, *m.*, balance
баланси́р, *m.*, beam, balance beam, balance wheel
баланси́рованный, *adj.*, balanced
ба́лка, *f.*, beam, girder
балл, *m.*, number, point, mark, score (*unit of intensity of earthquakes, etc.*)
балли́стика, *f.*, ballistics
баллисти́ческий, *adj.*, ballistic
ба́лловый, *adj.*, number, mark
ба́нахов, *adj.*, Banach; ба́нахово простра́нство, Banach space
банди́т, *m.*, gangster, bandit, brigand; игра́ два банди́та, prisoner's dilemma
бараба́н, *m.*, drum, roll, barrel
барицентри́ческий, *adj.*, barycentric
Ба́рлоу, *p.n.*, Barlow
баро́метр, *m.*, barometer
барометри́ческий, *adj.*, barometric
бароско́п, *m.*, baroscope
баротро́пный, *adj.*, barotropic
барье́р, *m.*, barrier, enclosure, rail, bar
барье́рный, *adj.*, barrier
Баше́, *p.n.*, Bachet
ба́шня, *f.*, tower, ascending sequence (*of sets, etc.*), increasing sequence (*of numbers*)
Бе́ббидж, *p.n.*, Babbage
бе́глый, *adj.*, sketchy, fluent, cursory, brief
бегу́щий, *adj.*, running, traveling, propagating; бегу́щая волна́, traveling wave
бе́дный, *adj.*, poor
бе́дствие, *n.*, disaster, emergency
без, бе́зо, *prep.*, minus, without
без-, *prefix*, in-, un-, -less
безаберрацио́нный, *adj.*, without aberration, nonaberrational
беза́дресный, *adj.*, zero-address
безактива́торный, *adj*, nonactivated, unactivated, inactive
безвихрево́й, *adj.*, irrotational; безвихрево́е тече́ние, irrotational flow
безвку́сно, *adv.*, tastelessly, inelegantly
безво́дный, *adj.*, anhydrous, waterless, nonaqueous
безвозвра́тно, *adv.*, irrevocably, irreversibly
безвозвра́тный, *adj.*, irrevocable, irreversible, irretrievable
безвре́дный, *adj.*, harmless
безвре́менный, *adj.*, premature, untimely
безграни́чный, *adj.*, unlimited, boundless, unbounded
безде́ятельность, *f.*, inertia, inactivity
бездиверге́нтный, *adj.*, with vanishing divergence, without divergence, solenoidal, divergence-free
бездоказа́тельный, *adj.*, unproved
беззна́чный, *adj.*, without sign, unsigned
безла́мповый, *adj.*, tubeless
безлогарифми́ческий, *adj.*, nonlogarithmic
безмагни́тный, *adj.*, nonmagnetic
безма́ла, *adv.*, almost
безме́рность, *f.*, immeasurability, immensity
безмоме́нтный, *adj.*, momentless; безмоме́нтная тео́рия оболо́чек, membrane theory of shells

безнадёжный, *adj.*, hopeless
бе́зо, *prep.*, without (*used instead of* без *before genitive of* весь *and* вся́кий)
безоби́дный, *adj.*, harmless
безогово́рочно, *adv.*, unconditionally
безопа́сность, *f.*, safety, security
безопа́сный, *adj.*, safe, safety, foolproof
безоснова́тельный, *adj.*, groundless, unfounded
безостано́вочный, *adj.*, unceasing, nonstop
безотка́зный, *adj.*, dependable, infallible, reliable, trouble-free, unfailing
безотноси́тельно, *adv.*, irrespective
безотноси́тельный, *adj.*, unconditional, absolute
безоши́бочно, *adv.*, correctly, without error
безоши́бочность, *f.*, faultlessness, infallibility
безоши́бочный, *adj.*, correct, exact, without error, error-free
безразли́чие, *n.*, indifference; пове́рхность безразли́чия, indifference surface; крива́я обще́ственного безразли́чия, community indifference curve
безразли́чный, *adj.*, indifferent, neutral; безразли́чно, *pred.*, it makes no difference; безразли́чное равнове́сие, neutral equilibrium
безразме́рный, *adj.*, dimensionless, without dimension, without size; безразме́рное число́, pure number
безрезульта́тный, *adj.*, without results
Безу́, *p.n.*, Bézout
безупре́чный, *adj.*, faultless, irreproachable, impeccable
безусло́вно, *adv.*, unconditionally, undoubtedly
безусло́вность, *f.*, absoluteness, certainty
безусло́вный, *adj.*, unconditional, absolute; безусло́вная сходи́мость, unconditional convergence
безуспе́шный, *adj.*, unsuccessful, ineffective
безызбы́точный, *adj.*, irredundant, remainder-free
безызбы́точный, *adj.*, irredundant, remainder-free
безызлуча́тельный, *adj.*, nonradiating
безынерцио́нний, *adj.*, inertialess
безынтегра́льный, *adj.*, integral-free
безэлеме́нтный, *adj.*, element-free
Бе́йес, *p.n.*, Bayes
Бе́йкер, *p.n.*, Baker
Бе́йтмен, *p.n.*, Bateman
бе́лый, *adj.*, white
бемо́льный, *adj.*, flat
Бер, *p.n.*, Baire
бе́рег, *m.*, shore, bank, coast
березиниа́н, *m.*, Berezinian, superdeterminant
берём (*from* брать), we take
Бе́рнсайд, *p.n.*, Burnside
берну́ллиев, *adj.*, Bernoulli
Бертра́н, *p.n.*, Bertrand
беря́, *adv.*, taking, if we take
бес-, *prefix*, -less, -free
бесе́да, *f.*, lecture, talk, conversation, debate, discussion
бесквадра́тный, *adj.*, square-free
бесквадрату́рный, *adj.*, quadrature-free
бесква́нторный, *adj.*, quantor-free, quantifier-free
бесконе́чно, *adv.*, infinitely, extremely, endlessly; бесконе́чно ма́лая (величина́), *noun*, infinitesimal; бесконе́чно ма́лый, *adj.*, infinitesimal
бесконе́чно-дли́нный, *adj.*, infinitely long
бесконечнозна́чный, *adj.*, infinite-valued; бесконечнозна́чная ло́гика, infinite-valued logic
бесконечнокра́тный, *adj.*, infinite-to-one
бесконечноли́стный, *adj.*, infinite-sheeted
бесконечноме́рный, *adj.*, infinite-dimensional
бесконечносвя́зный, *adj.*, of infinite connectivity
бесконе́чность, *f.*, infinity; до бесконе́чности, ad infinitum
бесконе́чно-удалённый, *adj.*, infinite, infinitely far; бесконе́чно-удалённая то́чка, point at infinity
бесконе́чный, *adj.*, infinite, endless, interminable, nonterminating
бесконте́кстный, *adj.*, context-free

бесперспекти́вность, *f.*, hopelessness
бесперспекти́вный, *adj.*, unpromising
бесповоро́тный, *adj.*, irrevocable, irreversible; rotation-free
бесповто́рный, *adj.*, (sampling) without repetition, repetition-free, iteration-free
бесполе́зно, *adv.*, in vain, uselessly
бесполе́зность, *f.*, uselessness
бесполе́зный, *adj.*, useless
беспоря́док, *m.*, disorder, confusion, chaos; состоя́ние беспоря́дка, state of disorder, being out-of-kilter; коди́рование беспоря́дка, hash-coding
беспоря́дочно, *adv.*, irregularly, in a random manner
беспоря́дочный, *adj.*, chaotic, disorderly, confused, irregular, random; беспоря́дочная цепь, disordered chain
беспреде́льный, *adj.*, boundless, infinite, unbounded, unlimited
беспредме́тность, *f.*, pointlessness, aimlessness
беспредме́тный, *adj.*, pointless, aimless
беспрепя́тственно, *adv.*, without obstacles, easily
беспреры́вно, *adv.*, continuously, without interruption
беспристра́стность, *f.*, impartiality (*statistics*); ме́тод наибо́льшей беспристра́стности, cross-validation method
беспристра́стный, *adj.*, unbiased, impartial; беспристра́стная вы́борка, unbiased sample
бессвя́зность, *f.*, incoherence
бе́сселев, *adj.*, Bessel
бесско́бочный, *adj.*, without brackets, parenthesis-free; бесско́бочная за́пись, parenthesis-free notation, Polish notation
бессле́довый, *adj.*, traceless, trace-free
бессме́ртный, *adj.*, immortal, everlasting
бессмы́сленный, *adj.*, senseless, absurd
бессодержа́тельный, *adj.*, empty
бесспи́новый, *adj.*, spin-free, zero-spin
бесспо́рно, *adv.*, indisputably, without contradiction, unquestionably, undoubtedly
бесспо́рность, *f.*, indisputability, incontrovertibility
бесспо́рный, *adj.*, indisputable, incontrovertible, undeniable, self-evident
бесструкту́рный, *adj.*, formless, without structure
бесто́рменный, *adj.*, shapeless
беступико́вый, *adj.*, deadlock-free
бесце́льно, *adv.*, aimlessly, at random
бесце́льность, *f.*, aimlessness, purposelessness, random character
бесце́льный, *adj.*, aimless, purposeless, haphazard, random
бесце́нно, *adv.*, pricelessly, beyond price
бесце́нность, *f.*, pricelessness, inestimable value
бесце́нный, *adj.*, priceless, inestimable, invaluable
бесце́нтровый, *adj.*, without center
бесциркуля́рный, *adj.*, irrotational, circulation-free; бесциркуля́рное обтека́ние, irrotational flow
бесциркуляцио́нный, *adj.*, irrotational, circulation-free; бесциркуляцио́нное обтека́ние, irrotational flow
бесчи́сленность, *f.*, nondenumerability, uncountability, innumerability
бесчи́сленный, *adj.*, uncountable, nondenumerable
бесшу́мный, *adj.*, silent, noiseless
бе́та-распределе́ние, *n.*, beta-distribution
бетатро́н, *m.*, betatron
бе́та-фу́нкция, *f.*, beta-function
би-, *prefix*, bi-, di-
биаксиа́льный, *adj.*, biaxial
Биа́нки, *p.n.*, Bianchi
биаффи́нный, *adj.*, biaffine
библиографи́ческий, *adj.*, bibliographical
библиогра́фия, *f.*, bibliography
библиоте́ка, *f.*, library; библиоте́ка програ́мм, program library
бивариа́нтный, *adj.*, bivariant
биве́ктор, *m.*, bivector
бигармони́ческий, *adj.*, biharmonic
бигармони́чный, *adj.*, biharmonic
бигoломо́рфный, *adj.*, biholomorphic
биградуи́рованный, *adj.*, bigraded, twice-graded; биградуи́рованный мо́дуль, *m.*, bigraded module
бидифференци́руемый, *adj.*, bidifferentiable, twice-differentiable

бидуа́льный, *adj.*, bidual
биекти́вный, *adj.*, bijective
бие́кция, *f.*, bijection
бие́ние, *n.*, beating, throbbing, pulsation; частота́ бие́ний, beat frequency
биканони́ческий, *adj.*, bicanonical
бикатего́рия, *f.*, bicategory
биквадра́т, *m.*, fourth power, biquadratic
биквадрати́чный, *adj.*, biquadratic
биквадра́тный, *adj.*, biquadratic
бикомпа́кт, *m.*, compact Hausdorff space
бикомпа́ктный, *adj.*, bicompact, compact; бикомпа́ктное пополне́ние, *n.*, bicompactification, compactification; бикомпа́ктное расшире́ние, compactification
бикомпле́кс, *m.*, bicomplex
бикомпле́ксный, *adj.*, bicomplex
бикуби́ческий, *adj.*, bicubic
би́лдинг, *m.*, building
биле́т, *m.*, ticket, card
билине́йность, *f.*, bilinearity
билине́йный, *adj.*, bilinear; билине́йная фо́рма, bilinear form, quadratic form
биллио́н, *m.*, trillion
бима́тричный, *adj.*, bimatrix (*game theory*)
бимногообра́зие, *n.*, bivariety
бимода́льный, *adj.*, bimodal
бимо́дуль, *m.*, bimodule
бимолекуля́рный, *adj.*, bimolecular
биморфи́зм, *m.*, bimorphism
бина́рный, *adj.*, binary
Бине́, *p.n.*, Binet
бинокуля́рный, *adj.*, binocular
бино́м, *m.*, binomial; бино́м Нью́тона, binomial formula, binomial theorem
биномиа́льный, *adj.*, binomial
бинорма́ль, *f.*, binormal
бинорма́льный, *adj.*, binormal
био-, *prefix*, bio-
биогра́фия, *f.*, biography
биодина́мика, *f.*, biodynamics
биодинами́ческий, *adj.*, biodynamic
биологи́ческий, *adj.*, biological
биоло́гия, *f.*, biology
биоматема́тика, *f.*, biomathematics
биоме́трия, *f.*, biometrics
биортогонализа́ция, *f.*, biorthogonalization
биортогона́льность, *f.*, biorthogonality
биортогона́льный, *adj.*, biorthogonal
биортонорми́рование, *n.*, biorthonormalization
биоти́п, *m.*, biological type, species
биофи́зика, *f.*, biophysics
биплана́рный, *adj.*, biplanar
биполя́рный, *adj.*, bipolar
бипотенциа́льный, *adj.*, bipotential
бипри́зма, *f.*, biprism
биприма́рный, *adj.*, biprimary
бирациона́льный, *adj.*, birational
бирегуля́рный, *adj.*, biregular
Би́ркгоф (*or* **Би́ркхоф**), *p.n.*, Birkhoff
БИС, *abbrev.* (больша́я интегра́льная схе́ма), LSI (large scale integration)
бисвя́зный, *adj.*, biconnected
бисериа́льный, *adj.*, biserial
бисимметри́я, *f.*, bisymmetry
биспино́рный, *adj.*, bispinor
биссе́ктор, *m.*, bisector
биссе́кторный, *adj.*, bisector, bisecting
биссектри́са, *f.*, bisectrix, bisector
бисте́пень, *f.*, bidegree
бистохасти́ческий, *adj.*, doubly stochastic, bistochastic
бит, *m.*, bit
битерна́рный, *adj.*, biternary
бифа́кторный, *adj.*, bifactor, bifactorial
бифлекнода́льный, *adj.*, biflecnode
бифока́льный, *adj.*, bifocal
бифо́рма, *f.*, biform, double form
бифу́нктор, *m.*, bifunctor
бифуркацио́нный, *adj.*, bifurcation, bifurcational, branching
бифурка́ция, *f.*, bifurcation, branching
бихарактери́стика, *f.*, bicharacteristic
бихромати́ческий, *adj.*, bichromatic
бици́кл, *m.*, bicircle; едини́чный бици́кл, unit bicircle
бицикли́ческий, *adj.*, bicyclic
бицили́ндр, *m.*, bicylinder
бицили́ндрика, *f.*, bicylinder
бицилиндри́ческий, *adj.*, bicylindric
бициркуля́рный, *adj.*, bicircular
благода́рный, *adj.*, grateful, appreciative

благодаря́, *prep.*, thanks to, because of, due to
благожела́тельно, *adv.*, in a friendly way
благополу́чный, *adj.*, satisfactory, successful, safe
благоприя́тный, *adj.*, favorable; благоприя́тный исхо́д, success
благоприя́тствовать, *v.*, favor, foster, be favorable (to)
благоро́дный, *adj.*, rare, inert, noble
блеск, *m.*, brightness, brilliance, brilliancy, glitter, lustre
блестя́щий, *adj.*, brilliant, shiny
блеф, *m.*, bluff, bluffing; игра́ с бле́фом, bluffing game
ближа́йший, *adj.*, nearest, next, immediate; ближа́йший по́вод, immediate cause; при ближа́йшем рассмотре́нии, on closer examination; ближа́йшая пробле́ма, most urgent problem
бли́же, *adv.*, nearer
бли́жний, *adj.*, near, neighboring
близ, *prep.*, near, close to
бли́зкий, *adj.*, near, like, close, similar; на бли́зком растоя́нии, at a short distance; о́бласть, бли́зкая к кру́гу, nearly circular domain; бесконе́чно бли́зкий к A, infinitesimally close to A
бли́зко, *adv.*, nearly, near, close (to)
близкоде́йствующий, *adj.*, short-range
близлежа́щий, *adj.*, neighboring, nearby, near
близне́ц, *m.*, twin; близнецы́, *pl.*, twin primes, prime pair
близору́кий, *adj.*, short-sighted, near-sighted, myopic
близору́кость, *f.*, near-sightedness, myopia
бли́зость, *f.*, proximity, nearness, closeness; в непосре́дственной бли́зости, in immediate proximity (to); простра́нство бли́зости, proximity space
блиста́тельный, *adj.* (*see* блестя́щий)
блок, *m.*, block, unit, bloc; circuit (*of a graph*); блок вво́да-вы́вода, input-output unit; блок-схе́ма, flow chart; block design (*combinatorics*); bookkeeping scheme (*algorithms*)
бло́ковый, *adj.*, block; бло́ковое мно́жество, lobe
бло́тто, *m.*, blotto
бло́ховский, *adj.*, Bloch
бло́чно-степенно́й, *adj.*, block power
бло́чный, *adj.*, block, modular; бло́чный идеа́л, block ideal
блужда́ние, *n.*, wandering, random walk; случа́йное блужда́ние, random walk; блужда́ние по сфе́рам, random walk by spheres, floating random walk
блужда́ть, *v.*, wander, walk
блужда́ющий, *adj.*, wandering, straying
Бля́шке, *p.n.*, Blaschke
бога́тый, *adj.*, rich
Бо́йаи, *p.n.*, Bolyai
бок, *m.*, side; по бока́м, on each side; бок о́ бок, side by side
боково́й, *adj.*, side, lateral, profile; бокова́я пове́рхность, lateral area
бо́лее, *adv.*, more; бо́лее всего, most of all; тем бо́лее, all the more; бо́лее того, moreover, and what is more; бо́лее чем, more than; тем бо́лее, что, especially as, as, the more so; не бо́лее чем, at most
болометри́ческий, *adj.*, bolometric
болт, *m.*, bolt, pin
бо́льше, *adv.*, greater (than), more, larger; как мо́жно бо́льше, as much as possible, as many as possible; мно́го бо́льше, much more; намно́го бо́ль бо́льше, much more; бо́льше не, no more, not any more
бо́льший, *adj.*, larger, greater; по бо́льшей ча́сти, mostly, for the most part; са́мое бо́льшее, at most, at the utmost
большинство́, *n.*, majority, plurality; в большинстве́ слу́чаев, in most cases
большо́й, *adj.*, big, large, large-scale; больша́я окру́жность, great circle; больша́я ось, major axis
Бо́льяй, *p.n.*, Bolyai
бомбардирова́ть, *v.*, bombard
Бомбье́ри, *p.n.*, Bombieri
бонд, *m.*, bond; бонд верши́ны, vertex-bond
Бонне́, *p.n.*, Bonnet
Бор, *p.n.*, Bohr
борда́нтный, *adj.*, bordant
борди́зм, *m.*, bordism

бордю́р, *m.*, border
боре́лев, *adj.*, Borel
бо́рновский, *adj.*, Born
борнологи́чность, *f.*, bornology
бо́ровский, *adj.*, Bohr
боро́здка, *f.*, groove, fissure
борьба́, *f.*, struggle, fight
Бо́хнер, *p.n.*, Bochner
бо́чечный, *adj.*, barreled
бо́чка, *f.*, barrel
бочкообра́зный, *adj.*, barrel-type; бочкообра́зная дисто́рсия, barrel-type distortion
БПФ, *abbrev.* (бы́строе преобразова́ние Фурье́), FFT, fast Fourier transform
брак[1], *m.*, marriage; зада́ча о бра́ке, marriage problem
брак[2], *m.*, reject, waste
бракети́рование, *n.*, bracketing
бракова́ть (забракова́ть), *v.*, reject, discard (*in sorting*)
бракова́ться, *v.*, be rejected
брако́вка, *f.*, rejection, discarding
брако́вочный, *adj.*, rejected, discarded
браку́ющий, *adj.*, rejecting, discarding
брать (взять), *v.*, take, obtain, originate, prevail, succeed; брать произво́дную, differentiate
бра́ться (взя́ться), *v.*, begin, start, undertake
Бра́уэр, *p.n.*, Brouwer, Brauer
бра́уэровский, *adj.*, Brouwerian
брахистохро́на, *f.*, brachistochrone
брахистохро́нный, *adj.*, brachistochrone
бри́зер, *adj.*, breather (*differential equations*)
бри́зерный, *adj.*, breather (*differential equations*)
брике́т, *m.*, brick fuel, briquet
Брио́ски, *p.n.*, Brioschi
бри́тва, *f.*, razor; бри́тва О́ккама, Occam's razor
бродя́чий, *adj.*, wandering, stray; зада́ча о бродя́чем торго́вце, traveling salesman problem
бронево́й, *adj.*, armored, protective
броса́ние, *n.*, throwing, tossing, throw (*of dice*); броса́ние моне́ты, coin-tossing
броса́ть (бро́сить), *v.*, throw
Бро́ун, *p.n.*, Brown
бро́уновский, *adj.*, Brownian; бро́уновское движе́ние, Brownian motion
бро́шенный (*from* броса́ть), *adj.*, thrown, abandoned, deserted; бро́шенное те́ло, projectile
брошю́ра, *f.*, brochure, pamphlet
брус, *m.*, beam, girder, bar, block, squared beam; (n-dimensional) parallelepiped
бруско́вый, *adj.*, bar
брусо́к, *m.*, rod, rail, bar, stack; бруски́ покры́тия, stacks of a covering
брусча́тый, *adj.*, stacked, block; брусча́тое покры́тие (с ба́зой a), stacked covering (over a)
бры́згать (бры́знуть), *v.*, sprinkle, squirt
Брюа́, *p.n.*, Bruhat
бу́блик, *m.*, doughnut, bagel; torus (*colloquial*)
бу́дет (*from* быть), *v.*, will, will be
буди́ть, *v.*, arouse, call, wake
бу́дто, *conj.*, as if, as though; бу́дто бы, supposedly, apparently
бу́дут (*from* быть), *v.*, will, will be
бу́дучи (*from* быть), *adv.*, being
бу́дущее, *n.*, the future
бу́дущий, *adj.*, future, next; в бу́дущий раз, next time
бу́дущность, *f.*, future
будя́щий (*from* буди́ть), *adj.*, arousing, calling
Бу́земан, *p.n.*, Busemann
бу́ква, *f.*, letter (*of alphabet*); бу́ква в бу́кву, letter for letter
буква́льный, *adj.*, literal
бу́квенно-цифрово́й, *adj.*, alphanumeric
бу́квенный, *adj.*, letter, graphic, symbolic
буке́т, *m.*, union; coproduct; wedge product; буке́т сфе́р, union of spheres
буксова́ние, *n.*, slipping, skidding
буксова́ть, *v.*, skid, slip
булевозна́чный, *adj.*, Boolean-valued
бу́лев, *adj.*, Boole, Boolean
бума́га, *f.*, paper, document
бума́жный, *adj.*, paper
бумера́нг, *m.*, boomerang
Буняко́вский, *m.*, Bunyakovskii; нера́венство Буняко́вского, Cauchy-Schwarz-Bunyakovskii inequality
Бурбаки́, *p.n.*, Bourbaki

бу́сина, *f.*, bead
бу́синка, *f.*, bead
буты́лка, *f.*, bottle; буты́лка Кле́йна, Klein bottle
Буус, *p.n.*, Booth
бу́фер, *m.*, shock absorber, cushion, buffer
бу́ферный, *adj.*, buffer
бушева́ть, *v.*, make turbulent, storm, rage
бу́шель, *m.*, bushel
бу́шинг, *m.*, bushing
бушу́ющий, *adj.*, turbulent, storming, raging
бы, *particle, indicating subjunctive or conditional*; кто бы ни, whoever; что бы ни, whatever; когда́ бы ни, whenever; как бы ни, no matter how, as if; чем бы ни, no matter by what
быва́ть, *v.*, be, happen, occur, take place
бы́вший (*from* быть), *adj.*, former, late, ex-
был (была́, бы́ло, бы́ли (*past of* быть)), *v.*, was, were; бы́ло бы, it would be
было́е, *n.*, the past
было́й, *adj.*, past, former
быстроде́йствие, *n.*, speed (*of acting*)
быстроде́йственный, *adj.*, time-optimal
быстроде́йствующий, *adj.*, fast, high speed
быстрозатуха́ющий, *adj.*, rapidly damping
быстрота́, *f.*, speed, quickness, rapidity
быстроубыва́ющий, *adj.*, rapidly decreasing
бы́стрый, *adj.*, fast, quick, rapid
быть, *v.*, be
Бьенеме́, *p.n.*, Bienaimé
Бьёркен, *p.n.*, Björken
Бье́рлинг, Бё́рлинг, *p.n.*, Beurling
бэ́ровский, *adj.*, Baire
БЭСМ, *abbrev.* (быстроде́йствующая электро́нная счётная маши́на), computer (*of some particular make*)
бэ́та-фу́нкция, *f.*, beta function
бюдже́т, *m.*, budget; ли́ния бюдже́та, budget line

В в

в (во), *prep.*, in, into, at, to, toward; for, from, on, within; в ви́де, in the form of; во мно́гом, in many instances; в са́мом де́ле, in fact; в све́те, in view (of); в слу́чае, in case (of)
в, *abbrev.* (вольт), volt; В, *abbrev.* (Восто́к), East
ваго́н, *m.*, coach, carriage
вагоне́тка, *f.*, trolley, wagon
важне́йший, *adj.*, most important
ва́жность, *f.*, importance, significance
ва́жный, *adj.*, important, significant, main
ва́куум, *m.*, vacuum
ва́куумный, *adj.*, vacuum
вал, *m.*, shaft, drum
вале́нтность, *f.*, valency, valence
-вале́нтный, *suffix*, -valent
ва́лик, *m.*, cylinder, roller
Валле́ Пуссе́н, *p.n.*, de la Vallée-Poussin
Вальд, *p.n.*, Wald
ва́льдов (ва́льдовский), *adj.*, Wald; ва́льдово секвенциа́льное испыта́ние, sequential probability ratio test
валю́тный, *adj.*, currency; валю́тный курс, exchange rate (*of currency*)
Ван-дер-Ва́рден, *p.n.*, van der Waerden
вандермо́ндов, *adj.*, Vandermonde
Ва́рден, *p.n.*, van der Waerden
вариа́нт, *m.*, variant, alternate version, alternative
вариа́нтность, *f.*, variance
вариа́тор, *m.*, input resonator
вариацио́нный, *adj.*, variational; вариацио́нное исчисле́ние, calculus of variations
вариа́ция, *f.*, variation
Ва́ринг, *p.n.*, Waring
Варинько́н, *p.n.*, Varignon
варьи́рование, *n.*, variation; варьи́рование внутри́ гру́ппы, batch variation
варьи́рованный, *adj.*, varied, varying
варьи́ровать, *v.*, vary, change, modify
варьи́роваться, *v.*, vary
варьи́рует, *v.*, (it) varies
варьи́рующий, *adj.*, varying, changing
варьи́руя, *adv.*, varying, if we vary
Вата́ри, *p.n.*, Watari
ватерли́ния, *f.*, water line
Ва́тсон, *p.n.*, Watson
ватт, *m.*, watt
ваттме́тр, *m.*, wattmeter
вблизи́, *adv.*, near, close, not far from
вбок, *adv.*, sideways, laterally
вбры́згивать, *v.*, inject
введём (*see* вводи́ть), *v.*, we (shall) introduce, let us introduce
введе́ние, *n.*, introduction; inlet, intake
введённый, *adj.*, introduced
введя́, *adv.*, introducing, having introduced
ввёл, *v.*, introduced (*past of* ввести́)
вверх, *adv.*, up, upwards
ввести́ (*perf. of* вводи́ть), *v.*, introduce
ввиду́, *prep.*, in view of, by; ввиду́ того́ что, as, in view of the fact that
вви́нчивать (ввинти́ть), *v.*, screw, screw in
ввод, *m.*, input, inlet, lead-in, intake; ввод-вы́вод, input/output
вводи́ть (ввести́), *v.*, introduce, input
вводи́ться, *v.*, be introduced
вво́дный, *adj.*, introductory
вводя́, *adv.*, introducing, if we introduce
вгиба́ть (вогну́ть), *v.*, bend (*in*), make concave; deform (*isometrically*)
вдава́ться (вда́ться), *v.*, devote one's self to; вдава́ться в дета́ли, go into details, refine, elaborate
вда́вливание, *n.*, impression, stamping
вдали́, *prep.*, far from, at a distance, beyond
вдво́е, *adv.*, double, twice; вдво́е ме́ньше, half; сложи́ть вдво́е, *v.*, fold in two; увели́чить вдво́е, *v.*, double
вдоба́вок, *adv.*, in addition, besides
вдоль, *prep.*, along, down; *adv.*, lengthwise
Ве́бер, *p.n.*, Weber
ве́бер, *m.*, weber (unit), 10^8 maxwells
ве́дающий (*from* води́ть), *adj.*, being in charge, knowing, managing, supporting
Ве́ддербёрн, *p.n.*, Wedderburn

ведём (*from* вести́), *v.*, we lead, we conduct
ведётся (*from* вести́), *v.*, is carried out, is conducted
ве́домость, *f.*, list, sheet, record
ве́домственный, *adj.*, departmental
ведо́мый, *adj.*, leading, driven
ве́домый, *adj.*, managing, being in charge; known
веду́т (*from* вести́), *v.*; веду́т себя́, acts, behaves, conducts one's self
веду́щий (*from* води́ть), *adj.*, conductor, conducting, leading; веду́щий идеа́л, conductor ideal, conductor; веду́щее нача́ло, fundamental principle; веду́щее колесо́, driving wheel; веду́щий элеме́нт, pivot; веду́щая переме́нная, master variable
ведь, *conj., particle*, but, in fact, as a matter of fact; но ведь э́то всем изве́стно, but this is well known
ве́ер, *m.*, fan
ве́ерный, *adj.*, fan; fibered; ве́ерное произведе́ние, fibered product
веерообра́зный, *adj.*, fan-shaped
везде́, *adv.*, everywhere
вездесу́щий, *adj.*, ubiquitous, omnipresent
Ве́йерштрасс, *p.n.*, Weierstrass
ве́йлевский, *adj.*, Weyl, Weil
Вейль, *p.n.*, Weyl, Weil; гру́ппа Ве́йля, Weyl group
Вейс, *p.n.*, Weiss
век, *m.*, century, age
вековой, *adj.*, age-old, ancient, secular; вековое уравне́ние, secular equation
ве́ксель, *m.*, note, bill; но́рма учёта ве́кселей, discount rate
ве́ктор, *m.*, vector; ве́ктор Ше́пли, Shapley value
векториза́ция, *f.*, vectorization
векторнозна́чный, *adj.*, vector-valued
ве́кторно-ма́тричный, *adj.*, vector-matrix
ве́кторный, *adj.*, vectorial, vector; ве́кторное простра́нство, vector space; ве́кторное произведе́ние, vector product, outer product, cross product; ве́ктор-реше́ние, solution vector
ве́ктор-столбе́ц, *m.*, column vector
ве́ктор-строка́, *f.*, row vector
вёл, вела́, вело́, вели́ (*past of* вести́), *v.*; вёл себя́, как…, behaved like
вели́кий, *adj.*, great, large; вели́кая теоре́ма Ферма́, Fermat's last theorem
величина́, *f.*, magnitude, quantity, size, value, variable, parameter; величина́ заде́ржки, delay factor; абсолю́тная величина́, absolute value, magnitude, modulus
венге́рский, *adj.*, Hungarian
Венн, *p.n.*, Venn; диагра́мма Ве́нна, Venn diagram
ве́нтиль, *m.*, valve, gate; входно́й (выходно́й) ве́нтиль, in- (out-) gate
ве́нтильный, *adj.*, valve, gate, switch, gating (*computing*)
вентиля́тор, *m.*, ventilator, fan
вентиляцио́нный, *adj.*, ventilating
ве́ра, *f.*, faith, belief, trust
верба́льный, *adj.*, verbal
верёвка, *f.*, rope, string, cord
верёвочный, *adj.*, cord, string, rope
веретено́, *n.*, spindle
веретенообра́зный, *adj.*, spindle-shaped
ве́рить (пове́рить[1]), *v.*, believe
верифика́тор, *m.*, verifier
верифика́ция, *f.*, verification
верифици́руемый, *adj.*, verifiable
вернёмся (*from* верну́ться), *v.*, we (shall) return
ве́рно, *adv.*, correctly, truly; *particle*, probably
ве́рность, *f.*, accuracy, correctness; ве́рность измере́ний, accuracy of measurement
верну́ться, *v.*, return
ве́рный, *adj.*, valid, true, correct, reliable
верньер, *m.*, vernier
Ероне́зе, *p.n.*, Veronese
вероя́тностник, *m.*, probabilist
вероя́тностный, *adj.*, probability, probabilistic; вероя́тностная фу́нкция, probability function, distribution function; вероя́тностный автома́т, probabilistic automaton; интегра́л вероя́тности, error integral, error function
вероя́тность, *f.*, probability; тео́рия вероя́тностей, probability theory

вероя́тный, *adj.*, probable, likely
верса́льный, *adj.*, versal
ве́рсия, *f.*, version, variant
ве́рсор, *m.*, versor
верте́ть, *v.*, turn, twirl, twist, spin
вертика́л, *m.*, vertical (instrument), vertical (*astronomy*)
вертика́ль, *f.*, vertical line, vertical (*astronomy*)
вертика́льно, *adv.*, vertically
вертика́льность, *f.*, verticality, vertical position
вертика́льный, *adj.*, vertical, upright; вертика́льная прое́кция, vertical projection, front view
верх, *m.*, top, upper part
ве́рхний, *adj.*, upper, top; ве́рхняя гомоло́гия, cohomology; ве́рхняя грани́ца (*or* ве́рхняя гра́нь), upper bound, supremum; ве́рхний преде́л, upper bound, upper limit; ве́рхняя цена́, upper value (*game theory*); ве́рхний ци́кл, cocycle; ве́рхнее значе́ние, upper value (*of a game*); ве́рхняя релакса́ция, overrelaxation
верху́шка, *f.*, apex
верче́ние, *n.*, turning (*around*), eddying, twisting, whirling
верши́на, *f.*, top, summit, apex, vertex, corner, tip (*of a crack*), point *or* node (*of a graph*); расстоя́ние от верши́ны до объе́кта, object distance (*optics*)
верши́нный, *adj.*, vertex
вес, *m.*, weight, influence, authority, position, weight function; уде́льный вес, specific weight, specific gravity; на вес, by weight; с ве́сом, weighted; оце́нка с ве́сом, weighted estimate; ве́сом в килогра́мм, weighing 1 kilogram
ве́ский, *adj.*, weighty, convincing
весово́й, *adj.*, weight, weighted, balanced; весова́я фу́нкция, weight function; весова́я тополо́гия, balanced topology
Ве́ссел, *p.n.*, Wessel
вести́ (повести́), *v.*, lead, conduct, direct, run, carry on; вести́ себя́, behave
весь (вся, всё), *pron., adj.*, all, the whole of, everything
весьма́, *adv.*, very, highly, greatly
ветви́стый, *adj.*, branching, ramified
ветви́ться, *v.*, ramify
ветвле́ние, *n.*, branching, ramification, bifurcation; то́чка ветвле́ния, branch point, ramification point
ветвь, *f.*, branch; ветвь с ве́сом, weighted branch; ме́тод ветве́й и грани́ц, branch and bound algorithm
ветвя́щийся, *adj.*, branching, ramified; ветвя́щая дробь, branching fraction
ве́тер, *m.*, wind; встре́чный ве́тер, headwind
ветря́к, *m.*, wind turbine
ве́ха, *f.*, stake, landmark
веще́ственно, *adv.*, real; веще́ственно за́мкнутый, real-closed; веще́ственно аналити́ческий, real-analytic
вещественнозна́чный, *adj.*, real-valued
веще́ственность, *f.*, matter, substance; reality
веще́ственный, *adj.*, real, material
вещество́, *n.*, substance, matter
вещь, *f.*, thing, entity, piece; вещь в себе́, thing in itself
ве́яние, *n.*, trend, tendency
взаи́мно, *adv.*, mutually, reciprocally, relatively; вза́имно исключа́ющие друг дру́га, mutually exclusive; взаи́мно просто́й, relatively prime, coprime; взаи́мно однозна́чный, one-to-one, bijective; взаимно непересека́ющиеся, mutually disjoint
взаи́мно-дополнительный, *adj.*, mutually disjoint, mutually complementary
взаи́мно-обра́тный, *adj.*, inverse, reciprocal
взаи́мно-однозна́чно, *adv.*, in a one-to-one manner, bijectively
взаи́мно-однозна́чный, *adj.*, one-to-one; взаи́мно-однозна́чное соотве́тствие, one-to-one correspondence
взаи́мно-поля́рный, *adj.*, polar reciprocal
вза́имно-просто́й, *adj.*, mutually disjoint, relatively prime, coprime
взаимносопряжённый, *adj.*, self-conjugate
взаи́мность, *f.*, reciprocity, mutuality, duality; зако́н взаи́мности, reciprocity law

взаи́мный, *adj.*, mutual, reciprocal; взаи́мная связь, coupling
взаимоде́йствие, *n.*, interaction
взаимоде́йствие, *n.*, interaction, reciprocal action, reciprocity
взаимоде́йствовать, *v.*, interact, act reciprocally
взаимоде́йствующий, *adj.*, interacting
взаимозави́симость, *f.*, interdependency
взаимозаменя́емость, *f.*, interchangeability
взаимозаменя́емый, *adj.*, interchangeable
взаимоисключа́ющий, *adj.*, alternative, mutually exclusive
взаимоотноше́ние, *m.*, mutual relation, correlation, interrelation
взаимопревраще́ние, *n.*, transmutation
взаимосвя́зь, *f.*, correlation, interconnection, interdependence, intercommunication
взаимосогласо́ванность, *f.*, interconsistency, consistency
взаме́н, *prep.*, instead of, in return for
взве́шенно-полиномиа́льный, *adj.*, weighted polynomial
взве́шенный, *adj.*, weighted, weighed, suspended
взве́шивание, *n.*, weighing, weighting
взве́шивать (взве́сить), *v.*, weigh
взгляд, *m.*, view, glance; look; на мой взгляд, in my opinion; на не́рвый взгляд (*or* с пе́рвого взгляд), at first sight
взгля́дывать (взгляну́ть), *v.*, glance, look at
взира́ть, *obsolete v.*, look (*at*), gaze (*at*); не взира́я на, notwithstanding
взлёт, *m.*, flight, take-off, launching
взлётный, *adj.*, flight, take-off
взнос, *m.*, payment, fee, dues
взойти́, *v.* (*perf. of* восходи́ть *and* всходи́ть)
взрез, *m.*, cut, incision
взрыв, *m.*, explosion, detonation; камуфле́тный взрыв, underground explosion that does not disturb the surface
взрывно́й, *adj.*, explosive; взрывна́я волна́, blast wave
взры́вчатый, *adj.*, explosive
взяв (*from* взять), *adv.*, having taken
взя́тие, *n.*, taking; взя́тие дополне́ния, (operation of) taking the complement
взя́тый (*short form* взят (взя́та, взя́то, взя́ты)), *adj.*, taken
взять (*perf. of* брать), *v.*, take
взя́ться (*perf. of* бра́ться), *v.*, begin, start, undertake
вибра́тор, *m.*, vibrator, oscillator
вибрацио́нный, *adj.*, vibrational
вибра́ция, *f.*, vibration, oscillation
вибри́ровать, *v.*, vibrate, oscillate
вибро́граф, *m.*, oscillograph
виброте́хника, *f.*, vibrotechnics
вид, *m.*, aspect, form, view, kind, species, shape, mode; в ви́де, in the form of, as; име́ется в ви́ду, we have in mind; we mean; ни под ка́ким ви́дом, on no account, by no means; я́вный вид, explicit form
ви́деть (уви́деть), *v.*, see
ви́дим (*from* ви́деть), *v.*, we see
ви́димо, *adv.*, evidently, obviously, apparently
ви́димость, *f.*, visibility
ви́димый, *adj.*, apparent, visible, obvious
ви́дно, *adv.*, obviously, evidently, apparently, it is seen, one can see, it is obvious, clearly; как ви́дно, as is obvious, as we can see; как ви́дно из ска́занного, as is obvious from what has been said
ви́дный, *adj.*, visible, prominent
видоизмене́ние, *n.*, modification, transformation, change, alteration, version
видоизменённый, *adj.*, modified
видоизменя́ть (видоизмени́ть), *v.*, transform, modify, alter
Вие́т (Вие́та, Вьет), *p.n.*, Vièta, Vieta
вието́рисовский, *adj.*, Vietoris
визи́р, *m.*, sight, view-finder
визуа́льный, *adj.*, visual
ви́лка, *f.*, fork, plug, bracket
Ви́льсон, *p.n.*, Wilson
Ви́нер, *p.n.*, Wiener
ви́неровский, *adj.*, Wiener
винт, *m.*, screw, propeller; vint (*card game*); возду́шный винт, airscrew propeller; шаг винта́, pitch of a screw

винтово́й, *adj.*, screw, spiral, helical, winding; винтова́я ли́ния, spiral, helix
вириа́л, *m.*, virial
вириа́льный, *adj.*, virial
виртуа́льный, *adj.*, virtual
висе́ть, *v.*, hang, overhang, be suspended
вито́й, *adj.*, twisted, spiral, turned
вито́к, *m.*, coil, loop, turn, convolution
Витт, *p.n.*, Witt
вить, *v.*, twist
вихрево́й, *adj.*, rotational, vortex, vortical, turbulent
вихре́ние, *n.*, vorticity
вихреобразова́ние, *n.*, churning
вихрь, *m.*, curl, rotation, vorticity, vortex, whirl
вклад, *m.*, contribution, investment; внести́ вклад, *v.*, contribute
вкла́дывать (вложи́ть), *v.*, put in, invest, insert, turn on, embed, inject
вкле́ивание, *n.*, pasting in, pasting
включа́ть (включи́ть), *v.*, enclose, insert, include, add; включа́ть в себя́, include, involve
включа́я, *prep.*, including, inclusive of; *adv.*, including; включа́я бесконе́чно удалённую то́чку, including the point at infinity
включе́ние, *n.*, inclusion, cut-in; тополо́гия включе́ния, inclusion topology; дифференциа́льное включе́ние, generalized differential equation ($dx/dt \in F(t,x)$)
включённый, *adj.*, included, turned on
включи́тельно, *adv.*, inclusively, inclusive
вкра́вшийся, *adj.*, slipped in, slipping in
вкра́дываться (вкра́сться), *v.*, slip in (*of an error*)
вкра́тце, *adv.*, briefly, in short
вкус, *m.*, taste, manner, style; де́ло вку́са, a matter of taste
влага́ть (вложи́ть), *v.*, insert, imbed
владе́ть, *v.*, possess, have, be master (of)
владе́ющий, *adj.*, possessing, having
власть, *f.*, rule, power, authority
вле́во, *adv.*, to the left, on the left
влече́ние, *n.*, tendency, inclination
влечёт (*from* влечь), *v.*, implies
влечь, *v.*, attract, draw, drag, bring, involve, necessitate, imply; влечь за собо́й, *v.*, imply, have as a consequence
влива́ющийся, *adj.*, flowing
влия́ние, *n.*, influence, impact; фу́нкция влия́ния, influence function, Green function
влия́ть (повлия́ть), *v.*, influence, affect
влия́ющий, *adj.*, influencing, affecting
вложе́ние, *n.*, enclosure, insertion, embedding, investment, inclusion, injection; вложе́ние в це́лом, global embedding; отображе́ние вложе́ния, inclusion map
вло́женный, *adj.*, embedded, inserted, enclosed; вло́женная цепь Ма́ркова, embedded Markov chain; пра́вильно (ди́ко) вло́женный, tamely (wildly) embedded
вложи́ть (*perf. of* вкла́дывать), *v.*, put in, embed, invest
ВМ, *abbrev.* (вычи́слительная маши́на), computer
вме́сте, *adv.*, together; вме́сте с тем, moreover, at the same time; вме́сте с, together with
вмести́мость, *f.*, capacity, volume
вме́сто, *prep.*, instead of, in place of
вмеша́тельство, *n.*, interference, intervention
вмеща́ть (вмести́т), *v.*, contain
вмещённый, *adj.*, embedded
внача́ле, *adv.*, at the beginning; at first
вне, *prep.*, outside of, exterior to
вневпи́санный, *adj.*, escribed; вневпи́санная окружность, escribed circle, excircle
внедиагона́льный, *adj.*, off-diagonal
внедре́ние, *n.*, introduction, intrusion, penetration
внеза́пно, *adv.*, suddenly, unexpectedly, abruptly
внеза́пный, *adj.*, sudden, abrupt
внеинтегра́льный, *adj.*, outside the integral, integrated; внеинтегра́льный член, term outside the integral, integrated term
внеконкуре́нтный, *adj.*, uncompetitive; внеконкуре́нтное торможе́ние, uncompetitive inhibition (*biophysics*) (*as*

distinguished from неконкуре́нтное торможе́ние, noncompetitive inhibition)

внеконтро́льный, *adj.*, out of control

внеметаматемати́ческий, *adj.*, extra-metamathematical

внеосево́й, *adj.*, off the axis

внёс (*past of* внести́), *v.*, brought, inserted

внесе́ние, *n.*, bringing in, insertion, entry, introduction

внести́ (*perf. of* вноси́ть), *v.*, bring in, insert

внетабли́чиый, *adj.*, extratabular

вне́шне, *adv.*, outwardly, externally

внешнеплана́рный, *adj.*, outerplanar

вне́шний, *adj.*, exterior, external, superficial, outward, outer, outermost, extrinsic; вне́шняя ме́ра, outer measure; вне́шним о́бразом, externally; вне́шнее преде́льное мно́жество, superficial cluster set; вне́шняя фо́рма, exterior form; гру́ппа вне́шних автоморфи́змов, outer automorphism class group; вне́шний автоморфи́зм, outer automorphism; вне́шнее обору́дование, peripheral equipment

вне́шность, *f.*, exterior, appearance

вниз, *adv.*, down, downwards; вниз по пото́ку, downstream

внизу́, *adv.*, below, at the bottom

вника́ть (вни́кнуть), *v.*, investigate thoroughly, try to understand, go deeply into

внима́ние, *n.*, attention, notice; приня́ть во внима́ние, take into consideration

внима́тельный, *adj.*, attentive, intent, careful

вновь, *adv.*, anew, again, once again

внос, *m.*, introduction, importation

вноси́ть (внести́), *v.*, bring in, insert, introduce

внося́, *adv.*, introducing, if we introduce

внося́щий, *adj.*, contributory, introducing

вну́тренне, *adv.*, internally, intrinsically; вну́тренне гомологи́чный, intrinsically homologous, cobordant

вну́тренний, *adj.*, interior, inner, internal, intrinsic; вну́треннее расстоя́ние, intrinsic distance; вну́тренняя гомоло́гия, intrinsic homology, cobordism; вну́тренняя ме́ра, interior measure; вну́тренняя то́чка, interior point; вну́тренний автоморфи́зм, inner automorphism

вну́тренность, *f.*, interior, interiority; вну́тренность угла́, interior angle *or* angular domain

внутри́, *prep.*, in, inside, interior to, on compact subsets of; равноме́рно сходи́тся внутри́ D, is uniformly convergent on compact subsets of D

внутрибло́чный, *adj.*, intrablock

внутривидово́й, *adj.*, intraspecific, intragroup

внутрикристалли́ческий, *adj.*, crystalline, within the crystal, intracrystalline

внутримолекуля́рный, *adj.*, intramolecular

внутрисисте́мный, *adj.*, intrasystem, internal

внутрь, *prep.*, in, inside, inwards, toward the interior, into

внуша́ть (внуши́ть), *v.*, instill, suggest, inspire

внушённый, *adj.*, suggested

во (в), *prep.*, in, into, at, to; во вре́мя, during; во всех отноше́ниях, in every respect; во-пе́рвых, in the first place; во-вторы́х, secondly, in the second place

вовлека́ть (вовле́чь), *v.*, involve, implicate

во́время, *adv.*, on time

во́все, *adv.*, completely, entirely, at all, quite; во́все нет, not at all

во́гнутость, *f.*, concavity

во́гнутый, *adj.*, concave; во́гнуто-вы́пуклый, *adj.*, concave-convex

вогну́ть (*perf. of* вгиба́ть), *v.*, bend (in), curve inward

вода́, *f.*, water

води́ть (*indefinite form of* вести́), *v.*, lead, conduct, direct; keep up, steer

водоём, *m.*, reservoir

водопрово́д, *m.*, water pipe, water main

водопроница́емый, *adj.*, water-permeable

водоро́д, *m.*, hydrogen

водоро́дный, *adj.*, hydrogen

водородоподо́бный, *adj.*, hydrogen-like

водохрани́лище, *n.*, reservoir

водяно́й, *adj.*, water

воеди́но, *adv.*, together

вое́нный, *adj.*, military
вожделе́нный, *adj.*, desirable
возбуди́тель, *m.*, agent, stimulant, exciter, pulser
возбужда́емый, *adj.*, excitatory, excitable
возбужда́ть (возбуди́ть), *v.*, excite, stimulate
возбужда́ющий, *adj.*, exciting, stimulating, excitatory
возбужде́ние, *n.*, motivation, stimulation, excitation; цепь возбужде́ния, energizing circuit (*computing*)
возбуждённый, *adj.*, excited; возбуждённое состоя́ние, excited state (*of an atom*)
возведе́ние, *n.*, raising (*to a power*), erection
возведённый, *adj.*, raised, elevated
возвести́ (*perf. of* возводи́ть), *v.*, raise
возводи́ть, *v.*, raise, erect; возводи́ть в тре́тью сте́пень, raise to the third power; возводи́ть в квадра́т, square
возвра́т, *m.*, return, recover, restitution; то́чка возвра́та, cusp; ребро́ возвра́та, cuspidal edge, edge of regression
возврати́ть (*perf. of* возвраща́ть), *v.*, return
возвра́тность, *f.*, reflexivity
возвра́тный, *adj.*, reflexive, recursion, recurring, reciprocal; возвра́тная после́довательность, recursive sequence; возвра́тное уравне́ние, reciprocal equation
возвраща́ть, *v.*, return, give back, restore
возвраща́ясь, *adv.*, returning (to), reverting (to), if we return (to)
возвраще́ние, *n.*, return, recurrence, replacement, regression; вы́бор без возвраще́ния, sampling without replacement; вы́бор с возвраще́нием, sampling with replacement
возвыша́ть (возвы́сить), *v.*, raise, involve
возвыша́ться, *v.*, rise over, surpass
возвыше́ние, *n.*, elevation, rise; у́гол возвыше́ния, elevation angle
возвы́шенность, *f.*, height
возвы́шенный, *adj.*, high, elevated
возго́нка, *f.*, sublimation
возде́йствие, *n.*, action, effect
возде́йствовать, *v.*, act, influence, affect
возде́йствующий, *adj.*, acting, affecting
возде́рживаться (воздержа́ться), *v.*, refrain (*from*), abstain (*from*)
во́здух, *m.*, air
воздухово́д, *m.*, air duct, air line
воздухопроница́емый, *adj.*, air-penetrating, air-permeable
возду́шный, *adj.*, air, aerial; возду́шный змей, kite
возлага́ть (возложи́ть), *v.*, lay, rest on
во́зле, *prep.*, next to, alongside, by
возмо́жно, *adv.*, possibly, it is possible; возмо́жно лу́чший, possibly best
возмо́жность, *f.*, possibility, opportunity, chance, capability; теоре́ма о возмо́жности, possibility theorem
возмо́жный, *adj.*, possible, feasible; virtual; еди́нственно возмо́жный, the only (one) possible
возмуща́ть (возмути́ть), *v.*, stir up, perturb, stir
возмуща́ющий, *adj.*, disturbing, perturbation
возмуще́ние, *n.*, perturbation, disturbance
возмущённый, *adj.*, perturbed
вознагражде́ние, *n.*, fee, reward, compensation
возника́ть (возни́кнуть), *v.*, arise, appear, spring up
возника́ющий, *adj.*, originating, arising from
возникнове́ние, *n.*, origin, rise, beginning
возни́кнуть (*perf. of* возника́ть), *v.*, arise
возобновля́емый, *adj.*, renewed, renewable
возобновля́ть (возобнови́ть), *v.*, renew, restore; resume
возража́ть (возрази́ть), *v.*, object, take exception
возраже́ние, *n.*, objection
возрази́ть (*perf. of* возража́ть), *v.*, object
во́зраст, *m.*, age
возраста́ние, *n.*, increase, rise, growth, increment; в поря́дке возраста́ния, in ascending order
возраста́ть, *v.*, increase, grow, ascend
возраста́ющий, *adj.*, growing, increasing, accelerating, ascending

возрасти́ (*perf. of* возраста́ть), *v.*, increase, grow
возьмём (*from* взять), *v.*, we shall take, let us take
войдёт (*see* входи́ть), *v.*, will enter
война́, *f.*, war, warfare
войти́ (*perf. of* входи́ть), *v.*, enter
вокру́г, *prep.*, around, round
Во́ллмэн, *p.n.*, Wallman
волна́, *f.*, wave
волне́ние, *n.*, disturbance
волни́стость, *f.*, sinuosity
волни́стый, *adj.*, sinuous, wavy; волни́стый кругово́й ко́нус, sinuous circular cone
волново́д, *m.*, wave guide, wave conductor
волново́й, *adj.*, wave; волново́й фронт, wavefront set; волново́е уравне́ние, wave equation
волноло́м, *m.*, breakwater
волнообра́зный, *adj.*, wavy, undulatory, undulating
волокни́стый, *adj.*, filamentary, fibrous, stringy
волокно́, *n.*, filament, fibre, thread
волоко́нный, *adj.*, fiber; волоко́нный волново́д, (*optical*) fiber wave guide
волчо́к, *m.*, top, top molecule, gyroscope
во́льность, *f.*, freedom, liberty, license; допуска́я во́льность ре́чи, "par abus de langage," by misuse of language
вольт, *m.*, volt
вольт-ампе́рный, *adj.*, current-voltage, volt-ampere
вольте́рровский, *adj.*, Volterra
Во́льфсон, *p.n.*, Wolfson
вообража́емый, *adj.*, imaginary, conceptual
вообража́ть (вообрази́ть), *v.*, imagine
вообража́ться, *v.*, seem
воображе́ние, *n.*, imagination
воображённый, *adj.*, imaginary, imagined
вообрази́ть (*perf. of* вообража́ть), *v.*, imagine
вообще́, *adv.*, in general, generally, at all, always, altogether; вообще́ говоря́, generally speaking, in general; вообще́ ... не, not at all
вооруже́ние, *n.*, armament, equipment, weapons
вооружённый, *adj.*, armed, armed with, in possession of
во-пе́рвых, *adv.*, in the first place
воплоще́ние, *n.*, embodiment, realization
вопреки́, *prep.*, in spite of, against, despite, notwithstanding, contrary
вопро́с, *m.*, question, problem, matter, issue; вопро́с состои́т в том, что, the question is
воро́нка, *f.*, whirlpool, funnel, crater, vortex
воронкообра́зный, *adj.*, funnel-shaped
ворота́, *pl.*, gate, gates
воротни́к, *m.*, collar
во́семь, *num.*, eight
во́семьдесят, *num.*, eighty
воспламене́ние, *n.*, ignition
восполнение, *n.*, fulfilment, filling
восполня́ть (воспо́лнить), *v.*, complete, fulfill, supply
воспо́льзоваться, *v.*, take advantage of, use
воспомина́ние, *n.*, memory, recollection, reminiscence
воспомина́ния, *n.pl.*, reminiscences
воспреща́ть (воспрети́ть), *v.*, prohibit, forbid
восприи́мчивость, *f.*, susceptibility, receptivity, sensitivity
восприи́мчивый, *adj.*, susceptible, receptive, sensitive
воспринима́емый, *adj.*, perceptible
воспринима́ть (восприня́ть), *v.*, perceive, interpret, absorb, receive, understand
воспринима́ющий, *adj.*, receiving, stimulus-receiving
восприня́ться, *v.*, be noticed, be noticeable, be perceived, be understood
восприя́тие, *n.*, perception
воспроизведе́ние, *n.*, reproduction
воспроизведённый, *adj.*, reproduced
воспроизводи́мость, *f.*, reproducibility
воспроизводи́мый, *adj.*, reproducible
воспроизводи́тельный, *adj.*, reproductive
воспроизводи́ть (воспроизвести́), *v.*, reproduce, quote
воспроизводи́ться, *v.*, be reproduced
воспроизво́дство, *n.*, reproduction

воспроизводя́щий, *adj.*, reproducing; воспроизводя́щее ядро́, reproducing kernel
воссоздава́ть (воссозда́ть), *v.*, reconstruct
воссозда́ние, *n.*, reconstruction
восста́вить, *v.*, raise, erect; восста́вить перпендикуля́р (к), *v.*, erect a perpendicular (to)
восстана́вливаемость, *f.*, reconstructibility
восстана́вливать (восстанови́ть), *v.*, restore, reestablish, regenerate, recover, reconstruct
восстана́вливающий(ся), *adj.*, regenerating
восстановле́ние, *n.*, restoration, recovery, renewal, reconstruction; проце́сс восстановле́ния, renewal process
восто́к, *m.*, east, orient
восто́чный, *adj.*, eastern, easterly, oriental
восхо́д, *m.*, rising, rise; восхо́д со́лнца, sunrise
восходи́ть (взойти́), *v.*, go back (to), rise
восходя́щий, *adj.*, ascending
восхожде́ние, *n.*, ascent, ascension; прямо́е восхожде́ние, right ascension
восьмери́чный, *adj.*, octuple, octal; восьмери́чный разря́д, octal digit
восьмёрка, *f.*, eight, figure eight curve; octuple
восьми́-, *prefix*, octo-, eight-
восьмигра́нник, *m.*, octahedron
восьмигра́нный, *adj.*, octahedral
восьмипо́люсник, *m.*, octopole, eight-terminal network
восьмиуго́льник, *m.*, octagon
восьмиуго́льный, *adj.*, octagonal
вот, there, here; here is, there is
воше́дший, *adj.*, entered (into)
вошёл (вошла́, вошло́, вошли́), *v.* (*past of* войти́), entered
впа́дина, *f.*, hollow, cavity, depression, *etc.*
впервы́е, *adv.*, first, for the first time
вперёд, *adv.*, forward; взад-вперёд *or* вперёд и наза́д, back and forth
впереди́, *prep.*, in front of, before, ahead of, later, below
впечатле́ние, *n.*, impression
впечатли́тельность, *f.*, impressionability, susceptibility
впечатли́тельный, *adj.*, impressionable, susceptible
впечатля́ющий, *adj.*, impressive
впи́санность, *f.*, refinement, property of being inscribed
впи́санный, *adj.*, inscribed, refined; впи́санная окру́жность, inscribed circle; впи́санное покры́тие, refined covering
впи́сывать (вписа́ть), *v.*, inscribe, insert, enter, refine
впи́тывание, *n.*, absorption
впи́тывать (впита́ть), *v.*, absorb, take in
вплотну́ю, *adv.*, closely, tightly
впло́ть до, *prep.*, up to, till
вполне́, *adv.*, entirely, fully, completely, totally, quite, perfectly well; вполне́ изотро́пный, totally isotropic; вполне́ инвариа́нтный, fully invariant; вполне́ регуля́рный, totally regular (*summability*), completely regular (*space, semigroup*); вполне́ регуя́рное нормиро́ванное кольцо́, C^* algebra; вполне́ упоря́доченный, well ordered, totally ordered; linearly ordered; вполне́ изотро́пное подпростра́нство, totally isotropic subspace
вполне́непреры́вный, *adj.*, completely continuous
вполне́приведённый, *adj.*, completely reducible
впосле́дствии, *adv.*, afterwards, later on, subsequently
впра́ве, *adv.*, justified; быть впра́ве, have the right to, may, can
впра́во, *adv.*, to the right
впредь, *adv.*, henceforth, from now on
впро́чем, *conj.*, besides, however, though, or rather
впры́скивание, *n.*, injection
впры́скивать (впры́снуть), *v.*, inject
впры́снутый, *adj.*, injected
впуск, *m.*, admission, inlet, intake
впуска́ть (впусти́ть), *v.*, let in, take in, admit
вражде́бно, *adv.*, in a hostile way
враща́тельно, *adv.*, rotationally

враща́тельно-колеба́тельный, *adj.*, rotationally oscillatory

враща́тельно-эллипти́ческий, *adj.*, spheroidal

враща́тельный, *adj.*, rotary, rotational

враща́ть, *v.*, revolve, rotate, turn

враща́ющийся, *adj.*, rotating, revolutionary

враще́ние, *n.*, rotation, revolution, gyration

вред, *m.*, harm, injury, damage

времена́ми, *adv.*, at times, from time to time; вре́мени-подо́бный, time-like, time

вре́менно, *adv.*, temporarily, provisionally

временно́й, *adj.*, time, temporal; временно́й ряд, time series; ана́лиз во временно́й о́бласти, time-domain analysis

вре́менный, *adj.*, temporary, provisional

вре́мя, *n.*, time, tense; в то вре́мя, at that time, while; всё вре́мя, continually, always; по времена́м, from time to time; со вре́мени, since; в своё вре́мя, in due course; в то́ же вре́мя, on the other hand, at the same time

вро́де, *prep.*, like; не́что вро́де, a kind of

Вронскиа́н, *m.*, Wronskian (*determinant*)

Вро́нский, *p.n.*, Wroński

вручну́ю, *adv.*, manually, by hand

вряд ли, *adv.*, hardly, scarcely

все, *adj., plural of* весь, *pron.*, all, everyone, everybody

всё, *adj., neuter of* весь; *pron.*, everything, all (*often translatable simply as* "the"); *adv.*, still, constantly; всё вре́мя, all the time; всё ещё, still; всё же, nevertheless; всё равно́, all the same, still, anyway; при всём том, nevertheless, for all that

всеве́дение, *n.*, omniscience

всевозмо́жный, *adj.*, various, different (*in the sense of* various), all kinds of, all sorts, all possible

всегда́, *adv.*, always; как всегда́, as ever

всегда́-и́стинность, *f.*, identity

всегда́-и́стинный, *adj.*, identically true, always true, identically valid

всегда́шний, *adj.*, usual, customary

всего́ (*gen. of* весь), *adv.*, in all, all together, all the time, still, all the more

всего́-на́всего, *adv.*, in all, only, nothing but

всеnе́ние, *n.*, establishment, installation

вселе́нная, *f.*, universe

всеми́рный, *adj.*, universal, world-wide

всео́бщий, *adj.*, universal, general

всео́бщность, *f.*, generality, universality; ква́нтор всео́бщности, universal quantifier

всеобъе́млющий, *adj.*, universal, comprehensive

Всесою́зный, *adj.*, All-Union

всесторо́нний, *adj.*, multifold, comprehensive, detailed

всё-таки, *conj.*, all the same, nevertheless

всеце́ло, *adv.*, wholly, completely, entirely, exclusively

вскипа́ние, *n.*, boiling

вскользь, *adv.*, slightly, superficially, in passing, casually

вско́ре, *adv.*, soon, shortly, presently, before long

вскрыва́ть (вскрыть), *v.*, open, reveal, disclose

вслед, *adv., prep.*, after

всле́дствие, *prep.*, so that, in consequence of, on account of, in view of

всплеск, *m.*, splash

всплыва́ть (всплыть), *v.*, float; come to light

вспомина́ть (вспо́мнить), *v.*, remember, recollect, recall

вспомога́тельный, *adj.*, auxiliary, subsidiary, ancillary; вспомога́тельное предложе́ние, lemma

вспы́хивать (вспы́хнуть), *v.*, flash, flare up, burst into flames

вспы́шка, *f.*, flash, outbreak

встава́ть (вста́ть), *v.*, arise, get up, rise

вста́вка, *f.*, insertion, imbedding

вставля́ть (вста́вить), *v.*, put (in), introduce, insert, interpolate

встра́ивать (встро́ить), *v.*, build in; встро́енные програ́ммы, firmware (*computing*)

встре́ча, *f.*, meeting, contact, encounter; то́чка встре́чи, point of contact

встреча́ть (встре́тить), *v.*, meet, encounter, occur; мо́жет встре́титься, it may occur, we may come across
встреча́ющийся, *adj.*, encountered, met, meeting
встре́чный, *adj.*, coming from the opposite direction, counter-; встре́чный ве́тер, headwind
встро́ить (*perf. of* встра́ивать), *v.*
встря́хивание, *n.*, shaking, shaking up
вступа́ть, *v.*, enter, enter into
вступа́ющий, *adj.*, entering
вступле́ние, *n.*, introduction, entry
всходи́ть (взойти́), *v.*, rise, ascend, mount
всю́ду, *adv.*, everywhere; почти́ всю́ду, almost everywhere; всю́ду в дальне́йшем, in what follows, throughout what follows, below, later; всю́ду определённый, completely defined, everywhere defined
вся (*from* весь), *pron.*, all
вся́кий, *adj.*, any, each, every; во вся́ком слу́чае, in any case; на вся́кий слу́чай, to make sure, to be on the safe side, in any case
вт., *abbrev.* (ватт), watt
вторга́ющийся, *adj.*, incoming, intruding
втори́чно, *adv.*, for the second time
втори́чный, *adj.*, second, secondary, derived
второ́й, *ord. num.*, second
второстепе́нный, *adj.*, secondary, unimportant, minor
втро́е, *adv.*, thrice, in three
вту́лка, *f.*, hub
ВУЗ, *abbrev.* (вы́сшее уче́бное заведе́ние), institution of higher education (*university, etc.*)
вход, *m.*, entry, entrance, input
входи́ть (войти́), *v.*, enter, come in, go in; be contained in, occur; входи́ть в соста́в, form, be a part of
входно́й, *adj.*, entering, entrance, input; входны́е да́нные, input data; входно́й зрачо́к, entrance pupil; входно́й сигна́л, input signal
входя́щий, *adj.*, entering, incoming, reentrant
вхожде́ние, *n.*, entrance, appearance, occurrence; пробле́ма вхожде́ния, occurrence problem
вы, *pron.*, you
выбира́емый, *adj.*, selected, chosen
выбира́ть (вы́брать), *v.*, choose, select; выбира́ющая фу́нкция, choice function
выбира́я, *adv.*, choosing, selecting, if we choose
вы́бор, *m.*, choice, selection, option, sampling; вы́бор реше́ния, decision making; вы́бор без возвраще́ния, sampling without replacement; случа́йный вы́бор, random sampling; просто́й случа́йный вы́бор, simple sampling; пристра́стный вы́бор, biased sampling; аксио́ма вы́бора, axiom of choice; тео́рия вы́бора, decision theory; фу́нкция вы́бора, choice function; вы́бор гла́вных элеме́нтов, pivoting
вы́борка, *f.*, sampling, sample, excerpt, selection, access, retrieval (*computing*); вре́мя вы́борки, access time
вы́борный, *adj.*, elective, electoral
вы́борочный, *adj.*, sampling, sample, selective; вы́борочная прове́рка, spot check; вы́борочная фу́нкция, choice function, selector; вы́борочная фу́нкция распреде́ления, sample distribution function; choice function, selector; вы́борочный контро́ль, sampling, testing; вы́борочный контро́ль по коли́чественному при́знаку, sampling by variables
выбрако́вывать, *v.*, sort out, waste
выбрако́вываться, *v.*, be thrown out, be discarded, be rejected
вы́бранный, *adj.*, chosen, selected
выбра́сывание, *n.*, rejection, deletion
выбра́сывать (вы́бросить), *v.*, reject, throw out, discard
вы́брать (*perf. of* выбира́ть), *v.*, choose, select
вы́брос, *m.*, ejection, rejection, outlier
вы́бросить (*perf. of* выбра́сывать), *v.*, reject, throw out, discard, delete
вы́брошенный, *adj.*, thrown out, rejected
вы́бывший, *adj.*, leaving, quitting
выведе́ние, *n.*, deduction, derivation
вы́веденный, *adj.*, brought out, revealed, derived, developed
выве́дывать (вы́ведать), *v.*, find out, reveal

вы́вели (*past of* вы́вести), *v.*, deduced, derived

вы́верка, *f.*, alignment

вы́вести (*perf. of* выводи́ть), *v.*, deduce, derive, output, conclude

вы́вод, *m.*, conclusion, deduction, inference, derivation; withdrawal; де́лать вы́вод, *v.*, conclude, draw a conclusion; де́лать поспе́шный вы́вод, jump to a conclusion; вы́вод да́нных, data output

выводи́мость, *f.*, deducibility

выводи́мый, *adj.*, deductive, derived, deducible, derivable

выводи́ть (вы́вести), *v.*, deduce, derive, conclude, lead out, output

выгиба́ть (вы́гнуть), *v.*, bend (*out*), arch

выгля́дывать (вы́глядеть), *v.*, look, seem, appear

вы́гнутый, *adj.*, curved, convex, concave

вы́года, *f.*, advantage, benefit, gain, profit, interest; фу́нкция вы́годы, utility function

вы́годнейший, *adj.*, most advantageous

вы́годность, *f.*, utility, efficiency (*of a code*)

вы́годный, *adj.*, advantageous, profitable

выдава́ть (вы́дать), *v.*, give (*out, away, etc.*), output, produce; выдава́ть на печа́ть, print out

вы́дача, *f.*, output

выдаю́щийся, *adj.*, outstanding, prominent, salient

выдвига́ть (вы́двинуть), *v.*, advance, put forth, adduce, introduce

вы́двинутый, *adj.*, introduced, advanced, promoted, risen

выделе́ние, *n.*, isolation, separation, selection, secretion, discharge

вы́деленный, *adj.*, chosen, isolated, singled out, preferred, secreted, distinguished

вы́деляемый, *adj.*, chosen, isolated, secreted, distinguished

выделя́ть (вы́делить), *v.*, select, extract, distinguish, isolate, select and exclude, single out

выде́рживать (вы́держать), *v.*, withstand, sustain, endure

вы́держка, *f.*, self-control, restraint, excerpt, exposure; на вы́держку, at random

вы́емка, *f.*, collection; winning; excavation, hollow, notch, dent, recess, opening; removal

вы́ждать (*perf. of* выжида́ть), *v.*, wait for

выжива́ние, *n.*, survival, endurance; фу́нкция выжива́ния, fatigue function

выжива́ющий, *adj.*, viable

выжида́ть (вы́ждать), *v.*, wait for

вы́званный, *adj.*, due (to), caused by, summoned

вы́звать (*perf. of* вызыва́ть), *v.*, call, summon

вы́здоровевший, *adj.*, recovered

вы́зов, *m.*, call, summons, challenge

вызыва́емый, *adj.*, evoked

вызыва́ть (вы́звать), *v.*, call, summon, induce, cause, involve

выи́грывать (вы́играть), *v.*, benefit, win, gain

выи́грывающий, *adj.*, winning, gaining

вы́игрыш, *m.*, prize, winnings, gain, advantage, score, payoff; фу́нкция вы́игрыша, payoff function; вы́игрыш в о́бщности, gain in generality

вы́йти (*perf. of* выходи́ть), *v.*, leave, go out; вы́йти за преде́лы, fall outside the limits

выки́дывание, *n.*, rejection

выки́дывать (вы́кинуть), *v.*, throw out, discard, eliminate

вы́кинутый, *adj.*, eliminated, discarded, thrown out; с выкинутой то́чкой, except for a point, with the exception of a point

вы́кладка, *f.*, calculation, computation, laying out

выключа́тель, *m.*, switch; управля́ющий выключа́тель, control switch

выключа́ть (вы́ключить), *v.*, switch, switch off, exclude, leave out

выключе́ние, *n.*, cut-off

вы́колотый, *adj.*, punctured, deleted, pricked

вы́лет, *m.*, flight, take-off

вылета́ющий, *adj.*, flying out, outgoing; вылета́ющая части́ца, outgoing particle

выма́щивать (вы́мостить), *v.*, pave, tile

выметáемый, *adj.*, swept out
выметáние, *n.*, sweeping, sweeping out; выметáние мер, balayage
выметáть (*perf. of* вымётивать), *v.*, sweep out
вымётивать (выметáть), *v.*, sweep out
вы́мостить (*perf. of* вымáщивать), *v.*, pave, tile
вы́нести (*perf. of* выноси́ть), *v.*
вынимáние, *n.*, removal, withdrawal
вынимáть (вы́нуть), *v.*, takc out, remove
вы́нос, *m.*, export, exportation
выноси́ть (вы́нести), *v.*, carry out, take out, remove, eliminate; endure, recover
вы́нудить (*perf. of* вынуждáть), *v.*, force, compel
вынуждáемый, *adj.*, enforceable
вынуждáть (вы́нудить), *v.*, force, constrain
вынуждáющий, *adj.*, forcing, constraining
вынуждéние, *n*, forcing (*logic*)
вы́нужденный, *adj.*, forced, constrained, compelled; вы́нужденное движéние, forced vibration, forced motion
вы́нутый, *adj.*, drawn, taken
вып., *abbrev.* (вы́пуск), number *or* issue (*of a journal*)
выпадáть (вы́пасть), *v.*, fall out, come out, fall, occur
выпадéние, *n.*, shedding, falling out, appearance
выпи́сывать (вы́писать), *v.*, write out, extract
вы́плата, *f.*, payment
выполнéние, *n.*, realization, fulfilment
вы́полненный, *adj.*, fulfilled, realized, carried out, satisfied
выполни́мость, *f.*, realizability, practicability, feasibility, satisfiability
выполни́мый, *adj.*, feasible, practicable, realizable, satisfiable
выполня́ть (вы́полнить), *v.*, fulfill, implement, carry out, accomplish
выполня́ться (вы́полниться), *v.*, be fulfilled, be realized
выполня́ющий, *adj.*, fulfilling, satisfying
выпрями́тель, *m.*, rectifier
выпрямлéние, *n.*, rectification, straightening
вы́прямленный, *adj.*, rectified, straightened
выпрямля́емый, *adj.*, rectifiable
выпрямля́ть (вы́прямить), *v.*, rectify, straighten
выпрямля́ющий, *adj.*, rectifying, straightening; выпрямля́ющий контáкт, rectifying contact
выпрямля́ющийся, *adj.*, straightening, being straightened, being rectified
вы́пукло-компáктный, *adj.*, convex-compact
вы́пуклость, *f.*, convexity; прострáнство с конéчно определённой вы́пуклостю, aligned space (*in axiomatic convexity theory*)
вы́пуклый, *adj.*, convex, bulging, prominent, distinct
вы́пуск, *m.*, issue (*of publication*), edition; number (*of a journal*); outlet, output, product, discharge, emission; грани́ца возмóжного вы́пуска продýкции, production-possibility frontier; матри́ца вы́пуска, output matrix; программи́рование вы́пуска продýкции, production programming
выпускáемый, *adj.*, output; выпускáемые продýкты, output goods
выпускáть (вы́пустить), *v.*, emit, let out, turn out, issue
выпýчивание, *n.*, swelling, buckling
выпýчивать (вы́пучить), *v.*, swell, protrude
вы́пущенный, *adj.*, emitted
вырабáтывать (вы́работать), *v.*, make, manufacture, generate, produce
вырабáтываться (вы́работаться), *v.*, be developed, be elaborated on
вы́работка, *f.*, development, elaboration
вы́равненный, *adj.*, adjusted, aligned, evened; вы́равненные измерéния, adjusted measurements
вырáвнивание, *n.*, smoothing, leveling, alignment, equalization, fit
вырáвнивать (выровня́ть), *v.*, align, straighten, fit, smooth, level
выражáть (вы́разить), *v.*, express, convey; выражáть в чи́слах, evaluate

выража́ться (вы́разиться), *v.*, be expressed, manifest itself
выража́ющий, *adj.*, expressing
выраже́ние, *n.*, expression
вы́раженный, *adj.*, expressed, delineated; вы́раженный че́рез, expressed in terms of
вырази́мость, *f.*, expressibility
вырази́тельный, *adj.*, indicative, expressive, significant
вы́разить (*perf. of* выража́ть), *v.*
выраста́ть (вы́расти), *v.*, grow, increase, develop
вы́рез, *m.*, cut, excision
выреза́емый, *adj.*, cut
выреза́ние, *n.*, excision, cut, cutting out; отображе́ние выреза́ния, excision map
вы́резанный, *adj.*, cut out
выреза́ть (вы́резать), *v.*, cut out, excise
вырисо́вывать (вы́рисовать), *v.*, draw carefully *or* in detail
вырисо́вываться (вы́рисоваться), *v.*, stand out, take shape, appear
вырожда́ться (вы́родиться), *v.*, degenerate, degenerate into
вырожда́ющийся, *adj.*, degenerating, degenerate
вырожде́ние, *n.*, degeneration, confluence, degeneracy
вы́рожденность, *f.*, degeneracy, degeneration
вы́рожденный, *adj.*, degenerate, confluent, singular
вы́росший, *adj.*, evolved, developed
вырыва́ние, *n.*, ejection, forcing out, extraction; вырыва́ние электро́на, ejection of an electron
выса́сывание, *n.*, exhaustion, wearing out, sucking out
выса́сывать (вы́сосать), *v.*, exhaust, suck out
высвобожда́ть (вы́свободить), *v.*, free, let out, disengage, disentangle, release
высвобожде́ние, *n.*, release
высека́емый, *adj.*, cut, being cut
высека́ть (вы́сечь), *v.*, cut, cut out, carve, excise
вы́сечка, *f.*, carving, cutting, excision
выска́бливание, *n.*, scraping, scraping out
вы́сказанный, *adj.*, expressed, stated
выска́зывание, *n.*, expression, statement, proposition; исчисле́ние выска́зываний, propositional calculus
выска́зывать, *v.*, state, express
выска́кивать (вы́скочить), *v.*, jump out
высо́кий, *adj.*, high, tall, elevated
высо́ко, *adv.*, highly, high
высокова́куумный, *adj.*, high-vacuum
высо́ко-вероя́тный, *adj.*, high-probability, highly probable
высоково́льтный, *adj.*, high-voltage
высокока́чественный, *adj.*, high-quality
высокомолекуля́рный, *adj.*, of high molecular weight
высокопро́бный, *adj.*, high-standard
высокоскоростно́й, *adj.*, high-speed
высокосо́ртный, *adj.*, high-grade
высокочáстотный, *adj.*, high-frequency
высокочувстви́тельный, *adj.*, highly sensitive
вы́сосать (*perf. of* выса́сывать), *v.*
высота́, *f.*, height, altitude, pitch, elevation
выставля́ть (вы́ставить), *v.*, advance, display, expose
выстра́ивать (вы́строить), *v.*, draw up, set forth
вы́стрел, *m.*, shot (*as from a gun*)
вы́строить (*perf. of* выстра́ивать), *v.*
вы́ступ, *m.*, protuberance, salient, jut
выступа́ть (вы́ступить), *v.*, appear, emerge, project, stand out, play (*a role*), occur, arise
выступа́ющий, *adj.*, expressed, set forth, outstanding; выступа́ющий кону́с, forward cone
вы́сший, *adj.*, higher, advanced, superior, highest, supreme; вы́сшая то́чка, peak
высыпа́ние, *n.*, emptying, pouring out
выта́лкивать (вы́толкнуть), *v.*, push out, force out, eject
вытека́ть (вы́течь), *v.*, imply, flow out, run out, follow, ensue, arise from
вытесне́ние, *n.*, displacement, dislodgment, exclusion
вы́тесненный, *adj.*, displaced
вытесня́емый, *adj.*, being displaced
вы́толкнуть (*perf. of* выта́лкивать), *v.*
вы́травленный, *adj.*, etched, corroded

вытра́вливать (вы́травить), *v.*, corrode, etch
вытя́гивание, *n.*, extraction, elongation, stretching
вытя́гивать (вы́тянуть), *v.*, draw out, extract, pull out, stretch, extend
вы́тяжка, *f.*, extract, extraction, extension
вы́тянутый, *adj.*, prolate, stretched, elongated, prolonged, extracted
выхлопно́й, *adj.*, exhaust, escape; выхлопно́й газ, exhaust gas
вы́ход, *m.*, exit, way out, outcome, output, discharge, yield, result; вы́ход из положе́ния, way out of a situation
выходи́ть (вы́йти), *v.*, go out, leave, get out, appear; вы́шло что, it appeared that, it turned out that; выходи́ть за преде́лы, fall outside the limits
выходно́й, *adj.*, output, outside; выходны́е да́нные, output data
выходя́щий, *adj.*, outgoing, leaving, emanating
вычёркивание, *n.*, crossing out, deletion, cancellation
вычёркивать (вы́черкнуть), *v.*, cross out, cancel, delete, eliminate
вы́черченный, *adj.*, traced, drawn
выче́рчиваемый, *adj.*, traceable
выче́рчивание, *n.*, drawing, tracing; выче́рчивание криво́й, curve fitting
выче́рчивать (вы́чертить), *v.*, draw, trace
вы́честь (*perf. of* вычита́ть[1]), *v.*, subtract
вы́чет, *m.*, residue, remainder; за вы́четом, except; other than; allowing for
вычисле́ние, *n.*, calculation, computation, evaluation
вы́численный, *adj.*, calculated, computed, estimated
вычисли́мость, *f.*, computability
вычисли́мый, *adj.*, computable
вычисли́тель, *m.*, computer, calculator, calculating machine; computer operator
вычисли́тельный, *adj.*, computing, calculating, digital, computational
вычисля́ть (вы́числить), *v.*, compute, calculate
вычита́емое, *n.*, subtrahend
вычита́ние, *n.*, subtraction, deduction
вычита́ть[1] (вы́честь), *v.*, subtract, deduct
вы́читать[2] (*perf. of* вычи́тывать), *v.*
вычита́ющий, *adj.*, subtracting
вычи́тывать (вы́читать[2]), *v.*, learn by reading, read closely
вычленя́ть (вы́членить), *v.*, divide into parts
вы́чурный, *adj.*, elaborate, complicated
вы́ше, *prep.*, above, higher, beyond
вы́ше-дока́занный, *adj.*, proved above
вы́шедший, *adj.*, published; gone out
вышеизло́женный, *adj.*, stated above, set forth above
вы́шел (вышла́, вышло́, вышли́) (*past tense of* вы́йти́)
вышеопи́санный, *adj.*, described above
вышеприведе́нный, *adj.*, foregoing, above-mentioned, aforesaid
вышеука́занный, *adj.*, previously mentioned, above, above-mentioned
вышеупомя́нутый, *adj.*, above-cited, above-mentioned
выяви́тель, *m.*, detector
вы́явить (*perf. of* выявля́ть), *v.*, show, make manifest, discover, detect
выявле́ние, *n.*, exposure, detection
вы́явленный, *adj.*, revealed, detected
выявля́ть (вы́явить), *v.*, show, make manifest, display, reveal, discover
выясне́ние, *n.*, clearing up, determination, elucidation, clarification
вы́ясненный, *adj.*, cleared up, determined
выясня́ть (вы́яснить), *v.*, explain, elucidate, clarify, determine
выясня́ться (вы́ясниться), *v.*, become clear
вьеторисиа́н, *m.*, Vietoris complex
вьето́рисовский, *adj.*, Vietoris; вьето́рисовский цикл, Vietoris cycle
вя́зкий, *adj.*, viscous
вя́зко-пласти́ческий, *adj.*, visco-plastic
вя́зкость, *f.*, viscosity
вя́зко-упру́гий, *adj.*, visco-elastic
вя́лый, *adj.*, flasque, flabby

Г г

г., *abbrev.* (год, года), year
габари́т, *m.*, dimension, size, bulk
гада́ние, *n.*, guessing, guess-work
гада́ть (погада́ть), *v.*, guess, conjecture
газ, *m.*, gas
газе́та, *f.*, gazette, newspaper
газовзве́сь, *f.*, gas mixture
га́зовый, *adj.*, gas, gaseous
газодина́мика, *f.*, gas dynamics
газокали́льный, *adj.*, incandescent
газообра́зный, *adj.*, vapor, gaseous, gas; газообра́зная фа́за, *f.*, vapor phase
газопрово́д, *m.*, gas conduit, gas pipeline
гала́ктика, *f.*, galaxy
галакти́ческий, *adj.*, galactic
Галиле́й, *p.n.*, Galilei
гало́ид, *m.*, haloid
Галуа́, *p.n.*, Galois; гру́ппа Галуа́, Galois group
гальвани́ческий, *adj.*, galvanic
гальваномагни́тный, *adj.*, galvano-magnetic
гальвано́метр, *m.*, galvanometer
гама́к, *m.*, hammock (*graph theory*)
Га́мель, *p.n.*, Hamel
Га́мильтон, *p.n.*, Hamilton
гамильтониа́н, *m.*, Hamiltonian
гамильто́нов, *adj.*, Hamilton, Hamiltonian; гамильто́нова цепь, Hamiltonian circuit
га́мма-фу́нкция, *f.*, gamma-function
Га́нди, *p.n.*, Gundy
Га́нкель, *p.n.*, Hankel
ганте́ль, *m.*, dumb-bell shaped figure; ганте́ли, *pl.*, dumb-bells
гаранти́ровать, *v.*, guarantee
гаранти́руемый, *adj.*, guaranteed
гаранти́рующий, *adj.*, guaranteeing
гара́нтия, *f.*, guarantee, security, assurance
гармонизи́ровать, *v.*, harmonize
гармо́ника, *f.*, harmonics, harmonic curve, harmonic; зона́льная гармо́ника, zonal harmonic; объёмная гармо́ника, solid harmonic
гармони́ровать, *v.*, be in keeping (with), go (with)
гармони́ческий, *adj.*, harmonic; лине́йная гармони́ческая фу́нкция, *f.*, line harmonic; то́чечная гармони́ческая фу́нкция, *f.*, point harmonic
гармони́чность, *f.*, harmonicity
гармони́чный, *adj.*, harmonic
Га́рнак, *p.n.*, Harnack
Га́ртогс, *p.n.*, Hartogs
гаси́ть (погаси́ть), *v.*, extinguish, quench
гася́щий, *adj.*, quenching
Гато́, *p.n.*, Gâteaux
Га́усдорф, *p.n.*, Hausdorff (usually Ха́усдорф)
Га́усс, *p.n.*, Gauss; Га́усса-Бонне́ теоре́ма, Gauss-Bonnet theorem
га́усс, *m.*, gauss (unit)
гауссиа́н, *m.*, Gaussian distribution, normal distribution
га́уссов, *adj.*, Gaussian; га́уссовы су́ммы, Gaussian sums; quadratic partitions; га́уссовы це́лые чи́сла, Gaussian integers
гаше́ние, *n.*, extinguishing
гашёный, *adj.*, extinguished, slaked, quenched
гвоздь, *m.*, nail, stud
где, *adv.*, where; где́ бы ни, wherever; где бы то ни́ было, no matter where; где́-либо, somewhere; где́-нибудь, somewhere; где́-то, somewhere
гёделевский, *adj.*, Gödel
гёделизи́ровать, *v.*, Gödelize
Гёдель, *p.n.*, Gödel
Ге́йзенберг, *p.n.*, Heisenberg
гейзенбе́рговский, *adj.*, Heisenberg
Ге́йне, *p.n.*, Heine
Ге́йтинг, *p.n.*, Heyting
гексагона́льный, *adj.*, hexagonal
гекса́эдр, *m.*, hexahedron
гексаэдро́ид, *m.*, hexahedroid, hexahedron
гекта́р, *m.*, hectare (10,000 sq. m.)
ге́кто-, *prefix*, hecto-
Гёлдер, *p.n.*, Hölder
ге́лий, *m.*, helium
гелико́ид, *m.*, helicoid
геликоида́льный, *adj.*, helical, helicoidal

ге́лио-, *prefix*, helio-
гелиоце́нтр, *m.*, heliocenter
гелиоцентри́ческий, *adj.*, heliocentric
Гёльдер, *p.n.*, Hölder
Ге́льмгольц, *p.n.*, Helmholtz
ген, *m.*, gene
генера́льный, *adj.*, general; генера́льная сово́купность, parent population, general population, universe
генера́тор, *m.*, generator
генера́ция, *f.*, generation
генери́ровать, *v.*, generate, produce
генери́руемый, *adj.*, generated, produced
генери́ческий, *adj.*, generic
гене́тика, *f.*, genetics
генети́ческий, *adj.*, genetic
ге́нзелев, *adj.*, Henselian
гензелиза́ция, *f.*, Henselization
ге́ний, *m.*, genius
геноти́п, *m.*, genotype; распределе́ние геноти́пов, genotype distribution; частота́ геноти́пов, genotype frequency
ге́нри, *m.*, henry
Ге́нцен, Ге́нтцен, *p.n.*, Gentzen
географи́ческий, *adj.*, geographical
геодези́ческая, *f.*, geodesic
геодези́ческий, *adj.*, geodesic, geodetic; геодези́ческая окру́жность, geodesic circle, geodesic
геоде́зия, *f.*, geodesy
геоло́гия, *f.*, geology
геомагни́тный, *adj.*, geomagnetic
геометри́ческий, *adj.*, geometric; геометри́ческое ме́сто (то́чек), geometric locus; locus
геоме́трия, *f.*, geometry
геофизи́ческий, *adj.*, geophysical
геоце́нтр, *m.*, geocenter
геоцентри́ческий, *adj.*, geocentric
герб, *m.*, arms, heads; герб или решётка (*or* ре́шка), heads or tails
Ге́рман, *p.n.*, Hermann
герма́ний, *m.*, germanium
герметизи́рованный, *adj.*, hermetically sealed
герметизи́ровать, *v.*, seal hermetically
гермети́ческий, *adj.*, hermetic; гермети́чески закры́тый, hermetically sealed; гермети́ческая каби́на, pressurized cabin
Геро́н, *p.n.*, Heron, Hero
герц, *m.*, hertz, cycle per second
гессиа́н, *m.*, Hessian
гетероге́нность, *f.*, heterogeneity
гетероге́нный, *adj.*, heterogeneous
гетероклини́ческий, *adj.*, heteroclinic
гетероскеда́стичность, *f.*, heteroscedasticity
ги́бель, *f.*, loss, ruin, catastrophe, destruction, death; коэффицие́нт ги́бели, death-rate
ги́бкий, *adj.*, flexible
ги́бкость, *f.*, flexibility, pliability
гибри́дный, *adj.*, hybrid
гига́нтский, *adj.*, large, giant; гига́нтские просты́е числа́ Мерсе́на, large Mersenne primes
гидра́влика, *f.*, hydraulics
гидравли́ческий, *adj.*, hydraulic
гидрати́рованный, *adj.*, hydrated
ги́дро-, *prefix*, hydro-
гидродина́мика, *f.*, hydrodynamics
гидродинами́ческий, *adj.*, hydrodynamic
гидроло́гия, *f.*, hydrology
гидромеха́ника, *f.*, hydromechanics, fluid mechanics
гидромехани́ческий, *adj.*, hydromechanical
гидроста́тика, *f.*, hydrostatics
гидростати́ческий, *adj.*, hydrostatic
Ги́льберт, *p.n.*, Hilbert; теоре́ма Ги́льберта о нуля́х, Hilbert Nullstellensatz; теоре́ма Ги́льберта о ба́зисе, Hilbert basis theorem
ги́льбертов, *adj.*, Hilbert; ги́льбертово простра́нство, Hilbert space; ги́льбертов кирпи́ч, Hilbert cube
гимна́зия, *f.*, secondary school (*pre-Revolution*)
ги́пер-, *prefix*, hyper-
гиперареа́льный, *adj.*, hyper-areal
гипе́рбола, *f.*, hyperbola
гиперболи́ческий, *adj.*, hyperbolic
гиперболи́чный, *adj.*, hyperbolic
гипербо́лоид, *m.*, hyperboloid
гипервеще́ственный, *adj.*, hyper-real
гипергеометри́ческий, *adj.*, hypergeometric

гиперзвуково́й, *adj.*, hypersonic
гипериммýнный, *adj.*, hyperimmune
гиперквáдрика, *f.*, hyperquadric
гиперкоммутáнт, *m.*, hypercommutator subgroup
гиперкоммутáторный, *adj.*, hypercommutatorial
гиперкомплéксный, *adj.*, hypercomplex
гиперконéчный, *adj.*, hyperfinite
гиперкóнус, *m.*, hypercone
гиперкýб, *m.*, hypercube
гиперли́ния, *f.*, hyperline, hypercurve
гипермаксимáльный, *adj.*, hypermaximal
гиперметри́ческий, *adj.*, hypermetric
гипернильпотéнтный, *adj.*, hypernilpotent
гипернóрма, *f.*, hypernorm
гипернормáльный, *adj.*, hypernormal
гипероктаэдрáльный, *adj.*, hyperoctahedral
гиперóн, *m.*, hyperon
гиперпараллелепи́пед, *m.*, hyperparallelepiped
гиперперемéнный, *adj.*, hypervariable
гиперплóскость, *f.*, hyperplane; cutting plane (*convex programming*)
гиперповéрхностный, *adj.*, hypersurface
гиперповéрхность, *f.*, hypersurface, form; трёхмéрная гиперповéрхность, threefold
гиперпримáрный, *adj.*, hyperprimary
гиперпростóй, *adj.*, hypersimple
гиперсоприкасáющийся, *adj.*, hyperosculating
гиперстóунов, *adj.*, hyper-Stone, hyper-Stonian
гиперсфéра, *f.*, hypersphere
гиперсфери́ческий, *adj.*, hyperspherical, hypersphere
гипертрохóида, *f.*, hypertrochoid
гиперфокáльный, *adj.*, hyperfocal
гиперфрагмéнт, *m.*, hyperfragment
гиперфýксов, *adj.*, hyper-Fuchsoid
гиперцéнтр, *m.*, hypercenter
гиперцентрáльный, *adj.*, hypercentral
гиперци́кл, *m.*, hypercycle
гиперциклóида, *f.*, hypercycloid
гиперци́ркуль, *m.*, hypercompasses
гиперцóколь, *m.*, hyperbase, hypersocle
гипершáр, *m.*, hypersphere, hyperball
гиперэллипсóид, *m.*, hyperellipsoid
гиперэллипти́ческий, *adj.*, hyperelliptic
гипоэллипти́чность, *f.*, hypoellipticity
гипокомпáктный, *adj.*, hypocompact
гипóтеза, *f.*, hypothesis, conjecture
гипотенýза, *f.*, hypotenuse
гипотети́ческий, *adj.*, hypothetical
гипоциклóида, *f.*, hypocycloid
гипоэллипти́ческий, *adj.*, hypoelliptic
гировертикáль, *f.*, gyrovertical
гиромагни́тный, *adj.*, gyromagnetic; гиромагни́тное отношéние, gyromagnetic ratio
гироскóп, *m.*, gyroscope, gyro
гироскопи́ческий, *adj.*, gyroscopic; гироскопи́ческий эффéкт, gyroscopic effect, gyroeffect, gyrostatic action
ги́ря, *f.*, weight
гистерéзис, *m.*, hysteresis
ги́сто-, *prefix*, histo-
гистогрáмма, *f.*, histogram, bar chart
гисторáнт, *m.*, hystorant
гл., *abbrev.* (главá), chapter; hectoliter
главá, *f.*, chapter
глáвный, *adj.*, principal, essential, main, major; глáвный диáметр, principal axis; глáвное значéние (Коши́), (Cauchy) principal value; глáвный критéрий, key factor; глáвная нормáль, principal normal; глáвным óбразом, chiefly, mainly; глáвное отображéние, principal map; глáвное расслоéние, principal bundle; глáвный тип, Haupttypus (*number theory*); глáвная тóчка (простóго концá), principal point (of a prime end); глáвная часть, principal part, dominant part
глáдкий, *adj.*, smooth, differentiable, even
глáдко, *adv.*, smoothly
глáдкость, *f.*, smoothness
глаз, *m.*, eye
гласи́ть, *v.*, state, say, assert, claim
глáсный, *adj.*, public, open
глася́щий, *adj.*, stating
глисси́рование, *n.*, gliding, slipping
гл. о. (гл. обр.), *abbrev.* (глáвным óбразом), chiefly, mainly
глобáльно, *adv.*, globally

глоба́льный, *adj.*, global; глоба́льная геоме́трия, global geometry, geometry in the large
гло́бус, *m.*, globe
глу́бже, *adv.*, more deeply
глубина́, *f.*, depth, intensity, profundity
глубо́кий, *adj.*, deep, profound
глубоконеупру́гий, *adj.*, deeply inelastic
глубь, *f.*, depth
глуши́тель, *m.*, muffler, silencer
гнёздный, *adj.*, nesting, nested
гнездо́, *n.*, nest, nesting
гнездово́й, *adj.*, nested, nesting
гно́мон, *m.*, gnomon
гномони́ческий, *adj.*, gnomonic, gnomonical
гносеологи́ческий, *adj.*, epistemological
говори́ть, *v.*, speak, say, indicate
говоря́, *adv.*, saying, speaking, if we say; вообще́ говоря́, generally speaking, in general; ина́че говоря́, in other words
год, *m.*, year
годи́ться, *v.*, suit, be fit for, be suitable for
годи́чный, *adj.*, a year's, of a year
го́дный, *adj.*, fit, valid, nondefective, suitable
годово́й, *adj.*, yearly, annual
годо́граф, *m.*, hodograph
голла́ндский, *adj.*, Dutch
голо́вка, *f.*, head, knob
голгра́мма, *f.*, hologram
голгра́фия, *f.*, holography
голо́идный, *adj.*, holoid (*groups*)
голомо́рф, *m.*, holomorph
голомо́рфно-по́лный, *adj.*, holomorphically complete
голомо́рфность, *f.*, property of being holomorphic, holomorphy
голомо́рфный, *adj.*, holomorphic
голоно́мия, *f.*, holonomy
голоно́мный, *adj.*, holonomic
голосова́ние, *n.*, voting, ballot
голосу́ющий, *m.*, voter
Го́льдбах, *p.n.*, Goldbach
гомало́идный, *adj.*, homaloidal
гомеомо́рф, *m.*, homeomorph, homeomorphic image
гомеоморфи́зм, *m.*, homeomorphism
гомеомо́рфность, *f.*, homeomorphism
гомеомо́рфный, *adj.*, homeomorphic
гомоге́нный, *adj.*, homogeneous
гомографи́ческий, *adj.*, homographic
гомографи́чный, *adj.*, homographic
гомогра́фия, *f.*, homography
гомогру́ппа, *f.*, homogroup
гомоклини́зм, *m.*, homoclinism
гомоклини́ческий, *adj.*, homoclinic
гомологи́ческий, *adj.*, homologous, homology, homological
гомологи́чность, *f.*, homology
гомологи́чный, *adj.*, homologous, homology, homological
гомоло́гия, *f.*, homology; ве́рхняя гомоло́гия, cohomology; гру́ппа гомоло́гий, homology group; вну́тренняя гомоло́гия, cobordism
гомомо́рф, *m.*, homomorph
гомоморфи́зм, *m.*, homomorphism; гомоморфи́зм в, into homomorphism, homomorphism into, monomorphism; гомоморфи́зм на, onto homomorphism, homomorphism onto, epimorphism; гомоморфи́зм коле́ц, ring homomorphism
гомомо́рфный, *adj.*, homomorphic; гомомо́рфный по объедине́ниям, *adj.*, join-homomorphic
гомотети́чный, *adj.*, homothetic
гомоте́тия, *f.*, homothety, homothetic transformation, dilation
гомотопи́чески, *adv.*, homotopically; гомотопи́чески эквивале́нтно, homotopy-equivalent
гомотопи́ческий, *adj.*, homotopic, homotopy
гомото́пия, *f.*, homotopy
гомото́пность, *f.*, being homotopic, homotopy
гомото́пный, *adj.*, homotopic, homotopy
гомотро́пия, *f.*, homotropy
гомоцентри́ческий, *adj.*, homocentric, concentric
гомоцикли́ческий, *adj.*, homocyclic
гонио́метр, *m.*, goniometer
гониоме́трия, *f.*, goniometry
го́нка, *f.*, rapid motion, race
Гопф, *p.n.*, Hopf

гора́здо, *adv.*, much, far, considerably
горб, *m.*, hump, bulge
горба́тый, *adj.*, humpbacked
горе́ние, *n.*, combustion, burning
горе́ть, *v.*, burn
горизо́нт, *m.*, horizon
горизонта́ль, *f.*, horizontal, contour line, level
горизонта́льный, *adj.*, horizontal
го́рло, *n.*, throat; тече́ние в го́рле сопла́, throat flow; ра́диус го́рла, throat radius
горлово́й, *adj.*, throat, striction; горлова́я то́чка (лине́йчатой пове́рхности), throat, central point (of a ruled surface); горлова́я ли́ния, striction line
Го́рнер, *p.n.*, Horner; схе́ма Го́рнера, Horner's method
го́рнер, *m.*, Horner unit (*number of operations to evaluate a polynomial*)
горя́чий, *adj.*, hot
госпо́дствовать, *v.*, dominate, predominate, majorize
госпо́дствующий, *adj.*, dominating, majorizing
госуда́рственный, *adj.*, state
готи́ческий, *adj.*, German (*letters*), Fraktur (*not "Gothic"*)
гото́вый, *adj.*, ready, ready for, prepared for; гото́вый проду́кт, assembly
гофриро́ванный, *adj.*, goffered, pleated, ruffled, corrugated
гравиметри́ческий, *adj.*, gravimetric
гравитацио́нный, *adj.*, gravitational; гравитацио́нная стабилиза́ция, gravity-gradient stabilization
гравита́ция, *f.*, gravitation, gravity
гравити́рующий, *adj.*, gravitating
града́ция, *f.*, gradation; а́лгебра с града́цией, graded algebra
градие́нт, *m.*, gradient
градие́нтный, *adj.*, gradient
градуи́рование, *n.*, graduation, calibration
градуи́рованный, *adj.*, graduated, calibrated, graded
градуи́ровать, *v.*, graduate, calibrate, scale, grade
градуиро́вка, *f.*, calibration, calibrating, graduation, gradation, grading
градуиро́вочный, *adj.*, graduated, calibrated
градуи́руемый, *adj.*, gradable, capable of being graduated; (being) graduated
градуи́рующий, *adj.*, grading
гра́дус, *m.*, degree
гра́дусный, *adj.*, degree
грамм, *m.*, gram (*gen. pl.* грамм *or* гра́ммов)
грамма́тика, *f.*, grammar
грамм-а́том, *m.*, gram atom
грамм-моле́кула, *f.*, gram molecule
грандио́зный, *adj.*, mighty, grand, immense
гранецентри́рованный, *adj.*, face-centered; гранецентри́рованная куби́ческая решётка, face-centered cubic lattice
грани́ца, *f.*, boundary, limit, frontier, bound; грани́ца-вы́ход, exit boundary; грани́ца достове́рности, confidence level
грани́чащий, *adj.*, adjacent, adjoining, next to
грани́чить, *v.*, bound, adjoin, border (on), abut
грани́чно-нача́льный, *adj.*, initial-boundary
грани́чный, *adj.*, boundary, bounding, close to; грани́чное мно́жество, cluster set; ∇-грани́чный, coboundary; ни́жнее грани́чное мно́жество, greatest lower cluster set; грани́чный опера́тор, face operator, boundary operator; углово́е грани́чное мно́жество, angular cluster set
-гранник, *suffix*, -hedron
-гра́нный, *suffix*, -hedral, -faced; n-гра́нная игра́льная кость, n-faced die
грань, *f.*, face, side, bound; ве́рхняя грань, (*least*) upper bound, supremum; ни́жняя грань, (*greatest*) lower bound, infimum; q-ме́рная грань, q-face
Гра́ссман, *p.n.*, Grassmann
гра́ссманов (гра́ссмановский), *adj.*, Grassmannian
граф, *m.*, graph, network
графа́, *f.*, column, linear complex, complex
гра́фик, *m.*, graph, diagram, chart, schedule, plot

гра́фика, *f.*, graphics
графи́ть, *v.*, rule, draw
графи́ческий, *adj.*, graphic, schematic, diagrammatic
графлёный, *adj.*, ruled
гра́фо-аналити́ческий, *adj.*, graph-analytic, graphico-analytic
гребёнка, *f.*, comb, rack
гребе́нчатый, *adj.*, comb, corrugated; гребе́нчатая структу́ра, comb structure; corrugated structure
гре́бень, *m.*, crest, ridge, comb
гре́ко-лати́нский, *adj.*, Greco-Latin; гре́ко-лати́нский квадра́т, Greco-Latin square; Eulerian square
греть, *v.*, heat, warm
Гре́ффе, *p.n.*, Gräffe
Грёч, Грётш, *p.n.*, Grötzsch
гре́ческий, *adj.*, Greek; гре́ческая бу́ква, Greek letter
Гри́нвич, *p.n.*, Greenwich; долгота́ от Гри́нвича, longitude from Greenwich
Гри́нич, *p.n.*, Greenwich
гри́нов (гри́новский), *adj.*, Green, Green's; фу́нкция Гри́на, Green('s) function
грома́дный, *adj.*, large, vast, immense
громозди́ть, *v.*, pile up, heap up
громо́здкий, *adj.*, cumbersome, bulky, unwieldy, awkward, tedious
громо́здко, *adv.*, clumsily, inconveniently
громо́здкость, *f.*, awkwardness, inconvenience
Гро́тендик, *p.n.*, Grothendieck
грубе́ть (загрубе́ть, огрубе́ть, погрубе́ть), *v.*, grow coarse, coarsen, become coarse, state loosely
гру́бо, *adv.*, roughly; гру́бо говоря́, roughly speaking
грубострукту́рный, *adj.*, coarse gradient (*probability, statistics*)
гру́бость, *f.*, roughness, robustness, (*sometimes*) structural stability
гру́бый, *adj.*, rough, (*sometimes*) structurally stable; coarse, crude, raw, gross; гру́бый крите́рий, quick test; гру́бая оши́бка, gross error; гру́бая седло́вая траекто́рия, hyperbolic saddle orbit; гру́бое ве́кторное по́ле, structurally stable vector field; гру́бая систе́ма, structurally stable (dynamical) system; гру́бая оце́нка, crude (or rough) estimate
гру́да, *f.*, heap (*in groups, generalizations*), groud
грудо́ид, *m.*, heapoid
груз, *m.*, load, goods, freight
грунт, *m.*, ground, bottom, soil
грунтово́й, *adj.*, ground, prime
гру́ппа, *f.*, group, cluster, batch; гру́ппа совпада́ющая с коммута́тором, perfect group
группирова́ние, *n.*, grouping, classification
группиро́ванный, *adj.*, divided into groups, grouped, classified, tabulated
группирова́ть, *v.*, group, classify
группирова́ться, *v.*, cluster, group
группиро́вка, *f.*, grouping, classification, organization, alignment, pooling (*statistics*)
группиро́вочный, *adj.*, grouped, grouping, group
группово́й, *adj.*, group, grouped, raw; группово́й моме́нт, raw moment, grouped moment; группово́е обслу́живание, batch service; группово́е поступле́ние зая́вок, batch arrivals
группо́ид, *m.*, groupoid
грушеви́дный, *adj.*, pear-shaped
гудерманиа́н, *m.*, Gudermannian
Гук, *p.n.*, Hooke
Гу́рвиц, *p.n.*, Hurwitz
Гурса́, *p.n.*, Goursat
гу́сто, *adv.*, densely, thickly
густо́й, *adj.*, dense, thick
густота́, *f.*, density, thickness
гц., *abbrev.* (герц), hertz; cycle per second
Гюгонио́, *p.n.*, Hugoniót
Гю́йгенс, *p.n.*, Huygens

Д д

дава́емый, *adj.*, given
дава́ть (дать), *v.*, give; дади́м, let us give, we shall give; даду́т, (they) will give; даётся, is given
давле́ние, *n.*, pressure, stress
да́вний, *adj.*, old, ancient
давно́, *adv.*, for long, long ago; давно́ изве́стный, familiar, well known
да́вность, *f.*, antiquity, remoteness
дади́м (*from* дава́ть), *v.*
да́же, *particle*, even, even though; е́сли да́же, even if
Даламбе́р, *p.n.*, d'Alembert
даламбериа́н, *m.*, d'Alembertian, wave operator
даламбе́ров, *adj.*, d'Alembert
да́лее, *adj.*, further, later; then; next; и так да́лее, etc., and so on
далёкий, *adj.*, remote, distant
далеко́, *adv.*, far, far off, by far; далеко́ не, by far not, far from being; далеко́ иду́щее обобще́ние, far-reaching generalization; далеко́ иду́щие исследова́ния, far-reaching research
дальне́йший, *adj.*, further, furthest, subsequent; в дальне́йшем, later on, in what follows
дальноде́йствие, *n.*, long-range action
дальноде́йствующий, *adj.*, long-range, far-ranging
дальнозо́ркий, *adj.*, far-sighted
дальнозо́ркость, *f.*, long sight, far-sightedness
дальноме́р, *m.*, range finder
да́льность, *f.*, distance, range, ranging
да́льше, *adv.*, farther, farther on, later; next, further
дан (дана́, дано́, даны́) (*short form of* да́нный), given; пусть дан, given, let there be given
Данжуа́, *p.n.*, Denjoy
да́нные, *pl.*, data, particulars, information, evidence, findings; выходны́е да́нные, output data; приводи́ть да́нные, cite data
да́нный, *adj.*, given, present, current; в да́нной статье́, in the present paper, in this paper
Дарбу́, *p.n.*, Darboux
да́ром, *adv.*, in vain, for nothing, to no purpose, free, gratis
да́та, *f.*, date
да́тчик, *m.*, transmitter, data unit, generator
дать (*perf. of* дава́ть), *v.*, give
два, *num.*, two
двадцатигра́нник, *m.*, icosahedron
два́дцать, *num.*, twenty
два́жды, *adv.*, twice
две, *num.*, two
двенадцатери́чный, *adj.*, duodecimal
двенадцатигра́нник, *m.*, dodecahedron
двена́дцать, *num.*, twelve
две́сти, *num.*, two hundred
дви́гатель, *m.*, motor, engine, thruster
дви́гательный, *adj.*, motive
дви́гать (дви́нуть), *v.*, move, set in motion, advance, promote
дви́гающий, *adj.*, motive, moving, driving
движе́ние, *n.*, movement, motion; враща́тельное движе́ние, rotation, rotary motion; коли́чество движе́ния, momentum, impulse; моме́нт коли́чества движе́ния, angular momentum, moment of momentum; по́лное движе́ние, general motion; политропи́ческое движе́ние, polytropic expansion; углово́е движе́ние, attitude (*spacecraft*); управле́ние движе́нием, traffic control
дви́жимость, *f.*, mobility, movable property
дви́жимый, *adj.*, movable, mobile
движо́к, *m.*, slide, movable indicator
дви́жущий, *adj.*, moving, motive, driving, propelling; дви́жущая си́ла, active force
дви́жущийся, *adj.*, moving; дви́жущийся объе́кт, moving object, moving target
дви́нуть (*perf. of* дви́гать), *v.*, move
дво́е, *n.*, two, pair
дво́ек, *f., gen. pl. of* дво́йка
двоето́чие, *n.*, colon; two-point space

двоично-десятичный, *adj.*, binary-decimal, coded decimal; двоично-десятичный счётчик, binary-decimal counter
двоично-кодированный, *adj.*, binary-coded
двоично-рациональный, *adj.*, dyadic, binary; dyadic rational, binary rational
двоичный, *adj.*, binary
двойка (*genitive plural* двоек), *f.*, two, deuce, pair
двойник, *m.*, double
двойной, *adj.*, double, dual, compound, two-base, binary; двойное отношение, *n.*, cross-ratio, anharmonic ratio; двойная стрелка, double arrow, implication; двойной слой, double layer; двойной смежный класс, double coset
двойственность, *f.*, duality; теорема двойственности, duality theorem; двойственность себе, *f.*, self-duality
двойственный, *adj.*, dual, reciprocal; двойственный себе, *adj.*, self-reciprocal, self-dual
двоякий, *adj.*, two-fold, double
двояко, *adv.*, in two ways, doubly
двояковогнутый, *adj.*, concavo-concave, doubly concave, biconcave
двояковыпуклый, *adj.*, convexo-convex, doubly convex, biconvex
двоякокруговой, *adj.*, bicircular
двоякопериодический,, *adj.*, doubly periodic
двоякопреломляющий, *adj.*, doubly refracting
дву- (двух-), *prefix*, bi-, di-, two-
двуадический, *adj.*, dyadic
двугранный, *adj.*, dihedral, two-sided
двудольный, *adj.*, bichromatic, bipartite; двудольный граф, bichromatic graph
двузначность, *f.*, two-valued property, ambiguity; точка двузначности, ambiguous point
двузначный, *adj.*, two-valued, two-digit, two-to-one
двукардинальность, *f.*, two-cardinal property
двукратный, *adj.*, repeated, double, reiterated
двулистный, *adj.*, two-sheeted; двулистное накрытие, double covering, two-sheeted covering
двум (*from* два), (to) two
двумерный, *adj.*, two-dimensional, bivariate
двуместный, *adj.*, two-place; двуместная функция, function of two variables
двумостный, *adj.*, double bridge
двумя (*from* два, две), two
двунормовой, *adj.*, double-norm
двуосный, *adj.*, biaxial
двупараметрический, *adj.*, two-parameter
двуполостный, *adj.*, two-sheeted
двупредельный, *adj.*, two-limit, either-or, go-and-not-go
двупятеричный, *adj.*, biquinary
двурасслоение, *n.*, bifibering
двурукий, *adj.*, two-arm, two-armed; задача о двуруком бандите, two-arm bandit problem
двусвязность, *f.*, double connectivity
двусвязный, *adj.*, doubly-connected
двуслойный, *adj.*, two-sheeted, two-layer, double-layer
двусмысленность, *f.*, ambiguity
двусмысленный, *adj.*, ambiguous, equivocal
двустепенный, *adj.*, two-phase, bigrade
двусторонне-инвариантный, *adj.*, bilaterally invariant
двусторонний, *adj.*, two-sided, double-sided, bilateral
двуточечно, *adv.*, pair-wise
двуточечный, *adj.*, two-point, double point, pair-wise
двуугольник, *m.*, lune, digon, figure having two angles
двух (*from* два), two, of two
двух- (дву-), *prefix*, bi-, di-, two-
двухатомный, *adj.*, diatomic
двухвариантный, *adj.*, bivariant
двухвершинный, *adj.*, bimodal
двухвидовой, *adj.*, two-way; двухвидовая классификация, two-way classification
двухвыборочный, *adj.*, two-sample
двухгранный, *adj.*, dihedral
двухкомпонентный, *adj.*, two-component
двухмерный, *adj.*, two-dimensional

двухмéстный, *adj.*, two-place, binary
двухнуклóнный, *adj.*, two-nucleon
двухóсный, *adj.*, biaxial
двухпараметри́ческий, *adj.*, two-parameter
двухпóлюсник, *m.*, dipole, bipole
двухпóлюсный, *adj.*, bipolar, two-pole
двухпродуктóвый, *adj.*, two-commodity
двухпу́тный, *adj.*, two-lane, two-track
двухря́дный, *adj.*, two-row
двухсери́йный, *adj.*, biserial, diserial
двухсóтый, *ord. num.*, two hundredth
двухсторóнний, *adj.*, bilateral, two-sided, two-way
двухступéнчатый, *adj.*, two-stage, two-step, two-phase, two-level
двухтáктный, *adj.*, two-stroke, two-cycle
двухтóчечный, *adj.*, two-point, double-point
двухфáзный, *adj.*, two-phase
двухфотóнный, *adj.*, two-photon
двухчасти́чный, *adj.*, two-particle; двухчасти́чное взаимодéйствие, two-particle system
двухшпу́нтовый, *adj.*, double-channel
двухэлемéнтный, *adj.*, two-element
двучлéн, *m.*, binomial
двучлéнный, *adj.*, binomial
дебáевский, *adj.*, Debye; дебáевская температу́ра, Debye temperature; дебáевское приближéние, Debye approximation
деби́т, *m.*, yield, output, debit
деблоки́рование, *n.*, unblocking
деблоки́ровать, *v.*, unblock
девиациóнный, *adj.*, deviation
девиáция, *f.*, deviation
Дéвис, Дéвыс, *p.n.*, Davis
девянóсто, *num.*, ninety
девятери́чный, *adj.*, nonary
девятитóчечный, *adj.*, nine-point, consisting of nine points; девятитóчечная окру́жность, nine-point circle
девятнáдцать, *num.*, nineteen
девя́тый, *ord. num.*, ninth
дéвять, *num.*, nine
дегенерáция, *f.*, degeneration
дедеки́ндов, *adj.*, Dedekind
дедеки́ндовость, *f.*, Dedekind property
дедлóк, *m.*, deadlock (*in computing*)
дедукти́вно, *adv.*, deductively; дедукти́вно рáвные фóрмулы, interdeducible formulas
дедукти́вный, *adj.*, deductive
деду́кция, *f.*, deduction
Дезáрг, *p.n.*, Desargues
дезáргов, *adj.*, Desargues, Arguesian
дезориентáция, *f.*, disorientation, disorder
Дéй, *p.n.*, Day
дéйственность, *f.*, effectiveness, efficiency, activity; траектóрия дéйственности вы́пуска проду́кции, production efficiency locus
дéйственный, *adj.*, efficient, effective, active
дéйствие, *n.*, operation, effect, action, rule; дéйствием, by means (*of*); óбласть дéйствия, scope, area of action, domain; врéмя дéйствия, working time
действи́тельно, *adv.*, really, in fact, real; действи́тельно зáмкнутый, *adj.*, real-closed
действительнознáчный, *adj.*, real-valued
действи́тельность, *f.*, reality, validity
действи́тельный, *adj.*, real, true, actual, present
дéйствовать, *v.*, act, operate, function
дéйствующий, *adj.*, operating, acting, effective
дейтéрий, *m.*, deuterium
дейтрóн, *m.*, deuteron
дек, *m.*, deque (double-ended queue) (*computers*)
декáда, *f.*, decade; ten days
Декáрт, *p.n.*, Descartes
декáртов, *adj.*, Cartesian; декáртов квадрáт, pull-back
декáэдр, *m.*, decahedron
деквантификáция, *f.*, dequantification
декоди́рование, *n.*, decoding
декоди́ровать, *v.*, decode
декомпози́ция, *f.*, decomposition
декремéнт, *m.*, decrement
дéлать (сдéлать), *v.*, make, do; дéлать вы́вод, *v.*, conclude
дéлаться, *v.*, become, get, grow, happen

делёж, *m.*, sharing, division; imputation (*game theory*)
деле́ние, *n.*, division, partition; деле́ние кру́га, *n.*, cyclotomy; деле́ние попола́м, *n.*, bisection; полино́м деле́ния кру́га, *m.*, cyclotomic polynomial; по́ле деле́ния окру́жности, *n.*, cyclotomic field
делёный, *adj.*, divided; делёный на, divided by, divided into
дели́йская (*or* **дело́сская**) **зада́ча**, *f.*, Delian problem, duplication of the cube
дели́мое, *n.*, dividend
дели́мость, *f.*, divisibility
дели́мый, *adj.*, divisible; безграни́чно дели́мый, infinitely divisible
Дели́нь, *p.n.*, Deligne
дели́тель, *m.*, divisor, subgroup; дели́тель нуля́, zero divisor; о́бщий наибо́льший дели́тель, greatest common divisor; сдви́нутый дели́тель, shifted divisor, shifted divider; норма́льный дели́тель, normal subgroup
дели́тельный, *adj.*, dividing; дели́тельное устро́йство, divider
дели́ть, *v.*, divide, divide into; дели́ть попола́м, *v.*, bisect
де́ло, *n.*, business, matter, affair, case; в са́мом де́ле, indeed, in fact; де́ло в том, что, the point is that
делово́й, *adj.*, business, practical
де́льта, *f.*, delta; де́льта-фу́нкция, delta-function
дельто́ид, *m.*, deltoid, delta-shaped region
дельтообра́зный, *adj.*, delta-shaped, delta-like; дельтаобра́зная после́довательность я́дер, approximate identity
Де Лю, Де Лиу́в, *p.n.*, De Leeuw
деля́, *adv.*, dividing, on dividing, if we divide; деля́ на 2π, dividing by 2π, if we divide by 2π
деля́нка, *f.*, allotment, plot, lot
демографи́ческий, *adj.*, demographic
демогра́фия, *f.*, demography
демодуля́ция, *f.*, demodulation
демонстрацио́нный, *adj.*, demonstration
демонстри́ровать, *v.*, demonstrate, show
демпфи́рование, *n.*, damping, shock absorption, buffer action
демпфи́рованный, *adj.*, damped, damped out
демпфи́ровать, *v.*, damp, damp out
Ден, *p.n.*, Dehn
дендри́т, *m.*, dendrite
де́нежный, *adj.*, monetary, financial
денсито́метр, *m.*, densitometer
деполяриза́ция, *f.*, depolarization; коэффицие́нт деполяриза́ции, depolarizing factor
де́рево, *n.*, tree, graph
деревови́дный, *adj.*, arborescent, tree-like
де́ревость, *f.*, arboricity
держа́ть, *v.*, hold, keep; держа́ть пари́, bet
держа́ться, *v.*, hold, adhere to; держа́ться те́мы, keep to the subject
де́рзкий, *adj.*, daring, bold
де́рзость, *f.*, boldness
celeriва́т, *m.*, derivative
деривა́ция, *f.*, derivation
дескрипти́вный, *adj.*, descriptive
дескри́пция, *f.*, description
дестаби́льность, *f.*, destabilization
десяти́-, *prefix*, ten-, deca-
десятигра́нник, *m.*, decahedron
десятикра́тный, *adj.*, tenfold
десятиле́тие, *n.*, decade
десятиуго́льник, *m.*, decagon
десяти́чно-двои́чный, *adj.*, decimal-binary
десяти́чный, *adj.*, decimal; десяти́чная дробь, decimal fraction; десяти́чный знак, decimal point; десяти́чный логари́фм, common logarithm
деся́тка, *f.*, ten; the ten (*cards*)
деся́ток, *m.*, decade, ten
деся́тый, *ord. num.*, tenth
де́сять, *num.*, ten
детализа́ция, *f.*, detailing
детализи́рованный, *adj.*, detailed
дета́ль, *f.*, detail
дета́льный, *adj.*, detailed
детекти́рование, *n.*, detection
дете́ктор, *m.*, detector, spark indicator
дете́кторный, *adj.*, detection; дете́кторный приёмник, crystal receiver, detector
детермина́нт, *m.*, determinant

детерминáция, *f.*, determination
детерминúрованный, *adj.*, determinate, determined
детерминистúческий, *adj.*, deterministic
детерминúстский, *adj.*, deterministic
дефéкт, *m.*, defect, deficiency, imperfection; úндекс дефéкта, index of error; deficiency index; дефéкт мáссы, mass excess
дефектúвный, *adj.*, defective, mentally retarded, deficient; дефéктное значéние, deficient value
дефéктный, *adj.*, imperfect, faulty, defect, defective; дефéктная грýппа, defect group
дефектоскопúя, *f.*, flaw detection
дефинизúруемый, *adj.*, definitizable
дефинúтный, *adj.*, definite
дефинúция, *f.*, definition
дефúс, *m.*, hyphen
дефицúт, *m.*, deficit, deficiency
дефицúтный, *adj.*, scarce, deficient, deficit
дефлятор, *m.*, deflator
дефляция, *f.*, deflation
дефокусирóвка, *f.*, defocusing; электрúческая дефокусирóвка, electric defocusing
деформациóнный, *adj.*, deformation, distortion; деформациóнная ∇-цепь, deformation cochain
деформáция, *f.*, deformation, distortion, strain; тéнзор деформáции, strain tensor
деформúрование, *n.*, deformation, distortion
деформúрованный, *adj.*, deformed, distorted
деформúровать, *v.*, deform, distort
деформúроваться, *v.*, be deformed
деформúруемый, *adj.*, deformable, deformed
деформúрующий, *adj.*, deforming, distorting
децентрализóванный, *adj.*, decentralized
децибéл, *m.*, decibel
дéциль, *f.*, decile
децимáльный, *adj.*, decimal
дешёвый, *adj.*, cheap, inexpensive
дешифрáтор, *m.*, decoder
дешифрúровать, *v.*, decipher
дешифровáние, *n.*, decoding
дешифровáть, *v.*, decipher, decode
дéятельность, *f.*, activities, work, activity
Джéксон, *p.n.*, Jackson
джет, *m.*, jet
джойн, *m.*, join
Джон, *p.n.*, John
Джонс, *p.n.*, Jones
джóуль, *m.*, joule
дзéта-фýнкция, *f.*, zeta function
ди-, *prefix*, di-, bi-, two-
диагнóстика, *f.*, diagnosis; prediction; preventive maintenance
диагонализáция, *f.*, diagonalization
диагонализýемость, *f.*, diagonability, diagonalizability
диагонализýемый, *adj.*, diagonable, diagonalizable, diagonalized
диагонáль, *f.*, diagonal
диагонáльный, *adj.*, diagonal
диагрáмма, *f.*, diagram, graph, chart, plot
диагрáммный, *adj.*, diagrammatic
диáда, *f.*, dyad
диáдик, *m.*, dyadic (*second-order tensor*)
диадúческий, *adj.*, dyadic
диалéктика, *f.*, dialectics
диалектúчески, *adv.*, dialectically
диалектúческий, *adj.*, dialectical
диалóг, *m.*, dialogue
диáльный, *adj.*, dyal
диамагнетúзм, *m.*, diamagnetism
диамагнúтный, *adj.*, diamagnetic; диамагнúтная восприúмчивость áтома, diamagnetic susceptibility of an atom
диáметр, *m.*, diameter
диаметрáльно, *adv.*, diametrically; диаметрáльно противоположный, diametrically opposite, antipodal
диаметрáльный, *adj.*, diametrical
диапазóн, *m.*, range, compass, spectral band, span; диапазóн шкалы́, scale range
диастатúческий, *adj.*, diastatical
диафрáгма, *f.*, diaphragm, aperture, stop
диахронúческий, *adj.*, diachronic
дивéктор, *m.*, divector, screw
дивергéнтный, *adj.*, divergent, divergence
дивергéнция, *f.*, divergence
дивиáтор, *m.*, deviator; дивиáтор напряжéния, stress deviator, voltage deviator

дивизо́р, *m.*, divisor, ideal
дига́мма, *f.*, digamma; дига́мма-фу́нкция, digamma function, ψ-function
дигомоло́гия, *f.*, dihomology
диграф, *m.*, directed graph, digraph
дида́ктика, *f.*, didactics
дидакти́ческий, *adj.*, didactic
дизъю́нкт, *m.*, clause (*logic*)
дизъюнкти́вный, *adj.*, disjunctive
дизъю́нктность, *f.*, disjointness, disjunction
дизъю́нктный, *adj.*, disjoint, disjunct
дизъю́нктор, *m.*, OR gate
дизъю́нкция, *f.*, disjunction; раздели́тельная дизъю́нкция, exclusive disjunction; неразделительная дизъю́нкция, inclusive disjunction
ди́ко, *adv.*, wildly; ди́ко вло́женный, *adj.*, wildly imbedded
дикта́тор, *m.*, dictator
диктова́ть (продиктова́ть), *v.*, dictate
дилата́ция, *f.*, dilation, expansion, broadening, extension
диле́мма, *f.*, dilemma
ди́на, *f.*, dyne
дина́мика, *f.*, dynamics
динами́ческий, *adj.*, dynamic, power, forced; динами́ческая систе́ма, dynamical system
дино́д, *m.*, dynode
дио́д, *m.*, diode
дио́дный, *adj.*, diode
Диофа́нт, *p.n.*, Diophantus
диофа́нтов, *adj.*, Diophantine
дипо́ль, *m.*, dipole, doublet
дипо́льный, *adj.*, dipole
диполя́рный, *adv.*, bipolar
Дира́к, *p.n.*, Dirac
дирама́ция, *f.*, diramation; то́чка дирама́ции, diramation point
дире́ктор, *m.*, director, head
дире́кторский, *adj.*, managerial, director
директри́са, *f.*, directrix
Дирихле́, *p.n.*, Dirichlet
диск, *m.*, disk, dial; диск едини́ц, units dial; диск деся́тков, tens dial; диск со́тен, hundreds dial; диск-а́лгебра, disk-algebra
дисквалифици́рующий, *adj.*, rejection, disqualifying
ди́сковый, *adj.*, disk, circular
дисконти́нуум, *m.*, discontinuum
дискообра́зный, *adj.*, disk-shaped, circular
дискредити́рующий, *adj.*, discrediting, discounting
дискретиза́ция, *f.*, digitization; sampling; quantization
дискре́тно, *adv.*, discretely
дискре́тность, *f.*, discreteness
дискре́тный, *adj.*, discrete; дискре́тное сплете́ние, restricted wreath product; маши́на дискре́тного де́йствия, digital computer
дискримина́нт, *m.*, discriminant
дискримина́нтный, *adj.*, discriminant
дискримина́тор, *m.*, discriminator
дискримина́ция, *f.*, discrimination
диску́ссия, *f.*, discussion, debate
дискути́ровать, *v.*, discuss
дискути́роваться, *v.*, be discussed
дислокацио́нный, *adj.*, dislocation; дислокацио́нная ли́ния, dislocation line
дислока́ция, *f.*, dislocation; тео́рия дислока́ций, dislocation theory
диспергирование, *n.*, dispersion
дисперси́вный, *adj.*, dispersive, dispersible
дисперсио́нный, *adj.*, dispersing, dispersion, variance; дисперсио́нный ана́лиз, analysis of variance; дисперсио́нное отноше́ние, variance ratio
диспе́рсия, *f.*, dispersion, scattering, deviation, variance
диспе́рсность, *f.*, dispersibility
диспе́рсный, *adj.*, dispersible
диспле́й, *m.*, display (*computing*)
диспозицио́нный, *adj.*, disposition
диссерта́ция, *f.*, thesis, dissertation
диссипати́вность, *f.*, dissipativity
диссипати́вный, *adj.*, dissipative, damping, nonconservative
диссипа́ция, *f.*, dissipation, damping
диссони́ровать, *v.*, be in discord, be out of tune
диссони́рующий, *adj.*, discordant, dissonant; диссони́рующие перестано́вки, discordant permutations
диссоциа́ция, *f.*, dissociation; эне́ргия диссоциа́ции, dissociation energy

диссоции́ровать, *v.*, dissociate
дистанцио́нный, *adj.*, distant, remote
диста́нция, *f.*, distance, interval, range
дисто́рсия, *f.*, distortion
дистрибути́вность, *f.*, distributivity
дистрибути́вный, *adj.*, distributive
дисципли́на, *f.*, discipline, branch of science
дифраги́рованный, *adj.*, diffracted
дифра́кция, *f.*, diffraction
дифункциона́льный, *adj.*, difunctional
диффеоморфи́зм, *m.*, diffeomorphism, differentiable homeomorphism
диффеомо́рфный, *adj.*, diffeomorphic
диффере́нт, *m.*, trim; у́гол диффере́нта, angle of trim
дифференциа́л, *m.*, differential; дифференциа́л о́бразов, transformed differential; дифференциа́л прообра́зов, original differential
дифференциа́льно-ра́зностный, *adj.*, difference-differential
дифференциа́льно-функциона́льный, *adj.*, functional-differential
дифференциа́льный, *adj.*, differential
дифференциа́тор, *m.*, differentiator
дифференциа́ция, *f.*, differentiation
дифференци́рование, *n.*, differentiation, derivation
дифференци́рованный, *adj.*, differentiated
дифференци́ровать, *v.*, differentiate, distinguish
дифференци́руемость, *f.*, differentiability
дифференци́руемый, *adj.*, differentiable, differentiated
дифференци́руя, *adj.*, differentiating, if we differentiate
диффраги́рованный, *adj.*, diffracted
диффраги́ровать, *v.*, diffract
диффракцио́нный, *adj.*, diffraction, diffracting; диффракцио́нная решётка, diffracting screen, diffraction grating
диффра́кция, *f.*, diffraction
диффузио́нный, *adj.*, diffusion, diffusive
диффу́зия, *f.*, diffusion
диффу́зный, *adj.*, diffuse; диффу́зное отраже́ние све́та, diffuse reflection of light
диффунди́ровать, *v.*, diffuse, spread
диффунди́рующий, *adj.*, diffusing
дихотомизи́рованный, *adj.*, dichotomized
дихотоми́ческий, *adj.*, dichotomous
дихотоми́я, *f.*, dichotomy
дихрома́т, *m.*, dichromat, dichromatic
дио́др, *m.*, dihedron; гру́ппа дио́дра, dihedral group
диэдра́льный, *adj.*, dihedral
диэле́ктрик, *m.*, dielectric, nonconductor
диэлектри́ческий, *adj.*, dielectric, nonconducting
длина́, *f.*, length; path; длина́ свобо́дного пробе́га, free path; сре́дняя длина́ свобо́дного пробе́га, mean free path; в длину́, lengthwise; во всю длину́, all along, the full length of
дли́нно, *adv.*, long, at length
длинново́лновый, *adj.*, long wavelength
дли́нный, *adj.*, long, lengthy; дли́нный ко́рень, long root (*Lie algebras*)
дли́тельность, *f.*, duration; дли́тельность жи́зни, lifetime, lifespan
дли́тельный, *adj.*, long, protracted, prolonged
дли́ться, *v.*, last, continue
для, *prep.*, for; для того́ что́бы, in order that
для́щийся, *adj.*, lasting, permanent
дневно́й, *adj.*, daily, day
дни́ще, *n.*, bottom
дно, *n.*, bottom, ground; вверх дном, upside-down
до, *prep.*, until, up to, to; до сих пор, up to now; до тех пор пока́, until; до э́тих пор, until now; дополне́ние A до по́лного простра́нства, the complement of A with respect to the whole space; непреры́вный до грани́цы, continuous up to the boundary
доба́вка, *f.*, component, addition
добавле́ние, *n.*, adding, addition, supplement
добавля́ть (доба́вить), *v.*, supplement, add, annex, append
доба́вочный, *adj.*, additional, supplementary
добива́ться (доби́ться), *v.*, attain, obtain, achieve
доброка́чественный, *adj.*, high-quality
добы́ча, *f.*, extraction, output, gain, loot

доведéние, *n.*, bringing to, finishing up; доведéние по óптимума, optimization
довéренность, *f.*, warrant, trust, confidence
довéренный, *adj.*, trusted, confidential
довéрие, *n.*, trust, confidence, credit
довери́тельный, *adj.*, fiducial, confidential, confidence; довери́тельное распределéние, fiducial distribution; довери́тельный кóнтур, confidence contour; довери́тельная веро́ятность, fiducial probability; довери́тельная óбласть, confidence region; довери́тельный у́ровень, confidence level; довери́тельный предéл, confidence limit
доверя́ть (довéрить), *v.*, trust, commit to
довести́ (*perf. of* доводи́ть), *v.*
дóвод, *m.*, reason, argument
доводи́ть (довести́), *v.*, bring to, reduce to
довóдка, *f.*, finishing, sizing
довóльно, *adv.*, enough, sufficiently, fairly, quite, rather
довóльствоваться, *v.*, be satisfied
догада́ться (*perf. of* дога́дываться), *v.*, conjecture, surmise
дога́дка, *f.*, conjecture, guess
дога́дываться (догада́ться), *v.*, conjecture, surmise, guess
дóгма, *f.*, dogma
догмати́чный, *adj.*, dogmatic
догова́риваться (договори́ться), *v.*, reach, come to, arrange
договóр, *m.*, agreement
договори́ться (*perf. of* догова́риваться), *v.*, reach an agreement; negotiate
догоня́ть (догна́ть), *v.*, overtake
догружа́ть (догрузи́ть), *v.*, load fully
догружённый, *adj.*, loaded
додека́эдр, *m.*, dodecahedron
Додж, *m.*, Dodge; план Дóджа, Dodge's plan, continuous inspection plan
дожéчь (*perf. of* дожига́ть)
дожива́ть (дожи́ть), *v.*, live until, attain the age of
дожига́ние, *n.*, afterburning
дожига́ть (дожéчь), *v.*, burn up
дожида́ться (дожда́ться), *v.*, wait, await
дóза, *f.*, batch, dose
дозвóленный, *adj.*, permitted, authorized, legal
дозволи́тельный, *adj.*, permissible
дозволя́ть (дозвóлить), *v.*, permit, allow
дозвуковóй, *adj.*, subsonic
дойдя́, *adv.*, having come that far, having reached
дойти́ (*perf. of* доходи́ть), *v.*, go as far as, reach, come to
док, *m.*, dock
дока́жем (*from* доказа́ть), *v.*, we shall prove, let us prove
дока́занный, *adj.*, proved, which has been proved; вы́ше дока́занный, proved above; счита́ть дока́занным, *v.*, take for granted
доказа́тельный, *adj.*, demonstrative, convincing, conclusive
доказа́тельство, *n.*, proof, demonstration, argument
доказа́ть (*perf. of* дока́зывать), *v.*, prove, demonstrate; что и трéбовалось доказа́ть, Q.E.D.
доказу́емый, *adj.*, demonstrable, provable
дока́зываемый, *adj.*, (that which is) being proved
дока́зывать (доказа́ть), *v.*, prove, demonstrate, argue
докла́д, *m.*, report, lecture
докла́дчик, *m.*, speaker, lecturer
докрити́ческий, *adj.*, subcritical
дóкторский, *adj.*, doctoral
докумéнт, *m.*, document
документа́ция, *f.*, documentation
долг, *m.*, debt; погашéние дóлга, amortization; брать в долг, borrow
дóлгий, *adj.*, long
дóлго, *adv.*, long, (for) a long time
долговéчность, *f.*, longevity, durability
долгопери́одный, *adj.*, long-period; долгопери́одное возмущéние, long-period perturbation
долгосрóчный, *adj.*, long-term, long-range
долгота́, *f.*, longitude, length
должа́ть, *v.*, borrow, owe
дóлжен, *pred.*, must, owe; должнó быть, must be, should be
долженствова́ть, *v.*, be obliged, be forced
дóлжный, *adj.*, due, proper
дологи́ческий, *adj.*, prelogical
-дóльный, *suffix*, -partite
дóльше, *adv.*, for a longer time

до́ля, *f.*, part, segment, fraction; до́ля Гли́сона, Gleason part
домина́нта, *f.*, majorant, dominant
домини́рование, *n.*, prevalence, domination; ко́нус домини́рования, dominating cone
домини́ровать, *v.*, dominate, prevail, predominate
домини́рующий, *adj.*, dominating, dominant
домноже́ние, *n.*, multiplying
домно́жить, *v.*, multiply
до́нный, *adj.*, ground, base
до́нор, *m.*, donor
до́норный, *adj.*, donor
доопределе́ние, *n.*, extension of a definition, supplementing of a definition, extension, determination
доопределённый, *adj.*, predetermined, extended
доопределя́ть (доопредели́ть), *v.*, define, determine, complete a definition
допа́лзывать, дополза́ть (доползти́), *v.*, crawl (to *or* so far), get there
допо́длинно, *adv.*, for certain
допо́длинный, *adj.*, genuine, authentic, certain
дополне́ние, *n.*, addition, supplement, complement, complementation; алгебраи́ческое дополне́ние, cofactor; дополне́ние мно́жества, complement of a set; структу́ра с дополне́нием, complemented lattice; дополне́ние до по́лного квадра́та, completing the square; дополне́ние A до по́лного простра́нства, the complement of A with respect to the whole space; решётка с дополне́ниями, complemented lattice
допо́лненный, *adj.*, complemented
дополни́тельно, *adv.*, in addition
дополни́тельный, *adj.*, further, additional, supplementary, complementary, complement, adjugate; дополни́тельное простра́нство, complementary space; дополни́тельная информа́ция, side information, additional information
дополня́емость, *f.*, complementability
дополня́емый, *adj.*, complemented
дополня́ть (допо́лнить), *v.*, supplement, complement, add to, amplify; допо́лнить до по́лного квадра́та, complete the square
дополня́ющий, *adj.*, complementary; дополня́ющая нежёсткость, complementary slackness
допреде́льный, *adj.*, prelimit, prelimiting; допреде́льное распределе́ние, prelimit distribution
до́пуск, *m.*, tolerance, admittance
допуска́емость, *f.*, admissibility
допуска́ть (допусти́ть), *v.*, suppose, assume, accept (*in automata theory*); tolerate, admit, allow; допуска́ется, it is assumed
допуска́ющий, *adj.*, admitting, allowing, permitting, giving
допуска́я, *adv.*, assuming, allowing, supposing, if we assume; допуска́я от проти́вного, что, if, on the contrary, we assume that...; допуска́я проти́вное, assuming the contrary, if we assume the contrary
допу́стим (*from* допуска́ть), *v.*, let us take, let us assume
допусти́мость, *f.*, admissibility, permissibility
допусти́мый, *adj.*, admissible, permissible, tolerable; допусти́мая альтернати́ва, admissible (*or* feasible) alternative
допуще́ние, *n.*, assumption, hypothesis
допу́щенный, *adj.*, permitted, admitted, assumed
доработ́ка, *f.*, finishing (*a job*), modification
доро́га, *f.*, road, way, path
доро́жка, *f.*, path, track, trail
доса́дный, *adj.*, disappointing, unfortunate
доска́, *f.*, board, plank
доскона́льный, *adj.*, thorough
досло́вно, *adv.*, literally, word for word, verbatim
досло́вный, *adj.*, literal, verbatim
доста́вленный, *adj.*, supplied, furnished
доставля́емый, *adj.*, supplied, furnished
доставля́ть (доста́вить), *v.*, supply, furnish, deliver, provide

доста́точно, *adv.*, sufficiently, enough, fairly (well), arbitrarily, rather; *pred.*, it is sufficient

доста́точность, *f.*, sufficiency

доста́точный, *adj.*, sufficient, ample, enough

достига́ть (дости́гнуть, дости́чь), *v.*, reach, achieve, attain

дости́гнутый, *adj.*, achieved, reached

достиже́ние, *n.*, achievement, attainment; вре́мя достиже́ния, first passage time

достижи́мость, *f.*, accessibility, attainability

достижи́мый, *adj.*, accessible, attainable; достижи́мая подгру́ппа, composition subgroup

дости́чь (*perf. of* достига́ть), *v.*, reach, attain

достове́рность, *f.*, truth, reliability, certainty (*statistics*); грани́ца достове́рности, confidence level

достове́рный, *adj.*, authentic, reliable, certain; достове́рное собы́тие, certain event

досто́инство, *n.*, merit, dignity

достопримеча́тельность, *f.*, remarkable sight, curiosity

достопримеча́тельный, *adj.*, noteworthy, remarkable

достра́ивать (достро́ить), *v.*, finish building, add on

досту́пный, *adj.*, accessible, available, understandable

досяга́емость, *f.*, range, attainability, accessibility

досяга́емый, *adj.*, accessible, attainable

доупоря́дочение, *n.*, ordering

доупоря́дочиваемый, *adj.*, preorderable (*algebra*); доупоря́дочиваемая гру́ппа, O^*-group

дохо́д, *m.*, income, profit, gain; о́бщий дохо́д, aggregate profit; чи́стый годово́й дохо́д, net revenue, net yearly profit

доходи́ть (дойти́), *v.*, go as far as, reach, amount to

доче́рний, *adj.*, daughter, derived; доче́рнее ядро́, product, daughter nucleus

дошёл (дошла́, дошло́, дошли́) (*past of* доходи́ть), *v.*, reached, went as far as

др., *abbrev.* (други́е), others

древеси́на, *f.*, wood

древе́сность, *f.*, arboricity

дре́вний, *adj.*, ancient, old; с дре́вних времён, since antiquity

дре́вность, *f.*, antiquity

дре́во, *n.*, tree

древови́дный, *adj.*, tree-like, tree, dendrite; древови́дная поле́зность, utility tree

дрейф, *m.*, drift, leeway

дроби́нка, *f.*, pellet, ball; зада́ча о дроби́нках, occupancy problem (*probability*)

дробле́ние, *n.*, subdivision, pulverization

дро́бно-квадрати́чный, *adj.*, quadratic fractional

дро́бно-лине́йный, *adj.*, linear-fractional, bilinear

дро́бно-рациона́льный, *adj.*, rational, bilinear, linear fractional

дробностепенно́й, *adj.*, fractional power (*series*)

дро́бный, *adj.*, fractional

дробово́й, *adj.*, shot, shooting; дробово́й эффе́кт, shot noise, shot effect

дробь, *f.*, fraction, quotient; непреры́вная дробь, continued fraction; подходя́щая дробь, convergent (*of a continued fraction*); просте́йшая дробь, partial fraction; произво́дная дро́би, derivative of a quotient; рациона́льная дробь, rational function; несократи́мая дробь, irreducible fraction; пра́вильная дробь, proper fraction

дроссели́рование, *n.*, throttling, choking

дро́ссельный, *adj.*, throttle, choke

друг[1], *m.*, friend

друг[2], *adj.*, other; друг дру́га, each other, one another, mutually; друг за дру́гом, one after another; друг от дру́га, from each other; друг с дру́гом, with each other; оди́н за дру́гим, one after another, one by one

друго́й, *adj.*, other, another, different; други́ми слова́ми, in other words; с друго́й стороны́, on the other hand; в друго́м ме́сте, elsewhere

дру́жественный, *adj.*, amicable; дру́жественные числа́, amicable numbers
друху́ровневый, *adj.*, two-level
дуализа́ция, *f.*, dualization
дуализи́ровать, *v.*, dualize
дуализи́руемый, *adj.*, dualizable, dualized
дуали́зм, *m.*, dualism
дуализу́ющий, *adj.*, dual, adjoint
дуалисти́ческий, *adj.*, dualistic
дуа́льность, *f.*, duality
дуа́льный, *adj.*, dual
Дуб, *p.n.*, Doob
дублёр, *m.*, dual, double, understudy
дубле́т, *m.*, doublet, duplicate
дубле́тный, *adj.*, doublet; расстоя́ние ме́жду дубле́тными ли́ниями, doublet separation
дублика́т, *m.*, duplicate, replica, copy
дубли́рование, *n.*, doubling, duplication
дубли́рованный, *adj.*, doubled, duplicated, duplicating; дубли́рованное устро́йство, redundant system
дубли́ровать, *v.*, double, duplicate
дубли́рующий, *adj.*, duplicating, duplication, doubling, redundant
дубль, *m.*, double (*of a Riemann surface*)
дуга́, *f.*, arc, arch; дуга́ гра́фа, (*oriented*) edge of a graph
Ду́глас, *p.n.*, Douglas
дугово́й, *adj.*, arc
дугообра́зно, *adv.*, arc-wise
дугообра́зный, *adj.*, arched, bow-shaped, arc, arc-wise
ду́жка, *f.*, small arc, parenthesis
ду́мать (поду́мать), *v.*, think, believe, mean, intend
дух, *m.*, spirit
душа́, *f.*, soul; на ду́шу, per capita, per head
дуэ́ль, *f.*, duel (*game theory*)
дым, *m.*, smoke
дыра́, *f.*, hole
ды́рка, *f.*, hole
ды́рочный, *adj.*, hole; ды́рочная лову́шка, hole trap
Дьёдонне́, *p.n.*, Dieudonné
Дэ, *p.n.*, Dye
Дэ́вис, *p. n.*, Davis
Дюаме́ль, *p.n.*, Duhamel
Дюбуа́-Реймо́н, *p.n.*, Du Bois-Reymond
дюйм, *m.*, inch
Дюпе́н, *p.n.*, Dupin

Е е

евкли́дов, *adj.*, Euclidean
европе́йский, *adj.*, European
его́ (*see* он, оно́), *pron.*, his, its; him, it
едва́, *adv.*, hardly, just; едва́ ли, hardly, scarcely; едва́ ли не, nearly, almost, all but
едина́л, *m.*, unital
едине́ние, *n.*, unification, uniting
едини́ца, *f.*, unit, identity, unity element, neutral element; едини́ца дли́ны, unit of length; едини́ца измере́ния, unit, unit of measurement
едини́чно-треуго́льный, *adj.*, unit triangular
едини́чный, *adj.*, unit, single, individual, identity, monic, unitary; едини́чный круг, unit disk; едини́чная окру́жность, unit circle; игра́ с едини́чным наблюде́нием числово́й величины́, game with a numerical-valued single observation; едини́чная па́мять, unit memory; едини́чный опера́тор, identity operator; едини́чная ма́трица, identity matrix
единовре́менно, *adv.*, once only, once
единоду́шие, *n.*, unanimity
единоду́шный, *adj.*, unanimous
единообра́зие, *n.*, uniformity, consistency
единообра́зный, *adj.*, uniform
еди́нственно, *adv.*, uniquely, only, solely; еди́нственно возмо́жный, the only (one) possible
еди́нственность, *f.*, uniqueness; теоре́ма еди́нственности, uniqueness theorem
еди́нственный, *adj.*, unique, only, unambiguous, single
еди́ный, *adj.*, single, unique, indivisible, uniform; еди́ное це́лое, whole, unit
её (*see* она́), *pron.*, her, hers, it, its
ежего́дник, *m.*, annual, year-book
ежего́дно, *adv.*, annually, yearly
ежего́дный, *adj.*, yearly, annual
е́жели, *conj.*, if, in case
ежеме́сячный, *adj.*, monthly
ежемину́тно, *adv.*, at every instant, continually, every minute
ежемину́тный, *adj.*, continual, incessant
ей (*see* она́), *pron.*, (to) her, (to) it
е́ле, *adv.*, hardly, scarcely
ёмкий, *adj.*, capacious
ёмкостный, *adj.*, capacity, capacitance, induction, capacitative
ёмкость, *f.*, capacity, content, capacitance, index (*of a grammar*); ёмкостьреги́стра, register length
ему́ (*see* он, оно́), *pron.*, (to) him, (to) it
е́сли, *conj.*, if; е́сли и, even if; в слу́чае, е́сли, in case; е́сли не, unless; е́сли то́лько, provided that
есте́ственно, *adv.*, naturally
есте́ственный, *adj.*, natural, intrinsic
естество́, *n.*, nature, substance
естествозна́ние, *n.*, natural science
есть (*see* быть), is, there is, are
е́хать, *n.*, go (*by vehicle*), travel
ещё, *adv.*, still, yet, as yet, more, already, as long ago as; ещё не, not yet; всё ещё, still; ещё во вре́мя, as far back as; ещё оди́н, another, one more; пока́ ещё, for the time being; ещё раз, once more

Ж ж

жанр, *m.*, genus, genre
ждать, *v.*, expect, await
же, *conj.*, and, but, as for, even, still; *particle*, то́чно так же, in just the same way; оди́н и тот же, the same, one and the same; тот же (то же), the same; он (оно́) же, the very same; та́к же, in the same way
Жевре́, *p.n.*, Gevrey
жезл, *m.*, staff, wand, *etc.*; lituus (*curve* $r^2\theta = a$)
жела́емый, *adj.*, desired
жела́ние, *n.*, desire
жела́нный, *adj.*, desired
жела́тельность, *f.*, desirability
жела́тельный, *adj.*, desirable; жела́тельно, it is desirable
жела́ть, *v.*, desire, wish
желе́зный, *adj.*, ferric, ferrous, iron; желе́зная доро́га, *f.*, railway, railroad
желе́зо, *n.*, iron
жёлоб, *m.*, groove, trough, gutter, chute
жёлтый, *adj.*, yellow
жемчу́жная крива́я, *f.*, pearl of Sluze ($y^n = k(a-x)^p x^m$)
жена́, *f.*, wife
Жерго́нн, *p.n.*, Gergonne
же́ртвовать (поже́ртвовать), *v.*, sacrifice, donate
же́сткий, *adj.*, rigid, hard, tough, inflexible, stringent, stiff (*differential equations*); же́сткие усло́вия, severe constraints
жёстко, *adv.*, rigidly, inflexibly, stringently
жёсткость, *f.*, rigidity, inflexibility, stiffness; ма́трица жёсткости, stiffness matrix
жето́н, *m.*, counter, token
живо́й, *adj.*, living, alive, vivid
живо́тный, *adj.*, animal
живу́честь, *f.*, survival, vitality
жи́дкий, *adj.*, liquid, fluid
жи́дкость, *f.*, liquid, fluid
жизнь, *f.*, life; вре́мя жи́зни, lifetime
жир, *m.*, fat, grease
жирновы́черченный, *adj.*, heavily drawn
жи́рный, *adj.*, fat, greasy, boldface, heavy
жироско́п, *m.*, gyroscope
жите́йский, *adj.*, everyday
жо́лоб, *m.*, groove, trough
Жорда́н, *p.n.*, Jordan (*French*)
жорда́нов, *adj.*, Jordan; жорда́нова о́бласть, Jordan domain
жре́бий, *m.*, toss, lot, fate; броса́еться жре́бий, a coin is tossed
жужжа́щий, *adj.*, humming, buzzing
журна́л, *m.*, periodical, journal
Жюлиа́, *p.n.*, Julia

З з

за, *prep.*, for, as, at, in, over, across beyond, with
забега́ть (забежа́ть), *v.*, look ahead, anticipate (*literally,* run ahead)
заблужде́ние, *n.*, fallacy, error
забо́й, *m.*, drift, cut, face
заболева́ние, *n.*, disease
забо́р, *m.*, fence, enclosure
забо́та, *f.*, responsibility, care
забо́титься (позабо́титься), *v.*, take care, be concerned about
забрако́ванный, *adj.*, rejected
забракова́ть (*perf. of* браковать), *v.*, reject, condemn
забыва́емый, *adj.*, forgotten, neglected
забыва́ть (забы́ть), *v.*, forget, neglect
забыва́ющий (*from* забыва́ть), *adj.*, forgetful; забыва́ющий фу́нктор, forgetful functor
забы́вчивость, *f.*, forgetfulness
забы́тый, *adj.*, forgotten
заведе́ние, *n.*, institution, establishment
заве́довать, *v.*, manage, be in charge of, direct, superintend; К. заве́дует ка́федрой матема́тики, K. is the chairman of the department of mathematics
заве́домо, *adv.*, certainly, trivially, a fortiori, knowingly, necessarily; *pred.*, it is automatic (that), it is trivial (that), it is (well) known (that)
заве́домый, *adj.*, obvious, undoubted, notorious
заведу́ет (*future 3rd person of* завести́), *v.*, will take up
заве́дующий, *m.*, head, person in charge
заверша́ть (заверши́ть), *v.*, complete, conclude
заверша́ющий, *adj.*, concluding, final
заверше́ние, *n.*, completion, end
завершённость, *f.*, completeness
завершённый, *adj.*, completed, final
завести́ (*perf. of* заводи́ть), *v.*
зависа́ние, *n.*, hovering (*aerodynamics*)
зави́сеть, *v.*, depend, depend on
зави́симость, *f.*, dependence, relation, function; в зави́симости от, depending on, subject to, in accordance with, as a function of; граф зави́симости, relation graph
зави́симый, *adj.*, dependent, dependent on, related
зави́сящий, *adj.*, depending; зави́сящий от, depending on
завито́й, *adj.*, curled, spiraled, twisted
завито́к, *m.*, spiral
завихре́ние, *n.*, turbulence, vorticity
завихрённость, *f.*, vorticity
завихря́ющий, *adj.*, turbulent, swirling
заводи́ть (завести́), *v.*, acquire, establish, start, take up
завы́шенный, *adj.*, overstated, excessive
завя́зывать (завяза́ть), *v.*, tie up, wrap up; begin, start
заги́б, *m.*, bend, deformation, deviation
загла́вие, *n.*, title, heading
загла́вный, *adj.*, title, capital; загла́вный лист, title page; загла́вная бу́ква, capital letter
за́говор, *m.*, conspiracy, plot
заголо́вок, *v.*, title, heading
загото́вка, *f.*, bar, blank, billet (*metallurgy*); procurement, stock, stocking up, store, provision; partially finished product; introduction, preliminary survey
загружа́ть (загрузи́ть), *v.*, load, charge
загру́женность, *f.*, load, charge
загру́женный, *adj.*, loaded, charged
загру́зка, *f.*, loading, charge, load; (крити́ческая) загру́зка, (heavy) traffic
ЗА-гру́ппа, *f.*, ZA-group, hypercentral group
загрязне́ние, *n.*, contamination, impurity, pollution
задава́емый, *adj.*, prescribed, defined (by)
задава́ть (зада́ть), *v.*, set, assign, give, pose, define, plot, specify
задава́ться (зада́ться), *v.*, succeed, work out; задава́ться це́лью, set as a goal
задава́ясь, *adv.*, being given, given, if we are given

зада́вшись, *adv.*, given, having been given; зада́вшись $\epsilon > 0$, given $\epsilon > 0$

зада́ние, *n.*, task, job, assignment, representation, presetting (*topology*), stipulation, specification; зада́ние кривы́х в параметри́ческой фо́рме, parametric representation of curves

за́данный, *adj.*, given, prescribed, defined; наперёд за́данный, preassigned

зада́ть (*perf. of* задава́ть), *v.*, set, assign, give; зада́ться це́лью, set a goal

зада́ться (*perf. of* задава́ться), *v.*; зада́ться вопро́сом, ask (oneself) a question

зада́ча, *f.*, problem, task; зада́ча Коши́, Cauchy problem, initial value problem; краева́я зада́ча, boundary-value problem

зада́чник, *m.*, set of problems, problem book

задаю́щий, *adj.*, setting, assigning, giving; задаю́щий ко́нтур, drive circuit

задева́ть (заде́ть), *v.*, touch, affect

заде́ланный, *adj.*, embedded, clamped, closed, fixed

заде́лать (*perf. of* заде́лывать), *v.*

заде́лка, *f.*, sealing, closing, stopping up

заде́лывать (заде́лать), *v.*, fix, seal, close, stop up

заде́рживать (задержа́ть), *v.*, detain, delay

заде́рживающий, *adj.*, delaying, delay, inhibitory

заде́ржка, *f.*, delay, lag; заде́ржка и́мпульса на оди́н гла́вный и́мпульс, one-pulse time delay; заде́ржка и́мпульса на оди́н разря́д, one-pulse time delay; схе́ма заде́ржки, delay circuit; цепь заде́ржки, inhibit circuit

за́дний, *adj.*, back, rear; за́дняя кро́мка, trailing edge

задо́лго, *adv.*, long before

зажи́м, *m.*, clip, clamp

заземле́ние, *n.*, grounding, ground

заземлённый, *adj.*, grounded, ground

зазо́р, *m.*, clearance, margin, tolerance, gap

заи́мствованный, *adj.*, borrowed, taken from

заи́мствовать, *v.*, borrow, adopt, copy

заинтересо́ванный, *adj.*, interested

заинтересова́ть, *v.*, interest

займёмся (*from* заня́ться), *v.*, we take up

займёт (*future of* заня́ть), *v.*, will occupy, will enter into

за́йчик, *m.*, reflection of a lightbeam

зака́з, *m.*, order

зака́зчик, *m.*, client, customer

зака́нчивать (зако́нчить), *v.*, finish, complete

зака́нчивающийся, *adj.*, ending

закла́д, *m.*, mortgage

закладна́я, *f.*, mortgage

закла́дывать (заложи́ть), *v.*, put (*in various senses*), include, lay, establish; mortgage

закле́енный, *adj.*, glued up, pasted

закле́ивание, *n.*, pasting, gluing

закле́ивать (закле́ить), *v.*, paste, glue, stick together

закле́йка, *f.*, stopping up, pasting up

закли́ненный, *adj.*, wedged

заключа́ть (заключи́ть), *v.*, enclose, include, contain, conclude; заключа́ть в себе́, *v.*, imply

заключа́ться, *v.*, be contained, consist, be confined

заключа́ющийся, *adj.*, contained, included

заключа́ющий, *adj.*, including, inclusive of, concluding

заключе́ние, *n.*, conclusion, inference, inclusion, confinement

заключённый, *adj.*, contained, confined, concluded, included; заключён стро́го внутри́, strictly contained in

заключи́тельный, *adj.*, final, concluding, conclusive, terminal

закоди́рованный, *adj.*, coded

закоди́ровать, *v.*, code, encode

зако́н, *m.*, law, rule, principle; зако́н исключённого тре́тьего, law of the excluded middle; вероя́тностный зако́н, probability distribution; крити́ческий зако́н обслу́живания, service time distribution

зако́нность, *f.*, validity, legitimacy

зако́нный, *adj.*, valid, legitimate

законода́тельство, *n.*, "the law", legal code, legislation
закономе́рность, *f.*, regularity, conformity, pattern
зако́нченность, *f.*, completeness
зако́нченный, *adj.*, completed, complete
зако́нчить (*perf. of* зака́нчивать), *v.*,
закора́чивающий, *adj.*, short circuiting
закрепи́ть (*perf. of* закрепля́ть), *v.*
закрепле́ние, *n.*, fixing, fastening
закреплённый, *adj.*, fixed, fastened, secured
закрепля́ть (закрепи́ть), *v.*, fasten, fix, consolidate
закрити́ческий, *adj.*, supercritical
закругле́ние, *n.*, curving, curve, curvature, rounding
закруглённый, *adj.*, rounded, rounded off, curved
закругля́ть (закругли́ть), *v.*, round, round off
закру́тка, *f.*, curling, spinning, twisting, vortex
закру́ченный, *adj.*, twisted
закру́чивание, *n.*, twisting, winding
закру́чивать (закрути́ть), *v.*, twist, curl
закру́чивающий, *adj.*, twisting, turning; закру́чивающая па́ра, torque
закрыва́ть (закры́ть), *v.*, close, shut, shut off, close down
заку́пка, *f.*, purchase
заку́поренный, *adj.*, corked, sealed, stopped up
зали́в, *m.*, gulf
заложе́ние, *n.*, underlay
зало́женный, *adj.*, included, put; mortgaged; зало́женный в само́й приро́де, inherent in the very nature (*of*)
заложи́ть (*perf. of* закла́дывать), *v.*, establish, include, lay, put, input, insert; mortgage
замагни́ченный, *adj.*, fixed in a magnetic field
замедле́ние, *n.*, deceleration, retarding, slowing down, delay
заме́дленный, *adj.*, delayed, retarded, decelerated
замедля́ть (заме́длить), *v.*, slow down, retard, decelerate
замедля́ющий, *adj.*, decelerating
заме́на, *f.*, substitution, replacement, exchange, change; заме́на переме́нных, change of variables; структу́ра с заме́ной, exchange lattice
замени́мость, *f.*, interchangeability, replaceability
замени́мый, *adj.*, interchangeable, replaceable
замени́тель, *m.*, substitute
заменя́емость, *f.*, interchangeability, replaceability
заменя́емый, *adj.*, interchangeable, replaceable, interchanged, replaced
заменя́ть (замени́ть), *v.*, substitute, replace, interchange
заменя́ющий, *adj.*, substituting, replacing
заме́р, *m.*, sampling, measurement, observation
заме́ренный, *adj.*, measured
замерза́ние, *n.*, freezing
замести́ (*perf. of* замета́ть[1]), *v.*
замести́ть (*perf. of* замеща́ть), *v.*
замета́ть[1] (замести́), *v.*, sweep, sweep out, run through
замета́ть[2] (*perf. of* замётывать), *v.*
заме́тив, *adv.*, having noted, having observed
заме́тить (*perf. of* замеча́ть), *v.*, note, observe, remark, see
заме́тка, *f.*, note, notice, paragraph
заме́тно, *adv.*, noticeably, appreciably
заме́тный, *adj.*, noticeable, appreciable
замётывать (замета́ть[2]), *v.*, cover
замеча́ние, *n.*, remark, observation
замеча́тельный, *adj.*, remarkable, unusual, wonderful, important
замеча́ть (заме́тить), *v.*, notice, remark, note, observe
замеча́я, *adv.*, remarking, observing; замеча́я что, if we observe that
заме́ченный, *adj.*, noted, remarked
замеща́емый, *adj.*, replaced, replaceable
замеща́ть (замести́ть), *v.*, replace, substitute
замеще́ние, *n.*, replacement, substitution, insertion
замещённый, *adj.*, replaced, substituted
замира́ние, *n.*, fading

за́мкнутость, *f.*, closure, completeness
за́мкнутый, *adj.*, closed, isolated, closure; за́мкнутая компле́ксная пло́скость, extended complex plane; за́мкнутый относи́тельно эквивале́нтности, closed under equivalence; за́мкнутая петля́, closed loop; за́мкнутая систе́ма с поте́рями, closed loss system; за́мкнутая систе́ма управле́ния, closed-loop control system; за́мкнутый цикл, closed loop
замкну́ть (*perf. of* замыка́ть), *v.*, close
заморо́женный, *adj.*, frozen, unchanged
замоще́ние, *n.*, covering, filling, filling out, paving
замыка́емый, *adj.*, subtended, closed, being closed
замыка́ние, *n.*, closing, closure, completion; коро́ткое замыка́ние, short circuit; а́лгебра с замыка́нием, closure algebra; пери́од замыка́ния, "on" period
замыка́ть (замкну́ть), *v.*, close
за́мысел, *m.*, intention, plan, project
зани́женный, *adj.*, underestimated, understated
занима́тельный, *adj.*, amusing, entertaining
занима́ть[1] (заня́ть[1]), *v.*, occupy, take up, be present in, enter into
занима́ть[2] (заня́ть[2]), *v.*, borrow
занима́ться, *v.*, be occupied with, be engaged in, busy oneself with, be concerned with
занима́ющийся, *adj.*, dealing with
за́ново, *adv.*, anew, again
занумеро́ванный, *adj.*, numbered, indexed
занумеро́вывать (занумерова́ть), *v.*, number, enumerate, index
заня́тие, *n.*, occupation, pursuit
за́нятость, *f.*, employment; вре́мя за́нятости, busy time
за́нятый, *adj.*, occupied, busy; borrowed
заня́ть[1,2] (*perf. of* занима́ть[1,2]), *v.*
заня́ться, *v.*, occupy oneself, busy oneself with
заодно́, *adv.*, together, at the same time
заостре́ние, *n.*, cusp, point; то́чка заостре́ния, spinode, cusp
заострённый, *adj.*, pointed, peaked, cusped
за́пад, *m.*, west
за́падный, *adj.*, west, western
запа́здывание, *n.*, delay, lag, lateness, retardation; запа́здывание по вре́мени, lag time; чи́стое запа́здывание, dead time; вре́мя запа́здывания, delay time; dead time
запа́здывать (запозда́ть), *v.*, be late, lag, lag behind, retard
запа́здывающий, *adj.*, lagging, retarded, retarding; запа́здывающий потенциа́л, retarded potential
запа́с, *m.*, store, supply, stock, reserve, inventory; с не́которым запа́сом, with something to spare
запаса́ть (запасти́), *v.*, accumulate, store, reserve
запаса́ющий, *adj.*, storing, storage
запасённый, *adj.*, accumulated
запасно́й, *adj.*, spare, reserve, stand-by; запасно́й капита́л,, *m.*, capital stock
запере́ться (*perf. of* запира́ться), *v.*, close, shut, stop, lock up
за́пертый, *adj.*, closed, locked; за́пертый мультивибра́тор, monostable multivibrator
запира́ться (запере́ться), *v.*, close, shut, stop
записа́ть (*perf. of* запи́сывать), *v.*
запи́сываемый, *adj.*, describable, written down, transcribed
запи́сывать (записа́ть), *v.*, write, note, take down, record; записа́ть отве́т, read off the answer
запи́сываться (записа́ться), *v.*, register, be inscribed
запи́сывая, *adv.*, writing, if we write
за́пись, *f.*, notation, entry, listing, writing, record, representation; за́пись ря́дом, juxtaposition; носи́тель за́писи, recording medium; сигна́л за́писи, write signal; формирова́тель за́писи, write driver
запи́шется (*from* записа́ться), *v.*, will be written
запла́та, *f.*, patch
заплета́ть (заплести́), *v.*, braid
заплетённый, *adj.*, braided, linked
запозда́ть (*perf. of* запа́здывать), *v.*, be late, lag, retard

заполне́ние, *n.*, filling, completing; paracompletion (*constructive math.*); impletion; кома́нда заполне́ния счётчика повторе́ний, load repeat counter instruction
запо́лненность, *f.*, property of being filled up; запо́лненность враща́тельных у́ровней, population of rotational levels
запо́лненный, *adj.*, completed, solid, filled; запо́лненный носи́тель, solid carrier
заполня́ть (запо́лнить), *v.*, fill, fill out
заполня́ющий, *adj.*, filling
запомина́ние, *n.*, mention, reminder, memory, storage
запомина́ть (запо́мнить), *v.*, remember, memorize, store
запомина́ющий, *adj.*, remembering, memory, storage; запомина́ющая схе́ма, memory circuit, storage circuit
запотева́ние, *n.*, condensation (*of moisture*)
запре́т, *m.*, exclusion, prohibition; при́нцип запре́та Па́ули, Pauli exclusion principle; схе́ма запре́та, inhibit circuit
запреща́ть (запрети́ть), *v.*, forbid, prohibit, inhibit
запреще́ние, *n.*, prohibition, inhibition
запрещённый, *adj.*, prohibited, inhibited
запро́с, *m.*, inquiry, query
запря́танный, *adj.*, hidden
за́пуск, *m.*, start, launching
запуска́ть (запусти́ть), *v.*, start, launch, throw
запу́танность, *f.*, complexity, intricacy
запу́танный, *adj.*, tangled, intricate, involved
запылённость, *f.*, dust content
запята́я, *f.*, comma, decimal point *or* binary point; к пя́тому зна́ку по́сле запято́й, to (*or* in) the fifth decimal place
зараже́ние, *n.*, infection, contamination, contagion; распределе́ние (ти́па) зараже́ния, contagious distribution
зара́нее, *adv.*, in advance, hitherto, beforehand; как е́то зара́нее я́сно, as is already clear
зарегистри́рованный, *adj.*, registered, recorded, observed
зарегистри́ровать, *v.*, register
заро́дыш, *m.*, germ, embryo
зарожда́ться (зароди́ться), *v.*, be conceived, originate, arise
зарожде́ние, *n.*, origin, beginning, conception
заря́д, *m.*, charge, load, supply; нулево́й заря́д, zero charge
заря́дка, *f.*, charging, loading
заря́дный, *adj.*, charge, load, supply
заря́довый, *adj.*, charge; заря́довая сингуля́рность, charge singularity
заряжа́ть (заряди́ть), *v.*, charge, load
заряжа́ющий, *adj.*, charging
заря́женный, *adj.*, charged, loaded, live
заса́сывать (засоса́ть), *v.*, suck in, draw in
заседа́ние, *n.*, meeting, conference, session
заселе́ние, *n.*, population
засе́чка, *f.*, cut, notch, mark, serif, intersection; засе́чка вре́мени, timing
засло́нка, *f.*, damper
заслоня́ть (заслони́ть), *v.*, cover, hide, screen, shield
заслу́га, *f.*, merit, achievement; заслу́ги, *pl.*, services
заслу́живать (заслужи́ть), *v.*, deserve, earn
засоре́ние, *n.*, contamination
засорённость, *f.*, contamination
заставля́ть (заста́вить), *v.*, force, compel, make
засто́й, *m.*, stagnation, depression
застрахо́ванный, *adj.*, insured, immune
застрева́ть (застря́ть), *v.*, stick, get stuck, get trapped
засы́лка, *f.*, sending, dispatch
засыпа́ть (засы́пать), *v.*, cover, fill in, fill up
засы́пка, *f.*, filling, covering, charging
затвердева́ние, *n.*, solidification, hardening, congealing
затво́р, *m.*, lock, bar, shutter
зате́м, *adv.*, then, next, thereupon; зате́м что, since, as
затеня́ть (затени́ть), *v.*, shade, darken
затмева́ть (затми́ть), *v.*, darken, cover, eclipse
затме́ние, *n.*, eclipse; по́лное затме́ние, total eclipse
затми́ть (*perf. of* затмева́ть), *v.*
зато́, *conj.*, in return, on the other hand

заторможённый, *adj.*, braked, deferred, delayed, constrained; заторможённое вращéние, hindered rotation
затормози́ть, *v.*, brake, hinder, slow down
затрáгивать (затрóнуть), *v.*, affect, touch upon
затрáта, *f.*, expenditure, outlay, input; вéктор затрáт, input vector; анáлиз затрáт, input analysis
затрáчиваемый, *adj.*, required, spent, expended, input
затрáчивать (затрáтить), *v.*, spend, expend
затрóнутый, *adj.*, touched upon, affected
затрóнуть (*perf. of* затрáгивать), *v.*, touch upon, affect
затруднéние, *n.*, difficulty
затруднённый, *adj.*, difficult
затрудни́тельно, *adv.*, with difficulty
затрудни́тельный, *adj.*, difficult
затрудня́ть (затрудни́ть), *v.*, hamper, impede, make difficult
затýпленный, *adj.*, blunt, blunted
затухáние, *n.*, damping, decay, dying out, fading, attenuation; экспоненциáльное затухáние, exponential decay; коэффициéнт затухáния, damping factor
затухáть (затýхнуть), *v.*, damp, fade; be damped, die down
затухáющий, *adj.*, damped, damping, fading; затухáющее колебáние, damped oscillation; затухáющее отображéние, fading mapping
затушёвывание, *n.*, shading, tinting
затушёвывать (затушевáть), *v.*, shade, tint
затя́гивание, *n.*, tightening
заýзленный, *adj.*, knotted
заýчивать (заучи́ть), *v.*, learn
зафикси́ровать (*perf. of* фикси́ровать), *v.*, fix, settle
захвáт, *m.*, range, scope, span, capture, claw, fastener; сечéние захвáта (части́ц), capture cross-section (*of particles*); явлéние захвáта, hunting phenomenon
захвáтывать, *v.*, seize, take, engage
захóд, *m.*, stopping (*at*), visit; захóд сóлнца, sunset; полустéпень захóда, indegree (*graph theory*); полувалéнтность захóда, invalency (*of graph*)
зацеплéние, *n.*, link, linkage, engagement, gearing, looping; коэффициéнт зацеплéния, linking coefficient, looping coefficient
зацéпленный, *adj.*, linked, engaged
зацепля́ть (зацепи́ть), *v.*, link, lock, engage
зацепля́ться, *v.*, catch, catch on
зацепля́ющий, *adj.*, linking, engaging
заци́кливание, *n.*, cycling (*linear programming*)
зачастýю, *adv.*, often, frequently
зачéм, *adv.*, why, what for, wherefore
зачéм-то, *adv.*, for some purpose or other
зачёркивание, *n.*, striking out, deletion
зачёркивать (зачеркнýть), *v.*, cross out, delete
зашифрóванный, *adj.*, enciphered, encoded
зашифровывáть (зашифровáть), *v.*, encipher, encode
заштрихóванный, *adj.*, shaded, hatched
заштрихóвывать (заштриховáть), *v.*, shade, hatch
зашунти́рованный, *adj.*, shunted, shunt
защемлённый, *adj.*, fastened; clamped, fixed (*plates*)
защи́та, *f.*, defence, cover, protection; схéма защи́ты, protection circuit
защи́тный, *adj.*, protective, protection; защи́тная схéма, protection circuit
защищáть (защити́ть), *v.*, defend, protect
защищённый, *adj.*, guarded, protected, screened
зая́вка, *f.*, request, application, requisition, claim
заявлéние, *n.*, announcement, declaration
зая́вленный, *adj.*, claimed, stated, declared
заявля́ть (заяви́ть), *v.*, announce, declare
звездá, *f.*, star
звёздно, *adv.*, like a star; звёздно ограни́ченный, star-bounded; звёздно конéчный, star-finite
звёздный, *adj.*, star, star-shaped, sidereal; звёздная сходи́мость, star convergence; звёздный граф, star

звездови́дный, *adj.*, star-like
звездообра́зный, *adj.*, star-shaped
звёздочка, *f.*, asterisk
звёздчатый, *adj.*, star-shaped
звено́, *n.*, link, unit, group, component (part); интегри́рующее звено́, integrating factor
звеньево́й, *adj.*, link, member
звук, *m.*, sound
звуково́й, *adj.*, sound, pertaining to sound, sonic, audio
звукоза́пись, *f.*, sound recording
звукоизоляцио́нный, *adj.*, sound-proof
звукоме́трия, *f.*, sound ranging
звуконепроница́емый, *adj.*, sound-proof
звукопрово́дность, *f.*, sound conductivity
звукоула́вливание, *n.*, sound detection, sound ranging
звукоула́вливатель, *m.*, sound detector, sound ranger
звуча́ть, *v.*, sound, resound, ring
звуча́щий, *adj.*, sounding, vibrating
зву́чность, *f.*, sonority; зву́чный, *adj.*, sonorous, resounding
зда́ние, *n.*, building, structure
здесь, *adv.*, here; здесь и там, here and there
здоро́вый, *adj.*, healthy, strong, sound
здра́вый, *adj.*, sensible; здра́вый смысл, common sense
Зе́йферт, *p.n.*, Seifert
зелёный, *adj.*, green
землеме́р, *m.*, surveyor
землеме́рный, *adj.*, geodetic
землетрясе́ние, *n.*, earthquake; оча́г землетрясе́ния, seismic center, seismic focus
земля́, *f.*, earth
земно́й, *adj.*, earth, terrestrial
зени́т, *m.*, zenith
зени́тный, *adj.*, zenith, anti-aircraft
Зе́нон, *p.n.*, Zeno
зе́ркало, *n.*, mirror
зерка́льноподо́бный, *adj.*, mirror-like
зерка́льный, *adj.*, mirror, mirror-like, specular; зерка́льное отображе́ние, mirror image; зерка́льное отраже́ние (преломле́ние), specular reflection (refraction)
зерни́стый, *adj.*, granular
зигба́нов, *adj.*, Siegbahn
Зи́гель, *p.n.*, Siegel
зигза́г, *m.*, zigzag
зигзагообра́зный, *adj.*, zigzag
зи́ждиться, *v.*, be based on, be founded on
зиккура́т, *m.*, pyramidal tower, series of terraces
зима́, *f.*, winter
зи́мний, *adj.*, winter; зи́мнее солнцестоя́ние, winter solstice
Зи́нгер, *p.n.*, Singer
змееви́дная, *f.*, serpentine, (Newton's) anguinea ($x^2y + aby - a^2x = 0$)
змееви́дный, *adj.*, coiled, wound, snakelike; змееви́дный конти́нуум, snake-like continuum; змееви́дная крива́я, snake-like curve
змееви́к, *m.*, coil
змей, *m.*, kite, snake
змея́, *f.*, snake
зна́ем (*from* знать), *v.*, we know
знак, *m.*, sign, symbol, mark, index; двои́чный знак, bit, binary digit; крите́рий зна́ков, sign test
зна́ковый, *adj.*, signed, having a sign, symbolic, sign; зна́ковое де́рево, signed tree; зна́ковая фу́нкция, signum function
знако́мить (познако́мить), *v.*, acquaint with, introduce to
знако́мство, *n.*, familiarity (with), acquaintance
знако́мый, *adj.*, familiar, known
знакоопределённость, *f.*, property of having fixed sign
знакоопределённый, *adj.*, of fixed sign; definite (positive *or* negative)
знакопереме́нный, *adj.*, with alternating signs, skew symmetric, alternating; знакопереме́нная гру́ппа, alternating group
знакоположи́тельный, *adj.*, of positive terms; знакоположи́тельный ряд, series of positive terms
знакопостоя́нный, *adj.*, of constant signs
знакосочета́ние, *n.*, string of symbols

знакочереду́ющийся, *adj.*, alternating in sign, alternating; знакочереду́ющийся ряд, alternating series

знамена́тель, *m.*, denominator, ratio; о́бщий знамена́тель, common denominator

знамена́тельный, *adj.*, significant, important

знаме́ние, *n.*, sign, token

знамени́тый, *adj.*, famous

зна́ние, *n.*, knowledge, learning

зна́тность, *f.*, eminence

зна́тный, *adj.*, distinguished, eminent, noble

знато́к, *m.*, expert, connoisseur

знать, *v.*, know

зна́чащий, *adj.*, significant; зна́чащий разря́д, *m.*, significant digit; зна́чащая ци́фра, *f.*, significant digit

значе́ние, *n.*, value (*of a function*), meaning, sense (*of a word*), significance (*of a theorem*), valuation; име́ть значе́ние, to mean; со́бственное значе́ние, eigenvalue; значе́ние игры́, value of a game

зна́чимость, *f.*, significance; value; преде́л зна́чимости, significance limit; у́ровень зна́чимости, significance level

зна́чимый, *adj.*, significant; зна́чимое отклоне́ние, significant deviation

зна́чит (*from* зна́чить), *v.*, it means, that means, that is; *particle*, so, then, hence

значи́тельно, *adv.*, considerably, significantly

значи́тельный, *adj.*, considerable, significant

зна́чить, *v.*, mean, signify, imply

зна́читься, *v.*, be, be mentioned, appear

-зна́чный, *suffix*, -valued, -digit

значо́к, *m.*, index, subscript, mark, badge

зо́лото, *n.*, gold

золото́й, *adj.*, golden, gold; золота́я середи́на, golden mean; золото́е сече́ние, golden section

Зоммерфе́льд, *p.n.*, Sommerfeld

зо́на, *f.*, zone; зо́на де́йствия, effective area

зона́льность, *f.*, zonality

зона́льный, *adj.*, zone, zonal; пове́рхностная зона́льная фу́нкция, surface zonal harmonic; теле́сная зона́льная фу́нкция, solid zonal harmonic

зонд, *m.*, probe, sound

зо́нный, *adj.*, zone, zonal

зрачо́к, *m.*, pupil (*optics*); входно́й зрачо́к, entrance pupil; выходно́й зрачо́к, exit pupil

зре́лость, *f.*, maturity, readiness, ripeness

зре́лый, *adj.*, mature, ripe

зре́ние, *n.*, sight, view; с принципиа́льной то́чки зре́ния, fundamentally; обма́н зре́ния, optical illusion; то́чка зре́ния, point of view

зреть[1] (созре́ть), *v.*, ripen, mature

зреть[2] (узре́ть), *v.*, behold, gaze

зри́тель, *m.*, spectator; *pl.*, audience

зри́тельный, *adj.*, visual, optical

зуб, *m.*, tooth

зубча́тка, *f.*, cog-wheel, rack-wheel

зубча́тый, *adj.*, toothed, serrate, cogged; зубча́тое колесо́, cog-wheel

зы́бкий, *adj.*, shaky; на зы́бкой по́чве, on shaky grounds

И и

и, *conj.*, and, and then, also; и...и, both ...and (*often used as an untranslated indication of emphasis*)

и́бо, *conj.*, because, for, since

игла́, *f.*, needle, spine

иглообра́зный, *adj.*, needle-shaped

игнори́ровать, *v.*, ignore, disregard

иго́льчатый, *adj.*, needle-shaped; spiky

иго́рный, *adj.*, gambling; иго́рный автома́т, slot machine, one-arm bandit

игра́, *f.*, play, game; тео́рия игр, game theory; ве́рхняя цена́ игры́, upper pure value of a game; игра́ друх лиц, two-person game; кооперати́вная игра́, cooperative game; игра́ с нулево́й су́ммой, zero-sum game; игра́ с ограниче́ниями, constrained game; игра́ с (усечённой) после́довательной вы́боркой, (truncated) sequential game; игра́ с фикси́рованным объёмом вы́борки, fixed sample-size game; игра́ с едини́чным испыта́нием, game with a single experiment; игра́ с по́лной информа́цией, perfect information game; игра́ с вы́пуклой фу́нкцией вы́игрыша, game with convex payoff; бескоалицио́нная игра́, noncooperative game; делова́я игра́, business game; management game; игра́ на выжива́ние, attrition game; игра́ сближе́ния, game of approach; поочередна́я игра́, alternative game; смещённая игра́, biased game; игра́ Бло́тто, Colonel Blotto game

игра́льный, *adj.*, playing, game; игра́льная кость, die

игра́ть, *v.*, play; игра́ть роль, play a part in, play the (a) role

игрово́й, *adj.*, playing, gambling; игрово́й автома́т, slot machine, one-arm bandit

игро́к, *m.*, player, gambler

идеа́л, *m.*, ideal; linear set

идеализа́тор, *m.*, idealizer

идеализи́рованный, *adj.*, idealized

идеали́зм, *m.*, idealism

идеа́льный, *adj.*, ideal, perfect; идеа́льный газ, ideal gas; идеа́льное простра́нство, ideal space, space of ideals

иде́йно, *adv.*, conceptually, in idea

идель, *m.*, idèle

идемпоте́нт, *m.*, idempotent

идемпоте́нтность, *f.*, idempotency

идемпоте́нтный, *adj.*, idempotent

идентифика́ция, *f.*, identification

идентифици́ровать, *v.*, identify

идентифици́руемость, *f.*, identifiability

идентифици́руемый, *adj.*, identifiable, identified

идентифици́рующий, *adj.*, identifying, identification; идентифици́рующее отображе́ние, identification map

иденти́чный, *adj.*, identical

идеографи́ческий, *adj.*, ideographic

идёт (*from* идти́), *v.*, (he, she, it) goes

иде́я, *f.*, idea, notion, concept

идио́ма, *f.*, idiom

идиомати́ческий, *adj.*, idiomatic

и др., *abbrev.* (и други́е), and others

идти́ (*determinate of* ходи́ть), *v.*, go

иду́т (*from* идти́), *v.*, they go

иду́щий, *adj.*, going, operating, running; иду́щий подря́д, consecutive; далеко́ иду́щий, far-reaching

Ие́нсен, *p.n.*, Jensen

иерархи́ческий, *adj.*, according to rank, hierarchical, hierarchy

иера́рхия, *f.*, hierarchy

из, *prep.*, from, out of

избавля́ть (изба́вить), *v.*, save, save from

избавля́ться (изба́виться), *v.*, be rid of, get rid of

избега́ть (избежа́ть, избе́гнуть), *v.*, avoid, evade

избежа́ние, *n.*, avoidance, evasion; во избежа́ние, in order to avoid

избежа́ть (*perf. of* избега́ть)

избира́вшийся, *adj.*, chosen, selected, elected

избира́тель, *m.*, voter

избира́тельность, *f.*, selectivity

избира́тельный, *adj.*, selective

и́збранный, *adj.*, selected, elected
избы́ток, *m.*, surplus, excess
избы́точность, *f.*, excessiveness, redundancy; по избы́точности, excessively
избы́точный, *adj.*, surplus, redundant, excessive, excess; избы́точный заря́д, excess charge, surcharge; примити́вные k-избы́точные числа́, primitive k-nondeficients; избы́точное число́, abundant number
изве́стие, *n.*, information, news
изве́стно (*from* изве́стный), *pred.*, it is known, it is well known
изве́стный, *adj.*, known, well-known, certain, familiar, famous (*often translatable by* the *or* a)
извива́ние, *n.*, winding
извива́ющийся, *adj.*, winding, twisting, crinkly
изви́листый, *adj.*, twisting, winding
извлека́ть (извле́чь), *v.*, extract; извлека́ть ко́рень, extract the root
извлече́ние, *n.*, extraction; извлече́ние ко́рня, taking the root
извлечённый, *adj.*, extracted, derived
извне́, *adv.*, from without, from the outside
извраще́ние, *n.*, distortion, misinterpretation
изги́б, *m.*, bend, curve, winding, flexion; ма́трица изги́ба, bending matrix
изгиба́ние, *n.*, bending, curving, deformation
изгиба́ть (изогну́ть), *v.*, bend
изгиба́ющий, *adj.*, bending; изгиба́ющий моме́нт, bending moment
изгота́вливать (изгото́вить), *v.*, make, manufacture
изготовле́ние, *n.*, manufacture, preparation
изда́ние, *n.*, edition, publication
изда́тельство, *n.*, publisher, publishing house
изде́лие, *n.*, product, make, article; изде́лие дли́тельного испо́льзования, durable goods
изде́ржка, *f.*, cost, expense
и́з-за, *prep.*, because of, from behind
излага́емый, *adj.*, stated, set forth
излага́ть (изложи́ть), *v.*, state, present, set forth, clarify
изли́шек, *m.*, excess, surplus
изли́шне (*from* изли́шний), *pred.*, it is unnecessary
изли́шний, *adj.*, unnecessary, superfluous, redundant
изложе́ние, *n.*, account, presentation
изло́женный, *adj.*, stated, set forth; ко́ротко изложе́нный, sketched, outlined
изложи́ть (*perf. of* излага́ть), *v.*, explain, set forth
изло́м, *m.*, break, fracture
излуча́емость, *f.*, radiativity
излуча́емый, *adj.*, emitted, radiated
излуча́тель, *m.*, emitter, radiator
излуча́тельный, *adj.*, radiant; излуча́тельная спосо́бность, radiant emittance
излуча́ть (излучи́ть), *v.*, radiate
излуча́ющий, *adj.*, radiating
излуче́ние, *n.*, radiation, emanation, beam, emission; тормозно́е излуче́ние, Bremsstrahlung
измельче́ние, *n.*, refinement; измельче́ние се́тки, mesh refinement
измене́ние, *n.*, change, variation, modification, alteration; о́бласть измене́ния, range (*of a function*); фу́нкция с ограни́ченным измене́нием, function of bounded variation; измене́ние масшта́ба, rescaling
изменённый, *adj.*, changed, altered, transformed, modified
изме́нчивость, *f.*, variability, changeability, unsteadiness, variation; коэффицие́нт изме́нчивости разма́ха, coefficient of variation of range
изменя́емость, *f.*, variability
изменя́емый, *adj.*, variable, changeable
изменя́ть (измени́ть), *v.*, change, alter
изменя́ться (измени́ться), *v.*, vary, change, be changed
измере́ние, *n.*, measurement, dimension; число́ измере́ний, dimension
изме́ренный, *adj.*, measured, dimensioned
измери́мость, *f.*, measurability

измери́мый, *adj.*, measurable;
B-измери́мый, Borel measurable, measurable (B)
измери́тель, *m.*, measuring instrument, gauge, index
измери́тельный, *adj.*, measuring, metering
измеря́ть (изме́рить), *v.*, measure
измеря́ющий, *adj.*, measuring
изнача́льный, *adj.*, initial
изно́с, *m.*, wear
изно́шенность, *f.*, deterioration, exhaustion
изнутри́, *adv.*, outwards; *prep.*, in, from within
и́зо (*see* из), *prep.*, from
изоба́ра, *f.*, isobar
изобари́ческий, *adj.*, isobaric
изоба́рный, *adj.*, isobaric
изоби́лие, *n.*, abundance, profusion
изоби́ловать, *v.*, abound
изоби́льный, *adj.*, profuse, abundant
изобража́емый, *adj.*, being represented, being depicted
изобража́ть (изобрази́ть), *v.*, represent, depict, map
изобража́ющий, *adj.*, representative
изображён (*short form of* изображённый), *adj.*, represented, depicted
изображе́ние, *n.*, representation, image, picture, transform; изображе́ние по Лапла́су, Laplace transform
изображённый, *adj.*, represented, depicted
изображи́мость, *f.*, representability
изображи́мый, *adj.*, representable; изображи́мая фу́нкция, reckonable function
изобрази́ть (*perf. of* изобража́ть), *v.*, represent
изобрета́тель, *m.*, inventor
изобрета́тельность, *f.*, ingenuity, inventiveness
изобрета́ть (изобрести́), *v.*, invent, devise
изобрете́ние, *n.*, invention
изобретённый, *adj.*, invented, developed
изоге́ния, *f.*, isogeny
изоге́нный, *adj.*, isogenous, of the same origin
изо́гнутость, *f.*, state of being curved, curvature
изо́гнутый, *adj.*, bent, curved
изогну́ть (*perf. of* изгиба́ть), *v.*, bend
изогона́льный, *adj.*, isogonal
изогони́ческий, *adj.*, isogonal
изокли́на, *f.*, isocline
изоклина́льный, *adj.*, isocline
изоли́рованный, *adj.*, isolated; изоли́рованная подгру́ппа, isolated subgroup, pure subgroup, serving subgroup
изоли́ровать, *v.*, isolate, insulate
изоли́руемый, *adj.*, capable of being isolated, isolable
изо́ль, *m.*, isol
изоля́тор, *m.*, insulator, isolator; root-closure (*semigroups*)
изоля́ция, *f.*, isolation, insulation
изоме́р, *m.*, isomer
изоме́рный, *adj.*, isomeric
изометри́чески, *adv.*, isometrically
изометри́ческий, *adj.*, isometric
изометри́чный, *adj.*, isometric
изометри́я, *f.*, isometry
изоморфи́зм, *m.*, isomorphism
изомо́рфно, *adv.*, isomorphically
изомо́рфный, *adj.*, isomorphic
изопараметри́ческий, *adj.*, isoparametric
изопериметри́я, *f.*, isoperimetry
изопле́та, *f.*, isopleth, contour line, level curve
изостро́фия, *f.*, isostrophy
изостро́фный, *adj.*, isostrophic
изоте́рма, *f.*, isotherm
изотерми́чески-асимптоти́ческий, *adj.*, isothermally asymptotic
изотерми́ческий, *adj.*, isothermal
изотерми́чно-реализу́емый, *adj.*, isothermally realizable
изотерми́чный, *adj.*, isothermal
изото́нный, *adj.*, isotone, isotonic
изото́п, *m.*, isotope
изотопи́ческий, *adj.*, isotopic, isotopy
изотопи́я, *f.*, isotopy
изотропи́ческий, *adj.*, isotropic
изотропи́я, *f.*, isotropy
изотро́пность, *f.*, isotropy

изотро́пный, *adj.*, isotropic; изотро́пный ве́ктор, null vector
изохори́ческий, *adj.*, of constant volume
изохро́нность, *f.*, isochronism
изощрённый, *adj.*, refined, subtle
изоэнергети́ческий, *adj.*, of equal energy, isoenergetic
из-под, *prep.*, from under, from near, for (*the purpose of*)
израсхо́дованный, *adj.*, spent, used
израсхо́довать, *v.*, spend, use up
и́зредка, *adv.*, occasionally
изуча́ть, *v.*, study
изуча́ющий, *m.*, investigator; *adj.*, studying, investigating
изуче́ние, *n.*, study
изу́ченный, *adj.*, studied, investigated
изъя́тие, *n.*, exception, removal, exclusion, elimination; без изъя́тия, without exception; изъя́тие капита́ла (из вкла́дов), disinvestment of capital
изъя́тый, *adj.*, excepted, omitted
изъя́ть (*perf. of* изыма́ть), *v.*
изыма́ть (изъя́ть), *v.*, remove, exclude, except, withdraw
изэнтропи́ческий, *adj.*, of equal entropy, isentropic, iso-entropic
изэнтропи́я, *f.*, isentropy, iso-entropy
изя́щество, *n.*, refinement, elegance
изя́щный, *adj.*, refined, elegant
икоса́эдр, *m.*, icosahedron; гру́ппа икоса́эдра, icosahedral group
икс-лучи́, *pl.*, X-rays
и́ли, *conj.*, or; и́ли... и́ли, either... or; схе́ма «и́ли», "or"-circuit
иллю́зия, *f.*, illusion
иллюмина́тор, *m.*, illuminator, side-light
иллюмина́ция, *f.*, ilumination
иллюмини́рованный, *adj.*, illuminated
иллюмини́ровать, *v.*, illuminate
иллюстрати́вный, *adj.*, illustrative
иллюстра́ция, *f.*, illustration
иллюстри́рованный, *adj.*, illustrated
иллюстри́ровать, *v.*, illustrate
иллюстри́рующий, *adj.*, illustrating
им (*see* он, они́), *pron.*, (by) him, (by) it, (to) them
им., *abbrev.* (и́мени), named for
име́вшийся, *adj.*, possessed, (which was) had
име́ем (*from* име́ть), *v.*, we have
и́мени (*from* и́мя), named for, in the name of
и́менно, *adv.*, namely, to wit, precisely, expressly, just, specifically, to be exact, that is to say; и́менно тако́й, precisely this
имenно́й, *adj.*, nominal, noun; именна́я констру́кция, noun phrase; именно́е указа́тель, index of names
имено́ванный, *adj.*, concrete, definite; имено́ванной число́, concrete number
именова́ть, *v.*, name, denote
имену́емый, *adj.*, called, named
име́ть, *v.*, have; име́ть де́ло, deal (with), have to do (with); име́ть значе́ние, mean, have meaning, be important; име́ть ме́сто, occur, take place, hold, be valid; име́ть си́лу, be valid; име́ть в виду́, keep in mind, bear in mind
име́ться, *v.*, be, exist, have
име́ющий, *adj.*, having; име́ющий си́лу, valid, legitimate
име́ющийся, *adj.*, available, existing
име́я (*from* име́ть), *adv.*, having, if we have; име́я в ви́ду, keeping in mind, bearing in mind; име́я де́ло (с), dealing (with), in connection (with)
и́ми (*see* они́), (by) them
имитацио́нный, *adj.*, imitative
имита́ция, *f.*, imitation, simulation, clone, look-alike (*computing*)
имити́ровать, *v.*, imitate
имити́рующий, *adj.*, imitating
иммерсио́нный, *adj.*, immersion
имме́рсия, *f.*, immersion
иммуните́т, *m.*, immunity
иммо́нный, *adj.*, immune
импеда́нс, *m.*, impedance
импеда́нсный, *adj.*, impedance
импликати́вный, *adj.*, implicative
имплика́ция, *f.*, implication
импорта́ция, *f.*, importation
импредика́бельность, *f.*, impredicativity, impredicability
импредика́бельный, *adj.*, impredicable, impredicative

импримити́вность, *f.*, imprimitivity
импримити́вный, *adj.*, imprimitive
и́мпульс, *m.*, impulse, pulse, linear momentum, momentum; заде́ржка и́мпульса на оди́н гла́вный и́мпульс, one-pulse time delay; о́стрый (у́зкий) и́мпульс, spike pulse; частота́-сле́дования и́мпульсов, pulse repetition; гру́ппа и́мпульсов, word; и́мпульс сложе́ния, add pulse; и́мпульс перено́са, carry pulse; и́мпульс су́ммы, sum pulse; моме́нт и́мпульса, moment; angular momentum
и́мпульсный, *adj.*, impulse, impact, pulse, momentum; и́мпульсная перехо́дная фу́нкция, unit impulse response; и́мпульсная систе́ма, sampled-data system; и́мпульсное простра́нство, momentum space
иму́щество, *n.*, property
и́мя, *n.*, name, noun
ина́че, *adv.*, otherwise, or else, differently; ина́че говоря́, in other words; так и́ли ина́че, in either case; one way or another
инвариа́нт, *m.*, invariant
инвариа́нтность, *f.*, invariance
инвариа́нтный, *adj.*, invariant, stable; инвариа́нтный относи́тельно сдви́гов, translation-invariant
инвента́рный, *adj.*, inventory
инверсио́нный, *adj.*, inversion; инверсио́нное удвое́ние, inversion doubling; инверсио́нный спектр, inversion spectrum
инве́рсия, *f.*, inversion, inverting, reversal
инве́рсно, *adv.*, inversely
инве́рсный, *adj.*, inverse
инверти́ровать, *v.*, invert
инверти́рующий, *adj.*, inverting; инверти́рующая схе́ма, inverter circuit
инве́рторный, *adj.*, inverter, inverting; инве́рторная схе́ма, inverter circuit
инвести́рование, *n.*, investment
инвести́ровать, *v.*, invest
инволю́та, *f.*, involute
инволюти́вный, *adj.*, involute, involutory, involution
инволю́торный, *adj.*, involutory, involution
инволюцио́нный, *adj.*, involutory, involution
инволю́ция, *f.*, involution
ингиби́тор, *m.*, inhibitor
и́ндекс, *m.*, index, subscript; ве́рхний и́ндекс, superscript; ни́жний и́ндекс, subscript; и́ндекс неожида́нности, surprise index
индексиа́л, *m.*, indexial
индекси́ровать, *v.*, index
индекси́рующий, *adj.*, indexing; индекси́рующее мно́жество, indexing set
и́ндекс-нуль, *m.*, index zero
и́ндексный, *adj.*, index
индефини́тный, *adj.*, indefinite
индиви́д, *m.*, individual
индивидуа́льный, *adj.*, individual, specific
индиви́дуум, *m.*, individual
индика́тор, *m.*, indicator, marker, indicator function; индика́тор ро́ста, indicator function
индика́торный, *adj.*, indicator, indicated; индика́торное показа́ние, indicator reading
индикатри́са, *f.*, indicatrix, index; индикатри́са рассе́яния, dispersion index
индукти́вно, *adv.*, inductively
индукти́вность, *f.*, inductance
индукти́вный, *adj.*, inductive; индукти́вный преде́л, inductive limit, direct limit
индукцио́нный, *adj.*, inductive, induction
инду́кция, *f.*, induction, displacement; ве́ктор электри́ческой инду́кции, electric displacement vector; ве́ктор магни́тной инду́кции, magnetic displacement vector; инду́кция по n, induction on n
индуци́рованный, *adj.*, induced, produced; индуци́рованное расслое́ние, induced bundle
индуци́ровать, *v.*, induce
индуци́руемый, *adj.*, inducible, induced
ине́ртность, *f.*, inertness, sluggishness, inertia
ине́ртный, *adj.*, inert, inactive
инерциа́льный, *adj.*, inertial; инерциа́льная систе́ма отсчёта,

инерциáльная систéма координáт, inertial system
инéрция, *f.*, inertia, momentum; рáдиус инéрции, radius of gyration
инжектúрованный, *adj.*, injected
инжектúровать, *v.*, inject
инжéктор, *m.*, injector
инжектóрный, *adj.*, injector
инжéкция, *f.*, injection; инжéкция частúц, particle injection
инженéр, *m.*, engineer
инженéрный, *adj.*, engineering
инициáльный, *adj.*, initial; инициáльный объéкт, initial object
инициáтор, *m.*, initiator, pioneer
инкремéнт, *m.*, increment
инкубациóнный, *adj.*, incubation
иновúдный, *adj.*, of different form
иногдá, *adv.*, sometimes
инóй, *adj.*, different, other; инúе результáты, different results (*different from something specific*; *otherwise*) various results
инорóдность, *f.*, heterogeneity, impurity
инострáнный, *adj.*, foreign
инспéктор, *m.*, inspector
инспéкция, *f.*, inspection; план непрерúвной инспéкции, continuous inspection plan
инститýт, *m.*, institute
инстрýкция, *f.*, instruction, control
инструмéнт, *m.*, instrument, tool
ин-та, *abbrev.* (инститýта), institute
интегрáл, *m.*, integral; интегрáл свёртки, convolution, convolution integral, Faltung; интегрáл Пуассóна, Poisson integral; интегрáл по траектóриям, functional integral, path integral
интегрáльный, *adj.*, integral; интегрáльная схéма, chip (*computing*)
интегрáнт, *m.*, Lagrangian
интегрáция, *f.*, integration
интегрúрование, *m.*, integration; интегрúрование по частя́м, integration by parts
интегрúрованный, *adj.*, integrated
интегрúровать, *v.*, integrate
интегрúруемость, *f.*, integrability, summability
интегрúруемый, *adj.*, integrable; интегрúруемый с квадрáтом, square integrable
интегрúрующий, *adj.*, integrating; интегрúрующее звенó, integrating factor; интегрúрующий мнóжитель, integrating factor; интегрúрующее устрóйство, integrator
интегрúруя, *adv.*, integrating, if we integrate
интéгро-дифференциáльный, *adj.*, integro-differential
интегростепеннóй, *adj.*, integral-power
интеллéкт, *m.*, intellect
интеллектуáльность, *f.*, intellectuality
интеллектуáльный, *adj.*, intellectual
интенсúвность, *f.*, intensity; интенсúвность откáзов, rate of failure
интенсионáльный, *adj.*, intensional (*logic*)
интéнция, *f.*, intension (*logic*)
интерактúвный, *adj.*, interactive
интервáл, *m.*, interval, space; с интервáлами, at intervals
интерéс, *m.*, interest, profit
интерéсный, *adj.*, interesting
интересовáть, *v.*, interest, attract
интерквáртильный, *adj.*, interquartile; интерквáртильная широтá, interquartile range
интеркомбинациóнный, *adj.*, intercombinative, intercombinatory
интеркомбинáция, *f.*, intercombination
интерлинáция, *f.*, interlineation
интерлокациóнный, *adj.*, collocation
интерполúрование, *m.*, interpolation
интерполúрованный, *adj.*, interpolated
интерполúровать, *v.*, interpolate
интерполúрующий, *adj.*, interpolating
интерполя́нт, *m.*, interpolant
интерполяциóнный, *adj.*, interpolational, interpolated
интерполя́ция, *f.*, interpolation
интерпретáция, *f.*, interpretation
интерпретúровать, *v.*, interpret
интерпретúруемость, *f.*, interpretability
интерфéйс, *m.*, interface
интерференциóнный, *adj.*, interference; интерференциóнная полосá, fringe

интерфере́нция, *f.*, interference
интерфери́ровать, *v.*, interfere
интерферо́метр, *m.*, interferometer
интранзити́вный, *adj.*, intransitive
интуити́вно, *adv.*, intuitively
интуити́вный, *adj.*, intuitive
интуициони́зм, *m.*, intuitionism
интуиционисти́ческий, *adj.*, intuitionistic
интуи́ция, *f.*, intuition
инфекцио́нный, *adj.*, contagious, infectious
инфи́мум, *n.*, infimum
инфинитезима́льно, *adv.*, infinitesimally
инфинитезима́льно-изотопи́ческий, *adj.*, infinitesimally isotopic
инфинитезима́льный, *adj.*, infinitesimal
инфлекцио́нный, *adj.*, inflectional
инфля́ция, *f.*, inflation
информати́вный, *adj.*, informative
информа́тика, *f.*, computer science, information science, documentation science
информацио́нный, *adj.*, informational, information
информа́ция, *f.*, information; тео́рия информа́ции, information theory; кана́л информа́ции, trunk, information channel; блок информа́ции, message
информи́рованный, *adj.*, informed
информи́ровать, *v.*, inform
инфракра́сный, *adj.*, infra-red
инфрамногочле́н, *m.*, infrapolynomial
инциде́нтность, *f.*, incidence; ма́трица инциде́нтности, incidence matrix, adjacency matrix
инциде́нтный, *adj.*, incident, incidental, incidence
инъекти́вный, *adj.*, injective; инъекти́вный себе́, self-injective
инъе́кция, *f.*, injection
ины́м (*from* ино́й), by other; ины́м путём, by other means; ины́ми слова́ми, in other words
ио́н, *m.*, ion
ионизацио́нный, *adj.*, ionization, ionized
иониза́ция, *f.*, ionization
ионизи́рованный, *adj.*, ionized
ионизи́ровать, *v.*, ionize
ионизо́ванный, *adj.*, ionized
ио́нный, *adj.*, ionic; ио́нная решётка, ionic lattice
ионосфе́ра, *f.*, ionosphere
Иоси́да, *p.n.*, Yosida
и́рис, *m.*, iris
и́рисовый, *adj.*, iris
иррациона́льность, *f.*, irrationality
иррациона́льный, *adj.*, irrational
иррегуля́рность, *f.*, irregularity
иррегуля́рный, *adj.*, irregular
иррефлекси́вность, *f.*, irreflexiveness, irreflexivity
иррефлекси́вный, *adj.*, irreflexive
искажа́емость, *f.*, distortability, distortion
искажа́ть (искази́ть), *v.*, distort, alter
искаже́ние, *n.*, distortion
искажённость, *f.*, distortion
искажённый, *adj.*, distorted
иска́тель, *m.*, researcher, searcher
иска́ть, *v.*, seek, look for
исключа́ть (исключи́ть), *v.*, exclude, except, eliminate
исключа́ющий, *adj.*, excluding, eliminating, exclusive; исключа́ющий друг дру́га, mutually exclusive
исключа́я, *prep.*, except, excepting; не исключа́я, not excepting; исключа́я слу́чай, когда́..., except when...; *adv.*, excluding, eliminating, excepting, if we eliminate, if we exclude
исключе́ние, *n.*, exclusion, exception, elimination, rejection (*statistics*); ме́тод упоря́доченного исключе́ния, ordered elimination method; за исключе́нием, with the exception of; исключе́ние из пра́вил, exception to the rules
исключённый, *adj.*, excluded, exceptional; пра́вило (*or* зако́н) исключённого тре́тьего, law of the excluded middle
исключи́тельно, *adv.*, exceptionally, exclusively, solely, only
исключи́тельный, *adj.*, exceptional, unusual, exclusive; исключи́тельная а́лгебра Ли, exceptional Lie algebra
исключи́ть (*perf. of* исключа́ть), *v.*, exclude, eliminate
иско́мое, *n.*, unknown, unknown quantity, desired quantity

иско́мый, *adj.*, desired, sought for, required
и́скра, *f.*, spark
и́скренность, *f.*, candor, sincerity
искривле́ние, *n.*, twist, bend, deformation, distortion
искривлённый, *adj.*, curved, twisted, distorted, warped
искривля́ть (искриви́ть), *v.*, bend, twist, distort, warp
искрово́й, *adj.*, spark; искрово́й спектр, spark spectrum
иску́сник, *m.*, expert
иску́сный, *adj.*, expert, skilful, clever
иску́сственно, *adv.*, artificially, synthetically
иску́сственность, *f.*, artificiality
иску́сственный, *adj.*, artificial
искушённый, *adj.*, experienced
испаре́ние, *n.*, evaporation, vaporization; *pl.*, fumes
испаря́ть (испари́ть), *v.*, evaporate, vaporize
исполне́ние, *n.*, fulfilment, execution, performance
исполни́тельный, *adj.*, control, executive; исполни́тельный механи́зм на самолёте, automatic pilot
исполня́ть (исполни́ть), *v.*, execute, fulfil
испо́льзовав, *adv.*, having used, having applied
испо́льзование, *n.*, use, utilization, employment; повто́рное испо́льзование, reuse, reusing
испо́льзованный, *adj.*, used, utilized
испо́льзовать, *v.*, make use of, exploit, utilize
испо́льзуемый, *adj.*, used, being used, utilized
испо́льзуя, *adv.*, using, if we use
исправле́ние, *n.*, correction, improvement, revision; код с исправле́нием оши́бок, error-correcting code
испра́вленный, *adj.*, revised, corrected
исправля́ть (испра́вить), *v.*, correct, revise, repair
испуска́емый, *adj.*, emitted
испуска́ние, *n.*, emission, radiation, ejection
испуска́ть (испусти́ть), *v.*, emit
испу́щенный, *adj.*, emitted
испыта́ние, *n.*, trial, test, experiment; испыта́ние на нагре́в, heat test, heat run; испыта́ние в рабо́чих усло́виях, performance test; испыта́ние долгове́чности, life test, longevity test; нату́рное испыта́ние, field test
испыта́тель, *m.*, tester
испыта́тельный, *adj.*, test, trial, experimental, testing; испыта́тельный прибо́р, testing device
испыту́ющий, *adj.*, testing, test; испыту́ющая фу́нкция, test function
испы́тываемый, *adj.*, experimental, tested
испы́тывать (испыта́ть), *v.*, undergo, experience, test
иссече́ние, *n.*, coretraction, section, left semi-isomorphism
иссле́дование, *n.*, investigation, research, analysis, discussion, tracing; иссле́дование опера́ций, operations research
иссле́дованный, *adj.*, investigated, explored, examined, traced
иссле́дователь, *m.*, investigator, researcher
иссле́довательский, *adj.*, research, exploratory
иссле́довать, *v.*, investigate, analyze, trace
иссле́дуемый, *adj.*, being investigated
истека́ть (исте́чь), *v.*, flow out, run out, elapse, expire
истече́ние, *n.*, outflow, discharge, expiration
исте́чь (*perf. of* истека́ть)
и́стина, *f.*, truth
и́стинностный, *adj.*, true, truth; и́стинностная фу́нкция, truth function
и́стинность, *f.*, truth; табли́ца и́стинности, truth table; значе́ние и́стинности, truth value
и́стинный, *adj.*, true, correct, proper, faithful; и́стинное подмно́жество, proper subset; рабо́та в и́стинном масшта́бе вре́мени, real-time operation; и́стинный масшта́б вре́мени, real-time
исто́к, *m.*, source
исто́кообразно, *adv.*, according to source, sourcewise; исто́кообразно

представленная фу́нкция, sourcewise represented function
истолкова́ние, *n.*, interpretation
истолкова́тель, *m.*, interpreter, commentator
истолко́вывать (истолкова́ть), *v.*, interpret, construe
истончи́ться, *v.*, thin out
истопни́к, *m.*, stoker
истори́ческий, *adj.*, historical, historic
исто́рия, *f.*, history
исто́чник, *m.*, source, origin; фу́нкция исто́чника, source function; исто́чник пита́ния, supply
истоща́ть (истощи́ть), *v.*, exhaust, drain
истоще́ние, *n.*, exhaustion
истощи́мый, *adj.*, exhaustible
истра́чивать (истра́тить), *v.*, spend, use
исхо́д, *m.*, outcome, result (*game theory, probability*); полустепе́нь исхо́да, outdegree (*graph theory*)
исхо́дим (*from* исходи́ть), *v.*, we start from
исходи́ть, *v.*, come from, start from, emanate
исхо́дный, *adj.*, initial, original, primitive, input, parent, assumed; возвраща́ть в исхо́дное положе́ние, reset; исхо́дный докуме́нт, source document; исхо́дное уравне́ние, input equation; исхо́дные да́нные, input data; исхо́дная фо́рмула, assumption formula
исходя́, *adv.*, starting from, beginning with
исчеза́ть (изче́знуть), *v.*, disappear, vanish
исчеза́ющий, *adj.*, vanishing, disappearing; (*of a sequence*) tending to zero; null
исчезнове́ние, *n.*, vanishing, disappearance
исче́рпаемый, *adj.*, exhaustible
исчерпа́ние, *n.*, exhaustion
исче́рпанный, *adj.*, exhausted, settled
исче́рпывание, *n.*, exhaustion, deflation; проце́сс исче́рпывания, exhaustion process
исче́рпывать (исче́рпать), *v.*, exhaust, drain, settle
исче́рпываться (исче́рпаться), *v.*, become exhausted
исче́рпывающий, *adj.*, exhausting, exhaustive
исчисле́ние, *n.*, calculus, computation; исчисле́ние выска́зываний, propositional calculus; исчисле́ние предика́тов, predicate calculus; исчисле́ние одноме́стных предика́тов, one-place predicate calculus; исчисле́ние зада́ч, problem calculus; чи́стое исчисле́ние предика́тов, pure predicate calculus; у́зкое исчисле́ние предика́тов, restricted predicate calculus
исчисли́мый, *adj.*, calculable, countable
исчисли́тельный, *adj.*, enumerative; исчисли́тельная геоме́трия, enumerative geometry
исчисля́ть (исчи́слить), *v.*, calculate
ита́к, *conj.*, thus, so
и т. д., *abbrev.* (и так да́лее), and so on, etc.
итерати́вный, *adj.*, iterated, repeated, iterative
итерацио́нный, *adj.*, iterated, repeated, iterative; итерацио́нный цикл, iterative loop
итера́ция, *f.*, iteration, iterate; цикл итера́ции, iterative loop
итери́рованный, *adj.*, iterated
итери́ровать, *v.*, iterate, repeat
ито́г, *m.*, sum, total, result; в коне́чном ито́ге, as the final result, ultimately; отрица́тельный ито́г, negative balance; подведе́ние ито́га, tally
итого́, *adv.*, in all, altogether
ито́говый, *adj.*, concluding, summarizing, total, final
и т. п., *abbrev.* (и тому́ подо́бное), and so on, etc., and the like
их, *pron.* (*from* они́), their, them
и́щем, и́щет (*from* иска́ть), *v.*, we seek, he seeks
и́щется (*from* иска́ть), *v.*, is sought
и́щущий, *adj.*, seeking

Й й

Йетс, *p.n.*, Yates
Йорда́н, *p.n.*, Jordan (*German*)
йорда́нов (*see* жорда́нов), *adj.*, Jordan

К к

к, *prep.*, to, towards, at, on
ка́бель, *m.*, cable
каби́на, *f.*, cabin, booth
Кавалье́ри, *p.n.*, Cavalieri
каве́рна, *f.*, cavity
кавитацио́нный, *adj.*, cavity, cavitational
кавита́ция, *f.*, cavitation
кавы́чки, *pl.*, quotation marks
ка́ждый, *adj.*, every, each
ка́жется (*from* каза́ться), *v.*, it seems
ка́жущееся, *adj.*, seeming, apparent; ка́жущееся противоре́чие, illusory contradiction
каза́ться (показа́ться), *v.*, seem, appear
ка́йзер, *m.*, kayser (*unit of wave number,* cm^{-1})
каймá, *f.*, border, edge
как, *adv.*, how, what, like; *conj.*, as; как раз, just, exactly; как..., так и, both... and; как то́лько, as soon as; как бы, as if, as it were; seeming to; sort of; как бы то ни бы́ло, however that may be, be that as it may; как бу́дто (бы), as if, as though; ка́к бы не, what if, supposing that; ка́к бы не та́к, improbably, of course not; как (бы) ни́, however, in whatever way, as much as; ка́к же, no doubt, of course; как когда́, if so, it depends; как ра́з, just, exactly; как уже я́сно, as is already clear; как и, just as; как ни, however; no matter how
как-ли́бо, *adv.*, somehow
как-нибу́дь, *adv.*, somehow, anyhow
как-ника́к, *adv.*, after all
како́в, *pron.*, what kind, what; како́во бы ни, whatever
како́й, *pron.*, what, what kind, which
како́й-либо; како́й-нибу́дь; како́й-то, *pron.*, some, some kind of, arbitrary, any
кактóид, *m.*, cactoid
ка́ктус, *m.*, cactus (*graph theory*)
календа́рный, *adj.*, scheduling, calendar
кале́ние, *n.*, incandescence
кали́бр, *m.*, gauge, calibre
калиброва́ние, *n.*, calibration
калиброва́ть, *v.*, calibrate
калибро́вка, *f.*, calibration, graduation, graduating
калибро́вочно-инвариа́нтный, *adj.*, gauge-invariant
калибро́вочный, *adj.*, caliber, gauge; калибро́вочное преобразова́ние, gauge transformation
кали́льный, *adj.*, heat, incandescent
калориметри́ческий, *adj.*, calorimetric
кало́рия, *f.*, calorie
Кальдеро́н, *p.n.*, Calderón
ка́менный, *adj.*, immovable, hard, stony, lifeless, stone
ка́мера, *f.*, chamber, camera
камерто́н, *m.*, tuning fork
камуфле́тный, *adj.*, camouflage
кана́вка, *f.*, groove, slot
кана́л, *m.*, canal, channel, conduit, duct; кана́л информа́ции, trunk, information channel; пове́рхность кана́ла, canal surface
кана́ловый, *adj.*, canal, channel; кана́ловая пове́рхность, canal surface
кана́т, *m.*, rope, cable
кандида́т, *m.*, kandidat (*academic degree*), candidate
кандида́тский, *adj.*, kandidat
канони́ческий, *adj.*, canonical, classical, accepted; канони́ческий ба́зис, canonical basis; канони́ческий вид, canonical form
Канте́лли, *p.n.*, Cantelli
Ка́нтор, *p.n.*, Cantor
ка́нторов, ка́нторовский, *adj.*, Cantor; ка́нторовское соверше́нное мно́жество, Cantor discontinuum
канцеля́рский, *adj.*, office, clerical
капилля́р, *m.*, capillary
капилля́рный, *adj.*, capillary
капита́л, *m.*, capital
капиталовложе́ние, *n.*, investment, capital investment
капиталоёмкий, *adj.*, capital-intensive
капита́льный, *adj.*, general, capital, fundamental, substantial

ка́пля, *f.*, drop; вес ка́пли, drop weight; вися́чая ка́пля, hanging drop; жи́дкая ка́пля, drop of liquid
Каратеодо́ри, *p.n.*, Carathéodory
карби́д, *m.*, carbide
карда́нов, *adj.*, Cardano
кардина́льность, *f.*, cardinality, cardinal property
кардина́льный, *adj.*, cardinal, principal; кардина́льное число́, cardinal number
кардиогра́мма, *f.*, cardiogram
кардио́ида, *f.*, cardioid
каре́тка, *f.*, carriage, frame
карка́с, *m.*, frame, framework, skeleton; spanning tree (*graph theory*)
Ка́рлеман, *p.n.*, Carleman
Ка́рлесон, *p.n.*, Carleson
ка́рлик, *m.*, dwarf (star)
карма́нный, *adj.*, pocket
Карно́, *p.n.*, Carnot
Ка́рри, *p.n.*, Curry
ка́рта, *f.*, map, chart, card; коло́да карт, pack of playing cards
Карта́н, *p.n.*, Cartan
картезиа́нский, *adj.*, Cartesian
карти́на, *f.*, picture, situation, portrait; phase portrait
карто́граф, *m.*, cartographer
картографи́ческий, *adj.*, cartographical
карто́н, *m.*, cardboard, carton
картоте́ка, *f.*, card-file, file
ка́рточный, *adj.*, card; ка́рточная игра́, card game
каса́ние, *n.*, contact, tangency; то́чка каса́ния, point of contact, point of tangency
каса́тельная, *f.*, tangent
каса́тельно, *prep.*, touching, concerning; *adv.*, tangentially
каса́тельный, *adj.*, tangent, tangential
каса́ться (косну́ться), *v.*, touch, be tangent, concern; что каса́ется, concerning, as to, relating to
каса́ющийся, *adj.*, tangent, touching (upon), concerning
каска́д, *m.*, cascade, waterfall
каска́дный, *adj.*, cascade, step-by-step; каска́дный перено́с, step-by-step carry; каска́дная тео́рия ли́вней, shower theory; каска́дный код, concatenated code
касп, *m.*, cusp
кассиниа́на, *f.*, Cassini curve
катализа́тор, *m.*, catalyst
ката́ние, *n.*, rolling
катара́кта, *f.*, cataract
катастро́фа, *f.*, catastrophe, disaster
ката́ть (кати́ть), *v.*, roll, drive, wheel (*something*)
категори́ческий, *adj.*, categorical
категори́чность, *f.*, categoriality (*logic*), categoricity, category
категори́чный, *adj.*, categorical
катего́рия, *f.*, category, class
катено́ид, *m.*, catenoid, catenary surface
ка́тет, *m.*, leg (*of a right triangle*)
катио́н, *m.*, cation
кати́ть (*perf. of* ката́ть), *v.*
кати́ться, *v.*, roll (*progress by rotating*)
като́д, *m.*, cathode
като́дный, *adj.*, cathode; като́дный осцилло́граф, oscilloscope
кату́шка, *f.*, spool, coil, reel; индукцио́нная кату́шка, induction coil
катя́щийся, *adj.*, rolling, roll
ка́устика, *f*, caustic, focal curve
каусти́ческий, *adj.*, caustic; каусти́ческая ли́ния, caustic, focal curve
ка́федра, *f.*, chair (*professorial*)
Каха́н, *p.n.*, Kahane
Кац, *p.n.*, Kac, Katz
кача́ние, *n.*, oscillation, vibration, swinging; центр кача́ний, center of oscillation; кача́ние регуля́тора, hunting of a controller
кача́тельный, *adj.*, vibrating, oscillatory
кача́ть (качну́ть), *v.*, roll, swing, pitch, rock, shake, wobble
кача́ться, *v.*, oscillate, swing, rock
каче́ние, *n.*, rolling (*motion*); тре́ние каче́ния, rolling friction
ка́чественный, *adj.*, qualitative, quality
ка́чество, *n.*, quality, property; контро́ль ка́чества, quality control; в ка́честве, in the capacity of, as; крите́рий ка́чества, performance criterion
ка́чка, *f.*, rolling, swinging, pitching
Ка́чмаж, *p.n.*, Kaczmarz
Квад, *p.n.*, Quade

квадра́нт, *m.*, quadrant
квадра́нтный, *adj.*, quadrant
квадра́т, *m.*, square; в квадра́те, squared; по́лный квадра́т, perfect square
квадра́тик, *m.*, small square
квадрати́чески, *adv.*, quadratically, to the second power
квадрати́ческий, *adj.*, quadratic; квадрати́ческое отклоне́ние, standard deviation; квадрати́ческое уклоне́ние, second order deviation
квадрати́чно, *adv.*, quadratically, second-degree; квадрати́чно-интегри́руемый, square-integrable
квадрати́чный, *adj.*, square, quadratic, square-law; квадрати́чный вы́чет, quadratic residue; широкополо́сный квадрати́чный усили́тель, wide-band square-law amplifier; квадрати́чная оши́бка, squared error
квадра́тный, *adj.*, square, quadratic; квадра́тный ко́рень, square root; квадра́тный метр, square meter; квадра́тное уравне́ние, quadratic equation; квадра́тные ско́бки, square brackets, braces
квадра́тор, *m.*, squarer, square-law function generator
квадратри́са, *f.*, quadratrix
квадрату́ра, *f.*, quadrature, squaring; квадрату́ра кру́га, squaring the circle
квадрату́рный, *adj.*, quadrature
ква́дрика, *f.*, quadric
квадрилья́ж, *m.*, covering by squares, division into squares
квадри́руемость, *f.*, squarability, rectifiability
квадри́руемый, *adj.*, squarable; rectifiable; квадри́руемая пове́рхность, rectifiable surface, squarable surface
квадрупо́ль, *m.*, quadrupole
квадрупо́льный, *adj.*, quadrupole
ква́зи-, *prefix*, quasi-
квазиалгебраи́ческий, *adj.*, quasialgebraic
квазиалгебро́идный, *adj.*, quasialgebroidal
квазианалити́ческий, *adj.*, quasianalytic, pseudoanalytic
квазианалити́чность, *f.*, quasianalyticity, pseudoanalyticity
квазиасимптоти́ческий, *adj.*, quasiasymptotic, semiasymptotic
квазивну́тренний, *adj.*, quasi-interior
квазиво́гнутый, *adj.*, quasiconcave
квазивы́пуклый, *adj.*, quasiconvex
квазигё́льдеровость, *f.*, quasi-Hölder property
ква́зи-геодези́ческая, *f.*, quasigeodesic
ква́зи-геодези́ческий, *adj.*, quasigeodesic, quasigeodetic
квазигеострофи́ческий, *adj.*, quasigeostrophic
квазигомеомо́рфный, *adj.*, quasihomeomorphic
квазигру́ппа, *f.*, quasigroup
квазидели́тель, *m.*, quasidivisor
квазидецима́л, *m.*, quasidecimal
квазидиагона́льный, *adj.*, quasidiagonal
квазидифференциа́льный, *adj.*, quasidifferential
квазидополне́ние, *n.*, quasicomplement; структу́ра с обобщённым квазидополне́нием, quasicomplemented lattice
квазиедини́чный, *adj.*, quasiunitary
квазиза́мкнутый, *adj.*, semiclosed, quasiclosed
квазиидемпоте́нтность, *f.*, quasiidempotency
квазиидемпоте́нтный, *adj.*, quasiidempotent
квазикватернио́нный, *adj.*, quasiquaternionic
квазиклассы́ческий, *adj.*, semiclassical
квазикольцо́, *n.*, semiring, quasiring
квазикомпа́ктный, *adj.*, quasicompact
квазикомпле́ксность, *f.*, quasicomplexity, quasicomplex
квазикомпле́ксный, *adj.*, quasicomplex
квазикомпоне́нт, *m.*, quasicomponent
квазикомпоне́нта, *f.*, quasicomponent
квазиконфо́рмность, *f.*, quasiconformality
квазиконфо́рмный, *adj.*, quasiconformal; квазиконфо́рмное отображе́ние, quasiconformal mapping
квазикоордина́та, *f.*, quasicoordinate

квазикра́тный, *adj.*, quasifactor, quasimultiple
квазилимити́рующий, *adj.*, quasilimiting, weakly limiting
квазилине́йный, *adj.*, quasilinear
квазима́тричный, *adj.*, quasimatrix
квазиметри́ческий, *adj.*, quasimetric
ква́зимногообра́зие, *n.*, quasivariety
квазимо́да, *f*, quasimode
квазимономи́альный, *adj.*, quasimonomial
квазимоното́нный, *adj.*, semimonotonic, quasimonotone
квазимонохромати́чность, *f.*, semimonochromaticity, quasimonochromaticity
квазинезави́симый, *adj.*, quasi-independent
квазинепреры́вный, *adj.*, quasicontinuous, semicontinuous
квазинеразло́жимый, *adj.*, quasi-indecomposable
квазинильгру́ппа, *f.*, quasinilgroup
квазино́рма, *f*, pre-norm
квазинорма́льность, *f.*, quasinormality, weak normality
квазинорма́льный, *adj.*, quasinormal, weakly normal
квазиобра́тный, *adj.*, quasi-inverse
квазиограни́ченный, *adj.*, quasibounded, weakly bounded
квазиоднoро́дный, *adj.*, quasihomogeneous
квазиопера́торный, *adj.*, quasioperator
квазиопределённый, *adj.*, quasidefinite, semidefinite
ква́зиортогона́льный, *adj.*, quasiorthogonal
квазиоткры́тый, *adj.*, semiopen, quasiopen, half open
квазипаракомпле́ксный, *adj.*, quasiparacomplex
квазипараэрми́тов, *adj.*, quasiparahermitian
квазиперено́с, *m.*, quasitranslation
квазипериоди́ческий, *adj.*, quasiperiodic, almost periodic
квазипло́ский, *adj.*, quasiplane, quasiplanar
квазиполино́м, *m.*, quasipolynomial
квазипо́лный, *adj.*, quasicomplete
квазипросто́й, *adj.*, semisimple, quasisimple
квазиравноме́рно, *adv.*, semiuniformly; квазиравноме́рно непреры́вный, semiuniformly continuous
квазиравноме́рность, *f.*, quasiuniformity, semiuniformity
квазиравноме́рный, *adj.*, quasiuniform, semiuniform
квазира́нг, *m.*, semirank
квазирассе́янный, *adj.*, quasidispersed, "quasi-clairsemé"
квазирасстоя́ние, *n.*, quasidistance
квазирегуля́рность, *f.*, quasiregularity, semiregularity
квазирегуля́рный, *adj.*, quasiregular, semiregular, pseudo-regular
квазисвобо́дный, *adj.*, quasifree; квазисвобо́дный электро́н, quasifree electron
квазисерва́нтный, *adj.*, quasipure (*group theory*)
квазистати́ческий, *adj.*, quasistatic
квазистациона́рный, *adj.*, quasistationary, quasisteady
квазистепенно́й, *adj.*, quasiexponential
квазистохасти́ческий, *adj.*, quasistochastic
квазисубреше́ние, *n.*, semiminorant
квазисуперреше́ние, *n.*, semimajorant
квазисходи́мость, *f.*, quasiconvergence, semiconvergence
квазисходя́щийся, *adj.*, quasiconvergent, semiconvergent
квазите́ло, *n.*, quasifield (*algebra*)
квазиумноже́ние, *n.*, quasimultiplication, weak multiplication
ква́зиупоря́доченность, *f.*, quasiordering, weak ordering, partial ordering
квазиупру́гий, *adj.*, quasielastic
квазифробе́ниусов, *adj.*, quasi-Frobenius
квазихаусдо́рфов, *adj.*, quasi-Hausdorff
квазицикли́чный, *adj.*, semicyclic, quasicyclic
квазиэлектростати́ческий, *adj.*, quasielectrostatic
квазиэрми́тов, *adj.*, quasi-Hermitian
квалифика́тор, *m.*, qualificator, qualifier

квалификацио́нный, *adj.*, qualified, qualification
квалифици́ровать, *v.*, qualify
квалифици́рующий, *adj.*, qualifying; квалифици́рующее число́, acceptance number
квант, *m.*, quantum; квант све́та, light quantum; квант информа́ции, information bit
ква́нта, *f.*, quantum
кванти́ль, *f.*, quantilc
кванти́льный, *adj.*, quantile
квантифика́ция, *f.*, quantification, quantifying
квантова́ние, *n.*, quantification, quantization
кванто́ванный, *adj.*, quantified, quantized
квантова́ть, *v.*, quantize
квантовомехани́ческий, *adj.*, quantum mechanical
ква́нтовый, *adj.*, quantum; ква́нтовая тео́рия, quantum theory; ква́нтовая меха́ника, quantum mechanics
ква́нтор, *m.*, quantor, quantifier
кварти́ль, *f.*, quartile; ни́жняя кварти́ль, lower quartile; ве́рхняя кварти́ль, upper quartile
кварц, *m.*, quartz
кватерна́рный, *adj.*, quaternary
кватернио́н, *m.*, quaternion
кватернио́нный, *adj.*, quaternion
кве́рху, *adv.*, up, upwards
кви́нтика, *f.*, quintic
кво́та, *f.*, quota; игра́ с m-кво́тами, m-quota game
Ке́бе, *p.n.*, Koebe
ке́леров, *adj.*, Kählerian
Ке́ниг, *p.n.*, König
керн, *m.*, kernel, core, center
кернфу́нкция, *f.*, kernel function, kernel
Кетле́, *p.n.*, Quetelet
киберне́тика, *f.*, cybernetics
Ки́ллинг, *p.n.*, Killing; фо́рма Ки́ллинга, Killing form
ки́ллингов, *adj.*, Killing
килова́тт, *m.*, kilowatt; килова́тт-ча́с, kilowatt-hour
кинема́тика, *f.*, kinematics
кинемати́ческий, *adj.*, kinematic
кинеско́п, *m.*, picture tube
кине́тика, *f.*, kinetics
кине́тико-, *prefix*, kinetic-, kinetically-
кинети́ческий, *adj.*, kinetic; кинети́ческая эне́ргия, kinetic energy; кинети́ческий моме́нт, moment of momentum
кинко́вый, *adj.*, kinked
кипе́ние, *n.*, boiling; то́чка кипе́ния, boiling point
кипяче́ние, *n.*, boiling
кирпи́ч, *m.*, brick; ги́льбертов кирпи́ч, Hilbert cube
Ки́рхгоф, *p.n.*, Kirchhoff
кислоро́д, *m.*, oxygen
кислоро́дный, *adj.*, oxygen
кита́йский, *adj.*, Chinese; кита́йская ле́мма *or* кита́йская теоре́ма об оста́тках, Chinese remainder theorem
клавиату́ра, *f.*, keyboard
кладёт (*from* класть), *v.*, puts, lays
клан, *m.*, clan
кла́пан, *m.*, valve, gate; кла́пан сложе́ния, add gate; кла́пан перено́са, carry gate; входно́й кла́пан, in-gate; выходно́й кла́пан, out-gate
класс, *m.*, class, set; класс вы́четов, residue class; класс информа́ции, information set; класс сме́жности, coset, cojugacy class
классифика́тор, *m.*, classifier
классификацио́нный, *adj.*, classified, sorted, graded, classification
классифика́ция, *f.*, classification
классифици́ровать, *v.*, classify
классифици́руемый, *adj.*, classified
класси́ческий, *adj.*, classical
кла́ссный, *adj.*, class, classroom
кла́стер, *m.*, cluster
кла́стерный, *adj.*, cluster
класть (положи́ть), *v.*, put, place, lay, build
кле́ить, *v.*, glue, paste, identify
кле́йнов, *adj.*, Klein, Kleinian
Клеро́, *p.n.*, Clairaut
кле́тка, *f.*, cell, square, sector, block; жорда́нова кле́тка, Jordan box
кле́точно-диагона́льный, *adj.*, cellwise-diagonal

клéточный, *adj.*, cell-like, cell, latticed, cellular, block; клéточное разбиéние, block decomposition; triangulation; CW-complex; клéточное прострáнство, CW-complex, space endowed with the structure of a CW-complex; клéточная мáтрица, partitioned matrix
клúка, *f.*, clique, faction; граф клик, clique graph
клин, *m.*, wedge; конúческий клин, conical wedge, conocuneus; теорéма об остриé клúна, edge-of-the-wedge theorem
K-**линеáл**, *m.*, linear lattice, Riesz space, vector lattice
Клúни, *p.n.*, Kleene
клиновúдный, *adj.*, wedge, wedge-shaped
Клúффорд, *p.n.*, Clifford
клонúться, *v.*, tend, incline, bend
клотóида, *f.*, clothoid, Cornu spiral, Euler spiral
клочковáтый, *adj.*, ragged
клубóк, *m.*, skein, ball, tangle
ключ, *m.*, source, key
ключевóй, *adj.*, key
кнарýжи, *adv.*, on (*or* to) the outside
кнúга, *f.*, book
кнúзу, *adv.*, down, downwards
кноидáльный, *adj.*, cnoidal
кнóпка, *f.*, push button, knob; стáртовая кнóпка, start button; пусковáя кнóпка, start button, load button; остановóчная кнóпка, stop button
кнут, *m.*, whip
ко (= к), *prep.*, to, towards
коаксиáльный, *adj.*, coaxial
коалициóнный, *adj.*, coalition, cooperative; коалициóнная игрá, cooperative game
коалúция, *f.*, coalition
кобордúзм, *m.*, cobordism
Ковалéвский, *p.n.*, Kowalewski
ковариáнтно, *adv.*, covariant; ковариáнтно зáмкнутый, *adj.*, coclosed; ковариáнтно тóчный, *adj.*, coexact
ковариáнтность, *f.*, covariance, covariant property
ковариáнтный, *adj.*, covariant
ковариациáльный, *adj.*, covariance
ковариациóнный, *adj.*, covariance
ковариáция, *f.*, covariance
ковёр, *m.*, carpet
кóвка, *f.*, forging
кóвкость, *f.*, malleability, ductility
когдá, *adv.*, when; *conj.*, when, while, as; в тех слýчаях, когдá, where, when; когдá как, if so, it depends; тепéрь, когдá, now that; когдá бы ни, whenever
когерéнта, *f.*, coherence
когерéнтно-инвариáнтный, *adj.*, coherence-invariant; когерéнтно-инвариáнтное отображéние, coherence-invariant mapping
когерéнтность, *f.*, coherence
когерéнтный, *adj.*, coherence, coherent
когомологúчески, *adv.*, cohomologously; когомологúчески эквивалéнтен, cohomologous
когомологúческий, *adj.*, cohomologous, cohomology
когомолóгия, *f.*, cohomology
когомотопúческий, *adj.*, cohomotopic, cohomotopy
коградиéнтно, *adv.*, cogradiently
коградиéнтный, *adj.*, cogradient
кограницa, *f.*, coboundary
кограничный, *adj.*, abutting, coboundary
когредиéнтность, *f.*, cogredience
когредиéнтный, *adj.*, cogredient
код, *m.*, code; прямóй код, true representation; дополнúтельный код, true complement; код оперáции, operation part, operation code
кодекáртов, *adj.*, co-Cartesian; кодекáртов квадрáт, push-out
кодúрование, *n.*, coding, encoding; кодúрование с относúтельными адресáми, relative coding; систéма кодúрования, coding; систéма ускóренного кодúрования, speed-coding system; кодúрование беспорядков, hash-coding; побýквенное кодúрование, alphabetical, *or* digital, coding
кодúрованно-десятúчный, *adj.*, coded decimal; кодúрованно-десятúчный суммáтор, coded decimal adder
кодúрованный, *adj.*, coded
кодúровать, *v.*, code
кодúроваться, *v.*, be coded

кодиро́вка, *f.*, coding, encoding
коди́рующий, *adj.*, coding; коди́рующая схе́ма, coding circuit; коди́рующая запаса́ющая схе́ма, coding storage circuit
кодифференци́рование, *n.*, codifferentiation
ко́довый, *adj.*, code
кодопреобразова́тель, *m.*, code converter
ко́е-где́, *adv.*, somewhere, here and there
ко́е-како́й, *pron.*, some
коза́мкнутый, *adj.*, coclosed
коидеа́л, *m.*, co-ideal
коинициа́льный, *adj.*, coinitial
коинциде́нтность, *f.*, coincidence
коинциде́нтный, *adj.*, coincidence, coincident
Койфман, *p.n.*, Coifman
кокаса́тельный, *adj.*, cotangent
кокатего́рия, *f.*, cocategory
коконцево́й, *adj.*, cofinal, coterminal
Ко́ксетер, Ко́кстер, *p.n.*, Coxeter
колеба́ние, *n.*, oscillation, vibration, fluctuation, deviation; неустанови́вшееся колеба́ние, transient oscillation; пилообра́зное колеба́ние, saw-tooth wave; ме́тод наложе́ния колеба́ний, method of mode superposition; колеба́ние фу́нкции, oscillation of a function
колеба́тельность, *f.*, variability, oscillation, variation
колеба́тельный, *adj.*, oscillating, vibrating, oscillatory
колеба́ться (колебну́ться), *v.*, oscillate, hesitate
коле́блемость, *f.*, variability, ability to oscillate, oscillatory nature
коле́блющийся, *adj.*, oscillating, unsteady, uncertain
коле́блющихсый, *adj.*, wobbling, oscillating, varying (*etc.*) (*differential equations*); коле́блющихся кинк, wobbling kink
коле́йный, *adj.*, track; коле́йная гру́ппа, track group
колёсный, *adj.*, wheel, wheeled, on wheels
колесо́, *n.*, wheel
коле́ц, *gen. pl. of* кольцо́, of ring
ко́ли, *conj.*, if
коли́чественный, *adj.*, quantitative, numerical; вы́борочный контро́ль по коли́чественному при́знаку, sampling by variables
коли́чество, *n.*, amount, quantity, number; коли́чество информа́ции, amount of information; коли́чество движе́ния, momentum; вычисле́ние с двойны́м коли́чеством разря́дов, double-precision computation; число́ с двойны́м коли́чеством разря́дов, double-precision number; моме́нт коли́чества движе́ния, moment of momentum, angular momentum; фу́нкция коли́чества, counting function
колла́пс, *m.*, blow-up (*differential equations*)
коллекти́в, *m.*, collective, association, team, staff
коллективизи́рованный, *adj.*, collective; моде́ль коллективизи́рованных электро́нов, collective electron model
коллекти́вный, *adj.*, collective
коллекциони́рование, *n.*, collecting
колле́кция, *f.*, collection
коллинеа́рность, *f.*, collinearity, collineation
коллинеа́рный, *adj.*, collinear
коллинеа́ция, *f.*, collineation, projectivity
колло́идный, *adj.*, colloidal, colloid
коллока́ция, *f.*, collocation; ме́тод коллока́ции, collocation method
колло́квиум, *m.*, colloquium
колмогоро́вский, *adj.*, Kolmogorov
коло́да, *f.*, block, pack; коло́да карт, deck of cards, pack of cards
ко́локол, *m.* (*pl.*, колокола́), bell
колоколообра́зный, *adj.*, bell-shaped
коло́нна, *f.*, column, pillar, core, core sample
колориме́трия, *f.*, colorimetry
колча́н, *m.*, quiver
коль, *conj.*, if; коль ско́ро, as soon as, as, whenever
кольцево́й, *adj.*, annular, ring; кольцево́е умноже́ние, ring multiplication; кольцева́я фу́нкция, ring-function; колоцева́я о́бласть, annular doman

кольцеобра́зный, *adj.*, ring-shaped, annular
кольцо́, *n.*, ring, annulus; кольцо́ с едини́цей, ring with identity; кольцо́ норми́рования, valuation ring
кольцо́ид, *m.*, ringoid
ко́ма, *f.*, coma; ко́ма Зе́йделя, Seidel coma
комаксима́льный, *adj.*, comaximal
кома́нда, *f.*, command, order, instruction, team; последова́тельность кома́нд, routine; кома́нда усло́вного перехо́да, conditional transfer, conditional transfer instruction
кома́ндный, *adj.*, command order; team
комбинато́рика, *f.*, combinatorial analysis
комбинато́рно, *adv.*, combinatorially
комбинато́рный, *adj.*, combinatorial; комбинато́рная тополо́гия, combinatorial topology
комбинацио́нный, *adj.*, combinative; сумма́тор комбинацио́нного ти́па, coincidence-type adder
комбина́ция, *f.*, combination
комбини́рование, *n.*, combination
комбини́рованный, *adj.*, combined, composed, composed of
комбини́ровать, *v.*, combine, arrange
коми́ссия, *f.*, commission, committee
комита́нт, *m.* (комита́нта, *f.*), concomitant, comitant
ко́мкать, *v.*, crumple, bunch up
коммента́рий, *m.*, comment, commentary
комме́рческий, *adj.*, commercial, business
коммивояжёр, *m.*, traveling salesman
коммута́нт, *m.*, commutator-group, commutant, derived group; коммута́нт гру́ппы, derived subgroup (*of a group*)
коммута́нтный, *adj.*, commutator, commutator-group; коммута́нтный изоморфи́зм, commutator-group isomorphism
коммутати́вно, *adv.*, commutatively
коммутати́вность, *f.*, commutativity
коммутати́вный, *adj.*, commutative
коммута́тор, *m.*, commutator, switch
коммута́торный, *adj.*, commutator
коммутацио́нный, *adj.*, switching, commutative
коммута́ция, *f.*, commutation, switching
коммути́рование, *n.*, commutation
коммути́рованный, *adj.*, commuted
коммути́ровать, *v.*, commute, reverse, commutate, switch
коммути́рующий, *adj.*, commuting
ко́мната, *f.*, room
ко́мнатный, *adj.*, room, indoor; ко́мнатная температу́ра, room temperature
компа́кт, *m.*, compact set, compactum, bicompactum
компактифици́рованный, *adj.*, compactified
компактифика́ция, *f.*, compactification
компактифици́ровать, *v.*, compactify
компа́ктно, *adv.*, compactly; компа́ктно-откры́тая тополо́гия, compact-open topology
компа́ктность, *f.*, compactness
компа́ктный, *adj.*, compact, dense, solid
компенсацио́нный, *adj.*, compensating, compensation
компенса́ция, *f.*, compensation
компенси́ровать, *v.*, compensate, indemnify
компенси́рующийся, *adj.*, compensating; компенси́рующаяся оши́бка, compensating error
компете́нция, *f.*, competence
компиля́тор, *m.*, compiler (*computing*)
компиля́ция, *f.*, compilation
компланáрность, *f.*, coplanarity
компланáрный, *adj.*, coplanar
компле́кс, *m.*, complex, system, scheme
комплекси́рование, *n.*, organization, integration (*etc.*)
комплексифика́ция, *f.*, complexification
комплекси́фицировать, *v.*, complexify
компле́ксно-аналити́ческий, *adj.*, complex-analytic
комплекснозна́чный, *adj.*, complex-valued
компле́ксно-сопряжённый, *adj.*, complex conjugate; (эрми́тово) компле́ксно-сопряжённая ма́трица, adjoint matrix

комплéксный, *adj.*, complex, complex-valued, composite; комплéксная мéра, complex-valued measure
комплéкт, *m.*, complete set, complete series, complex
комплéктный, *adj.*, complete, full
комплектовáть, *v.*, complete, replenish
композáнт, *m.*, component
компози́т, *m.*, aggregate, totality
компози́тный, *adj.*, composite
композициóнный, *adj.*, composite, composition; композициóнная подгрýппа, composition subgroup; композициóнный ряд, composition series; композициóнно сходящий, convolution-convergent
компози́ция, *f.*, composition, grouping, convolution
компонéнт, *m.*, component, constituent
компонéнта, *f.*, component; компонéнта свя́зности, connected component
компонéнтный, *adj.*, component; простáя грýппа компонéнтного ти́па, simple group of component type
компонóвка, *f.*, arrangement, grouping
компроми́ссный, *adj.*, compromise
кóмптонов, *adj.*, Compton
кóмптон-эффéкт, *m.*, Compton effect
Кон, *p.n.*, Cohn
конвéйер, *m.*, conveyor
конвéйерный, *adj.*, conveyor, pipeline, pipelined (*in computing*); конвéйерные вычислéния, pipeline computations
конвéксный, *adj.*, convex
конвекти́вный, *adj.*, convective, convection
конвекциóнный, *adj.*, convection, convecting
конвéкция, *f.*, convection
конвергéнция, *f.*, convergence
конвéрсия, *f.*, conversion
конволю́ция, *f.*, convolution
конгрéсс, *m.*, congress
конгруэнтность, *f.*, congruence
конгруэнтный, *adj.*, congruent
конгруэнция, *f.*, congruence
конгруэнц-подгрýппа, *f.*, congruence subgroup
конденсáтор, *m.*, condenser, capacitor
конденсациóнный, *adj.*, condensation; конденсациóнный аппарáт, condenser
конденсáция, *f.*, condensation
конденси́рованный, *adj.*, condensed
кондéнсор, *m.*, condenser
кондициони́рование, *n.*, conditioning; кондициони́рование вóздуха, air conditioning
Кондорсé, *p.n.*, Condorcet; победи́тель по Кондорсé, Condorcet winner
кондýктор, *m.*, conductor
конéц, *m.*, end, endpoint; в концé концóв, finally, in the last analysis; простóй конéц, prime end
конéчно, *adv.*, of course, certainly
конечно-, *prefix*, finite, finitely
конéчно-аддити́вный, *adj.*, finitely additive
конéчно-аппроксими́руемый, *adj.*, residually finite
конéчно-ветвя́щийся, *adj.*, finitely branched, of finite branching
конéчно-дифференци́руемый, *adj.*, finitely differentiable
конéчно-знáчный, *adj.*, finite-valued, finitely valued
конéчно-зóнный, *adj.*, finite-gap
конечнокрáтный, *adj.*, finite-to-one, of finite multiplicity
конечноли́стный, *adj.*, finite-sheeted
конечномéрность, *f.*, finite dimensionality
конечномéрный, *adj.*, finite-dimensional
конéчно-определённый, *adj.*, finitely defined; конéчно-определённая грýппа, finitely presented group
конéчно-порождённый, *adj.*, finitely generated
конéчно-рáзностный, *adj.*, finite difference, difference
конечносвя́зный, *adj.*, finitely connected, of finite connectivity
конечнострóчный, *adj.*, finite-rowed
конéчность, *f.*, finiteness
конéчный, *adj.*, final, finite, terminal, bounded (*set*); в конéчном итóге, as the final result; конéчное приращéние, finite increment; конéчный элемéнт, finite element; мéтод конéчного элемéнта *or* мéтод конéчных элемéнтов, finite

element method; конéчная тóчка, endpoint; конéчная вариáция, bounded variation
-конéчный, *suffix*, -pointed; пятиконéчный, five-pointed
кóника, *f.*, conic
конúческий, *adj.*, conic, conal; конúческое сечéние, conic section
конкретизáция, *f.*, concrete definition, specific system
конкретизúровать, *v.*, render concrete, realize, define concretely
конкрéтно, *adv.*, concretely, specifically
конкрéтность, *f.*, concreteness
конкрéтный, *adj.*, concrete, particular, specific, actual, explicit
конкурéнтный, *adj.*, competitive
конкурéнция, *f.*, competition
конкурúровать, *v.*, compete, compete with
конкурúрующий, *adj.*, competing, competitive
кóнкурс, *m.*, contest, competition
Конн, *p.n.*, Connes
коннéкс, *m.*, connex
конóид, *m.*, conoid
консерватúвный, *adj.*, conservative; консерватúвный оперáтор, Hermitian operator
консистéнтный, *adj.*, consistent
консистéнция, *f.*, consistence, consistency
консистóметр, *m.*, consistometer
консолидáция, *f.*, consolidation
консóльный, *adj.*, cantilever, console
конспéкт, *m.*, summary, abstract
конспектúвный, *adj.*, concise, recapitulating
констáнта, *f.*, constant
констáнтный, *adj.*, constant
констатúровать, *v.*, state, certify, ascertain
констатúроваться, *v.*, be stated
конституáнта, *f.*, constituent, component
конституэ́нт, *m.*, constituent
конструúрование, *n.*, construction, formation
конструúровать, *v.*, construct, form
конструúруемый, *adj.*, constructible, constructed
конструктивизúруемость, *f.*, constructibility
конструктúвность, *f.*, constructibility (*logic, set theory*)
конструктúвный, *adj.*, constructive, constructible
констру́ктор, *m.*, designer
констру́кция, *f.*, construction, design, structure
контáкт, *m.*, contact
контáктный, *adj.*, contact, tangent
контéйнер, *m.*, container
контéкст, *m.*, context
контéкстно-свобóдный, *adj.*, context-free
контéкстно-свя́зный, *adj.*, context-sensitive (*linguistics*)
контéкстный, *adj.*, context-sensitive (*grammar, language*)
контингéнция, *f.*, contingent (*of a point set*); contingency
континуáльный, *adj.*, continual; of the power of the continuum; континуáльное обобщéние, continuous generalization; континуáльный интегрáл, functional integral, (Feynman) path integral
континуáнт, *m.*, continuant (determinant)
контúнуум, *m.*, continuum
контúнуум-гипóтеза, *f.*, continuum hypothesis
контóрский, *adj.*, account, office
контравариáнтный, *adj.*, contravariant
контраградиéнтный, *adj.*, contragradient
контрагредиéнт, *m.*, contragredient
контрагредиéнтный, *adj.*, contragredient
контракомпáктный, *adj.*, countercompact, contracompact
контрáкт, *m.*, contract agreement
контрактúрованный, *adj.*, contracted, compressed, abridged
контрактóванный, *adj.*, according to contract, contracted
контрапозúция, *f.*, contraposition, opposite viewpoint
контрáст, *m.*, contrast
контрáстность, *f.*, visibility, contrast; контрáстность полóс, visibility of fringes; контрáстность изображéния, image contrast, image visibility
контрáстный, *adj.*, contrasting

контролёр, *m.*, controller, inspector (*person*)
контроли́рованный, *adj.*, inspected, controlled
контроли́ровать, *v.*, inspect, control, check
контроли́руемый, *adj.*, check, control, controlled
контро́ллер, *m.*, controller, checker (*device*)
контро́ль, *m.*, control, check, monitoring; контро́ль ка́чества, quality control; профилакти́ческий контро́ль, checking, checking procedure; контро́ль «в две руки́», duplication check
контро́льный, *adj.*, check, control, regulating; контро́льный разря́д, check bit
контрприме́р, *m.*, counterexample
ко́нтур, *m.*, contour, closed path, boundary, outline, loop, directed circuit (*in a graph*)
ко́нтурно-теле́сный, *adj.*, contour-solid
ко́нтурный, *adj.*, contour, boundary
конулево́й, *adj.*, conull
ко́нус, *m.*, cone
ко́нусность, *f.*, conicity, angle of taper
ко́нусный, *adj.*, conic, conical
конусообра́зный, *adj.*, cone-shaped, conical
конфере́нция, *f.*, conference
конфигурацио́нный, *adj.*, configuration
конфигура́ция, *f.*, configuration, pattern
конфина́льно, *adv.*, cofinally
конфина́льность, *f.*, cofinality
конфина́льный, *adj.*, cofinal
конфли́кт, *m.*, conflict
конфлюэ́нтный, *adj.*, confluent, confluence; конфлюэ́нтный ана́лиз, confluence analysis
конфока́льный, *adj.*, confocal
конфо́рмно, *adv.*, conformally; конфо́рмно эквивале́нтный, *adj.*, conformally equivalent
конфо́рмно-инвариа́нтный, *adj.*, conformally invariant
конфо́рмно-пло́ский, *adj.*, conformally flat
конфо́рмность, *f.*, conformality
конфо́рмно-эйнште́йнов, *adj.*, conformally Einsteinian
конфо́рмный, *adj.*, conformal; конфо́рмное отображе́ние, conformal mapping; конфо́рмный ра́диус, mapping radius
Кон-Фо́ссен, *p.n.*, Cohn-Vossen
конхо́ида, *f.*, conchoid
конхоида́льный, *adj.*, conchoidal
концево́й, *adj.*, final, terminal, end; концева́я то́чка, endpoint; концево́е расшире́ние, end extension
концентра́т, *m.*, concentrate
концентра́ция, *f.*, concentration
концентри́рующий, *adj.*, concentrating
концентри́чески, *adv.*, concentrically
концентри́ческий, *adj.*, concentric
концентри́чность, *f.*, concentricity
концептуа́льный, *adj.*, conceptual
конце́пция, *f.*, conception, idea, concept
концы́, *pl. of* коне́ц, end, endpoint
конча́ть (ко́нчить), *v.*, complete, end, finish, stop
конча́ться (ко́нчиться), *v.*, end, result (in), terminate
конча́я, *adv.*, ending, terminating; *prep.*, until, ending with
конъюнкти́вный, *adj.*, conjunctive
конъю́нктор, *m.*, AND gate
конъю́нкция, *f.*, conjunction
конь, *m.*, horse; knight (*chess*)
ко́образ, *m.*, coimage
коограниче́ние, *n.*, corestriction
кооперати́вный, *adj.*, cooperative
коопери́рование, *n.*, cooperation; игра́ с двумя́ уча́стниками и возмо́жностью их коопери́рования, two-person cooperative game
координа́та, *f.*, coordinate; component (*of a vector, etc.*)
координатиза́ция, *f.*, coordinatization
координа́тный, *adj.*, coordinate
координи́ровать, *v.*, introduce coordinates, coordinate
копараллели́зм, *m.*, coparallelism
копаралле́льный, *adj.*, coparallel
копи́ровать (скопи́ровать), *v.*, copy, imitate
ко́пия, *f.*, copy, replica, counterpart

копредставле́ние, *n.*, presentation (*of a group by generators and relations*)
显присоединённый, *adj.*, co-adjoint
копрогра́мма, *f.*, coroutine
корадика́л, *m.*, coradical
коразме́рность, *f.*, codimension
корасслое́ние, *n.*, cofibering, cofibration, cobundle
корегуля́рный, *adj.*, coregular
ко́рень, *m.*, root, radical; знак ко́рня, radical sign; квадра́тный ко́рень, square root; куби́ческий ко́рень, cube root; ко́рень уравне́ния, solution of an equation, root of an equation; с ко́рнем, rooted
коретра́кция, *f.*, coretract
коридо́р, *m.*, passage, corridor
Корио́лис, *p.n.*, Coriolis; си́ла ине́рции Корио́лиса, Coriolis force
корио́лисов, *adj.*, Coriolis; корио́лисова си́ла, Coriolis force
корнево́й, *adj.*, root, rooted, radical; корнево́й годо́граф, root locus curve; корнево́е подпростра́нство, root subspace
Корню́, *p.n.*, Cornu
коро́бка, *f.*, box
коро́бление, *n.*, warping, buckling
коро́ль, *m.*, king
коромы́сло, *n.*, balance, beam, yoke
коро́ткий, *adj.*, short; коро́ткая волна́, short wave; коро́ткое замыка́ние, short circuit; коро́ткий ко́рень, short root (*Lie algebras*)
ко́ротко, *adv.*, briefly; *prefix*, short-; ко́ротко говоря́, in short, briefly; ко́ротко изложе́нный, sketched
короткоде́йствующий, *adj.*, short-range
короткоживу́щий, *adj.*, short-lived
короткопери́одный, *adj.*, short-period, short-term
коро́че (*compar. of* коро́ткий), shorter; *adv.*, briefly, more concisely; коро́че говоря́, in short, briefly
корпоида́льный, *adj.*, field, field-like
ко́рпус, *m.*, field, body
корпускуля́рный, *adj.*, corpuscular
корректи́рование, *n.*, correcting, correction
корректи́ровать (скорректи́ровать), *v.*, correct, proofread
корректи́рующий, *adj.*, correcting
корре́ктно, *adv.*, correctly, reasonably
корре́ктность, *f.*, correctness, reasonableness, well-posedness
корре́ктный, *adj.*, correct, proper, reasonable, well-defined, well-posed
корректу́ра, *f.*, proof(s), proofreading
корре́кция, *f.*, correction
коррели́рованный, *adj.*, correlated; коррели́рованные величи́ны, correlated variables
коррелогра́мма, *f.*, correlation table, correlogram
корреляти́вность, *f.*, correlativity
корреляти́вный, *adj.*, correlative
корреля́тор, *m.*, correlator
корреляцио́нный, *adj.*, correlative, correlation, cross-correlation; корреляцио́нное отноше́ние, correlation ratio
корреля́ция, *f.*, correlation; поря́дковая корреля́ция, rank correlation
корригированный, *adj.*, corrected
корте́ж, *m.*, finite sequence, procession, train, suite, *n*-tuple
коса́, *f.*, braid; гру́ппа кос, braid group
ко́свенно, *adv.*, indirectly
ко́свенный, *adj.*, indirect; ко́свенное доказа́тельство, indirect proof
косвя́зность, *f.*, co-connectedness
косвя́зный, *adj.*, co-connected
косе́канс, *m.*, cosecant
косе́ть, *f.*, co-net
ко́синус, *m.*, cosine
коси́нусный, *adj.*, cosine
косинусо́ида, *f.*, cosine curve
косинусоида́льный, *adj.*, cosine
косло́й, *m.*, cofibre
косми́ческий, *adj.*, cosmic; косми́ческие лучи́, cosmic rays
космого́ния, *f.*, cosmogony
космогра́фия, *f.*, cosmography
космологи́ческий, *adj.*, cosmological
космоло́гия, *f.*, cosmology
ко́смос, *m.*, cosmos
коснёмся (*from* косну́ться), *v.*, will be of concern

коснýться (*perf. of* касáться), *v.*, touch, concern, relate, be tangent to
косóй, *adj.*, oblique, slanting, skew; косóй ýгол, oblique angle; косóе произведéние, fiber bundle; косáя произвóдная, directional derivative; косáя линéйчатая повéрхность, nondevelopable ruled surface, scroll
косокоммутати́вный, *adj.*, skew commutative, anticommutative
косоортогонáльный, *adj.*, skew-orthogonal
кососвя́зный, *adj.*, skew-connected
кососимметри́ческий, *adj.*, skew-symmetric
кососимметри́чность, *f.*, skew-symmetry, antisymmetry
кососимметри́чный, *adj.*, skew-symmetric, antisymmetric, alternating
косоугóльный, *adj.*, scalene, oblique-angled, oblique
косоэрми́тов, *adj.*, skew-Hermitian
коспéктр, *m.*, cospectrum, conet
кóсточка, *f.*, stone, counter, abacus ball, bead
кость, *f.*, bone; игрáльная кость, die
костя́к, *m.*, skeleton; frame (*of graph*)
котáнгенс, *m.*, cotangent
котерминолóгия, *f.*, coterminology
Кóтес, Коц, Кóутс, *p.n.*, Cotes
котóрый, *pron.*, which, who, that
котóщий, *adj.*, comeager
коуниверсáльный, *m.*, couniversal; коуниверсáльный квадрáт, pull-back
кофáктор, *m.*, cofactor
коцéпь, *f.*, cochain
коци́кл, *m.*, cocycle
коциклóида, *f.*, cocycloid
Кóчрэн, *p.n.*, Cochran
Коши́, *p.n.*, Cauchy
Кóэн, *p.n.*, Cohen
коэрцити́вный, *adj.*, coercive
коэффициéнт, *m.*, coefficient; коэффициéнт зацеплéния, linking number, torsion coefficient; коэффициéнт инцидéнтности, incidence number; коэффициéнт инвéрсии, power of inversion; коэффициéнт корреля́ции, coefficient of correlation; коэффициéнт усилéния, amplification factor; коэффициéнт асиммéтрии, coefficient of skewness; коэффициéнт довéрия, confidence coefficient; коэффициéнт измéнчивости, coefficient of variation; пóлный коэффициéнт корреля́ции, total coefficient of correlation; свóдный коэффициéнт корреля́ции, multiple coefficient of correlation; чáстный коэффициéнт корреля́ции, partial coefficient of correlation; коэффициéнт перехóда, conversion factor; коёффициéнт подóбия, similarity ratio; коэффициéнт полéзного дéйствия, efficiency; коэффициéнт разбрóса, scatter coefficient; коэффициéнт расхождéния, coefficient of divergence; коэффициéнт регрéссии, coefficient of regression; коэффициéнт эксцéсса, coefficient of excess
коядрó, *n.*, co-kernel
***K*-прострáнство (K_σ-прострáнство)**, *n.*, Dedekind complete (σ-complete) vector lattice (or Riesz space)
к-р—, *abbrev.* (*in dictionaries, etc.*, = котóр—; *for example*, к-рого *stands for* котóрого)
краевóй, *adj.*, boundary, edge, border; краевáя задáча, boundary-value problem; краевóе значéние, boundary value
край, *m.*, edge, border, rim, extremity, boundary; многообрáзие с крáем, manifold with boundary
крáйне, *adv.*, highly, extremely, very, quite
крáйний, *adj.*, extreme, last; по крáйней мерé, at least, at any rate; крáйние тóчки, extreme points
Крамéр, *p.n.*, Cramér; ни́жняя грани́ца Крамéра-Рáо, Cramér-Ráo bound
Крáмер, *p.n.*, Cramer; прави́ло Крáмера, Cramer's rule
крамéрский, *adj.*, Cramer
краси́вый, *adj.*, beautiful
крáска, *f.*, color; проблéма четырёх крáсок, задáча о четырёх крáсках, four-color problem
крáсный, *adj.*, red
крáткий, *adj.*, brief, short
крáтко, *adv.*, briefly

кратковре́менный, *adj.*, short-term, transitory, transient
краткосро́чный, *adj.*, short-range, short-term
кра́ткость, *f.*, brevity, conciseness
кра́тно, *adv.*, multiply
кра́тное, *n.*, multiple; о́бщее наиме́ньшее кра́тное, least common multiple
кра́тно-кругово́й, *adj.*, multicircular
кра́тно-кругообра́зный, *adj.*, of multicircular type, multicircular
кра́тно-периоди́ческий, *adj.*, multiperiodic
кра́тно-соверше́нный, *adj.*, multiperfect; кра́тно-соверше́нное число́, multiperfect number
кра́тность, *f.*, multiplicity; бесконе́чно больша́я кра́тность, infinite multiplicity; счита́ется сто́лько раз, како́ва его́ кра́тность, is counted according to its multiplicity
кратноупо́рядоченный, *adj.*, multiply ordered
кра́тный, *adj.*, multiple, divisible; кра́тное число́, multiple; число́ кра́тное 4, a number divisible by 4; кра́тная после́довательность, multisequence; кра́тный род, plurigenus
кратча́йший (*from* коро́ткий), *adj.*, shortest; кратча́йшая крива́я, кратча́йший путь, shortest path, geodesic, minimal curve, minimizing curve (*or* arc)
крейцко́пф, *m.*, cross-head
Крелль, *p.n.*, Crelle
кре́мниевый, *adj.*, silicon; кре́мниевый полупроводнико́вый трио́д, silicon transistor
Кремо́на, *p.n.*, Cremona
крен, *m.*, bank, list, heel; у́гол кре́на, angle of bank
кре́ндель, *m.*, pretzel, pretzel-shaped surface; loop
крени́ться, *v.*, list, heel, bank
кре́пкий, *adj.*, firm, strong
крепле́ние, *n.*, strengthening, bracing, fastening
кре́пость, *f.*, stability, strength
крест, *m.*, cross
кре́стики-но́лики, *pl.*, tic-tac-toe, noughts and crosses
крест-на́крест, *adv.*, cross-wise, criss-cross
кресто́вый, *adj.*, cross
крестообра́зный, *adj.*, crosslike, cross-shaped, cruciform
крива́я, *f.*, curve; крива́я пого́ни, curve of pursuit; крива́я пло́тности, frequency curve; крива́я ра́вных вероя́тностей, equiprobability curve; крива́я ро́ста, curve of growth
кривизна́, *f.*, curvature; по́лная кривизна́, total curvature; гла́вная кривизна́, principal curvature; га́уссова кривизна́, Gaussian curvature, sectional curvature; кривизна́ про́филя, camber; без кривизны́, curvature-free
криво́й, *adj.*, curved; крива́я ли́ния, curve, curved line
криволине́йный, *adj.*, curvilinear; криволине́йный интегра́л, line integral
кривоши́п, *m.*, crank
криптоана́лиз, *m.*, cryptanalysis
криптогра́мма, *f.*, cryptogram
криста́лл, *m.*, crystal; chip (*in computers*)
кристалли́ческий, *adj.*, crystalline, crystal; кристалли́ческий трио́д, transistor
кристаллографи́ческий, *adj.*, crystallographic
кристаллогра́фия, *f.*, crystallography
кристалloо́птика, *f.*, crystal optics
Кристо́ффель, *p.n.*, Christoffel
критериа́льный, *adj.*, criteria; критериа́льное простра́нство, criteria space
крите́рий, *m.*, criterion, test, testing; крите́рий долгове́чности, longevity testing; крите́рий зна́ков, sign test; крите́рий зна́чимости, significance test; крите́рий согла́сия, goodness-of-fit test; крите́рий усто́йчивости, stability criterion; наибо́лее мо́щный крите́рий, most powerful test; равноме́рно наибо́лее мо́щный крите́рий, uniformly most powerful test; несмещённый крите́рий, unbiased test; крите́рий одноро́дности, test of homogeneity; крите́рий смеще́ния, test of location; крите́рий

нормáльности, test of normality; наилýчший несмещённый критéрий, best unbiased test; послéдовательный критéрий отношéний верояйтности, sequential probability ratio test; главный критéрий, key factor
критúческий, *adj.*, critical; критúческий граф, irreducible graph; критúческий úндекс, critical exponent
крóется (*from* крыть), *v.*, is concealed
кроúть (скроúть), *v.*, cut, cut out
крóме, *prep.*, except, besides; крóме тогó, besides, in addition, furthermore, moreover
крóмка, *f.*, edge, border, rim
крóна, *f.*, crown, top (of a tree)
кронглáсс, *m.*, crown glass
Крóнекер, *p.n.*, Kronecker
крóнекеров, *adj.*, Kronecker; крóнекерово умножéние, Kronecker product
кронштéйн, *m.*, bracket, holder, stand, support
кропотлúвый, *adj.*, laborious, tedious
крóшечный, *adj.*, small, minute
круг, *m.*, circle, disk; на круг, on the average
круглосýточно, *adv.*, around-the-clock
круглосýточный, *adj.*, twenty-four-hour, around-the-clock
крýглый, *adj.*, round, circular
круговóй, *adj.*, circular, cyclic, circulatory, cyclotomic; круговóй полинóм, cyclotomic polynomial; круговóй перенóс, end-around carry; круговóй сдвиг, cyclic shift; круговóе пóле, cyclotomic field; круговáя тóчка, umbilical point, cyclic point
кругóм, *prep.*, around
кругообрáзность, *f.*, circularity
кругообрáзный, *adj.*, circular
кружковóй, *adj.*, belonging to a circle *or* society
крýжный, *adj.*, roundabout
кружóк, *m.*, circle, society, workshop; математúческий кружóк, mathematical circle for young students
крупúнка, *f.*, grain, granule
крупномасштáбный, *adj.*, large-scale
крупносóртный, *adj.*, large, large-size, coarse
крýпный, *adj.*, large, large-scale, coarse
крутизнá, *f.*, steepness
крутúльный, *adj.*, rotating, twisting, torsional
крутúть (крутнýть), *v.*, twist, turn
крутóй, *adj.*, steep; sudden, abrupt
крутя́щий, *adj.*, turning, twisting; крутя́щий момéнт, *m.*, torque
крýче (*from* крутóй), *adj.*, steeper
кручéние, *n.*, torsion, twisting; грýппа без кручéния, torsion-free group; грýппа с кручéнием, torsion group
кручёный, *adj.*, twisted
крылó, *n.*, wing, pinion, airfoil
крыть, *v.*, cover
кры́шка, *f.*, cap, cover, top; "hat", circumflex accent
крюк, *m.*, hook
крюковóй, *adj.*, hook, hooked
ксерокóпия, *f.*, xerographic copy, photocopy, Xerox copy
кстáти, *adv.*, apropos, to the point; at the same time; incidentally, by the way
кто, *pron.*, who
ктó-либо, *pron.*, someone, anyone
ктó-нибудь, *pron.*, someone, anyone
Куáйн, *p.n.*, Quine
куб, *m.*, cube
кубатýра, *f.*, cubic content, volume, cubature
кубатýрный, *adj.*, cubature
кубúческий, *adj.*, cubic
кубúчный, *adj.*, cubic, cube; кубúчный кóрень, cube root
кубовúдный, *adj.*, cubical, cube-shaped
кудá, *adv.*, where, where to, whither
Кузéн, *p.n.*, Cousin
кузéн, *m.*, cousin
кýзов, *m.*, basket, body
Кýйллен, *p.n.*, Quillen
кулачкóвый, *adj.*, cam; кулачкóвый вал, camshaft
кулачóк, *m.*, cam
Кулóн, *p.n.*, Coulomb
кулóн, *m.*, coulomb (*unit*); pendant
кулóнов, *adj.*, Coulomb
кульминациóнный, *adj.*, culminating, culmination; кульминациóнный пункт, culmination, apex

кульмина́ция, *f.*, culmination, transit; ни́жняя кульмина́ция, lower transit; ве́рхняя кульмина́ция, upper transit
кумуля́нт, *m.*, cumulant, accumulator, accumulant
кумуля́нтный, *adj.*, cumulant, accumulant, accumulator
кумуляти́вный, *adj.*, cumulative
Ку́рант, *p.n.*, Courant
Курато́вский, *p.n.*, Kuratowski
курс, *m.*, course, policy, rate of exchange (*of currency*); валю́тный курс, exchange rate
курса́нт, *m.*, student
курси́в, *m.*, italics; печа́тать курси́вом, print in italics, italicize
курсово́й, *adj.*, course
курсо́р, *m*, cursor
курьёз, *m.*, curiosity, oddity; для курьёза, for the interest of the thing
курьёзность, *f.*, curiosity
курьёзный, *adj.*, curious, strange, odd
кусо́к, *m.*, piece, bit
кусо́чно, *adv.*, piecewise; sectionally
кусо́чно гармони́ческий, *adj.*, piecewise harmonic
кусо́чно-гла́дкий, *adj.*, piecewise smooth, sectionally smooth
кусо́чно-голомо́рфный, *adj.*, piecewise holomorphic, sectionally holomorphic
кусо́чно-квадрати́чный, *adj.*, piecewise quadratic
кусо́чно-конфо́рмный, *adj.*, piecewise conformal
кусо́чно-лине́йный, *adj.*, piecewise linear
кусо́чно-непреры́вный, *adj.*, sectionally continuous, piecewise continuous
кусо́чно-постоя́нный, *adj.*, piecewise constant; кусо́чно-постоя́нная фу́нкция, step function
кусо́чный, *adj.*, piecewise; кусо́чное тести́рование, patch test
куста́рный, *adj.*, crude, primitive; homemade; куста́рный спо́соб, crude method, obsolete technique, rule of thumb
ку́ча, *f.*, heap, pile; вы́бор из ку́чи, bulk sampling
кэ́леров, *adj.*, Kähler, Kählerian
Кэ́ли, *p.n.*, Cayley; чи́сла Кэ́ли, Cayley numbers
Кю́ннет, *p.n.*, Künneth
кюри́, *m.*, curie (unit)
***K*-ядро́**, *n.*, kernel (*of a game*)

Л л

лабири́нт, *m.*, maze, labyrinth
лаборато́рия, *f.*, laboratory
лаборато́рный, *adj.*, laboratory
ла́ва, *f.*, lava, clinker
Ла Валле́ Пуссе́н, *p.n.*, de La Vallée Poussin
лави́на, *f.*, avalanche, snowslide; электро́нно-фото́нная лави́на, electrophotonic avalanche
лави́нный, *adj.*, avalanche; лави́нная иониза́ция, avalanche ionization
лавинообра́зный, *adj.*, avalanche, in the form of an avalanche
Лаге́рр, *p.n.*, Laguerre
Лагра́нж, *p.n.*, Lagrange; теоре́ма Лагра́нжа, Lagrange's theorem (*group theory, number theory*); mean value theorem (*analysis*); фо́рмула Лагра́нжа, mean value theorem
лагра́нжев, *adj.*, Lagrangian, Lagrange
лагранжиа́н, *m.*, Lagrangian
ладья́, *f.*, boat; rook, castle (*chess*)
ла́зер, *m.*, laser
ла́зерный, *adj.*, laser
лакони́зм, *m.*, terseness, conciseness
лакони́чно, *adv.*, laconically, concisely
лакони́чный, *adj.*, laconic, terse, concise
лаку́на, *f.*, lacuna, void, gap; теоре́ма о лаку́нах, gap theorem
лакуна́рность, *f.*, lacunarity
лакуна́рный, *adj.*, lacunary, gap; лакуна́рный ряд, gap series
ла́мбда, *f.*, lambda; ла́мбда-определи́мость, λ-definability
Ламе́, *p.n.*, Lamé
ламина́рный, *adj.*, laminar
ла́мпа, *f.*, tube, lamp; ла́мпа-ве́нтиль с тремя́ управля́ющими се́тками, triple-control-grid gate tube
ла́мповый, *adj.*, valve, tube; ла́мповый генера́тор, vacuum tube oscillator
Лапла́с, *p.n.*, Laplace
лапласиа́н, *m.*, Laplacian
лапла́сов, *adj.*, Laplacian, Laplace
ла́сточка, *adj.*, swallow; ла́сточкин хвост, swallow tail
лате́нтный, *adj.*, latent; лате́нтная теплота́, latent heat
лати́нский, *adj.*, Latin; лати́нский квадра́т, Latin square
лату́нный, *adj.*, brass
лауреа́т, *m.*, laureate
Ла́уэ, *p.n.*, Laue
Лебе́г, *p.n.*, Lebesgue
лебе́гов, *adj.*, Lebesgue; лебе́гова ме́ра, Lebesgue measure
Ле́ви-Чиви́та, *p.n.*, Levi-Civita
левоидеа́л, *m.*, left ideal
левоидеа́льный, *adj.*, left-ideal
левоинвариа́нтный, *adj.*, left-invariant
левоконте́кстный, *adj.*, left-context-sensitive
левооднoро́дный, *adj.*, left-homogeneous
леворазреши́мый, *adj.*, left-solvable
левосторо́нний, *adj.*, left-side, left; левосторо́нний сме́жный класс, left coset
левоуничтожа́ющий, *adj.*, left-annihilating
левоупоря́доченный, *adj.*, left-ordered
ле́вый, *adj.*, left, left-hand; ле́вый идеа́л, left ideal; ле́вая сторона́, left-hand side
легализи́ровать, *v.*, legalize
лега́льно, *adv.*, legally
лега́льность, *f.*, legality
лега́льный, *adj.*, legal
лёгкий, *adj.*, easy, light; легко́, it is easy
легко́, *adv.*, easily
лёгкость, *f.*, ease, readiness; с большо́й лёгкостью, very easily
лёд, *m.*, ice
ледяно́й, *adj.*, icy, ice, glacial
Лежа́ндр, *p.n.*, Legendre
лежа́ть, *v.*, lie, be situated
лежа́щий, *adj.*, lying, horizontal, situated
Ле́йбниц, *p.n.*, Leibniz, Leibnitz
ле́ксика, *f.*, vocabulary
лексикографи́ческий, *adj.*, lexicographic, dictionary
лексикогра́фия, *f.*, lexicography
лексико́н, *m.*, lexicon, dictionary
ле́кция, *f.*, lecture
ле́мма, *f.*, lemma

лемниска́та, *f.*, lemniscate
Ленг, *p.n.*, Lang
ле́нта, *f.*, band, tape
ле́нточно-треуго́льный, *adj.*, band-triangular
лепестко́вый, *adj.*, leaved, leafed, petal; четырёхлепестко́вая ро́за, four-petal rose
Лере́, *p.n.*, Leray
лес, *m.*, forest
ле́стница, *f.*, ladder, stairs
ле́стничный, *adj.*, ladder; ле́стничное приближе́ние, ladder approximation; ле́стничный моме́нт, ladder index
лёт, *n.*, flight, flying
лет (*genitive pl. of* лета́), of years; ему́ 50 лет, he is 50 years old
лета́, *pl.*, years
лета́тельный, *adj.*, flying; лета́тельный аппара́т, aircraft
ле́тний, *adj.*, summer; ле́тнее солнцесто́яние, summer solstice
ле́то, *n.*, summer
ле́топись, *f.*, chronicle; *pl.*, annals
лету́чий, *adj.*, flying, volatile
Ле́фшец, *p.n.*, Lefschetz
лечь (*perf. of* ложи́ться), *v.*, lie (down), cover
лжец, *m.*, liar
лжи́вость, *f.*, falsity
ли, *conj.*, whether, if; *also untranslated particle indicating interrogative*
Ли, *p.n.*, Lie; гру́ппа Ли, Lie group
ли́бо, *conj.*, or; ли́бо... и́ли, either... or; ли́бо... ли́бо, either... or
либра́ция, *f.*, libration
ли́вень, *m.*, shower; каска́дные ли́вни, cascade showers
ли́вневый, *adj.*, shower; ли́вневая фу́нкция в ма́ксимуме, shower maximum
лиди́рующий, *adj.*, leading
ли́ев, *adj.*, Lie; ли́ева гру́ппа, гру́ппа Ли, Lie group
ликвида́ция, *f.*, removal, liquidation, elimination
ликвиди́роваться, *v.*, be eliminated, be removed
лимб, *m.*, limb
лими́т, *m.*, limit
лимити́ровать, *v.*, limit
лимити́рующий, *adj.*, limiting, limitation; лимити́рующая теоре́ма, limitation theorem
лингви́стика, *f.*, linguistics
лингвисти́ческий, *adj.*, linguistic
Ли́нделёф, *p.n.*, Lindelöf
линеа́л, *m.*, line-element, lineal, linear manifold, algebraic subspace; K-линеа́л, vector lattice, Riesz space
линеариза́ция, *f.*, linearization
линеаризиро́ванный, *adj.*, linearized, linear
линеаризова́ться, *v.*, be linearized
лине́йка, *f.*, line, ruler, straightedge, string (*of* 1*'s and* 0*'s*); логарифми́ческая лине́й, slide rule
лине́йно, *adv.*, linearly, linear, arcwise; лине́йно незави́симый, linearly independent; лине́йно упоря́доченный, linearly ordered; лине́йно свя́зный, arcwise connected, path-connected; лине́йно упоря́доченное мно́жество, chain
лине́йность, *f.*, linearity
лине́йный, *adj.*, linear, arcwise, one-dimensional, line, contour; лине́йная зави́симость, linear dependence; лине́йное семе́йство, linear system, linear family; лине́йная свя́зность, arcwise connectedness; лине́йный интегра́л, line integral, contour integral; лине́йное плани́рование, linear programming; лине́йное программи́рование, linear programming
лине́йчато-геометри́ческий, *adj.*, line-geometric
лине́йчатый, *adj.*, ruled, line, lined; лине́йчатая пове́рхность, ruled surface; лине́йчатые координа́ты, line coordinates; лине́йчатая фу́нкция, regulated function, function with only discontinuities of the first kind
ли́нза, *f.*, lens; простра́нство ли́нзы, lens space
ли́нзовый, *adj.*, lens
линзообра́зный, *adj.*, lenticular, lens-shaped

ли́ния, *f.*, line, curve; ли́ния временно́го ти́па, time line; ли́ния то́ка, streamline; ли́ния у́ровня, level line, level curve
Ли́пшиц, *p.n.*, Lipschitz
ли́пшицев, *adj.*, Lipschitz, Lipschitzian
лист, *m.*, sheet, leaf; лист Мёбиуса, Möbius band; дека́ртов лист, folium of Descartes
-ли́стный, *suffix*, -sheeted; n-ли́стный, *adj.*, n-sheeted
листово́й, *adj.*, leaf, leaflike; листово́е мно́жество, leaf
литерату́ра, *f.*, literature; (*list of*) references, bibliography
ли́тий, *m.*, lithium
Ли́тлвуд, *p.n.*, Littlewood
литографи́рованный, *adj.*, lithographed
литр, *m.*, liter
литцендра́т, *m.*, litzendraht wire; r-f. cable
Лиуви́лль, *p.n.*, Liouville
лицево́й, *adj.*, face, front
лицо́, *n.* (*pl.*, лица́), face, person; лицо́, принима́ющее реше́ние, decision maker (DM)
ли́чно, *adv.*, personally
лично́й, *adj.*, face
ли́чность, *f.*, person, individuality, personality
ли́чный, *adj.*, personal, individual
лиша́ть (лиши́ть), *v.*, deprive
лишённый, *adj.*, devoid of, deprived; лишён основа́ния, baseless, groundless
ли́шний, *adj.*, superfluous, unnecessary, redundant
лишь, *adv.*, *conj.*, only; лишь то́лько, as soon as; лишь то́гда, когда́, only if; лишь бы, if only, provided that; ра́зве ли́шь, only
лобово́й, *adj.*, frontal; лобово́е сопротивле́ние, drag, head resistance; лобово́е столкнове́ние, head-on collision
лову́шка, *f.*, trap; электро́нная лову́шка, electron trap; ды́рочная лову́шка, hole trap
логари́фм, *m.*, logarithm
логарифме́тика, *f.*, logarithmetics
логарифми́рование, *n.*, taking the logarithm
логарифми́ровать, *v.*, take the logarithm; логарифми́ровать о́бе ча́сти ра́венства (1), take the logarithm of both sides of equation (1)
логарифми́ческий, *adj.*, logarithmic; логарифми́ческая лине́йка, slide rule; логарифми́ческие часто́тные характери́стики, Bode diagrams
ло́гик, *m.*, logician
ло́гика, *f.*, logic; математи́ческая ло́гика, mathematical logic; фу́нкции а́лгебры ло́гики, Boolean functions
логи́стика, *f.*, logistics
логисти́ческий, *adj.*, logistics, logistic
логи́ческий, *adj.*, logical, consequent, logistic; логи́ческий сдвиг, cyclic shift
логи́чный, *adj.*, logical, logistic
логнорма́льный, *adj.*, logarithmically normal
логоцикли́ческая крива́я, *f.*, strophoid ($y^2 = x^2(x + a)/(a - x)$)
ложи́ться (лечь), *v.*, lie (down), cover
ложноклассИ́ческий, *adj.*, pseudo-classical
ло́жность, *f.*, falsity
ло́жный, *adj.*, false; ло́жный вы́вод, false conclusion; ло́жное сраба́тывание, malfunctioning; ло́жный сигна́л, spurious signal; мето́д ло́жного положе́ния, regula falsi, method of false position
ложь, *f.*, falsity, falsehood
локализа́ция, *f.*, localization
локализи́рованный, *adj.*, localized, local
локализи́ровать, *v.*, localize
локализова́ть, *v.*, localize
локализу́емый, *adj.*, local, localized
локалите́т, *m.*, locality, spot
лока́льно, *adv.*, locally
лока́льно-аналити́ческий, *adj.*, locally analytic
лока́льно-бикомпа́ктный, *adj.*, locally (bi)compact
лока́льно-вы́пуклый, *adj.*, locally convex
лока́льно-гомеомо́рфный, *adj.*, locally homeomorphic
лока́льно-евкли́дов, *adj.*, locally Euclidean
лока́льно-компа́ктный, *adj.*, locally compact

лока́льно-нильпоте́нтный, *adj.*, locally nilpotent
лока́льность, *f.*, localization
лока́льный, *adj.*, local
ло́кон, *m.*, curl, ringlet; ло́кон Анье́зи, witch of Agnesi
локсодро́ма, *f.*, loxodrome, rhumb (line)
локсодроми́ческий, *adj.*, loxodromic
локсодро́мия, *f.*, loxodromic curve, loxodrome
ло́маная, *f.*, broken line, polygonal line, open polygon
ло́маный, *adj.*, broken; ло́маная фу́нкция, piecewise linear function
лома́ть (слома́ть), *v.*, break
лома́ться (слома́ться), *v.*, break down, get out of order
ло́пасть, *f.*, blade, fan, vane
лопа́тка, *f.*, blade; во все лопа́тки, at full speed
Ло́питаль, *p.n.*, L'Hospital, L'Hôpital
Лора́н, *p.n.*, Laurent; ряд Лора́на, Laurent series
Ло́ренц, *p.n.*, Lorentz
ло́ренцев, *adj.*, Lorentzian
лошади́ный, *adj.*, horse; лошади́ная си́ла, horsepower
ЛПР, *abbrev.* (лицо́, принима́ющее реше́ния), DM (decision maker)
Лукасе́вич, *p.n.*, Łukasiewicz
луна́, *f.*, moon
лу́нка, *f.*, lune, hollow, hole
лу́нно-со́лнечный, *adj.*, lunisolar
лу́нный, *adj.*, lunar
лунообра́зный, *adj.*, crescent-shaped
лу́ночка, *f.*, crescent, lune
лу́па, *f.*, loop; magnifier, magnifying glass, loupe; а́лгебра лу́пы, loop algebra
лупускуля́рный, *adj.*, loopuscular
луч, *m.*, ray, beam; испуска́ть лучи́, radiate; положи́тельный луч, positive real axis
лучево́й, *adj.*, ray, radial
лучеиспуска́емость, *f.*, radiativity, emissivity
лучеиспуска́ние, *n.*, radiation, emission
лучепреломле́ние, *n.*, refraction
лучи́стый, *adj.*, radiation, radiant, radiating; лучи́стый перено́с, radiation transfer; лучи́стая эне́ргия, radiant energy
лу́чше, *adv.*, better
лу́чший, *adj.*, better, best; возмо́жно лу́чший, possibly best
любе́зно, *adv.*, kindly, graciously
люби́тель, *m.*, amateur
любо́й, *adj.*, any, arbitrary
любопы́тный, *adj.*, curious, inquisitive
любопы́тство, *n.*, curiosity
Люилье́, *p.n.*, L'Huilier
люминесце́нтный, *adj.*, luminescent
люминесце́нция, *f.*, luminescence
люфт, *m.*, gap; clearance

М м

магази́н, *m.*, stack
магази́нный, *adj.*, stack, store, push-down
магази́нный автома́т, *m.*, push-down automaton
магистра́ль, *f.*, turnpike; теоре́ма о магистра́ли, turnpike theorem
магистра́льный, *adj.*, turnpike, main line
маги́ческий, *adj.*, magic; маги́ческие квадра́ты, magic squares
магнети́зм, *m.*, magnetism
магнети́ческий, *adj.*, magnetic
магнето́н, *m.*, magneton
ма́гний, *m.*, magnesium
магни́т, *m.*, magnet
магни́тный, *adj.*, magnetic; магни́тное притяже́ние, magnetic attraction; магни́тное по́ле, magnetic field; магни́тный пото́к, flux; магни́тный бараба́н, drum, magnetic drum
магнитогидродина́мика, *f.*, magnetohydrodynamics
магнитокалори́ческий, *adj.*, magnetocaloric
магнитоо́птика, *f.*, magneto-optics
магнитоста́тика, *f.*, magnetostatics
магнитостати́ческий, *adj.*, magnetostatic
магнитоэлектри́ческий, *adj.*, magnetoelectric, electromagnetic
мажо́р, *m.*, major
мажора́нта, *f.*, majorant; числова́я мажора́нта, numerical majorant
мажора́нтный, *adj.*, majorizing, majorant
мажори́рование, *n.*, majorization
мажори́рованный, *adj.*, majorized, dominated
мажори́ровать, *v.*, majorize, dominate
мажори́руемый, *adj.*, majorized, dominated, majorizable
мажори́рующий, *adj.*, majorizing, dominating, dominant
мажорита́рный, *adj.*, majority; мажорита́рная игра́, majority game
мажо́рный, *adj.*, major
Ма́зер, *p.n.*, Mather
Ма́йер, *p.n.*, Mayer
Мак-Ги́, *p.n.*, McGehee
маке́т, *m.*, model, dummy
Ма́кки, *p.n.*, Mackey
Мак-Ла́флин, *p.n.*, McLaughlin
ма́кро-, *prefix*, macro-
макроскопи́ческий, *adj.*, macroscopic
макрофи́зика, *f.*, macrophysics
макрочасти́ца, *f.*, macroscopic particle
Ма́ксвелл, *p.n.*, Maxwell
ма́ксвелл, *m.*, maxwell
ма́ксвеллов, *adj.*, Maxwell
максима́льность, *f.*, maximality; усло́вие максима́льности, maximality condition, ascending chain condition
максима́льный, *adj.*, maximum, maximal
максимиза́ция, *f.*, maximization
максимизи́рование, *n.*, maximization
максимизиро́ванный, *adj.*, maximized
максимизи́ровать, *v.*, maximize
максимизи́рующий, *adj.*, maximizing; максимизи́рующая после́довательность, maximizing sequence
ма́ксимум, *m.*, maximum, peak; резона́нсный ма́ксимум, resonance peak
ма́лая (*from* ма́лый), *f.*, small quantity; бесконе́чно ма́лая (величина́), *f.*, infinitesimal
ма́ленький, *adj.*, small, little
мал, мала́, мало́ (*from* ма́лый), *adj.*, small; сколь бы мало́ ни́ было, no matter how small
Ма́ло, *p.n.*, Mahlo
ма́ло, *adv.*, little; slightly, in a small way; *adj.* (*with genitive pl.*), few; ма́ло чита́ть, read a little; ма́ло теоре́м, a few theorems
мало́ (*from* мал), *adj.*, small
малова́жный, *adj.*, insignificant, unimportant
маловероя́тный, *adj.*, low-probability, improbable, unlikely
малогабари́тный, *adj.*, small, small-size
ма́лое (*from* ма́лый), *n.*, little, small quantity; сколь уго́дно ма́лое, arbitrarily small
малоизве́стный, *adj.*, little-known

малоинерцио́нный, *adj.*, low-inertia, quick-response
малоинъекти́вный, *adj.*, semi-injective
маломо́щный, *adj.*, low-power, low-duty
малоограничи́тельный, *adj.*, not very restrictive
малопоня́тный, *adj.*, difficult to understand
малоразря́дный, *adj.*, low-discharge
ма́лость, *f.*, trifle, smallness; ма́лость ро́ста, slowness of growth (*complex analysis*)
малосуще́ственный, *adj.*, unimportant, not substantial
ма́лый, *adj.*, small; в ма́лом, in the small; ма́лая ско́рость, low speed; са́мое ма́лое, the least; ма́лый цикл, word time
Ма́мфорд, *p.n.*, Mumford
Мандельбро́йт, *p.n.*, Mandelbrojt
манёвренность, *f.*, maneuverability
маневри́ровать (сманеври́ровать), *v.*, maneuver
манипули́рование, *n.*, manipulation
манипуля́ция, *f.*, manipulation
мано́метр, *m.*, manometer, pressure gauge
манометри́ческий, *adj.*, manometric, pressure
манти́сса, *f.*, mantissa
маргина́льный, *adj.*, marginal; маргина́льная сто́имость, marginal cost; маргина́льная цена́, marginal price
ма́рка, *f.*, brand, sign, mark
маркёр, *m.*, marker
ма́ркерный, *adj.*, marker
ма́рковость, *f.*, Markov property, Markov behavior
ма́рковский, *adj.*, Markov
мартинга́л, *m.*, martingale
мартинга́л-проце́сс, *m.*, martingale process
марш-алгори́тм, *m.*, marching algorithm
маршру́т, *m.*, route, course, itinerary; sequence (*chain of edges in a graph*)
маскиро́вка, *f.*, masking, camouflage
ма́сса, *f.*, mass, body, structure, frame, bulk, lot; молекуля́рная ма́сса, molecular mass; ма́сса поко́я, rest-mass
масси́в, *m.*, block, array; solid mass, set of lattice points; информацио́нный масси́в, data base; организа́ция масси́вов, file structure
масси́вный, *adj.*, massive, large; масси́вная гру́ппа, large group; масси́вное мно́жество, residual set
ма́ссовый, *adj.*, mass, array; ма́ссовое обслу́живание, queuing
мастерство́, *n.*, skill, mastery
масшта́б, *m.*, scale, degree, measure; и́стинный масшта́б вре́мени, real-time; рабо́та в и́стинном масшта́бе вре́мени, real-time operation; вычисле́ния в и́стинном масшта́бе вре́мени, real-time computation; изменя́ть масшта́б, *v.*, scale; приводи́ть к масшта́бу, *v.*, scale; измене́ние масшта́ба, rescaling
масштаби́рование, *n.*, process of scaling
масшта́бный, *adj.*, scale, scaled; масшта́бный мно́житель, scale factor; масшта́бный пара́метр, scale parameter
матема́тик, *m.*, mathematician
матема́тика, *f.*, mathematics
математи́ческий, *adj.*, mathematical
материа́л, *m.*, material
материалисти́ческий, *adj.*, materialistic
материа́льный, *adj.*, material, pecuniary, financial, mass; материа́льная то́чка, mass point, single mass point; материа́льное те́ло, mass; материа́льная незави́симость, material frame-indifference
матери́нский, *adj.*, maternal; матери́нский а́том, parent nucleus
матобеспе́чение, *n.*, software
матрёшка, *f.*, nest
ма́трица, *f.*, matrix, array; ма́трица для двух переме́нных, two-variable matrix; ма́трица из магни́тных серде́чников, array of cores
матрица́нт, *m.*, matriciant, evolution matrix, Cauchy matrix, principal matrix solution (*differential equations*)
ма́трица-строка́, *f.*, row matrix
ма́трица-фу́нкция, *f.*, matrix-valued function
матричнозна́чный, *adj.*, matrix-valued
ма́тричный, *adj.*, matrix, matric, array (*in computing*); ма́тричная игра́, two-person zero-sum noncooperative game
матч, *m.*, match, competition

Матьё, *p.n.*, Mathieu
Мах, *p.n.*, Mach
махови́к, *m.*, flywheel
ма́чта, *f.*, mast, column, support
маши́на, *f.*, machine, engine, mechanism; маши́на после́довательного де́йствия, series machine; маши́на паралле́льного де́йствия, parallel machine; маши́на о́бщего назначе́ния, general computer
маши́нка, *f.*, small machine; пи́шущая маши́нка, typewriter; печа́тать на маши́нке, *v.*, type
маши́нный, *adj.*, machine; маши́нный ме́тод, mechanical method, machine method
мая́к, *m.*, beacon, lighthouse
ма́ятник, *m.*, pendulum
мгнове́ние, *n.*, instant, moment
мгнове́нно, *adv.*, instantly
мгнове́нность, *f.*, instantaneity, instantaneousness
мгнове́нный, *adj.*, instantaneous, momentary; мгнове́нное значе́ние, instantaneous value; мгнове́нный центр скоросте́й, instantaneous center
Мёбиус, *p.n.*, Möbius
мегаэлектронво́льт (Мэв), *m.*, million electron volts (Mev)
медиа́на, *f.*, median
медиа́нный, *adj.*, median
медиатри́са, *f.*, mid-perpendicular, right bisector
медици́нский, *adj.*, medical
ме́дленно, *adv.*, slowly
медленноде́йствующий, *adj.*, slow, slow-acting
ме́дленность, *f.*, slowness
ме́дленный, *adj.*, slow, sluggish
медли́тельность, *f.*, sluggishness, tardiness
медли́тельный, *adj.*, sluggish, slow, tardy
ме́длить, *v.*, be slow, delay, linger, lag
медне́ние, *n.*, copper plating
ме́дный, *adj.*, copper
медь, *f.*, copper
меж-, *prefix*, inter-
межа́томный, *adj.*, interatomic
межву́зовский, *adj.*, interuniversity
межгруппово́й, *adj.*, intergroup, intragroup, between group(s)
ме́жду, *prep.*, between, among; ме́жду тем как, meanwhile; отноше́ние «ме́жду», relation of betweenness, betweenness relation; ме́жду про́чим, among other things; ме́жду собо́й, among themselves
ме́жду-, *prefix*, inter-
междубло́чный, *adj.*, interblock
междузвёздный, *adj.*, interstellar
междунаро́дный, *adj.*, international
междуя́дерный, *adj.*, internuclear
межкла́ссовый, *adj.*, interclass, intergroup, between classes
межконтинента́льный, *adj.*, intercontinental
межмолекуля́рный, *adj.*, intermolecular
межъя́дерный, *adj.*, internuclear
мезоа́том, *m.*, mesonic atom, meson
мезо́н, *m.*, meson
мезо́нный, *adj.*, meson
Ме́йер, *p.n.*, Meyer
Ме́лер, *p.n.*, Mehler
ме́лкий, *adj.*, shallow, fine, small
ме́лко, *adv.*, finely, shallowly
мелково́дный, *adj.*, shallow
мелкозерни́стный, *adj.*, fine-grained
мелкозёрный, *adj.*, fine-grained
ме́лкость, *f.*, fineness, mesh; ме́лкость покры́тия, mesh of a covering
мельча́ть, *v.*, grow small; diminish
мельчи́ть, *v.*, make small; diminish
мембра́на, *f.*, membrane; diaphragm, film
мембра́нный, *adj.*, membrane; мембра́нное равнове́сие, membrane equilibrium
мемуа́р, *m.*, memoir; мемуа́ры, *pl.*, memoirs
ме́нее, *adv.*, less; тем не ме́нее, nevertheless
Менела́й, *p.n.*, Menelaus
ме́нзула, *f.*, plane-table
менов́ой, *adj.*, exchange; менова́я сто́имость, exchange value
Мёнье́, *p.n.*, Meusnier
ме́ньше, *adj.*, smaller, less (than), fewer; *adv.*, less
ме́ньший, *adj.*, smaller, lesser
меня́ть (поменя́ть), *v.*, vary, change

меня́ться (поменя́ться), *v.*, change, vary; меня́ться места́ми, change places
меня́ющийся, *adj.*, changing, varying, alternating
ме́ра, *f.*, measure, degree; ме́ра незави́симости, degree of independence; чи́стая ме́ра ве́са, absolute estimate of the size; по ме́ре того́ как, as; по ме́ре возмо́жности, as far as possible; по ме́ньшей ме́ре, at least; по кра́йней ме́ре, at least; по бо́льшее ме́ре, at most; о́бласть бесконе́чной ме́ры, domain of infinite extent; простра́нство с ме́рой, measure space; в бо́лее си́льной ме́ре, in a stronger form
мереоло́гия, *f.*, mereology, Lesniewski system
меридиа́н, *m.*, meridian
меридиона́льный, *adj.*, meridional, meridian
ме́рить, *v.*, measure
-ме́рный, *suffix*, -dimensional; *n*-ме́рный, *n*-dimensional
меромо́рфность, *f.*, property of being meromorphic, meromorphy
меромо́рфный, *adj.*, meromorphic
мероопределе́ние, *n.*, metric, measure, definition of measure, metrization, mensuration
меропри́ятие, *n.*, measure, action
ме́рсеров, *adj.*, Mercerian
мёртвый, *adj.*, dead; мёртвый ход, backlash; мёртвая то́чка, dead center, standstill
мерца́ющий, *adj.*, flickering
ме́стность, *f.*, locality
ме́стный, *adj.*, local, place; *n*-ме́стное отноше́ние, *n*-ary relation
ме́сто, *n.*, place, locus, spot, position; име́ть ме́сто, *v.*, occur, take place; hold; стоя́ть на ме́сте, *v.*, stand still; геометри́ческое ме́сто, locus; асимптоти́ческое ме́сто, asymptotic spot; у́зкое ме́сто, bottleneck; нача́льное (концево́е) ме́сто, initial (final) position; начиная́ с некоторого ме́ста, (sequence) starting from a certain index
местонахожде́ние, *n.*, occurrence, location, position; определе́ние местонахожде́ния, locating
местоположе́ние, *n.*, location
ме́сяц, *m.*, month, moon
ме́сячный, *adj.*, monthly
мета́белев, *adj.*, metabelian; мета́белева гру́ппа, metabelian group
метаболизи́рующий, *adj.*, metabolizing
метаболи́зм, *m.*, metabolism
метаболи́т, *m.*, metabolite
метаболи́ческий, *adj.*, metabolic
метагармони́ческий, *adj.*, ultraharmonic, metaharmonic
метаигра́, *f.*, metagame
метакалори́йный, *adj.*, metacaloric; *n*-метакалори́йная фу́нкция, *n*-metacaloric function
металингвисти́ческий, *adj.*, metalinguistic
мета́лл, *m.*, metal
металли́ческий, *adj.*, metallic
металлопокры́тый, *adj.*, plated, metal-coated
металлурги́ческий, *adj.*, metallurgical
металлу́ргия, *f.*, metallurgy
металоги́ческий, *adj.*, metalogical
метаматема́тика, *f.*, metamathematics
метаматемати́ческий, *adj.*, metamathematical
мета́ние, *n.*, throwing, casting, flinging, tossing, projection
метапо́лный, *adj.*, metacomplete
метасисте́ма, *f.*, metasystem
метастаби́льный, *adj.*, metastable
мета́тельный, *adj.*, throwing, missile; мета́тельный снаря́д, *m.*, projectile, missile
метатео́рия, *f.*, metatheory
метафизи́ческий, *adj.*, metaphysical
метаце́нтр, *m.*, metacenter
метацентри́ческий, *adj.*, metacentric
метацикли́ческий, *adj.*, metacyclic; метацикли́ческая гру́ппа, metacyclic group
метаязы́к, *m.*, metalanguage
метёлка, *f.*, brush, panicle (*differential equations; used metaphorically*)
метеорологи́ческий, *adj.*, meteorological
метеороло́гия, *f.*, meteorology
ме́тить, *v.*, aim, mark
ме́тка, *f.*, label, mark, marker, marking, name, tag, target, flag

ме́ткость, *f.*, accuracy, marksmanship
ме́тод, *m.*, method, means, approach, process; practice, technique, tool; ме́тод перева́ла, saddle point method; ме́тод проб, cut-and-try method; ме́тод простра́нства состоя́ний, state-space method
мето́дика, *f.*, methods, procedures
методи́ческий, *adj.*, methodical, systematic; методи́ческая погре́шность, systematic error
методи́чный, *adj.*, methodical, systematic
методологи́ческий, *adj.*, methodological
методоло́гия, *f.*, methodology
метр, *m.*, meter
метриза́тор, *m.*, valuation, metrizer
метризацио́нный, *adj.*, metrized, valuation; метризацио́нное кольцо́, valuation ring
метриза́ция, *f.*, metrization, valuation
метризова́ние, *n.*, metrization
метризо́ванный, *adj.*, metrized, with metric, with a valuation; метризо́ванное по́ле, field with a valuation
метризова́ть, *v.*, metrize
метризу́емость, *f.*, metrizability
метризу́емый, *adj.*, metrizable
ме́трика, *f.*, metric, distance function, valuation
метри́чески, *adv.*, metrically; метри́чески пло́тный, metrically dense
метри́ческий, *adj.*, metric
метри́чески-чебышёвский, *adj.*, metrically Chebyshev
метроно́м, *m.*, metronome
механиза́ция, *f.*, mechanization
механизи́рованный, *adj.*, mechanized
механи́зм, *m.*, mechanism
меха́ника, *f.*, mechanics
механи́ческий, *adj.*, mechanical
ме́ченый, *adj.*, marked, labelled; ме́ченые а́томы, radioactive tracers
меша́ть (помеша́ть), *v.*, interfere with, hinder, mix
меша́ющий, *adj.*, interfering, interference, nuisance; меша́ющий пара́метр, nuisance parameter
МИАН, *abbrev.* (Математи́ческий институ́т им. В.А. Стекло́ва Акаде́мии нау́к СССР), V. A. Steklov Mathematical Institute, Academy of Sciences of the USSR
мигра́ция, *f.*, migration
Ми́зес, *p.n.*, Mises, von Mises
ми́кро-, *prefix*, micro-
микробиоло́гия, *f.*, microbiology
микроволна́, *f.*, microwave
микроволно́вый, *adj.*, microwave
микроко́см, *m.*, microcosm
микрокосми́ческий, *adj.*, microcosmic
микроми́р, *m.*, microcosmos, microworld
микро́н, *m.*, micron
микрооргани́зм, *m.*, microorganism
ми́кропрогра́мма, *f.*, microprogram, firmware
микросеку́нда, *f.*, microsecond
микросисте́ма, *f.*, microsystem
микроскопи́ческий, *adj.*, microscopic
микроскопи́я, *f.*, microscopy
микросхе́ма, *f.*, chip (*computing*)
микрофи́зика, *f.*, microphysics
микрофо́н, *m.*, microphone
микрочасти́ца, *f.*, microparticle
миллиампе́р, *m.*, milliampere
миллиа́нгстрем, *m.*, milliangstrom
миллиа́рд, *m.*, milliard, billion (10^9)
миллиба́р, *m.*, millibar
милливо́льт, *m.*, millivolt
миллигра́мм, *m.*, milligram
милликюри́, *m.*, millicurie
миллиме́тр, *m.*, millimeter
миллимикро́н, *m.*, millimicron
миллирентге́н, *m.*, milliroentgen
Милью́, *p.n.*, Milloux
ми́мо, *adv., prep.*, past, by
мимохо́дом, *adv.*, in passing, incidentally
миниатюриза́ция, *f.*, miniaturization
миниатю́рный, *adj.*, miniature
миниверсальный, *adj.*, miniversal
минима́кс, *m.*, minimax
минима́ксность, *f.*, minimaxity, minimax property
минима́ксный, *adj.*, minimax
минима́льность, *f.*, minimality; усло́вие минима́льности, minimality condition, descending chain condition
минима́льный, *adj.*, minimum, minimal
минимиза́ция, *f.*, minimization
минимизи́ровать, *v.*, minimize

минимизи́рующий, *adj.*, minimizing; минимизи́рующая после́довательность, minimizing sequence
ми́нимум, *m.*, minimum
Минко́вский, *p.n.*, Minkowski
минова́ть (мину́ть), *v.*, pass, be over, omit, bypass
мино́р, *m.*, minor
минора́нта, *f.*, minorant
минори́рованный, *adj.*, minorized
минори́ровать, *v.*, minorize
ми́нус, *m.*, minus
мину́та, *f.*, minute
мину́ть (*perf. of* минова́ть), *v.*, pass, bypass, omit
мину́я, *adv.*, omitting, bypassing, if we omit
мир[1], *m.*, world, universe
мир[2], *m.*, peace
мирово́й, *adj.*, world; мирова́я то́чка, world point
мирозда́ние, *n.*, universe
мише́нный, *adj.*, target
мише́нь, *f.*, target
мк-, *abbrev.* (ми́кро-), micro
мкбар, *abbrev.*, microbar
мксек, *abbrev.*, microsecond
мл., *abbrev.* (мла́дший), Jr.
младе́нчество, *n.*, infancy
мла́дший, *adj.*, lowest, lower, minor, youngest, junior; мла́дший член многочле́на, lowest term of a polynomial
мне (*from* я), *pron.*, for me, to me; мне пришло́сь, I had to
мнемо́ника, *f.*, mnemonics
мнемони́ческий, *adj.*, mnemonic; мнемони́ческая схе́ма, mnemonic, mnemonic circuit, memory circuit
мне́ние, *n.*, opinion, judgement
мни́мый, *adj.*, imaginary; мни́мая ось, imaginary axis, conjugate axis (*of hyperbola*)
мно́гие, *adj. and noun (pl.)*, many, a great many
мно́го, *adv.*, much, plenty, many; *prefix*, multi-, poly-, many-
многоа́дресный, *adj.*, multiaddress
многоаргуме́нтный, *adj.*, of several variables, multivariate
многоа́томный, *adj.*, polyatomic
многовале́нтный, *adj.*, multivalent
многоверши́нный, *adj.*, multimodal, multivertex, multipeak
многогра́нник, *m.*, polyhedron, polytope
многогра́нный, *adj.*, polyhedral
многозве́нник, *m.*, spline
многозна́чность, *f.*, multivalence, multiformity
многозна́чный, *adj.*, many-valued, multiform, multivalent; многозна́чная фу́нкция, multifunction; многозна́чное число́, multiplace number; многозна́чное дифференциа́льное уравне́ние, set-valued differential equation, generalized differential equation
многокана́льный, *adj.*, multi-channel, multiserver (*queueing system*)
многокомпоне́нтный, *adj.*, multicomponent
многоконта́ктный, *adj.*, multicontact
многоконту́рный, *adj.*, multiple loop, multicircuit
многокорнево́й, *adj.*, multi-rooted, with multiple roots, with many roots
многокра́тно, *adv.*, repeatedly, multiply
многокра́тность, *f.*, recurrence, repetition, multiplicity
многокра́тный, *adj.*, multiple, repeated
многокритериа́льный, *adj.*, multicriteria; multi-objective (*computing*); многокритериа́льная оптимиза́ция, multicriteria optimization, polyoptimization
многолине́йный, *adj.*, multibranch, multilinear; multiserver (*queueing system*)
многоли́стный, *adj.*, many-sheeted, multivalent, many-to-one
многоме́рный, *adj.*, many-dimensional, multivariate; многоме́рное распределе́ние, multivariate distribution
многоме́стный, *adj.*, many-placed, many-place, multiple, polyadic
многонуклео́нный, *adj.*, many-nucleon
многообмо́точный, *adj.*, multiwound; многообмо́точное реле́, multiwound relay
многообра́зие, *n.*, manifold, variety, diversity

многообра́зный, *adj.*, manifold, multiform, diverse
многоо́сный, *adj.*, multiaxis, polyaxis
многопараметри́ческий, *adj.*, multiparameter
многопо́люсник, *m.*, multipole, network, multiterminal network
многопо́люсный, *adj.*, multipole, multiterminal; многопо́люсный переключа́тель, multipole switch
многоразме́рностный, *adj.*, multidimensional
многосвя́зный, *adj.*, multiply connected
многосе́точный, *adj.*, multigrid
многосло́жный, *adj.*, complex, polysyllabic
многосло́йный, *adj.*, stratified, multilayer
многостади́йный, *adj.*, multistage
многостепе́нный, *adj.*, several-stage, multilevel, multigrade
многосторо́нний, *adj.*, polygonal, multilateral, versatile
многосторо́нность, *f.*, polygonality, versatility
многоступе́нчатый, *adj.*, multistage, multistep, multiphase
многота́ктный, *adj.*, multistage, multiple
многото́чечный, *adj.*, multipoint
многото́чие, *n.*, dots
многоуго́льник, *m.*, polygon
многоуго́льный, *adj.*, polygonal
многоу́ровневый, *adj.*, multilevel
многофа́зный, *adj.*, multiphase, polyphase
многофа́зовый, *adj.*, multiphase
многоцелево́й, *adj.*, multiple objective, multiple goal, multipurpose
многочасти́чный, *adj.*, multiparticle
многочи́сленный, *adj.*, numerous, multiple
многочле́н, *m.*, polynomial
многочле́нный, *adj.*, polynomial
многоша́говый, *adj.*, multistage, multistep
мно́жественность, *f.*, plurality, multiplicity
мно́жественный, *adj.*, multiple, plural, multivariate; мно́жественный ана́лиз, multivariate analysis; мно́жественная корреля́ция, multiple correlation; мно́жественная регре́ссия, multiple regression
мно́жество, *n.*, set, aggregate, collection; мно́жество то́чек, point set; мно́жество ме́ры нуль, null set, set of measure zero; мно́жество значе́ний, range; мно́жество всех подмно́жеств мно́жества, power set; мно́жество разде́ла, separation set, cut locus
мно́жество-произведе́ние, *n.*, product set
мно́жество-ча́стное, *n.*, quotient set
мно́жимое, *n.*, multiplicand
мно́житель, *m.*, factor, multiplier, coefficient; разложе́ние на мно́жители, factorization; лагра́нжев мно́житель, Lagrange multiplier
мно́жительно-дели́тельный, *adj.*, multiplication-division; мно́жительно-дели́тельный блок, multiplication-division unit
мно́жительный, *adj.*, multiplicative, multiplier
мно́жить (помно́жить, умно́жить), *v.*, multiply
мо́гут (*from* мочь[1]), *v.*, they can
могу́чий (*from* мочь[2]), *adj.*, mighty, powerful
могу́щий, *adj.*, mighty, powerful, strong; *m.*, one who can
мо́да, *f.*, fashion, style, mode
мода́льность, *f.*, modality
мода́льный, *adj.*, modal
моделя́рование, *n.*, simulation; имитацио́нное моделя́рование, simulation modeling
моделя́ровать, *v.*, simulate, model, shape
моделя́рующий, *adj.*, simulating, analogue; моделя́рующее устро́йство (на переме́нном то́ке), (A.C.) analog computer
моде́ль, *f.*, model, pattern
моде́льно, *adv.*, model; моде́льно по́лная тео́рия, model complete theory
моде́льный, *adj.*, model; моде́льный компаньо́н, model companion; моде́льное пополне́ние, model completion
модернизи́рованный, *adj.*, modernized
модифика́тор, *m.*, modifier, transformer

модифика́ция, *f.*, modification
модифици́рованный, *adj.*, modified
модифици́ровать, *v.*, modify
мо́дный, *adj.*, fashionable
модули́рованный, *adj.*, modulated
модули́ровать, *v.*, modulate
мо́дуль, *m.*, modulus, absolute value, module; мо́дуль вы́чета, residue class module; по мо́дулю 2, modulo 2; пермутацио́нный мо́дуль, permutation module
модульспе́ктр, *m.*, spectrum modulus, spectral norm
модуля́рность, *f.*, modularity, modular
модуля́рный, *adj.*, modular
модуляцио́нный, *adj.*, modulation
модуля́ция, *f.*, modulation; часто́тная модуля́ция, frequency modulation
мо́дус, *m.*, mode, modus
мо́жем (*from* мочь), *v.*, we can
мо́жет (*from* мочь), *v.*, he can, she can, it can, it might; мо́жет быть, maybe, it is possible, possibly; мо́жет встре́титься, may be encountered, may happen; мо́жет и не быть, may not be, need not be
мо́жно, *pred.*, it is possible
моза́ика, *f.*, tesselation, mosaic
моза́ичный, *adj.*, mosaic, tesselation
мозг, *m.*, brain
мой, *pron.*, my, mine
моле́кула, *f.*, molecule
молекуля́рный, *adj.*, molecular; молекуля́рный вес, molecular weight; молекуля́рная си́ла, molecular force
мо́лча, *adv.*, tacitly, silently
моль, *f.*, mole, gram-molecule
мо́льный, *adj.*, molar
моля́рный, *adj.*, molar; моля́рная уде́льная теплоёмкость, molar specific heat
моме́нт, *m.*, point, moment, instant, feature, element; моме́нт вре́мени, instant, time; моме́нт коли́чества движе́ния, angular momentum, moment of momentum; враща́тельный моме́нт, angular momentum; моме́нт враще́ния, torque; моме́нт си́лы, moment of force, torque; абсолю́тный моме́нт, absolute moment; группово́й моме́нт, grouped moment, raw moment; сме́шанный моме́нт, product moment, mixed moment; факториа́льный моме́нт, factorial moment; центра́льный моме́нт, central moment; моме́нт ине́рции, moment of inertia; моме́нт съёма, sampling instant; моме́нт и́мпульса, moment; angular momentum; моме́нт разла́дка, change point
моме́нтный, *adj.*, moment; моме́нтная после́довательность, moment sequence
мона́рный, *adj.*, monic
моне́та, *f.*, coin
Монж, *p.n.*, Monge
моноалфави́тный, *adj.*, monoalphabetic
моноге́нность, *f.*, monogeneity
моноге́нный, *adj.*, monogenic
моногра́фия, *f.*, monograph
монодро́мия, *f.*, monodromy
моно́ид, *m.*, monoid
моноида́льный, *adj.*, monoidal
моноклини́ческий, *adj.*, monocline
монокли́нный, *adj.*, monocline
моно́м, *m.*, monomial
мономиа́льный, *adj.*, monomial
мономорфи́зм, *m.*, monomorphism
мономо́рфный, *adj.*, monomorphic
монопо́ль, *m.*, monopole
моносло́й, *m.*, monolayer
моноспла́йн, *m.*, monospline
монотети́чный, *adj.*, monothetic
моноти́п, *m.*, monotype
моноти́пный, *adj.*, monotype
моното́нно, *adv.*, monotonically, steadily; моното́нно нульме́рный, monotone-by-zero-dimensional
моното́нность, *f.*, monotonicity
моното́нный, *adj.*, monotone, monotonic; моното́нная неубыва́ющая фу́нкция, monotone nondecreasing function; моното́нная невозраста́ющая фу́нкция, monotone non-increasing function
монофока́льный, *adj.*, monofocal
монохромати́ческий, *adj.*, monochromatic, simple harmonic; монохромати́ческая волна́, simple harmonic wave
монохромати́чность, *f.*, monochromaticity

моноэнергети́ческий, *adj.*, monoenergetic, monoenergy
монта́ж, *m.*, assembly, mounting, installation
мо́ре, *n.*, sea
Море́й, *p.n.*, Maurey
морепла́вание, *n.*, navigation
морепла́вательный, *adj.*, nautical, navigational
морехо́дство, *n.*, navigation
моро́з, *m.*, frost; degree of frost
Морс, *p.n.*, Morse
морско́й, *adj.*, sea
морфе́ма, *f.*, morpheme
морфи́зм, *m.*, morphism
мост, *m.*, bridge; зада́ча о кёнигсбе́ргских моста́х, problem of the seven bridges of Königsberg
мо́стик, *m.*, (little) bridge
мо́стиковый, *adj.*, pertaining to bridge, bridge; мо́стиковая схе́ма, bridge circuit
мостово́й, *adj.*, bridge; мостово́е число́, bridging number; мостова́я схе́ма, bridge circuit
мотиви́рование, *n.*, motivation, justification
мотивиро́вка, *f.*, motivation, justification
мото́к, *m.*, skein
мото́р, *m.*, motor, engine
мочь[1], *v.*, be able
мочь[2], *f.*, power, might
мо́щность, *f.*, power, capacity, output, cardinality; номина́льная мо́щность нагру́зки, capacity; фу́нкция мо́щности, power function; мо́щность ко́да, efficiency of a code
мо́щный, *adj.*, powerful, high-capacity
мощь, *f.*, power, might
мсек, *abbrev.* (миллисеку́нда), *f.*, millisecond
M-**структу́ра**, *f.*, matroid lattice
Муавр, *p.n.*, de Moivre
муж, *m.*, husband
му́жчина, *m.*, man, male
мультии́ндекс, *m.*, multi-index
мультиве́ктор, *m.*, multivector
мультивибра́тор, *m.*, multivibrator
мультигра́ф, *m.*, multigraph
мультигру́ппа, *f.*, multigroup
мультидифференциа́льный, *adj.*, multidifferential
мультикогере́нтный, *adj.*, multicoherent
мультимода́льный, *adj.*, multimodal; мультимода́льное распределе́ние, multimodal distribution
мультиномиа́льный, *adj.*, multinomial; мультиномиа́льное распределе́ние, multinomial distribution
мультинорма́льный, *adj.*, multinormal
мультиотноше́ние, *n.*, multirelation
мультипле́т, *m.*, multiple, multiplet
мультипле́тность, *f.*, multiplicity
мультипле́тный, *adj.*, multiplet
мультипликати́вно-аддити́вный, *adj.*, multiplicatively additive
мультипликати́вность, *f.*, multiplicativity
мультипликати́вный, *adj.*, multiplicative; мультипликати́вная разме́рность, product dimension
мультиплика́тор, *m.*, multiplicator, multiplier
мультипликацио́нный, *adj.*, multiplication
мультипо́ль, *m.*, multipole
мультипо́льный, *adj.*, multipolar, multipole
мультиструкту́ра, *f.*, multilattice
мультисубъекти́вный, *adj.*, multisubjective
Мур, *p.n.*, Moore
Му́фанг, *p.n.*, Moufang
му́фта, *f.*, coupling, clutch, sleeve
мы, *pron.*, we
мы́льный, *adj.*, soap, soapy
мы́сленно, *adv.*, mentally, conceptually, ideally
мы́сленный, *adj.*, mental, conceptual, ideal
мы́слимый, *adj.*, conceivable
мысли́тельный, *adj.*, cogitative, reflective
мы́слить, *v.*, think, conceive
мысль, *f.*, thought, idea; наводи́ть на мысль, *v.*, suggest
мышле́ние, *n.*, thinking, thought
мы́шца, *f.*, muscle
Мэв, *abbrev.* (мегаэлектронво́льт), million electron volt, Mev

мя́гкий, *adj.*, soft, mild, smooth, pliant;
мя́гкий пучо́к, flabby sheaf
мяч, *m.*, ball

Н н

на, *prep.*, on, onto, upon, in, to, towards, at; на са́мом де́ле, in reality, actually

набега́ть (набежа́ть), *v.*, over-run, overfill, etc.

набега́ющий, *adj.*, filling, accumulating

наби́вка, *f.*, printing, stuffing, filling

набира́ть (набра́ть), *v.*, gather, collect, compose

на́бла, *f.*, nabla, del (∇)

наблюда́емость, *f.*, observability

наблюда́емый, *adj.*, observed, observable

наблюда́тель, *m.*, observer

наблюда́тельный, *adj.*, observational

наблюда́ть, *v.*, observe

наблюде́ние, *n.*, observation; визуа́льное наблюде́ние, visualization; игра́ с едини́чным наблюде́нием числово́й величины́, game with a numerical-valued single observation

наблюдённый, *adj.*, observed

набо́р, *m.*, collection, set, system (*of numbers*), assembly, gathering, outfit; набо́р слов, mere words, nonsense

набо́рный, *adj.*, plugged program, typesetting; набо́рная програ́мма, *f.*, plugged program; вычисли́тельная маши́на с набо́рной програ́ммой, plugged program computer

на́бранный, *adj.*, collected, gathered, typeset

набра́сывание, *n.*, sketch, outline

набра́сывать[1] (набро́сить), *v.*, throw, throw on

набра́сывать[2] (наброса́ть), *v.*, sketch, outline, draft

набра́ть (*perf. of* набира́ть), *v.*, collect, accumulate

наброса́ть (*perf. of* набра́сивать[2]), *v.*

набро́сить (*perf. of* набра́сивать[1]), *v.*

набро́сок, *m.*, sketch, draft, outline

навева́ть (наве́ять), *v.*, bring, call up, suggest, blow together

наведе́ние, *n.*, induction, guidance

наведённый, *adj.*, led, directed, guided

наве́рное, *adv.*, certainly, probably; почти́ наве́рное, almost surely (*probability theory*)

наверну́ть (*perf. of* навёртывать), *v.*

наверняка́, *adv.*, certainly, for sure

навёртывать[1] (наверну́ть), *v.*, screw, screw on

навёртывать[2] (наверте́ть), *v.*, twist, wind (around)

наве́рх, *adv.*, up, upward

навести́ (*perf. of* наводи́ть), *v.*

наве́тренный, *adj.*, upstream, windward

наве́шивание, *n.*, weighing, attaching (*as in* attaching analytic discs); наве́шивание ква́нторов, quantification

наве́шивать (наве́шать), *v.*, weigh, weigh out; наве́шивать ква́нторы, quantify

наве́ян (*from* навева́ть), *adj.*, suggested (*by*)

наве́ять (*perf. of* навева́ть), *v.*

навива́ть (нави́ть), *v.*, wind, roll (up), coil, reel in

навива́ющийся, *adj.*, coiling, reeling in

навигацио́нный, *adj.*, navigational

нави́тый, *adj.*, wound (*on*), rolled (*on*)

наводи́ть (навести́), *v.*, direct, induce, aim (at), cover; наводи́ть на мысль, *v.*, suggest

наводя́щий, *adj.*, directing, leading; наводя́щее рассужде́ние, heuristic consideration; наводя́щие соображе́ния, heuristic arguments

навсегда́, *adv.*, forever

навстре́чу, *adv.*, towards, from the opposite direction

на́вык, *m.*, practice, experience, habit

Навье́, *p.n.*, Navier

Навье́-Стокс, *p.n.*, Navier-Stokes

навя́зываться (навяза́ться), *v.*, impose (on)

нагля́дно, *adv.*, graphically, visually, intuitively

нагля́дно-геометри́ческий, *adj.*, descriptive-geometric

нагля́дность, *f.*, obviousness, clearness, visualization

нагля́дный, *adj.*, descriptive, obvious, visual, intuitive
нагнета́ние, *n.*, forcing, supercharging
нагнета́тель, *m.*, supercharger
нагнета́тельный, *adj.*, forcing, supercharging
нагнета́ть (нагнести́), *v.*, force, press, supercharge
нагре́в, *m.*, heat, heating
нагрева́ние, *n.*, heating
нагрева́ть (нагре́ть), *v.*, heat, warm
нагрева́ющий, *adj.*, heating, warming
нагре́тый, *adj.*, heated
нагроможда́ть (нагромозди́ть), *v.*, heap up, pile up
нагружа́ть (нагрузи́ть), *v.*, load, charge
нагруже́ние, *n.*, load, charge; loading; просто́е нагруже́ние, simple loading
нагру́женный, *adj.*, loaded, charged, weighted; broken (*in physics*)
нагру́зка, *f.*, loading, load; номина́льная мо́щность нагру́зки, capacity
над, *prep.*, over, above, off
на́двое, *adv.*, in two
надгра́ф, *m.*, supergraph
надгра́фик, *m.*, epigraph (*graph theory*)
наддиагона́льный, *adj.*, off-diagonal; наддиагона́льные элеме́нты (ма́трицы), off-diagonal elements (of a matrix)
надева́ть (наде́ть), *v.*, put on
наде́жда, *f.*, hope
надёжность, *f.*, reliability, dependability, safety, accuracy
надёжный, *adj.*, reliable, dependable, accurate
наделённый, *adj.*, allotted, endowed, equipped, provided
наделя́ть (надели́ть), *v.*, allot, provide, endow, equip
надея́ться, *v.*, hope for, rely on
нади́р, *m.*, nadir, nadir point
надкольцо́, *n.*, super-ring, extension ring
надкоммута́тивный, *adj.*, containing the commutative (*noun*)
надкры́лье, *n.*, wing sheath, upper wing
надлежа́ть, *v.*, (*impersonal*); надлежи́т, it is necessary; это надлежа́ло бы сде́лать, this ought to be done
надлежа́ще, *adv.*, suitably, properly
надлежа́щий, *adj.*, proper, suitable; надлежа́щим о́бразом, properly
надло́м, *m.*, fracture, break
надмно́жество, *n.*, superset
надмоде́ль, *f.*, hypermodel
надмо́дуль, *m.*, extension module, overmodule
наднильпоте́нтный, *adj.*, hypernilpotent
на́до (= ну́жно), *pred.*, we need, we need only, it is enough (to), it is necessary; на́до бу́дет, it will be necessary
на́добность, *f.*, need, necessity; (то) нет на́добности, it is not necessary
на́добный, *adj.*, necessary, requisite
надо́лго, *adv.*, for a long time
надпо́ле, *n.*, extension field, superfield
надре́з, *m.*, cut
надсе́ть, *f.*, supernet(work)
надстра́ивать (надстро́ить), *v.*, raise, build over
надстро́енный, *adj.*, built over, suspended
надстро́йка, *f.*, superstructure, suspension; гомоморфи́зм надстро́йки, suspension homomorphism
надте́ло, *n.*, extension of skew field
надфу́нкция, *f.*, majorant
надъекти́вный, *adj.*, surjective
нажа́тие, *n.*, pressure, pressing
наз., *abbrev.* (назва́нный *or* называ́емый), called, so-called
наза́д, *adv.*, back, backwards; возвраща́ясь наза́д, turning back, in retrospect; тому́ наза́д, ago; инду́кция наза́д, downward induction
назва́ние, *n.*, name, title
на́званный, *adj.*, named, titled
назе́мный, *adj.*, ground, surface
назначе́ние, *n.*, purpose, assignment, appointment; зада́ча о назначе́ниях, assignment problem
назна́ченный, *adj.*, fixed, prescribed, set, designated, assigned, appointed
назовём (*from* называ́ть), *v.*, we shall call
называ́емый, *adj.*, named, called; так называ́емый, known as, said to be (*rarely* "so-called")
называ́ется (*from* называ́ться), *v.*, is called, is said to be

называ́ть (назва́ть), *v.*, call, name, designate (*with instrumental of the name*)
называ́ться, *v.*, be called, be named, be known as, be said to be
называ́ющий, *adj.*, calling, naming; называ́ющая фо́рма, name-form
на́и-, (*prefix indicating superlative*), most
наиб. н. г., *abbrev.* (наибо́льшая ни́жняя грань), greatest lower bound
наибо́лее, *adv.*, most, very; наибо́лее мо́щный крите́рий, most powerful test
наибо́льший, *adj.*, greatest, largest, maximal; о́бщий наибо́льший дели́тель, greatest common divisor
наибыстре́йший, *adj.*, fastest; наибыстре́йший спуск, steepest descent
наи́вный, *adj.*, naive
наивы́годнейший, *adj.*, optimal, optimum
наивы́сший, *adj.*, highest
наизу́сть, *adv.*, by heart, by rote
наилу́чший, *adj.*, best; наилу́чшим о́бразом, in the best way; наилу́чшее приближе́ние, best approximation
наим. в. г., *abbrev.* (наиме́ньшая ве́рхняя грань), least upper bound
наиме́нее, *adv.*, least
наименова́ние, *n.*, name; denomination, designation
наиме́ньший, *adj.*, least, smallest; о́бщее наиме́ньшее кра́тное, least common multiple; наиме́ньший неотрица́тельный вы́чет, least nonnegative residue; ме́тод наиме́ньших квадра́тов, method of least squares
наини́зший, *adj.*, lowest
наипло́тнейший, *adj.*, densest
наискоре́йший, *adj.*, fastest, quickest; ме́тод наискоре́йшего спу́ска, method of steepest descent
на́искось, *adv.*, obliquely
наислабе́йший, *adj.*, weakest
наиху́дший, *adj.*, the worst
найдём (*from* находи́ть), *v.*, we (shall) find
на́йденный, *adj.*, obtained, found; на́йденный элеме́нт, the element obtained
найду́т (*from* находи́ть), *v.*, they (will) find
найти́ (*perf. of* находи́ть), *v.*, find; найти́ себе́ примене́ние, have an application
найти́сь (*perf. of* находи́ться), *v.*, be, be found
нака́ливание, *n.*, heating, incandescence
нака́пливать (накопи́ть), *v.*, accumulate
нака́пливаться, *v.*, be accumulated, accumulate
нака́пливающий, *adj.*, accumulating; нака́пливающий сумма́тор, accumulator, adder; сумма́тор нака́пливающего ти́па, counter-type adder
накла́дываемый, *adj.*, imposed on
накла́дывать (наложи́ть), *v.*, superimpose, impose, lay on
накла́дываться, *v.*, be imposed upon, be laid on, be superimposed on
накле́ивать (накле́ить), *v.*, paste on
накло́н, *m.*, inclination, slope, pitch
наклоне́ние, *n.*, inclination
наклонённый, *adj.*, inclined, tilted
накло́нная, *f.*, oblique line, slanting line
накло́нно, *adv.*, obliquely, aslant
накло́нность, *f.*, inclination
накло́нный, *adj.*, sloping, inclined, slanting, oblique; накло́нная произво́дная, directional derivative
наклоня́ющий, *adj.*, tilted (*module, algebra*)
наконе́ц, *adv.*, at last; finally
наконе́чник, *m.*, tip, point
накопи́тель, *m.*, accumulator; накопи́тель произведе́ний, product accumulator; накопи́тель сумм, sum accumulator
накопи́тельный, *adj.*, accumulative, storage
накопле́ние, *n.*, accumulation
нако́пленный, *adj.*, cumulative, accumulated
накопля́ть (накопи́ть), *v.*, accumulate
накопля́ющийся, *adj.*, accumulative, accumulating, cumulative
на́крест, *adv.*, cross, crosswise; на́крест лежа́щий, opposite; вну́тренние на́крест лежа́щие углы́, opposite (alternate) interior angles
накрыва́ть (накры́ть), *v.*, cover
накрыва́ться, *v.*, be covered

накрыва́ющий, *adj.*, covering; накрыва́ющее простра́нство, covering space; теоре́ма о накрыва́ющем пути́, path lifting theorem
накры́тие, *n.*, covering; двули́стное накры́тие, double covering
налага́емый, *adj.*, imposed
налага́ть (наложи́ть), *v.*, impose, lay on, apply
налага́я, *adv.*, imposing, laying
нала́живать (нала́дить), *v.*, put right, fix, adjust
нале́во, *adv.*, to the left
налега́ть (нале́чь), *v.*, overlap, overlie, lean on; налега́ть друг на дру́га, overlap
налега́ющий, *adj.*, leaning, overlying, straining, overlapping
налёт[1], *m.*, thin coating, film
налёт[2], *m.*, holdup, raid
нале́чь (*perf. of* налега́ть), *v.*
налицо́, *adv.*, present; быть налицо́, be present
нали́чие, *n.*, presence, availability, existence; при нали́чии, in the presence of, involving
нали́чный, *adj.*, ready, at hand, cash; нали́чные ресу́рсы, cash resources
нало́г, *m.*, tax
наложе́ние, *n.*, covering, superposition; пове́рхность наложе́ния, covering surface; универса́льная пове́рхность наложе́ния, universal covering surface
нало́женный, *adj.*, superimposed, covered
наложи́мость, *f.*, superposition, covering, applicability
наложи́мый, *adj.*, applicable; наложи́мые пове́рхности, applicable surfaces
наложи́ть (*perf. of* налага́ть *and* накла́дывать), *v.*, impose, superpose
намагни́чение, *n.*, magnetization
намагни́ченность, *f.*, magnetization; оста́точная намагни́ченность, remanence
намагни́чивание, *n.*, magnetization
намагни́чивающий, *adj.*, magnetizing
нама́тывать (намота́ть), *v.*, wind, wind around
намёк, *m.*, hint, allusion
намерева́ться, *v.*, intend to, be about to
наме́рен (*short form of* наме́ренный), intends to, is going to
наме́рение, *n.*, intention, purpose
наме́ренный, *adj.*, intentional, deliberate
намётка, *f.*, rough draft, first outline
намеча́ть (наме́тить), *v.*, plan, project, outline
намеча́ться, *v.*, be possible, be planned
наме́ченный, *adj.*, marked, projected, planned, designated
намно́го, *adv.*, considerably, by far
намо́танный, *adj.*, wound, coiled
намота́ть (*perf. of* нама́тывать), *v.*, wind
нанесённый, *adj.*, marked, drawn, plotted
наноси́ть (нанести́), *v.*, plot, bring, cause; наноси́ть деле́ния, graduate; наноси́ть по то́чкам, fit
наноси́ться, *v.*, be plotted, be drawn, be mapped
наоборо́т, *adv.*, conversely, back to front, vice versa, on the contrary
нападе́ние, *n.*, attack
напа́рник, *m.*, partner, one of a pair, opposite number, fellow worker
напере́д, *adv.*, beforehand, in advance; напере́д за́данный, preassigned
напеча́танный, *adj.*, printed, published, typed
напеча́тать (*perf. of* печа́тать), *v.*, print, publish, type
напи́санный, *adj.*, written
написа́ть (*perf. of* писа́ть), *v.*, write
наподо́бие, *prep.*, like, resembling
напо́лнение, *n.*, filling; scaffolding (*of a graph*)
напо́лненный, *adj.*, filled, inflated
наполови́ну, *adv.*, half, by half
напомина́ть (напо́мнить), *v.*, call to mind, remind
напомина́ющий, *adj.*, recalling, reminding
напо́р, *m.*, pressure; скоростно́й напо́р, pressure head
напр., *abbrev.* (наприме́р), e.g., for example
напра́вить (*perf. of* направля́ть), *v.*, direct, send
направле́ние, *n.*, direction, path, directed set; произво́дная по направле́нию, (directional) derivative in the direction

(*of*); кривизна́ в двуме́рном направле́нии, sectional curvature; ме́тод сопряжённых направле́ний, conjugate gradient method

напра́вленность, *f.*, directedness, direction, trend

напра́вленный, *adj.*, directed; напра́вленное мно́жество, directed set; напра́вленный граф, oriented graph, orgraph

направля́ть (напра́вить), *v.*, direct, turn, send

направля́ющая, *f.*, directrix, guide

направля́ющий, *adj.*, directing, guiding, direction, directional; направля́ющий коэффицие́нт, direction number; направля́ющий ко́синус, direction cosine; направля́ющий ко́нус, director cone (*of a ruled surface*); направля́ющая ли́ния, directrix; направля́ющий потенциа́л, guiding function

напра́во, *adv.*, to the right

напра́сно, *adv.*, in vain; *pred.*, it is useless

напра́шиваться, *v.*, suggest itself

наприме́р, *adv.*, for example

напро́тив, *adv.*, conversely, on the contrary; *prep.*, opposite

напряга́ть (напря́чь), *v.*, strain

напряже́ние, *n.*, stress, strain, voltage, tension; дели́тель напряже́ния, potentiometer, bleeder; сня́тие напряже́ния, dump; снима́ть напряже́ние, dump; паде́ние напряже́ния, voltage drop; ме́стное напря́жение сдви́га, local shear

напряжённость, *f.*, strength, intensity, effort; напряжённость электри́ческого по́ля, electric field strength

напряжённый, *adj.*, stress, strain, strained, tense, taut

нарабо́тка, *f.*, operating time, run; сре́дняя нарабо́тка до пе́рвого отка́за, mean time to first failure; нарабо́тка до отка́за, mean lifetime; нарабо́тка ме́жду отка́зами., mean time between failures

наравне́, *adv.*, on a level with, equally

нараста́ние, *n.*, increase, growth, rise

нара́щивать (нарасти́ть), *v.*, accumulate, raise, grow

наре́зка, *f.*, thread, rifling

нарисова́ть, *v.*, draw

наро́д, *m.*, people, nation

народонаселе́ние, *n.*, population

наро́ст, *m.*, growth (*on something*), incrustation; compact covering; remainder (*in topology*); пунктирофо́рмный наро́ст, one-point compactification

нарочи́то, *adv.*, expressly, deliberately, intentionally

нарочи́тый, *adj.*, deliberate, intentional

наро́чно, *adv.*, purposely

нару́жный, *adj.*, external

нару́жу, *adv.*, outside, besides

наруша́ть (нару́шить), *v.*, break, violate, infringe, disturb

наруша́ться, *v.*, be broken, be violated

наруша́я, *adv.*, violating, disturbing, breaking; не наруша́я о́бщности, without loss of generality

наруше́ние, *n.*, violation, infraction, breakdown

нару́шенный, *adj.*, violated, disturbed

нару́шиться (*perf. of* наруша́ться), *v.*

наряду́ с, *prep.*, along with, side by side with, parallel with, apart from

населе́ние, *n.*, population

наско́лько, *adv.*, how much, to what extent, as far as; наско́лько нам изве́стно, as far as we know

насле́дие, *n.*, inheritance, heritage

насле́довать, *v.*, inherit

насле́дственно, *adv.*, hereditarily, inherently, completely

насле́дственно-норма́льный, *adj.*, completely normal

насле́дственность, *f.*, heredity

насле́дственный, *adj.*, hereditary, full, complete; насле́дственная норма́льность, complete normality

наста́ивать (насто́ять), *v.*, insist, persist, infuse

наст. изд., *abbrev.* (насто́ящее изда́ние), this publication, in this issue

насто́лько, *adv.*, so, as much

насто́льный, *adj.*, table, desk; насто́льная кни́га, handbook, reference book;

настóльная счётная машúна, desk computer
настоя́щий, *adj.*, present, real; в настоя́щее врéмя, today, at present; до настоя́щего врéмени, up to now, hitherto; в настоя́щем смы́сла, literally
настрóйка, *f.*, tuning, adjustment; identification (*of coefficients*)
наступáть (наступúть), *v.*, occur, appear, ensue
наступлéние, *n.*, advent, approach, coming; attack, offensive; наступлéние собы́тия, occurrence of an event
насчёт, *prep.*, about, concerning
насчúтывать (насчитáть), *v.*, include, contain, have
насчúтываться, *v.*, number
насыпáть (насы́пать), *v.*, put, fill, pour
насыщéние, *n.*, saturation
насы́щенность, *f.*, saturation
насы́щенный, *adj.*, saturated
натáлкиваться (натолкнýться), *v.*, meet, come across, strike
натурáльный, *adj.*, natural; натурáльное числó, positive integer, natural number; натурáльный ряд, the positive integers
натыкáться (наткнýться), *v.*, come across
натя́гивание, *n.*, fitting (*curves*)
натя́гивать (натянýть), *v.*, stretch, span
натяжéние, *n.*, tension, pull; повéрхностное натяжéние, surface tension
натя́нутый, *adj.*, tight, stretched, strained, spanned
натянýть (*perf. of* натя́гивать), *v.*, stretch, span
наугáд, *adv.*, at random, by guess
наугóльник, *m.*, *T*-square, bevel square
наудáчу, *adv.*, at random
нaýка, *f.*, science, knowledge
научúть, *v.*, teach
научúться, *v.*, learn
нaýчно-исслéдовательский, *adj.*, research
нaýчный, *adj.*, scientific
находúть (найтú), *v.*, discover, find, come across
находúться, *v.*, be, be found, be situated, belong
находя́, *adv.*, finding, by finding, if we find
находя́щийся, *adj.*, situated, being, lying in
нахождéние, *n.*, determination, location, discovery, finding
нацéливать (нацéлить), *v.*, aim
нáцело, *adv.*, evenly, without a remainder, totally
национáльный, *adj.*, national; национáльный дохóд, national income
начáло, *n.*, beginning, origin, principle, basis, source; Начáла Евклúда, Euclid's "Elements"; начáло координáт, origin, origin of coordinates; начáло таблúцы, initial tabular value; с начáла, all over again, from the beginning
начáльно, *adv.*, initially, at first; начáльно-краевáя задáча, initial boundary value problem
начáльный, *adj.*, initial, first, elementary; начáльная тóчка, starting point, initial point
нáчатый, *adj.*, started, begun
начáть (*perf. of* начинáть), *v.*, begin
начертáние, *n.*, outline
начертáтельный, *adj.*, descriptive, graphic; начертáтельная геомéтрия, descriptive geometry
начертúть (*perf. of* чертúть), *v.*, draw, sketch
начéрченный, *adj.*, drawn, traced, outlined
начинáть (начáть), *v.*, begin, start, commence
начинáться, *v.*, begin, start
начинáющий, *adj.*, initial, beginning
начиная́, *adv.*, beginning, starting; начиная́ с, beginning with
начиная́сь, *adv.*, beginning
начисля́ться (начúслиться), *v.*, be calculated, be compounded
начнём (*from* начáть), *v.*, we (shall) begin
наш, *pron.*, our
нашёл, нашлú (*perf. of past forms of* найтú), *v.*, found, discovered
нашлóсь (*from* находúть), *adj.*, found
нащýпывать (нащýпать), *v.*, grope, feel about, find by feeling
наэлектризóванный, *adj.*, electrified

не, *negative particle*, not; не (однá) тóлько, not only; схéма «не», "not" circuit; *prefix*, un-, non-
неáбелев, *adj.*, non-Abelian
неавтонóмный, *adj.*, nonautonomous; неавтонóмные систéмы, nonautonomous systems
неаддитúвиость, *f.*, nonadditivity
неадиабатúческий, *adj.*, nonadiabatic
неадэквáтный, *adj.*, inadequate
неаксиоматизúруемый, *adj.*, nonaxiomatizable
неалгебрáический, *adj.*, nonalgebraic
неаналитúческий, *adj.*, nonanalytic
неаналитúчность, *f.*, nonanalyticity
неапосиндетúческий, *adj.*, nonaposyndetic
неаристóтелев, *adj.*, non-Aristotelian
неархимéдов, *adv.*, in a non-Archimedean manner; non-Archimedean
неархимéдовость, *f.*, non-Archimedean case, non-Archimedean property
неархимéдовски, *adj.*, non-Archimedean
неасимптотúческий, *adj.*, nonasymptotic
неассоциúрованный, *adj.*, nonassociated
неасферúчный, *adj.*, nonaspheric
неатомúческий, *adj.*, nonatomic
неатомúчный, *adj.*, nonatomic
небезынтерéсно, *adv.*, not without interest
небéсный, *adj.*, celestial
неблагоприя́тный, *adj.*, unfavorable, disadvantageous, adverse, unsuccessful; неблагоприя́тный исхóд, failure
неблуждáющий, *adj.*, nonwandering
нéбо, *n.*, sky
небольшóй, *adj.*, not large, small
небрéжно, *adv.*, carelessly, negligently
небрéжный, *adj.*, careless, negligent
невáжно, *adv.*, it does not matter
невáжный, *adj.*, indifferent, insignificant, irrelevant, unimportant, not good
неванлúнновский, *adj.*, Nevanlinna
невариациóнный, *adj.*, nonvariational
невéдомый, *adj.*, unknown
невелúкий, *adj.*, not too large, smallish
невéрный, *adj.*, incorrect, false
невероя́тный, *adj.*, unlikely, improbable
невесóмость, *f.*, imponderability, weightlessness
невесóмый, *adj.*, imponderable, weightless
невещéственный, *adj.*, nonreal
невзаимодéйствие, *n.*, noninteraction
невзаимодéйствующий, *adj.*, noninteracting
невзвéшенный, *adj.*, unweighted
невзирáя (на), *prep.*, notwithstanding
невúдимый, *adj.*, invisible
невозврáтный, *adj.*, transient, irreversible, irrevocable
невозмóжность, *f.*, impossibility
невозмóжный, *adj.*, impossible
невозмутúмый, *adj.*, imperturbable
невозмущённый, *adj.*, nonperturbed, unperturbed
невозрастáние, *n.*, lack of growth, lack of increase
невозрастáющий, *adj.*, nonincreasing; монотóнная невозрастáющая фýнкция, monotone nonincreasing function
невоспроизводúмый, *adj.*, irreproducible
неврáльный, *adj.*, neural
невыводúмый, *adj.*, nondeducible, not derivable, unprovable
невы́годно, *pred.*, it does not pay
невы́писанный, *adj.*, not written out, implicit
невыполнéние, *n.*, omission, nonfulfilment
невыполнúмость, *f.*, impracticability
невыполнúмый, *adj.*, impracticable; невыполнúмое мнóжество, unsatisfiable set
невы́пуклый, *adj.*, nonconvex
невыразúмый, *adj.*, inexpressible, beyond expression
невыразúтельность, *f.*, inexpressiveness
невыразúтельный, *adj.*, inexpressive
невырождáющийся, *adj.*, nondegenerate, not degenerating
невы́рожденность, *f.*, nondegeneracy, nonsingularity; мéра невы́рожденности распределéния, degree of nonsingularity of a distribution
невы́рожденный, *adj.*, nondegenerate, regular, nonsingular, simple; невы́рожденная мáтрица, nonsingular matrix
невы́чет, *m.*, nonresidue

невя́зка, *f.*, discrepancy, disparity, residual; при́нцип невя́зки, principle of the residual; фу́нкция невя́зки, residual function
негармони́ческий, *adj.*, nonharmonic; негармони́ческий ряд Фу́рье, nonharmonic Fourier series
негати́в, *m.*, negative
негато́н (негатро́н), *m.*, negaton, negatron
нега́уссов, *adj.*, non-Gaussian
неги́льбертов, *adj.*, non-Hilbert, non-Hilbertian
негла́вный, *adj.*, nonprincipal, subsidiary
него́дный, *adj.*, unsuitable, unfit, defective
неголоно́мный, *adj.*, nonholonomic
негомеомо́рфный, *adj.*, not homeomorphic
негомологи́чный, *adj.*, nonhomologous, not homologous
негомото́пный, *adj.*, nonhomotopic, not homotopic
негофриро́ванный, *adj.*, noncorrugated
негру́бость, *f.*, nonroughness, instability, structural instability; пе́рвая сте́пень негру́бости, first degree of nonroughness; (*sometimes*) structural stability of the first order; по́ле нулево́й сте́пени негру́бости, structurally stable field
неда́вний, *adj.*, recent, late
неда́вно, *adv.*, recently
недалеко́, *adv.*, not far
недвусмы́сленный, *adj.*, unambiguous
недействи́тельный, *adj.*, invalid, void, not real; де́лать недействи́тельным, *v.*, invalidate
недели́мый, *adj.*, indivisible
неде́ля, *f.*, week
недетерминисти́ческий, *adj.*, nondeterministic
недиагона́льный, *adj.*, off-diagonal, nondiagonal; недиагона́льный ма́тричный элеме́нт, off-diagonal matrix element
не́динг, *m.*, kneading (*differential equations*)
недискре́тный, *adj.*, nondiscrete
недистрибути́вный, *adj.*, nondistributive
недифференци́рованный, *adj.*, undifferentiated
недифференци́руемость, *f.*, nondifferentiability
недифференци́руемый, *adj.*, nondifferentiable
недоброка́чественность, *f.*, poor quality
недоброка́чественный, *adj.*, low-grade, poor quality
недока́занность, *f.*, absence of proof
недока́занный, *adj.*, unproved, not proved
недоказа́тельный, *adj.*, failing to prove, not serving as a proof
недоказу́емость, *f.*, unprovability
недоказу́емый, *adj.*, unprovable, indemonstrable
недолгове́чный, *adj.*, ephemeral, short-lived, transient
недоопределённый, *adj.*, underdetermined
недооце́нивать (недооцени́ть), *v.*, underestimate, underrate
недополня́емый, *adj.*, uncomplemented
недопусти́мый, *adj.*, inadmissible
недорабо́танный, *adj.*, unfinished, unsolved
недоразуме́ние, *n.*, misunderstanding, ambiguity
недосма́тривать (недосмотре́ть), *v.*, overlook, miss
недостава́ть (недоста́ть), *v.*, be missing, lack
недостаёт (*from* недостава́ть), is missing, lacks
недоста́ток, *m.*, lack, shortage, deficiency
недоста́точно, *adv.*, insufficiently; *pred.*, is insufficient
недоста́точность, *f.*, insufficiency, inadequacy
недоста́точный, *adj.*, insufficient, inadequate, defective
недоста́ющий, *adj.*, missing, deficient
недостижи́мость, *f.*, inaccessibility, unattainability
недостижи́мый, *adj.*, unattainable, inaccessible; nonsubnormal (*group*)
недостове́рный, *adj.*, uncertain, doubtful
недосту́пность, *f.*, inaccessibility
недосту́пный, *adj.*, inaccessible

недосяга́емость, *f.*, inaccessibility
недосяга́емый, *adj.*, inaccessible
недоумева́ть, *v.*, be perplexed, be puzzled
недоуме́ние, *n.*, perplexity, bewilderment
недохва́т, *m.*; недохва́тка, *f.*, shortage
недочёт, *m.*, deficiency, defect, shortage
не́дра, *pl.*, interior, depths; womb
недреве́сность, *f.*, anarboricity
недуализи́руемость, *f.*, nondualizability
неё (*from* она́), *pron.*, her, it
неевкли́дов, *adj.*, non-Euclidean; неевкли́дова геоме́трия, non-Euclidean geometry
неедѝничный, *adj.*, non-identity
неедѝнственность, *f.*, nonuniqueness
неедѝнственный, *adj.*, nonunique, not unique
неесте́ственный, *adj.*, unnatural
нежела́ние, *n.*, reluctance, unwillingness
нежела́тельность, *f.*, undesirability
нежела́тельный, *adj.*, undesirable, objectionable; нежела́тельный сигна́л, noise
не́жели, *conj.*, than
нежёсткий, *adj.*, nonrigid
нежёсткость, *f.*, slackness; допо́лняющая нежёсткость, complementary slackness
незавершённость, *f.*, incompleteness
незави́симо, *adv.*, independently, regardless
незави́симость, *f.*, independence
незави́симый, *adj.*, independent; незави́симая величина́, independent variable; незави́симое испыта́ние, independent trial; незави́симое повторе́ние, independent repetition; незави́симые собы́тия, independent events; лине́йно незави́симое реше́ние, linearly independent solution
незави́сящий (от), *adj.*, independent (of)
незако́нный, *adj.*, not valid
незамещённый, *adj.*, unreplaced, not substituted
neза́мкнутый, *adj.*, nonclosed, nonisolated, open
незарегистри́рованный, *adj.*, nonregistered, unrecorded
незатуха́ющий, *adj.*, undamped
незау́зленность, *f.*, unknottedness
незау́зленный, *adj.*, unknotted
незацепля́емость, *f.*, nonlinkability
не́зачем, *adv.*, there is no need, it is useless
незаштрихо́ванный, *adj.*, unshaded, unhatched
незнако́мство, *n.*, nonacquaintance, ignorance
незна́ние, *n.*, ignorance, lack of knowledge; априо́рное незна́ние, a priori ignorance; нача́льное незна́ние, initial ignorance
незначи́тельный, *adj.*, negligible, insignificant
неидеа́льный, *adj.*, imperfect, nonideal
неиденти́чный, *adj.*, not identical, nonidentical
неизбе́жно, *adv.*, inevitably, of necessity
неизбе́жность, *f.*, inevitability
неизбе́жный, *adj.*, unavoidable, inevitable
неизве́данный, *adj.*, unknown, inexperienced, unexplored
неизве́стно (*from* неизве́стный), *pred.*, it is not known
неизве́стное, *n.*, unknown quantity, unknown, indeterminate; уравне́ние с двумя́ неизве́стными, equation in two unknowns
неизве́стность, *f.*, uncertainty, obscurity
неизве́стный, *adj.*, unknown, indeterminate
неизгиба́емость, *f.*, rigidity
неизгиба́емый, *adj.*, rigid
неи́зданный, *adj.*, unpublished
неизме́нность, *f.*, invariance, invariability
неизме́нный, *adj.*, invariable, fixed
неизменя́емость, *f.*, invariability, immutability
неизменя́емый, *adj.*, invariable
неизмери́мый, *adj.*, nonmeasurable
неизнача́льный, *adj.*, noninitial
неизоли́рованный, *adj.*, nonisolated
неизомо́рфность, *f.*, nonisomorphy
неизомо́рфный, *adj.*, nonisomorphic, not isomorphic
неизотро́пный, *adj.*, nonisotropic, anisotropic

неиме́ние, *n.*, lack, want; за неиме́нием лу́чшего те́рмина, for lack of a better term
неимено́ванный, *adj.*, abstract, indeterminate, unnamed
неинерциа́льный, *adj.*, noninertial
неисключённый, *adj.*, nonexcluded, nonexceptional
неискривлённый, *adj.*, unbent, uncurved, undistorted
неисполне́ние, *n.*, violation, nonfulfillment
неиспо́лненный, *adj.*, unfulfilled
неиспо́льзованный, *adj.*, unused
неиспра́вность, *f.*, inaccuracy, fault, failure
неисчеза́ющий, *adj.*, nonvanishing
Не́йман, *p.n.*, Neyman, Neumann, von Neumann
не́йманов, *adj.*, Neyman, Neumann, von Neumann
нейроанато́мия, *f.*, neuro-anatomy
нейро́н, *m.*, neuron
нейрофизиоло́гия, *f.*, neurophysiology
нейроэлеме́нт, *m.*, neuroelement
нейтрализо́ванный, *adj.*, neutralized
нейтра́льность, *f.*, neutrality
нейтра́льный, *adj.*, neutral; нейтра́льный элеме́нт, unit element
нейтри́но, *n.*, neutrino
нейтро́н, *m.*, neutron
некаса́тальный, *adj.*, nontangential; по некаса́тельным путя́м, along nontangential paths
неквадрати́чный, *adj.*, nonquadratic
некванто́ванный, *adj.*, nonquantized, unquantified
не́кий, *adj.*, certain, some
некласси́ческий, *adj.*, nonclassical
некоалицио́нный, *adj.*, noncooperative; некоалицио́нная игра́, noncooperative game
некогере́нтный, *adj*, incoherent, noncoherent
некоммутати́вно, *adv.*, noncommutatively
некоммутати́вный, *adj.*, noncommutative, non-Abelian
некоммути́рующий, *adj.*, noncommuting
некомпа́ктный, *adj.*, noncompact
некомплана́рный, *adj.*, noncoplanar, not coplanar
некомпле́ктный, *adj.*, incomplete
неконгруэ́нтный, *adj.*, incongruent, noncongruent
неконкуре́нтный, *adj.*, noncompetitive; (*compare* внеконкуре́нтный)
неконсервати́вный, *adj.*, nonconservative
неконструкти́вность, *f.*, nonconstructivity
неконструкти́вный, *adj.*, nonconstructive
неконтроли́руемый, *adj.*, uncontrollable
неконфина́льный, *adj.*, noncofinal
неконцикли́чный, *adj.*, nonconcyclic
некооперати́вный, *adj.*, noncooperative
некорре́ктно-поста́вленный, *adj.*, ill-posed
некорре́ктность, *f.*, incorrectness, unreasonableness, property of being ill-defined (*or* ill-posed)
некорре́ктный, *adj.*, incorrect, false, improper, ill-defined, ill-posed
некорели́рованность, *f.*, noncorrelatedness, lack of correlation
некорели́рованный, *adj.*, uncorrelated
не́который, *adj.*, certain, some; до не́которой сте́пени, to some extent
нек-р, *abbrev.* (некотор-)
некругово́й, *adj.*, noncircular
некуби́ческий, *adj.*, noncubic
не́куда, *adv.*, nowhere
нeléпость, *f.*, absurdity
неле́пый, *adj.*, absurd
нелету́чий, *adj.*, nonvolatile
нелине́йность, *f.*, nonlinearity
нелине́йный, *adj.*, nonlinear
нели́шний, *adj.*, useful, relevant
нелоги́чность, *f.*, illogicality, lack of logic
нелоги́чный, *adj.*, illogical
нельзя́, *pred.*, one cannot, it is impossible
немагни́тный, *adj.*, unmagnetized, nonmagnetic
нема́ло, *adv.*, much, many
неманипули́руемость, *f.*, nonmanipulability, property of being strategy-proof
нема́рковский, *adj.*, non-Markov
нематемати́чески, *adv.*, nonmathematically, in a nonmathematical manner

немéдленно, *adv.*, immediately, instantly, directly
немéдленный, *adj.*, immediate, instantaneous
неменя́ющий, *adj.*, invariant, unchanging; неменя́ющий мнóжитель, idemfactor
неметризу́емый, *adj.*, nonmetrizable
неметри́ческий, *adj.*, nonmetric
немéцкий, *adj.*, German
немину́емость, *f.*, inevitability, unavoidability
немину́емый, *adj.*, inevitable, unavoidable
немнóгие, *pl.*, few, not many
немнóгий, *adj.*, a little, a few, several; немнóгим бóльше, a little larger; в немнóгих словáх, in a few words
немнóго, *adv.*, a little, some, a few
немногочи́сленность, *f.*, sparsity
немногочи́сленный, *adj.*, sparse, not numerous
немóй, *adj.*, mute; немóй и́ндекс, umbral index
немонотóнный, *adj.*, not monotone, nonmonotone
нéмощный, *adj.*, feeble, weak
нéмощь, *f.*, infirmity, weakness
немы́слимый, *adj.*, inconceivable, unthinkable
ненадёжность, *f.*, unreliability
ненадёжный, *adj.*, unreliable
ненакóпленный, *adj.*, noncumulative
неналегáющий, *adj.*, not leaning, not straining, nonoverlapping
ненапрáвленный, *adj.*, undirected
неначéрченный, *adj.*, untraced
нени́ль, *m.*, nonnil, nonzero; нени́ль-идеáл, nonnil ideal
ненормáльность, *f.*, abnormality, nonnormality
ненормáльный, *adj.*, abnormal, nonnormal
ненулевóй, *adj.*, nonzero, distinct from zero, nontrivial; ненулевóе решéние, nontrivial solution
необозри́мый, *adj.*, boundless, immense
необразцóвый, *adj.*, not standard, unoriginal, nonexemplary
необрати́мость, *f.*, irreversibility
необрати́мый, *adj.*, irreversible
необращéние, *n.*, nonreduction; необращéние в нуль, nonvanishing
необходи́мо (*from* необходи́мый), *pred.*, it is necessary
необходи́мость, *f.*, necessity
необходи́мый, *adj.*, necessary, relevant
необыкновéнно, *adv.*, unusually
необыкновéнный, *adj.*, unusual
необычáйный, *adj.*, unusual, extraordinary, exceptional
необы́чный, *adj.*, unusual
необязáтельно, *adv.*, optionally, not necessarily
необязáтельный, *adj.*, optional
неограни́ченно, *adv.*, indefinitely, with no limit, infinitely; неограни́ченно приближáется к, comes arbitrarily close to
неограни́ченность, *f.*, unboundedness, unrestrictedness
неограни́ченный, *adj.*, unlimited, unbounded, unrestricted
неодинáковый, *adj.*, not identical, unalike, unequal
неоднознáчность, *f.*, ambiguity, lack of uniqueness
неоднознáчный, *adj.*, ambiguous, not uniquely defined
неоднокрáтный, *adj.*, repeated, reiterated
неоднули́стность, *f.*, multivalence
неоднули́стный, *adj.*, non-schlicht, multivalent; неоднули́стное отображéние, multivalent mapping, non-schlicht mapping
неоднорóдность, *f.*, nonhomogeneity, heterogeneity, dissimilarity
неоднорóдный, *adj.*, not uniform, inhomogeneous, nonhomogeneous; неоднорóдная средá, inhomogeneous medium
неодносвя́зный, *adj.*, not simply connected, multiply connected
неожи́данно, *adv.*, unexpectedly, suddenly
неожи́данный, *adj.*, unexpected, sudden
неокольцó, *n.*, neoring; неокольцó без дели́телей нуля́, integral neodomain
неóн, *m.*, neon
неóновый, *adj.*, neon
неопóле, *n.*, neofield

неопределённость, *f.*, indeterminacy, indetermination, indefiniteness, uncertainty; то́чка неопределённости, ambiguous point
неопределённый, *adj.*, indeterminate; indefinite (*integral*); uncertain (*situation*); ambiguous (*reply*); undefined, undetermined; underdetermined; неопределённая фо́рма, indeterminate form; неопределённое усло́вие, condition of uncertainty; неопределённое уравне́ние, indeterminate equation
неопредели́мый, *adj.*, undefinable
неопределя́емый, *adj.*, undefined, undefinable
неопровержи́мость, *f.*, irrefutability
неопровержи́мый, *adj.*, irrefutable, incontrovertible
неопублико́ванный, *adj.*, unpublished
неорганизо́ванность, *f.*, disorganization
неоргани́ческий, *adj.*, inorganic
неориенти́рованный, *adj.*, nonoriented, unoriented
неориенти́руемость, *f.*, nonorientability
неориенти́руемый, *adj.*, nonorientable
неортогона́льность, *f.*, nonorthogonality
неосо́бенный, *adj.*, nonsingular, ordinary, nonexceptional
неосо́бый, *adj.*, nonspecial, nonsingular
неосуществи́мость, *f.*, impracticability, unrealizability
неосуществи́мый, *adj.*, impracticable, unrealizable
неосцилли́рующий, *adj.*, nonoscillatory, nonoscillating
неосцилля́ция, *f.*, nonoscillation
неответвля́ющийся, *adj.*, nonforking; неответвля́ющийся расшире́ние, nonforking extension
неотдели́мость, *f.*, inseparability, nonseparability
неотдели́мый, *adj.*, inseparable, nonseparable
неоте́ло, *n.*, neofield
неотклонённый, *adj.*, undeflected
неотличи́мость, *f.*, indistinguishability
неотличи́мый, *adj.*, indistinguishable
неотлу́чно, *adv.*, continually, constantly
неотме́ченный, *adj.*, unmarked, unnoted
неотноси́тельный, *adj.*, nonrelative
неотрица́тельно, *adv.*, nonnegatively; неотрица́тельно определённый, *adj.*, positive semidefinite
неотрица́тельность, *f.*, nonnegativity
неотрица́тельный, *adj.*, nonnegative; наиме́ньший неотрица́тельный вы́чет, least nonnegative residue
неотчётливость, *f.*, vagueness, indistinctness
неотъе́млемый, *adj*, essential, integral, nonprescribable, inseparable
неохо́тно, *adv.*, reluctantly
неоцени́мый, *adj.*, invaluable, inestimable
непаралле́льный, *adj.*, nonparallel
непараметри́ческий, *adj.*, nonparametric, distribution-free; непараметри́ческий крите́рий согла́сия, distribution-free test of fit
непа́рный, *adj.*, unpaired, odd, unmatched
Не́пер, Не́йпер, *p.n.*, Napier
неперекрыва́емость, *f.*, disjointness
неперекрыва́ющийся, *adj.*, nonoverlapping, disjoint
непересека́ющийся, *adj.*, nonoverlapping, nonintersecting, noncrossing, disjoint
неперечисли́мый, *adj.*, nondenumerable, uncountable
не́перов, *adj.*, Napierian; не́перов логари́фм, natural logarithm, logarithm to base *e*
непифаго́ров, *adj.*, nonpythagorean
непло́ский, *adj.*, nonplanar; непло́ская крива́я, *f.*, twisted curve
непло́тность, *f.*, thinness, noncompactness
непло́тный, *adj.*, not compact, thin, nondense; нигде́ не пло́тный, nowhere dense
неплохо́й, *adj.*, fairly good, quite good
неповреждённый, *adj.*, unimpaired, intact
неповторя́ющийся, *adj.*, nonrecurrent, nonrecurring
неповыше́ние, *n.*, nonincreasing (*property*); nonenlargement
непода́тливый, *adj.*, inflexible
неподви́жность, *f.*, immovability, immobility

неподви́жный, *adj.*, fixed, stationary, immovable; неподви́жная то́чка, fixed point
неподгото́вленный, *adj.*, unprepared
неподо́бие, *n.*, dissimilarity
неподо́бный, *adj.*, dissimilar
непокры́тый, *adj.*, uncovered
неполнота́, *f.*, incompleteness
непо́лный, *adj.*, incomplete, partial
неположи́тельность, *f.*, nonpositivity
неположи́тельный, *adj.*, nonpositive
неполупросто́й, *adj.*, nonsemisimple, not semisimple
неполуче́ние, *n.*, inability to receive, nonreceipt
неполяризо́ванный, *adj.*, unpolarized
непоня́тный, *adj.*, incomprehensible, unintelligible
непо́нятый, *adj.*, misunderstood, not properly understood
непополни́мость, *f.*, noncompletability
непополни́мый, *adj.*, incapable of completion, noncompletable
непоследова́тельность, *f.*, inconsistency
непосре́дственно, *adv.*, directly, immediately
непосре́дственность, *f.*, spontaneity, directness
непосре́дственный, *adj.*, immediate, direct, spontaneous
непостоя́нный, *adj.*, not constant, nonconstant
непостоя́нство, *n.*, variability; непостоя́нство ма́ссы, mass-variability
непра́вильно, *adv.*, improperly, falsely, incorrectly
непра́вильный, *adj.*, improper, irregular; непра́вильная дробь, improper fraction
непревзойдённы, *adj.*, unsurpassed
непредви́денно, *adv.*, unexpectedly
непредви́денность, *f.*, unexpectedness
непредви́денный, *adj.*, unforeseen, unexpected
непредвосхища́ющий, *adj.*, nonanticipating
непредикати́вный, *adj.*, impredicative, nonpredicative
непредположи́тельный, *adj.*, nonpresumable, nonconjectural
непреме́нно, *adv.*, without fail, certainly
непреме́нный, *adv.*, indispensable, necessary
непреры́вно, *adv.*, continuously, uninterruptedly
непреры́вно-дифференци́руемый, *adj.*, continuously differentiable
непреры́вность, *f.*, continuity
непреры́вный, *adj.*, continuous, uninterrupted; непреры́вная дробь, continued fraction; непреры́вный по упоря́дочению, *adj.*, order-continuous; непреры́вный спектр, continuous spectrum; непреры́вное взаимоде́йствие, hands-on interaction
неприводи́мо, *adv.*, irreducibly
неприводи́мость, *f.*, irreducibility
неприводи́мый, *adj.*, nonreducible, irreducible; неприводи́мый поли́но́м, irreducible polynomial, prime polynomial
непри́го́дный, *adj.*, unfit, ineligible
неприменимость, *f.*, inapplicability, nonapplicability
непримени́мый, *adj.*, inapplicable, nonapplicable
непроводни́к, *m.*, nonconductor
непроводя́щий, *adj.*, nonconducting
непродолжа́емость, *f.*, nonextensibility, noncontinuability
непродолжа́емый, *adj.*, noncontinuable, inextensible
непрозра́чность, *f.*, opacity
непрозра́чный, *adj.*, opaque
непроизводи́тельный, *adj.*, unproductive
непроница́емость, *f.*, impenetrability, impermeability
непроница́емый, *adj.*, impenetrable, impermeable
непропорциона́льность, *f.*, disproportion
непропорциона́льный, *adj.*, not proportional, disproportionate
непросто́й, *adj.*, not prime, not simple
непротивополо́жный, *adj.*, nonantagonistic, not two-person zero-sum (*game theory*)
непротиворечи́вость, *f.*, consistency
непротиворечи́вый, *adj.*, consistent, noncontradictory
непрямо́й, *adj.*, indirect

непу́сто (*from* непусто́й), *pred.*, is not empty

непусто́й, *adj.*, nonempty, nonvacuous, nonvoid; непусто́е подмно́жество, nonempty subset

нера́венство, *n.*, inequality; нера́венство Буняко́вского (Коши́-Бункяко́вского), Cauchy, or Cauchy-Bunyakovsky, or (Cauchy)-Schwarz-Bunyakovsky, or Bunkyakovsky inequality

неравнове́сный, *adj.*, not in equilibrium

неравноме́рно, *adv.*, nonuniformly, irregularly

неравноме́рность, *f.*, nonuniformity, irregularity

неравноме́рный, *adj.*, nonuniform, irregular

неравноотстоя́щий, *adj.*, unequally spaced, not equidistant

неравнопра́вность, *f.*, disparity

неравнопра́вный, *adj.*, disparate

неравноси́льность, *f.*, nonequivalence

неравноси́льный, *adj.*, nonequivalent

неравносторо́нний, *adj.*, scalene

неравното́чный, *adj.*, of varying accuracy, of unequal accuracy

нера́вный, *adj.*, unequal

нерадиа́нтный, *adj.*, nonradiant

неразвёртывающийся, *adj.*, nondevelopable; лине́йная неразвёртывающаяся пове́рхность, warped surface

неразветвлённый, *adj.*, nonramified, unramified, unbranched

неразветвля́емый, *adj.*, nonramifiable

неразделимость, *f.*, indivisibility, indecomposability

неразделимый, *adj.*, nonseparable, inseparable, indivisible

неразделительный, *adj.*, nonexclusive, inclusive; неразделительная дизъюнкция, inclusive disjunction

неразличи́мый, *adj.*, indistinguishable, indiscernible (*in model theory*)

неразли́чный, *adj.*, nondistinct

неразложи́мость, *f.*, indivisibility, indecomposability, irresolvability

неразложи́мый, *adj.*, irresolvable, indecomposable, nonfactorable; неразложи́мый граф, nonseparable graph

неразрабо́танный, *adj.*, undeveloped, unsolved

неразре́женный, *adj.*, not thin (*potential theory*)

неразрезно́й, *adj.*, continuous-solid

неразрешённый, *adj.*, unsolved; неразрешённые вопро́сы, unresolved problems

неразреши́мость, *f.*, insolubility, unsolvability, undecidability

неразреши́мый, *adj.*, unsolvable, insoluble, undecidable

неразры́вность, *f.*, continuity, indissolubility, nonseparability; уравне́ние неразры́вности, equation of continuity

неразры́вный, *adj.*, nonseparable; неразры́вное преобразова́ние, divergence-free transformation

нерандомизи́рованный, *adj.*, nonrandomized

нераспада́ющийся, *adj.*, irreducible, indecomposable

нерасплывча́тый, *adj.*, nonfuzzy

нераствори́мый, *adj.*, insoluble

нерасторжи́мость, *f.*, indissolubility

нерастя́гивающий, *adj.*, nonexpanding, contractive

нерастяжи́мый, *adj.*, inextensible

нерасчленённость, *f.*, inextensibility, indivisibility

нерациона́льность, *f.*, nonrationality

нерациона́льный, *adj.*, nonrational

нерв, *m.*, nerve; нерв покры́тия, nerve of a covering

не́рвный, *adj.*, pertaining to nerve, nerve, nervous, neural

нервю́ра, *f.*, wing rib, rib

нереа́льный, *adj.*, unreal, nonreal, ideal

нерегуля́рность, *f.*, irregularity, nonregularity

нерегуля́рный, *adv.*, irregular, nonregular

нере́дкий, *adj.*, frequent, ordinary

нере́дко, *adv.*, not infrequently

нерекурси́вный, *adj.*, nonrecursive

нерелятиви́стский, *adj.*, nonrelativistic

нерента́бельный, *adj.*, unprofitable
нерефлекси́вность, *f.*, nonreflexiveness, irreflexivity
нерефлекси́вный, *adj.*, irreflexive, nonreflexive
нерешённый, *adj.*, unsolved
нержаве́ющий, *adj.*, rust-resistant, stainless, noncorrosive
Не́рлюнд, *p.n.*, Nörlund
неро́вность, *f.*, irregularity, unevenness
неро́вный, *adj.*, irregular, uneven
несамосопряжённый, *adj.*, not self-conjugate, not self-adjoint
несбалансиро́ванный, *adj.*, unbalanced
несверхпроводя́щий, *adj.*, nonsuperconducting
несветно́й, *adj.*, delighted
несводи́мый, *adj.*, irreducible; несводи́мое доказа́тельство, irreducible proof
несво́йственный, *adj.*, unusual, unnatural
несвя́занность, *f.*, disconnectedness
несвя́занный, *part.*, disconnected
несвя́зность, *f.*, disconnectedness, disconnection; лока́льная несвя́зность, local disconnection
несвя́зный, *adj.*, incoherent, disconnected; вполне́ несвя́зный, *adj.*, totally disconnected
несепара́бельный, *adj.*, nonseparable
несёт (*from* нести́), *v.*, carries, bears
несжима́емость, *f.*, incompressibility
несжима́емый, *adj.*, incompressible
несимметри́ческий, *adj.*, unsymmetric, nonsymmetric, asymmetric
несимметри́чный, *adj.*, asymmetric
несингуля́рный, *adj.*, nonsingular
несинхро́нный, *adj.*, nonsynchronous
нескаля́рный, *adj.*, nonscalar
не́сколько, *adv.*, rather, somewhat; *adj.*, several, some, a few
нескомпенси́рованный, *adj.*, uncompensated
несло́жный, *adj.*, not complicated, simple
неслуча́йность, *f.*, nonrandomness
неслуча́йный, *adj.*, nonrandom, assignable
несме́жный, *adj.*, nonadjacent
несме́шанный, *adj.*, unmixed, pure
несме́шиваемость, *f.*, immiscibility
несме́шиваемый, *adj.*, immiscible, nonmiscible
несмещённость, *f.*, unbiasedness, nonbias
несмещённый, *adj.*, unbiased, nonskew; несмещённая оце́нка, unbiased estimate
несмотря́, *prep.*, in spite of; несмотря́ на то, что, in spite of the fact that
несо́бственный, *adj.*, improper, nonintrinsic, ideal, singular; несо́бственная то́чка, ideal point; несо́бственное норма́льное распределе́ние, singular normal distribution; несо́бственная пряма́я, ideal (straight) line; несо́бственный интегра́л, improper integral
несоверше́нный, *adj.*, incomplete, imperfect; несоверше́нное по́ле, quasifield
несоверше́нство, *n.*, imperfection
несовмести́мость, *f.*, incompatibility, inconsistency
несовмести́мый, *adj.*, incompatible, inconsistent, disjoint
несовме́стный, *adj.*, disjoint, incompatible, inconsistent, mutually exclusive
несовпада́ющий, *adj.*, distinct, not coincident
несовпаде́ние, *n.*, discrepancy, noncoincidence, divergence, disagreement
несогла́сие, *n.*, variance, discord, disagreement
несоединённый, *adj.*, disconnected, not connected
несоизмери́мо, *adv.*, incommensurably
несоизмери́мость, *f.*, incommensurability
несоизмери́мый, *adj.*, incommensurable
несократи́мость, *f.*, uncancellability, noncancellability
несократи́мый, *adj.*, uncancelled, incontractible, uncancellable, noncancellable
несомне́нно, *adv.*, undoubtedly
несомне́нность, *f.*, certainty
несомне́нный, *adj.*, certain, definite; практи́чески несомне́нный, practically certain
несостоя́тельность, *f.*, inconsistency

несостоя́тельный, *adj.*, inconsistent, insolvent, untenable
несо́тканный, *adj.*, webless
неспециа́льный, *adj.*, nonspecial
неспосо́бность, *f.*, inability
неспрямля́емый, *adj.*, nonrectifiable
несраба́тывание, *n.*, malfunctioning
несравне́нно, *adv.*, by far, incomparably
несравне́нный, *adj.*, noncomparable, incommensurable, perfect
несравни́мо, *adv.*, incomparably, incommensurably
несравни́мость, *f.*, incomparability
несравни́мый, *adj.*, incongruent, incomparable, noncomparable, incommensurable, unrelated
нестанда́ртный, *adj.*, nonstandard, abnormal, atypical
нестациона́рный, *adj.*, nonstationary, unstable
нести́, *v.*, carry, bear; нести́ с собо́й, *v.*, imply
нестро́гий, *adj.*, weak, nonstrict; нестро́гий ми́нимум, weak minimum, improper minimum
нестру́ктурный, *adj.*, nonstructural, nonlattice
несумми́руемость, *f.*, nonsummability
несумми́руемый, *adj.*, nonsummable
несуще́ственный, *adj.*, unessential, immaterial, incidental
несуществова́ние, *n.*, nonexistence
несуществу́ющий, *adj.*, nonexistent
несу́щий, *adj.*, carrying, supporting, carrier; несу́щее простра́нство, underlying space, carrier (space); несу́щее мно́жество, carrier (set)
несхо́дство, *n.*, dissimilarity, difference, discrepancy
несходя́щийся, *adj.*, nonconvergent, divergent
несча́стный, *adj.*, unlucky, unfortunate; несча́стный слу́чай, accident
несчётно, *adv.*, uncountably, nondenumerably
несчётно-бесконе́чный, *adj.*, uncountably infinite, nondenumerably infinite
несчётный, *adj.*, nondenumerable, uncountable
нет, *particle.*, no, not; there is no
Нётер, *p.n.*, Noether
нётеров, *adj.*, Noether, Noetherian; нётерова гру́ппа, Noether group; нётерово кольцо́, Noetherian ring; нётеров опера́тор, Fredholm operator (*note: "Noetherian operator" is not used*)
нетожде́ственно, *adv.*, not identically
нето́чно, *adv.*, not exactly, inaccurately
нето́чность, *f.*, inaccuracy, discrepancy, error
нето́чный, *adj.*, inexact, incorrect, inaccurate
нето́щий, *adj.*, nonmeager, nonthin
нетранзити́вный, *adj.*, intransitive, nontransitive
нетриангули́руемый, *adj.*, nontriangulable, not triangulated
нетривиа́льный, *adj.*, nontrivial
нетро́нутый, *adj.*, untouched; нетро́нутая переме́нная, *f.*, variable held constant
нетру́дно, *adv.*, easily; *pred.*, it is not difficult
неубеди́тельный, *adj.*, unconvincing, inconclusive
неубыва́ние, *n.*, nondecrease; в поря́дке неубыва́ния, in nondecreasing order
неубыва́ющий, *adj.*, nondecreasing
неуве́ренность, *f.*, uncertainty
неуда́ча, *f.*, failure
неуда́чный, *adj.*, unsuccessful, unfortunate, regrettable
неудо́бный, *adj.*, inconvenient, awkward
неудо́бство, *n.*, inconvenience
неудовлетвори́тельный, *adj.*, unsatisfactory, inadequate
неукло́нно, *adv.*, steadily
неуклю́жий, *adj.*, clumsy, awkward
неулучша́емость, *f.*, unimprovability
неулучша́емый, *adj.*, unimprovable, best possible
неуменьша́ющий, *adj.*, nondecreasing
неуме́стный, *adj.*, inappropriate, misplaced, irrelevant
неунита́рный, *adj.*, nonunitary
неуниформизи́руемый, *adj.*, nonuniformizable
неупоря́доченный, *adj.*, unregulated, unordered

неупру́гий, *adj.*, inelastic, rigid
неуравнове́шенный, *adj.*, unstable; неуравнове́шенный моме́нт, unstable moment
неусечённый, *adj.*, nontruncated
неустанови́вшийся, *adj.*, unsteady, irregular, transient, unstable
неусто́йчивость, *f.*, instability, unsteadiness
неусто́йчивый, *adj.*, unstable, unsteady, uncertain
неустрани́мый, *adj.*, unremovable, inherent
неферромагни́тный, *adj.*, nonferromagnetic
нефизи́ческий, *adj.*, nonphysical
нефини́тный, *adj.*, nonfinite, infinite, not compactly supported
неформализо́ванный, *adj.*, unformalized
неформа́льный, *adj.*, informal
нефть, *f.*, oil, petroleum
нефундамента́льный, *adj.*, nonfundamental, secondary
нехарактери́стика, *f.*, noncharacteristic; пробле́ма двух нехарактери́стик, the two noncharacteristics problem
нехарактеристи́ческий, *adj.*, noncharacteristic
нехвата́ть (нехвати́ть), *v.*, be insufficient (*obsolete spelling of* не хвата́ть (не хвати́ть))
нехва́тка, *f.*, shortage
неце́лое, *n.*, nonintegral, noninteger
нецелочи́сленный, *adj.*, nonintegral, fractional
неце́лый, *adj.*, nonintegral
нецентра́льный, *adj.*, noncentral
нецикли́ческий, *adj.*, acyclic, noncyclic
не́чет, *m.*, odd number; чет и не́чет, odd and even
нечёткий, *adj.*, illegible, difficult, fuzzy
нечёткость, *f.*, illegibility, carelessness, fuzziness
нечётнокра́тный, *adj.*, odd-multiple
нечётноме́рный, *adj.*, odd-measured, odd-dimensional
нечётность, *f.*, property of being odd, oddness
нечётный, *adj.*, odd
не́что, *pron.*, something
нечувстви́тельность, *f.*, inertness, nonsensitivity; зо́на нечувстви́тельности, dead zone, inert zone
нечувстви́тельный, *adj.*, insensitive
неэквивале́нтность, *f.*, nonequivalence
неэквивале́нтный, *adj.*, nonequivalent
неэкрани́рованный, *adj.*, unscreened
неэкспоненциа́льный, *adj.*, nonexponential
неэлектроли́т, *m.*, nonelectrolyte
неэлектромагни́тный, *adj.*, nonelectromagnetic, nonelectrodynamic
неэлемента́рный, *adj.*, nonelementary
неэрми́тов, *adj.*, non-Hermitian
неэффекти́вность, *f.*, inefficiency, ineffectiveness
неэффекти́вный, *adj.*, ineffective, inefficient
нея́вно, *adv.*, implicitly, tacitly
нея́вный, *adj.*, implicit; нея́вная фу́нкция, implicit function; теоре́ма о нея́вной фу́нкции, implicit function theorem
нея́сность, *f.*, vagueness, obscurity, ambiguity
нея́сный, *adj.*, vague, obscure
ни, *conj.*; ни... ни, neither... nor; *particle*, no, not; сколь бы ма́ло ни бы́ло, no matter how small; не...ни, not a single...
нигде́, *adv.*, nowhere; нигде́ не пло́тный, *adj.*, nowhere dense
ни́же, *adv.*, lower, below
нижележа́щий, *adj.*, underlying
нижеопределённый, *adj.*, defined below
нижеперечи́сленный, *adj.*, enumerated below, stated below, listed below
нижепоимено́ванный, *adj.*, named below
нижеприведённый, *adj.*, stated below, mentioned below
нижесле́дующий, *adj.*, following
нижеука́занный, *adj.*, stated below
ни́жний, *adj.*, lower; ни́жняя грань, lower bound, greatest lower bound, infimum
низ, *m.*, bottom
ни́зкий, *adj.*, low
ни́зко, *adv.*, low
низкочасто́тный, *adj.*, low-frequency
ни́зший, *adj.*, lower, lowest

ника́к, *adv.*, in no way
никако́й, *adj.*, no, none
никогда́, *adv.*, never
никто́, *pron.*, no one, nobody
ниль-, *prefix*, nil, null, zero
нильгру́ппа, *f.*, nil-group
нилькольцо́, *n.*, nil-ring
нильпоте́нтность, *f.*, nilpotency
нильпоте́нтный, *adj.*, nilpotent; нильпоте́нтная-над-а́белевыми гру́ппа, abelian-by-nilpotent group
нильрадика́л, *m.*, nil-radical, null-radical
нильря́д, *m.*, nil-series, null-series
ниль-элеме́нт, *m.*, nil-element
ним, *m.*, Nim
ниско́лько, *adv.*, not at all; *pron.*, none at all
нисходя́щий, *adj.*, descending
ни́тка, *f.*, thread, fiber
нить, *f.*, thread, filament; нить нака́ла, filament
ничего́ (*from* ничто́), nothing
ниче́й, *pron.*, no one's, nobody's
ниче́м (*from* ничто́), by nothing, with nothing
ничто́, *pron.*, nothing
ничто́жный, *adj.*, insignificant, negligible
ничу́ть, *adv.*, not at all, by no means
ничья́ (*from* ниче́й), *f.*, tie, draw, drawn game
н.н.п., *abbrev.* (нигде́ не пло́тный), nowhere dense
но, *conj.*, but
нове́йший, *adj.*, newest, latest
новизна́, *f.*, novelty, newness
нови́нка, *f.*, novelty, something new
новоро́жденный, *adj. and noun, m.*, newly born
но́вый, *adj.*, new, modern, fresh, recent
НОД, *abbrev.* (наибо́льший о́бщий дели́тель), greatest common divisor
нож, *m.*, knife; ме́тод «скла́дного» ножа́, jackknife method
НОК, *abbrev.* (наиме́ньшее о́бщее кра́тное), least common multiple
нолево́й, *adj.*, null, trivial, zero
ноль (= нуль), *m.*, zero, null
номенклату́ра, *f.*, nomenclature; *colloq.*, higher-ups
но́мер, *m.*, number, issue (*of a journal*); index (*of a term in a sequence*)
номина́л, *m.*, nominal (value), face value
номинали́зм, *m.*, nominalism
номинали́ст, *m.*, nominalist
номиналисти́ческий, *adj.*, nominalistic
номина́льный, *adj.*, nominal, rated; номина́льная мо́щность нагру́зки, capacity
номогра́мма, *f.*, nomogram
номографи́рование, *n.*, nomograph(y), nomographic representation
номографи́ровать, *v.*, nomograph, represent nomographically
номографи́руемость, *f.*, nomographic representability, nomographability
номографи́руемый, *adj.*, nomographable, nomographically representable, nomographed
номографи́ческий, *adj.*, nomographic
номогра́фия, *f.*, nomography
но́рма, *f.*, norm, standard, rate, quota, bound, valuation; тео́рия норм, theory of valuations
нормализа́тор, *m.*, normalizer
нормализа́ция, *f.*, normalization, standardization
нормализи́ровать, *v.*, normalize
нормализо́ванный, *adj.*, normalized
нормализова́ть, *v.*, normalize
норма́ль, *f.*, normal
норма́льно, *adv.*, normally
норма́льность, *f.*, normality
норма́льный, *adj.*, normal, standard; норма́льный дели́тель, invariant subgroup, normal subgroup; и́мпульс норма́льной величины́, full-sized pulse; це́лая фу́нкция норма́льного ти́па, entire function of mean type; лока́льно норма́льная гру́ппа, locally normal group
нормати́вный, *adj.*, normative
но́рменный, *adj.*, normed, norm; но́рменная фо́рма, norm form
норми́рование, *n.*, normalization, valuation; кольцо́ норми́рования, valuation ring; архиме́дово норми́рование, Archimedean valuation
норми́рованный, *adj.*, standardized, standard, normalized, normed;

нормированная величина, standardized variable; нормированное кольцо, Banach algebra, normed ring
нормировать, *v.*, norm, normalize, standardize
нормировка, *f.*, normalization, norming
нормируемость, *f.*, normability
нормирующий, *adj.*, normalizing
норммногообразие, *n.*, normvariety
носимый, *adj.*, carried; носимое множество, carried set
носитель, *m.*, support (*of measure, etc.*), carrier, vehicle, medium; носитель записи, recording medium
носить, *v.*, carry, bear; носящий характер аксиомы, having the nature of an axiom
носовой, *adj.*, nose, bow, forepart
нужда, *f.*, need, necessity; без нужды, needlessly
нуждаться, *v.*, need, require
нужно (*from* нужный), *pred.*, it is necessary, it ought; нужно было, it was necessary; нужно будет, it will be necessary
нужный (нужен, нужна, нужно, нужны), *adj.*, necessary, needed, required
нуклон, *m.*, nucleon
нулевой, *adj.*, zero, null, trivial; нулевой корень, zero at the origin; нулевой порядок, (*of*) order zero; нулевое решение, trivial solution, zero solution; нулевая точка, origin; нулевая гипотеза, null hypothesis
нуль, *m.*, zero, origin; обратиться в нуль, *v.*, become zero, vanish; нуль-граф, null-graph; нуль-маршрут, null-sequence (*of a graph*)
нульарный, *adj.*, null, 0-ary
нульмерность, *f.*, zero-dimensionality
нульмерный, *adj.*, of zero measure, zero-dimensional
нуль-многообразие, *n.*, zero variety; теорема Сильвестра о нуль-многообразиях, Sylvester's law of nullity
нуль-множество, *n.*, null-set, empty set
нуль-полугруппа, *f.*, zero semigroup
нуль-последовательность, *f.*, null-sequence, zero-sequence
нульстабильный, *adj.*, nilstable
нульформа, *f.*, null-form
нуль-элемент, *m.*, zero-element
нумерация, *f.*, indexing, numbering, enumeration
нумерование, *n.*, enumeration, numbering, indexing
нумерованный, *adj.*, numbered, indexed, enumerated
нутация, *f.*, nutation
ныне, *adv.*, now, at present
Ньютон, *p.n.*, Newton
ньютон, *m.*, newton (unit)
ньютонов, *adj.*, Newtonian
Нэш, *p.n.*, Nash

O o

о, об, *prep.*, about, on, of
óба, *pron.*, both; непрерывный в óбе стóроны, *adj.*, bicontinuous; равномéрный в óбе стóроны, *adj.*, biuniform
обведённый, *adj.*, enclosed, encircled, outlined, surrounding
обвёртывать (обернýть), *v.*, wrap up, cover, envelop
обводúть (обвестú), *v.*, encircle, surround, outline
обволáкивать, *v.*, envelop, cover
обдýманно, *adv.*, deliberately
óбе (*from* óба), both
обегáющий, *adj.*, running, running around
обеднéние, *n.*, deficit, depletion, impoverishment, reduction, restriction
обезья́ний, *adj.*, simian; обезья́нье седлó, monkey saddle
обернýть (*perf. of* оборáчивать[1] and обёртывать), *v.*, wind, wrap, turn, steer
обертóн, *m.*, overtone
обёртывать (обернýть), *v.*, wrap up, cover, turn, envelop, steer
обёртывающий, *adj.*, covering, enveloping; универсáльная обёртывающая áлгебра, universal enveloping algebra
обеспечéние, *n.*, security, guarantee; supply, support, conforming; software; техни́ческое обеспечéние, hardware; математи́ческое обеспечéние, *or* прогрáммное обеспечéние, software
обеспéченный, *adj.*, secure, ensured
обеспéчивать (обеспéчить), *v.*, ensure, guarantee, provide
обеспéчивающий, *adj.*, ensuring, providing, guaranteeing
обечáйка, *f.*, shell
обещáть, *v.*, promise
обещáющий, *adj.*, promising
обжи́мка, *f.*, pressing, squeezing
обзóр, *m.*, survey, review
обзóрный, *adj.*, review, survey
оби́лие, *n.*, abundance, plenty
оби́льность, *f.*, abundance
оби́льный, *adj.*, abundant, plentiful, copious, ample
обихóд, *m.*, custom, use
обладáние, *n.*, possession
обладáть, *v.*, have, possess
обладáющий, *adj.*, possessing, having
óблако, *n.*, cloud
óбласть, *f.*, domain, region, range, scope; topic; óбласть глáвных идеáлов, principal ideal domain; óбласть коэффициéнтов, coefficient domain; óбласть определéния, domain (*of definition*); óбласть рационáльности, domain of rationality, field; óбласть цéлостности, integral domain; как угóдно мáлая óбласть, arbitrarily small domain; óбласть значéний, range (*of values*); óбласть имприми́тивности, system of imprimitivity; óбласть транзити́вности, transitivity set
облачáть (облачи́ть), *v.*, dress (*frames*)
облегчáть (облегчи́ть), *v.*, facilitate
облегчáющий, *adj.*, facilitating
облегчéние, *n.*, facilitation, lightening
облегчённый, *adj.*, relieved, facilitated
обледенéние, *n.*, icing, ice formation
óблик, *m.*, look, appearance, characteristics
обложéние, *n.*, taxation, tax
облучéние, *n.*, exposure, irradiation
облучённость, *f.*, exposure, irradiation
обмáнывать (обманýть), *v.*, deceive, trick, cheat
обмéн, *m.*, exchange, interchange
обмéнивать (обменя́ть, обмени́ть), *v.*, interchange, exchange
обмéнный, *adj.*, exchange
обмéр, *m.*, measurement
обмóтка, *f.*, winding, armature winding
обнадёживающий, *adj.*, reassuring, encouraging
обнаружéние, *n.*, detection, discovery; устрóйство для обнаружéния оши́бки, error-detecting facility
обнарýженный, *adj.*, discovered, uncovered, exposed

обнару́живаемость, *f.*, detectability
обнару́живаемый, *adj.*, detectable, detected
обнару́живать (обнару́жить), *v.*, discover, detect, reveal, find, show
обнару́живаться, *v.*, emerge, appear, be discovered
обнести́ (*perf. of* обноси́ть), *v.*
обновле́ние, *n.*, renewal, innovation; проце́сс обновле́ния, renewal process
обновлённый, *adj.*, renewed, renovated
обноси́ть (обнести́), *v.*, enclose
обобща́ть (обобщи́ть), *v.*, generalize, extend
обобще́ние, *n.*, generalization, extension
обобщённо-непреры́вный, *adj.*, continuous in the extended sense
обобщённый, *adj.*, generalized, extended; обобщённая фу́нкция, distribution, generalized function; обобщённая фу́нкция ме́дленного ро́ста, tempered distribution
обобщи́ть (*perf. of* обобща́ть), *v.*, generalize, extend
обогну́ть (*perf. of* огиба́ть), *v.*, bend, envelop, fit
обогрева́ть (обогре́ть), *v.*, warm, heat
о́бод, *m.*, rim, hoop
обознача́ть (обозна́чить), *v.*, designate, denote (*by*), write, set
обозначе́ние, *n.*, designation, notation; в испо́лзованных вы́ше обозначе́ниях, with the preceding notation
обозна́ченный, *adj.*, denoted, designated
обозрева́тель, *m.*, reviewer
обозрева́ть (обозре́ть), *v.*, survey, review
обозре́ние, *n.*, review, survey
обозри́мость, *f.*, visibility, readability
обозри́мый, *adj.*, visible, transparent
обойдёмся (*from* обходи́ться), *v.*, we shall manage (with)
обойти́ (*perf. of* обходи́ть), *v.*, go around, bypass, pass over
обойти́сь (*perf. of* обходи́ться), *v.*, manage, get along
оболо́чечный, *adj.*, hull, envelope
оболо́чка, *f.*, envelope, casing, cover, hull, shell; вы́пуклая оболо́чка, convex hull; лине́йная оболо́чка, linear span, linear hull; оболо́чка голомо́рфности, envelope of holomorphy
обора́чивать[1] (оберну́ть), *v.*, wind, wrap, steer
обора́чивать[2] (обороти́ть), *v.*, turn
оборва́ть (*perf. of* обрыва́ть), *v.*, break, cut off
оборо́на, *f.*, defense; зада́ча оборо́ны, defense problem
оборони́ть (*perf. of* обороня́ть), *v.*
обороня́ть (оборони́ть), *v.*, defend, protect
оборо́т, *m.*, turn, revolution, rotation; expression, turn (*of speech*)
обороти́ть (*perf. of* обора́чивать[2]), *v.*
оборо́тный, *adj.*, reverse, back; оборо́тная сторона́, reverse side
обору́дование, *n.*, equipment, outfit, arrangement, circuit; вклад на обору́дование, equipment investment
обору́довать, *v.*, equip, arrange
обоснова́ние, *n.*, proof, basis, ground, verification, justification
обосно́ванный, *adj.*, justified, proved, valid
обосно́вывать (обоснова́ть), *v.*, justify, substantiate
обособля́ть (обосо́бить), *v.*, isolate
обостре́ние, *n.*, peaking (*of a signal or regime*)
обострённый, *adj.*, tightened, strained, sharp, pointed, acute
обошли́сь (*past of* обойти́), *v.*
обою́дно, *adv.*, mutually
обою́дный, *adj.*, mutual, reciprocal
обраба́тывать (обрабо́тать), *v.*, treat, develop, process
обраба́тываться, *v.*, be operated on, be treated, be processed
обрабо́тка, *f.*, processing, treatment, handling; обрабо́тка да́нных, data processing
о́браз[1] (*pl.*, о́бразы), *m.*, form, manner, way; гла́вным о́бразом, mainly; таки́м о́бразом, in this way, thus; разу́мным о́бразом, in a reasonable way
о́браз[2] (*pl.*, образа́), *m.*, image, pattern, transform

образе́ц, *m.*, model, pattern, type, sample, specimen; образе́ц наибо́льшого ри́ска, maximum risk pattern
о́бразный, *adj.*, figurative, descriptive, shaped; S-обра́зный, S-shaped
образова́ние, *n.*, formation, education; образова́ние групп чи́сел, number grouping; пра́вило образова́ния, formation rule
образо́вывать (образова́ть), *v.*, form, make up, organize, educate; образо́вывать дополне́ние, *v.*, complement
образу́емый, *adj.*, formed, formed by
образу́ющая, *f.*, generator, generatrix, element (of cylinder), ruling
образу́я, *adv.*, forming, by forming, if we form
образцо́вый, *adj.*, key, exemplar, model
обра́зчик, *m.*, sample, specimen
обрамля́ть (обрами́ть), *v.*, frame
обрати́мость, *f.*, reversibility, reciprocity, invertibility
обрати́мый, *adj.*, reversible, convertible, invertible
обрати́ть (обраща́ть), *v.*, convert, turn into, transform; обрати́ть моё внима́ние на, call my attention to
обрати́ться (*perf. of* обраща́ться), *v.*, become, turn into, convert; обрати́ться в нуль, become zero, vanish; обрати́ться к, turn to
обра́тно, *adv.*, conversely, inversely, back, backwards; обра́тно пропорциона́льный, inversely proportional; обра́тно дво́йственный, dual
обра́тное, *n.*, inverse; ле́вое обра́тное, left-inverse; пра́вое обра́тное, right-inverse
обра́тно-ра́зностный, *adj.*, backward-difference
обра́тный, *adj.*, inverse, converse, reverse, back, reciprocal, opposite; обра́тное преобразова́ние, inverse transformation, reconversion; обра́тная дво́йственность, duality; обра́тная связь, feedback; обра́тное сопротивле́ние, back-resistance; обра́тная ма́трица, reciprocal matrix, inverse of the matrix, inverse matrix; в обра́тном поря́дке, in reverse order; обра́тное интерполи́рование, backward interpolation
обраща́ть (обрати́ть), *v.*, convert, turn into, transform, invert
обраща́ться, *v.*, reduce to, revert, turn into, circulate, become; обраща́ться в нуль, vanish; обраща́ться с, handle, use
обраща́ющий, *adj.*, reversing, inverting, converting, transforming; обраща́ющий ориента́цию, orientation-reversing; обраща́ющая схе́ма, inverter circuit
обраща́ющийся, *adj.*, becoming, reducing to; (не) обраща́ющийся в нуль, (non-)vanishing
обраще́ние, *n.*, conversion, inversion, converse, circulation, reversion, treatment, handling, appeal (to), use (of), reduction; фо́рмула обраще́ния, inversion formula; вре́мя обраще́ния к запомина́ющему устро́йству, storage access; число́ обраще́ний ме́жду регенера́циями, read-around ratio; ма́лое вре́мя обраще́ния, quick access, rapid access; обраще́ние веро́ятности, inverse probability; обраще́ние ма́трицы, inversion of matrix; inverse of a (*or* the) matrix; обраще́ние в нуль, vanishing
обращённый, *adj.*, conversion, converted, inverted
обре́зывать (обреза́ть), *v.*, cut off
обремене́ние, *n.*, overloading, burdening
обремени́тельный, *adj.*, burdensome, heavy, overloaded
обременя́ть (обремени́ть), *v.*, burden, overload
обрета́ть (обрести́), *v.*, find, discover
обрете́ние, *n.*, finding, discovery
обретённый, *adj.*, found, discovered
обрисо́вывать (обрисова́ть), *v.*, outline, delineate
обры́в, *m.*, break, cut-off, discontinuity, gap; усло́вие обры́ва цепе́й, chain condition; усло́вие обры́ва возраста́ющей (убыва́ющей) цепо́чки, ascending (descending) chain condition
обрыва́ние, *n.*, breaking, tearing
обрыва́ть (оборва́ть), *v.*, break, tear, cut off
обрыва́ться, *v.*, terminate, stop

обрыва́ющийся, *adj.*, terminating, breaking, cutting off

обсле́дование, *n.*, investigation, inspection; вы́борочное обсле́дование, sample survey

обсле́довать, *v.*, inspect, examine, investigate

обсле́дуемый, *adj.*, investigated

обслу́живаемый, *adj.*, served, serviced

обслу́живание, *n.*, service, attention, maintenance, care; профилакти́ческое обслу́живание, preventive maintenance; зада́ча в ли́ниях обслу́живания, queueing problem; тео́рия ма́ссового обслу́живания, queuing theory

обслу́живающий, *adj.*, auxiliary, servicing; обслу́живающий прибо́р, server

обстано́вка, *f.*, circumstances, arrangement, conditions, situation

обстои́т (*from* обстоя́ть), *v.*, is; де́ло обстои́т, the situation is

обстоя́тельный, *adj.*, detailed, thorough

обстоя́тельство, *n.*, case, circumstance, property

обстоя́ть, *v.*, be, get on

обсужда́ть (обсуди́ть), *v.*, consider, discuss, argue

обсужде́ние, *n.*, discussion, argument

обтека́емость, *f.*, streamlining

обтека́емый, *adj.*, streamlined

обтека́ние, *n.*, flow; пла́вное обтека́ние, streamline flow

обтека́ть (обте́чь), *v.*, flow around, circulate

обтека́ющий, *adj.*, circulating, flowing around; ско́рость обтека́ющего пото́ка, ambient velocity

обте́чь (*perf. of* обтека́ть), *v.*

обто́чка, *f.*, turning, rounding off

обусла́вливать (*colloquial form of* обусло́вливать), *v.*

обусло́вить (*perf. of* обусло́вливать), *v.*, stipulate

обусло́вленность, *f.*, condition, stipulation, conditionality; числó обусло́вленности, condition number

обусло́вленный, *adj.*, agreed upon, stipulated, caused, brought about; хорошо́ обусло́вленный, well-posed

обусло́вливание, *n.*, conditioning

обусло́вливать (обусло́вить), *v.*, stipulate, dictate, make conditions, cause, bring about

обусло́вливаться, *v.*, depend on, be stipulated by

обуча́ть (обучи́ть), *v.*, teach, train; обуча́ющая систе́ма, learning system

обуче́ние, *n.*, instruction, training

обу́ченный, *adj.*, trained

обха́живать (*imperf. iterative of* обойти́), *v.*, go around (*frequently*)

обхва́т, *m.*, girth

обхо́д, *m.*, circuit, bypass, going around; поря́док обхо́да, index (*of a curve*)

обходи́ть (обойти́), *v.*, go around, turn, avoid, bypass

обходи́ться (обойти́сь), *v.*, treat, manage, make, do; обходи́ться без, *v.*, do without, dispense with

обхо́дный, *adj.*, circuitous, roundabout

обши́рность, *f.*, extensiveness, magnitude

обши́рный, *adj.*, extensive

общедосту́пный, *adj.*, readily available

общезна́чимость, *f.*, general meaning, general validity

общезна́чимый, *adj.*, valid, generally valid

общеизве́стный, *adj.*, commonly known, well known

общелоги́ческий, *adj.*, general-logical

общеобразова́тельный, *adj.*, (of) general education

общеопределённость, *f.*, general determination, general definition

общепри́знанный, *adj.*, universally recognized

общеримени́мый, *adj.*, generally applicable

общепри́нятый, *adj.*, generally accepted, conventional

общерекурси́вный, *adj.*, general recursive

обще́ственный, *adj.*, community, social, public; крива́я обще́ственного безразли́чия, community indifference curve

о́бщество, *n.*, society

общетеоретический, *adj.*, general-theoretical

общеупотребительный, *adj.*, current, in general usage

общий, *adj.*, common, general, total, generic; общее число, general number, total number; общая сумма, sum total; общий закон взаимности, general reciprocity law; общее наименьшее кратное, least common multiple; общий наибольший делитель, greatest common divisor; общий пучок, generic pencil; общая точка, generic point; точный в общем, generically exact; общий доход, aggregate income; общее решение однородного уравнения, complementary function, general solution (*of the homogeneous equation*); общая устойчивость, global stability

община, *f.*, community

общность, *f.*, generality, community; не уменьшая общности, without loss of generality; квантор общности, universal quantifier, generality quantifier

объединение, *n.*, union, join, sum, combination, unification; association; гомоморфизм по объединению, join-homomorphism; гомоморфный по объединениям, join-homomorphic; неразложимый в объединение, join-irreducible

объединённый, *adj.*, joined, united, amalgamated; объединённое угловое предельное множество, outer angular cluster set

объединяемый, *adj.*, joined, united, joinable

объединять (объединить), *v.*, join, unite, combine, consolidate, connect, pool

объединяющий, *adj.*, joining, uniting, connecting, combining

объект, *m.*, object, item, entity, unit, target; движущийся объект, moving object, moving target

объективный, *adj.*, objective; объективный мир, real world

объектно-эквивалентный, *adj.*, object-equivalent

объём, *m.*, volume, content, size, extent, extension; объём выборки, sample size; объём запоминающего устройства, storage space

объёмистый, *adj.*, voluminous, bulky

объёмлющий, *adj.*, comprehending, including, enveloping, ambient

объёмность, *f.*, volume, extensionality

объёмно-центрированный, *adj.*, body centered

объёмный, *adj.*, solid, volume, volumetric, extensional (*logic*); объёмная гармоника, solid harmonic

объявлять (объявить), *v.*, announce, declare

объяснение, *n.*, explanation, cause

объяснённый, *adj.*, explained

объяснительный, *adj.*, explanatory

объяснять (объяснить), *v.*, explain

объясняться (объясниться), *v.*, be explained, stem from

объять, *v.*, envelop

обыденный, *adj.*, common, ordinary

обыкновенно, *adv.*, ordinarily, usually

обыкновенный, *adj.*, ordinary, usual, normal, regular; обыкновенная точка (линии), regular point (*of a line*); обыкновенное дифференциальное уравнение, ordinary differential equation

обычно, *adv.*, usually, generally, ordinarily, often

обычный, *adj.*, usual, ordinary

обязательно, *adv.*, without fail, necessarily

обязательный, *adj.*, obligatory, compulsory, mandatory

обязательство, *n.*, obligation, commitment

обязывать (обязать), *v.*, bind, oblige

овал, *m.*, oval

овалоид, *m.*, ovaloid

овальный, *adj.*, oval

овеществление, *n.*, realification

овеществлять, *v.*, realify

овладевать (овладеть), *v.*, seize, master

овраг, *m.*, ravine

овражный, *adj.*, ravine

огибать (обогнуть), *v.*, bend, envelop, fit

огибающая, *f.*, envelope

огиба́ющий, *adj.*, enveloping
оги́ва, *f.*, ogive
огля́дываться (огляну́ться), *v.*, look back; огля́дываясь наза́д, in retrospect
огова́ривать (оговори́ть), *v.*, stipulate, specify, state explicitly
огова́риваться (оговори́ться), *v.*, make reservations, qualify, specify, agree on conditions, stipulate
огово́ренный, *adj.*, mentioned, stipulated; е́сли проти́вное не оговорено́, unless otherwise stipulated
оговори́ть (*perf. of* огова́ривать), *v.*
оговори́ться (*perf. of* огова́риваться), *v.*, make a slip in speaking, omit
огово́рка, *f.*, stipulation, reservation, proviso; slip in speech
ого́нь, *m.*, fire, firing
ограниче́ние, *n.*, restriction, limitation, restraint, constraint, boundary; игра́ с ограниче́ниями, constrained game; ограниче́ние на, restriction to; без ограниче́ния о́бщности, without loss of generality
ограни́ченно, *adv.*, restrictedly, boundedly, bounded; ограни́ченно сходя́щийся, boundedly convergent; ограни́ченно-сла́бый, *adj.*, bounded-weak
ограни́ченность, *f.*, boundedness
ограни́ченный, *adj.*, bounded, limited, restricted; ограни́ченный све́рху, bounded above; ограни́ченный сни́зу, bounded below; ограни́ченный по упоря́доченности, order-bounded; ограни́ченная а́белева гру́ппа, Abelian group of finite period
ограни́чивать (ограни́чить), *v.*, bound, restrict, limit, confine
ограни́чиваться (ограни́читься), *v.*, restrict oneself (to), be restricted (to), confine oneself (to)
ограни́чивающий, *adj.*, limiting, bounding; ограни́чивающий дио́д, clamping diode
ограничи́тель, *m.*, stopping device, catch
ограничи́тельный, *adj.*, limiting, restrictive, limitative
ограни́чить (*perf. of* ограни́чивать), *v.*, limit, confine, restrict
ограни́читься (*perf. of* ограни́чиваться), *v.*
огро́мный, *adj.*, vast, immense
огрубева́ть (огрубе́ть), *v.*, coarsen
огрубе́ние, *n.*, roughening, crude form
одея́ние, *n.*, attire
оди́н, *num.*, one, some, certain, alone, a single, a; оди́н и то́т же, the same; оди́н за други́м, one after another, one by one; одна́ теоре́ма Га́усса, a theorem of Gauss; ни оди́н, none, not any
одина́ково, *adv.*, equally, uniformly, identically; одина́ково удалённый, equidistant
одина́ковость, *f.*, uniformity, identity, equality
одина́ковый, *adj.*, equal, identical, the same, common; одина́ковый знамена́тель, common denominator
одина́рный, *adj.*, single, unary, unitary
оди́ннадцать, *num.*, eleven
одино́чка, *m., f.*, singleton
одино́чный, *adj.*, single, individual
одна́ (*from* оди́н), one, some
одна́жды, *adv.*, once
одна́ко (одна́ко же), *conj.*, but, however
одно́ (*from* оди́н), one, some, a single, a; одно́ и то́ же, the same, one and the same; одна́ теоре́ма Ма́ркова, a theorem of Markov
одно-, *prefix*, one-, single-, mono-, uni-
одноа́дресный, *adj.*, one-address, single-address
одноа́томный, *adj.*, monoatomic, monatomic
одноберéжный, *adj.*, simple, taken once
одновале́нтный, *adj.*, univalent, one-valent
одноверши́нный, *adj.*, one-vertex, having one maximum
одновидово́й, *adj.*, one-way; одновидова́я классифика́ция, one-way classification
одновре́менно, *adv.*, simultaneously
одновре́менность, *f.*, simultaneity
одновре́менный (одновреме́нный), *adj.*, simultaneous, synchronous; одновре́менное мно́жительное устро́йство, simultaneous multiplier
одного́ (*from* оди́н), (of) one

однодифференци́руемый, *adj.*, once differentiable
однозна́чно, *adv.*, identically, uniquely, univalently; взаи́мно однозна́чно, one-to-one
однозна́чность, *f.*, uniqueness, single-valuedness; теоре́ма однозна́чности, uniqueness theorem
однозна́чный, *adj.*, univalent, simple; one-valued, single-valued; unique; взаи́мно однозна́чный, one-to-one; однозна́чное определе́ние, unambiguous definition
одноидемпоте́нтный, *adj.*, one-idempotent
одноиме́нный, *adj.*, of the same name
одно́индексный, *adj.*, of index one, single-index
одноканáльный, *adj.*, one-channel, single-server
однокаска́дный, *adj.*, single-stage
однокомпоне́нтный, *adj.*, one-component
одноконта́ктный, *adj.*, single-contact
одноконту́рный, *adj.*, single-circuit
однокра́тный, *adj.*, single, simple, of multiplicity 1, single-valued; однокра́тное выполне́ние програ́ммы, run (*on computer*)
однoли́стно, *adv.*, univalently, in a one-to-one way
однoли́стность, *f.*, univalence, property of consisting of one sheet
однoли́стный, *adj.*, schlicht, one-sheeted; подо́бно однoли́стный, *adj.*, schlichtartig
одномаршру́тный, *adj.*, single-route
одноме́рный, *adj.*, one-dimensional, univariate; одноме́рное расслое́ние, line bundle
одноме́стный, *adj.*, one-place, monadic
однонапра́вленный, *adj.*, unidirectional
однообра́зный, *adj.*, uniform, monotone
о́дно-однозна́чный, *adj.*, one-to-one; о́дно-однозна́чное соотве́тствие, one-to-one correspondence
одноо́сный, *adj.*, single axis, monoaxial, uniaxial
однопараметри́ческий, *adj.*, one-parameter
одноперио́ди́ческий, *adj.*, singly-periodic
однопо́лостный, *adj.*, of one sheet, of one nappe; однопо́лостный гипербoло́ид, hyperboloid of one sheet
однопо́люсный, *adj.*, unipolar
однопотенциа́льный, *adj.*, unipotential
однопродукто́вый, *adj.*, single-product (*economics*)
одноразме́рностный, *adj.*, unidimensional
однора́зовый, *adj.*, single, one-time, one-shot; однора́зовый счётчик, start-stop counter
одноразря́дный, *adj.*, single-order, single-digit, single-discharge; одноразря́дное устро́йство, single-order unit; одноразря́дное вычита́ющее устро́йство, single-order subtractor; одноразря́дный сумма́тор, single-digit adder, one-column adder
одноро́дность, *f.*, homogeneity, uniformity, similarity
одноро́дный, *adj.*, homogeneous, uniform, similar; одноро́дная о́бласть, uniform domain (*geometric function theory*); одноро́дный граф, regular graph; одноро́дная фу́нкция, homogeneous function
одноря́дный, *adj.*, uniserial; обобщённо одноря́дная а́лгебра, generalized uniserial algebra
односвя́зность, *f.*, simple connectedness, simple connectivity
односвя́зный, *adj.*, simply connected, 1-connected
однoсло́йный, *adj.*, one-sheeted, one-layer, single-layer
одностади́йный, *adj.*, single-stage
одностолбцо́вый, *adj.*, one-column, of one column
односторо́нний, *adj.*, one-sided, unilateral, single, one-way; односторо́нняя пове́рхность, one-sided surface
одностро́чечный, *adj.*, one-row, of one row
одноступе́нчатый, *adj.*, single-stage, single-step
одноти́пный, *adj.*, of the same type, one-type, single-type

однотóчечный, *adj.*, single-point, one-point; однотóчечное компáктное расширéние, one-point compactification; однотóчечное мнóжество, singleton
однофáзный, *adj.*, one-phase, single-phase
одночлéн, *m.*, monomial
одночлéнный, *adj.*, monomial, one-term
одношáговый, *adj.*, one-step
одноэлектрóнный, *adj.*, one-electron, single-electron
одноэлемéнтный, *adj.*, one-element, consisting of a single element; одноэлемéнтное мнóжество, singleton
одобрéние, *n.*, approval
одýль, *m.*, odule (*loop theory*)
одулярный, *adj.*, odular
оживáльный, *adj.*, ogival
ожидáемый, *adj.*, expected; ожидáемая частотá, expected frequency
ожидáние, *n.*, expectation; врéмя ожидáния, latency, latency period, delay, waiting time; математи́ческое ожидáние, (*mathematical*) expectation, mean value; систéма с ожидáнием, system with waiting
ожидáть, *v.*, expect, wait
ожи́женный, *adj.*, liquefied
озабóчиваться (озабóтиться), *v.*, see (to), attend (to), take care (of)
ознакомлéние, *n.*, acquaintance
ознакомля́ть (ознакóмить), *v.*, acquaint
означáть (ознáчить), *v.*, mean, denote, signify, indicate
оказáть (*perf. of* окáзывать), *v.*, render, show; оказáть влия́ние, influence
окáзывать (оказáть), *v.*, render, show
окáзываться (оказáться), *v.*, prove to be, turn out to be, be found
окáзывающий, *adj.*, rendering, contributory
окаймлéние, *n.*, bordering, edging
окаймлённый, *adj.*, edged, bordered
окаймля́ть (окайми́ть), *v.*, border, edge
окаймля́ющий, *adj.*, bordering, bounding; окаймля́ющая грань, boundary face
окáнчивать (окóнчить), *v.*, finish, end
окáнчивающийся, *adj.*, terminating
океáн, *m.*, ocean
океаногрáфия, *f.*, oceanography
океанолóгия, *f.*, oceanology
óкисел, *m.*, oxide
окислéние, *n.*, oxidation
óкись, *f.*, oxide
окклю́зия, *f.*, occlusion
оккýльтный, *adj.*, occult
óколо, *prep.*, near, about, by, close to, around
околозвыковóй, *adj.*, transonic
окóльный, *adj.*, roundabout
окольцóванный, *adj.*, ringed
оконéчный, *adj.*, final, end
окончáние, *n.*, termination, end, finish
окончáтельно, *adv.*, finally
окончáтельный, *adj.*, final, definitive, best possible, terminal; фýнкция окончáтельных решéний, terminal-decision function; окончáтельное выражéние, resultant expression
окóнчить (*perf. of* окáнчивать), *v.*, finish, end, terminate
окрáшенный, *adj.*, colored, tinted
окрéстностный, *adj.*, neighborhood
окрéстность, *f.*, neighborhood, vicinity
окрéстный, *adj.*, neighboring, neighborhood
округлéние, *n.*, rounding off, approximation; оши́бка округлéния, round-off error; тóчка округлéния, umbilical point
округлённый, *adj.*, rounded, rounded off, approximated, umbilical
округля́ть (округли́ть), *v.*, round off, approximate
окружáть (окружи́ть), *v.*, enclose, surround
окружáющий, *adj.*, enclosing, surrounding, encircling, ambient; окружáющая сфéра, environment
окружéние, *n.*, enclosing, encirclement, environment
окружённый, *adj.*, surrounded, enclosed
окрýжность, *f.*, circumference, circle, periphery; пóле делéния окрýжности, cyclotomic field
окрýжный, *adj.*, peripheral, circumferential; окрýжная скóрость, peripheral velocity

окта́ва, *f.*, octave
окта́вный, *adj.*, octave
окта́нт, *m.*, octant
окта́эдр, *m.*, octahedron
октаэдра́льный, *adj.*, octahedral
окти́ль, *f.*, octile
октонио́н, *m.*, octonion
октупо́льный, *adj.*, octopole
олига́рхия, *f.*, oligarchy
олимпиа́да, *f.*, olympiad; математи́ческая олимпиа́да, mathematical competition (in schools)
ом, *m.*, ohm (*unit*)
омби́лика, *m.*, umbilic
омбили́ческий, *adj.*, umbilical
оме́га, *f.*, omega
оме́га-непротиворечи́вость, *f.*, ω-consistency
оме́га-полнота́, *f.*, ω-completeness
ОМЕН, *abbrev.* (Отделе́ние математи́ческих и есте́ственных нау́к), Division of Mathematical and Natural Sciences
оми́ческий, *adj.*, ohm, ohmic; оми́ческое сопротивле́ние, ohmic resistance
он, *pron. m.*, he, it
она́, *pron. f.*, she, it
они́, *pron. pl.*, they
оно́, *pron. n.*, it
онтологи́ческий, *adj.*, ontological
онтоло́гия, *f.*, ontology
опасе́ние, *n.*, fear, misgiving
опа́сность, *f.*, risk, hazard, danger
опа́сный, *adj.*, dangerous, risky
опера́нд, *m.*, operand
операти́в, *m.*, operative
операти́вный, *adj.*, operating, operative, operational
опера́тор, *m.*, operator; опера́тор взя́тия грани́цы, boundary operator; опера́тор вложе́ния, embedding operator; опера́тор осредне́ния, averaging operator; опера́тор перено́са, translation operator; опера́тор у пу́льта управле́ния, console operator
опера́торно, *adv.*, operationally, by means of an operator; опера́торно-гомомо́рфный, *adj.*, operator-homomorphic; опера́торно-изомо́рфный, *adj.*, operator-isomorphic
опера́торный, *adj.*, operator, operational; опера́торный гомоморфи́зм, operator homomorphism; опера́торный изоморфи́зм, operator isomorphism; опера́торная гру́ппа, group with operators
операцио́нно, *adv.*, operationally; операцио́нно свя́занный, operationally related
операцио́нный, *adj.*, operational; операцио́нное исчисле́ние, operational calculus
опера́ция, *f.*, operation; код опера́ции, operation code; компоне́нта опера́ции, operand; иссле́дование опера́ций, operations research, operations analysis
опережа́ть (опереди́ть), *v.*, anticipate, overtake, surpass, advance beyond, outstrip
опережа́ющий, *adj.*, advanced; опережа́ющий потенциа́л, advanced potential; опережа́ющее фундамента́льное реше́ние, forward fundamental solution
опереже́ние, *n.*, advancing (*beyond*)
опере́ться (*perf. of* опира́ться), *v.*, be based on, be guided by
опери́рование, *n.*, operation
опери́ровать, *v.*, operate, use
опёртый, *adj.*, supported, supported by, depending (on)
опеча́тка, *f.*, misprint
опира́ться (опере́ться), *v.*, rely on, use, be based on, rest on
опира́ющийся (на), *adj.*, based (on)
опира́ясь (на), *adv.*, relying (on), basing (on)
описа́ние, *n.*, description, classification
опи́санный, *adj.*, circumscribed, described (*in geometry*)
описа́тельно, *adv.*, descriptively
описа́тельный, *adj.*, descriptive
описа́ть (*perf. of* опи́сывать), *v.*, circumscribe, describe, write
опи́ска, *f.*, error in writing
опи́сываемый, *adj.*, described, describable

опи́сывать (описа́ть), *v.*, describe, circumscribe, write, classify
опи́сываться (описа́ться), *v.*, be characterized, be circumscribed; make a writing error
опознава́тельный, *adj.*, identification, authentication
опозна́ние, *n.*, identification
опо́ра, *f.*, support
опо́рный, *adj.*, supporting, support, bearing; опо́рная пло́скость, plane of support; опо́рная фу́нкция, support function
оправда́ние, *n.*, justification
опра́вданный, *adj.*, justified
опра́вдывать (оправда́ть), *v.*, justify, warrant
определе́ние, *n.*, definition, determination; определе́ние по инду́кции, definition by induction; по определе́нию, by definition; определе́ние местонахожде́ния, locating
определённо-отрица́тельный, *adj.*, negative definite
определённо-положи́тельный, *adj.*, positive definite
определённость, *f.*, definiteness, determination
определённый, *adj.*, definite, specific, defined, determinate, determined, presented, certain; определённое собы́тие, specific event; определённый интегра́л, definite integral
определи́мость, *f.*, definability
определи́мый, *adj.*, definable
определи́тель, *f.*, determinant; определи́тель Вро́нского, Wronskian
определя́емый, *adj.*, defined, definable, determined; определя́емое (выраже́ние), definiendum (*logic*)
определя́ть (определи́ть), *v.*, define, determine, evaluate; опеределя́ть ме́сто, locate, allocate
определя́ться, *v.*, be defined, be determined
определя́ющий, *adj.*, defining, determining; определя́ющее (выраже́ние), definiens (*logic*)
опро́бование, *n.*, sampling, testing
опроверга́ть (опрове́ргнуть), *v.*, refute, disprove, contradict
опроверга́ющий, *adj.*, disproving, rejecting
опрове́ргнутый, *adj.*, disproved, rejected
опроверже́ние, *n.*, refutation, disproof, denial, contradiction
опроверж́имый, *adj.*, refutable
опроки́дывающий, *adj.*, tipping, tilting
опро́с, *m.*, inquiry, questionnaire, question
о́птика, *f.*, optics
оптима́льный, *adj.*, optimum, optimal, good, effective; оптима́льная страте́гия, optimal strategy, good strategy; оптима́льный по Паре́то, Pareto optimal
оптимиза́ция, *f.*, optimization
оптимисти́ческий, *adj.*, optimistic
о́птимум, *m.*, optimum
опти́ческий, *adj.*, optical; опти́ческий обма́н, optical illusion
опто́вый, *adj.*, wholesale
опубликова́ние, *n.*, publication
опублико́ванный, *adj.*, published
опублико́вывать (опубликова́ть), *v.*, publish
опуска́емый, *adj.*, lowered, dropped, omitted; опуска́емое значе́ние, omitted value, exceptional value
опуска́ние, *n.*, lowering, omitting
опуска́ть (опусти́ть), *v.*, lower, drop, omit; опусти́ть перпендикуля́р, *v.*, drop a perpendicular
опуска́ться, *v.*, be dropped, relax
опустоше́ние, *n.*, destruction, devastation
опуще́ние, *n.*, omission
опу́щенный, *adj.*, omitted, dropped
о́пыт, *m.*, attempt, trial, experiment, experience
о́пытный, *adj.*, experimental, empirical, practiced, sophisticated; о́пытный инжене́р, practiced engineer; о́пытный по́льзователь, sophisticated user
опя́ть, *adv.*, again; опя́ть же, besides
опя́ть-таки, *adv.*, but again, besides, however, what is more
орбиобра́зие, *n.*, orbifold (V-manifold)
орби́та, *f.*, orbit; орби́та гру́ппы подстано́вок, transitivity set, orbit
орбита́льный, *adj.*, orbital
о́рган, *m.*, device, organ, body, agency

организацио́нный, *adj.*, organizational
организа́ция, *f.*, organization; организа́ция ты́ла, logistics
органи́зм, *m.*, organism
организова́ть, *v.*, organize
органи́ческий, *adj.*, organic, integral
orgра́ф, *m.*, digraph
ордина́л, *m.*, ordinal
ордина́льный, *adj.*, ordinal; ордина́льное число́, ordinal number, ordinal
ордина́рность, *f.*, ordinariness
ордина́рный, *adj.*, ordinary, common
ордина́та, *f.*, ordinate, y-coordinate
орёл, *m.*, eagle; орёл или ре́шка, heads or tails
Оре́м, Оре́см, *p.n.*, Oresme
оригина́л, *m.*, original, pre-image, inverse transform
оригина́льный, *adj.*, original
ориента́нт, *m.*, orientation
ориента́ция, *f.*, orientation
ориенти́рованный, *adj.*, oriented, directed
ориенти́ровать, *v.*, orient, direct
ориенти́роваться, *v.*, be oriented, be guided (by)
ориентиро́вка, *f.*, alignment, orientation
ориентиро́вочный, *adj.*, approximate, tentative, orientation
ориенти́руемость, *f.*, orientability
ориенти́руемый, *adj.*, orientable, oriented
орисфе́ра, *f.*, horosphere
ороци́кл, *m.*, horocycle, oricycle
орт, *m.*, basis vector, unit vector
орта́нт, *m.*, orthant; негати́вный орта́нт, negative orthant
ортогонализа́ция, *f.*, orthogonalization
ортогонализи́ровать, *v.*, orthogonalize
ортогона́льно-ассоции́рованный, *adj.*, orthogonally associated
ортогона́льность, *f.*, orthogonality
ортогона́льный, *adj.*, orthogonal
ортодокса́льный, *adj.*, orthodox
ортодополне́ние, *n.*, orthocomplementation, orthocomplement, orthogonal complement
ортоморфи́зм, *m.*, orthomorphism
ортонормализа́ция, *f.*, orthonormalization
ортонорма́льный, *adj.*, orthonormal
ортонормирова́ние, *n.*, orthonormalization
ортонормиро́ванный, *adj.*, orthonormalized, normalized, orthonormal
ортопове́рхность, *f.*, orthosurface
ортопрое́ктор, *m.*, orthoprojector, orthogonal projector
ортосимметри́ческий, *adj.*, orthosymmetric
ортотро́пный, *adj.*, orthotropic
ортоце́нтр, *m.*, orthocenter
ортоцентри́ческий, *adj.*, orthocentric
ору́дие, *n.*, tool, instrument, device
орце́пь, *abbrev.* (ориенти́рованная цепь), oriented path (*graph theory*)
оса́дка, *f.*, settling, sagging
оса́док, *m.*, sediment, deposit
осажда́ться, *v.*, settle, deposit, be precipitated, fall, fall out
осва́ивание, *n.*, mastering, assimilation
осва́ивать (осво́ить), *v.*, master, assimilate
осведомле́ние, *n.*, information, notification
осведомлённый, *adj.*, informed
осведомля́ть (осве́домить), *v.*, inform (of)
освежа́ть (освежи́ть), *v.*, renew, regenerate, refresh
освети́тельный, *adj.*, lighting, illuminating
освеща́ть (освети́ть), *v.*, illuminate, throw light (on)
освеще́ние, *n.*, illumination, lighting, elucidation
освещённый, *adj.*, elucidated, illuminated
освободи́ться, *v.*, get rid of, eliminate, become free
освобожда́ть (освободи́ть), *v.*, liberate, release, set free
освобожде́ние, *n.*, release, discharge, liberation
освое́ние, *n.*, mastering, assimilation
осво́ить (*perf. of* осва́ивать), *v.*
осево́й, *adj.*, axial
оседа́ние, *n.*, settling, yielding, precipitation
осесимметри́ческий, *adj.*, axially symmetric
осесимметри́чный, *adj.*, axially symmetric
осе́чка, *f.*, misfire

óси (*from* ось), *pl.*, axes
оскóлок, *m.*, splinter, fragment, component
оскули́рование, *n.*, osculation
оскули́ровать, *v.*, touch, osculate
оскули́рующий, *adj.*, touching, osculating
оскуля́торный, *adj.*, osculatory; обрáтная оскуля́торная интерполя́ция, inverse osculatory interpolation
оскуляциóнный, *adj.*, osculatory
оскуля́ция, *f.*, osculation
ослаблéние, *n.*, weakening, slackening, reduction, relaxation, attenuation
ослáбленный, *adj.*, weakened, relaxed
ослабля́ть (ослáбить), *v.*, loosen, relax, weaken; ослабля́ющая перемéнная, slack variable
осложнéние, *n.*, complication
осложня́ть (осложни́ть), *v.*, complicate
осмáтривать (осмотрéть), *v.*, examine, inspect, scan, look over
óсмос, *m.*, osmosis
осмоти́ческий, *adj.*, osmotic
осмотрéть (*perf. of* осмáтривать), *v.*
осмотри́тельно, *adv.*, cautiously, circumspectly
осмы́сленный, *adj.*, intelligent, sensible
осмы́сливать (осмы́слить), *v.*, give meaning to, comprehend, interpret, understand
оснащáть (оснасти́ть), *v.*, equip
оснащéние, *n.*, equipment, rigging, framing, clothing (*of a surface*)
оснащённый, *adj.*, equipped, rigged, framed; оснащённое многообрáзие, framed manifold; оснащённое зацеплéние, framed link
оснóва, *f.*, base, basis, foundation; stem (*of a word*); на оснóве, because of, on the basis of; в основнóм, in the main
основáние, *n.*, base, reason, basis, foundation, ground; основáния, foundations; на основáнии, on the basis of, because of; основáние (систéмы счислéния), radix (*of a number system*); вычисли́тельная маши́на с основáнием два, radix two computer; основáние (перпендикуля́ра), foot (of a perpendicular); основáние фигу́ры, base of a figure (*in geometry*)
основáнный, *adj.*, established, based (on); основáнный на постулáтах, postulational
основáтельно, *adv.*, fully, thoroughly
основáтельный, *adj.*, solid, substantial, thorough
основáть (*perf. of* оснóвывать), *v.*, base, lay the foundation, found
основнóй, *adj.*, basic, basis, fundamental, main, principal, underlying; основнóй вéктор, basis vector, unit vector; основнáя ли́ния, base line; основнóе значéние, basic meaning; основнóй peри́од, fundamental period; в (всём) основнóм, on the whole; основнóе пóле, ground field, base field; основнáя фу́нкция, test function; основнáя сéрия, principal series; основнóе состоя́ние, ground state; основнáя симметри́ческая фу́нкция, elementary symmetric function
основополагáть, *v.*, establish, found
основополагáющий, *adj.*, basic, initial, fundamental
основоположéние, *n.*, basic foundation
основополóжник, *m.*, initiator, founder
оснóвывать (основáть), *v.*, base, found, lay the foundation
оснóвываться, *v.*, be based, be based on
осóбенно, *adv.*, particularly, especially
осóбенность, *f.*, singularity, peculiarity, exception; осóбенность ти́па дипóля, dipole singularity; фу́нкция осóбенности, singularity function, singular function; в осóбенности, in particular
осóбенный, *adj.*, singular, particular, special
осóбнякóм, *adv.*, by one's self
осóбо, *adv.*, separately, particularly, explicitly
осóбый, *adj.*, singular, particular, peculiar, critical, exceptional; осóбая тóчка, singular point
осознавáть (осознáть), *v.*, realize
оспáривать (оспóрить), *v.*, dispute, question
осреднéние, *n.*, average, averaging
осреднённый, *adj.*, average, averaged
оставáться (остáться), *v.*, remain
остáвить (*perf. of* оставля́ть), *v.*

оставля́ть (оста́вить), *v.*, leave; оставля́ть на ме́сте, *v.*, leave fixed *or* invariant; оста́вить без внима́ния, *v.*, disregard
оставля́ющий, *adj.*, leaving
остаётся (*from* оста́ться), *v.*, it remains
остально́й, *adj.*, the other, the rest, remaining; в остально́м, otherwise, in all other respects, as for the rest
остана́вливать (останови́ть), *v.*, stop, discontinue, shut down
остана́вливаться (останови́ться), *v.*, stop, come to a stop, pause, dwell on, go into, concentrate on; остано́вимся на, we turn our attention to
останови́ть (*perf. of* остана́вливать)
остано́вка, *f.*, stop, stopping, halt; зада́ча остано́вки, halting problem; моме́нт остано́вки, stopping time; зада́ча об остано́вке, halting problem
оста́ток, *m.*, remainder, residue, residual; норма́льный оста́ток, normal residual
оста́точный, *adj.*, residual, remainder; оста́точный член, remainder term; оста́точная диспе́рсия, residual variance; оста́точная намагни́ченность, remanence
оста́ться (*perf. of* остава́ться), *v.*, remain
остаю́щийся, *adj.*, residual, remaining; *m.*, remainder; остающаяся страте́гия, remaining strategy
остеклова́ние, *n.*, vitrification
остерега́ться (остере́чься), *v.*, avoid, be careful of
о́стов, *m.*, frame, framework, skeleton, distinguished boundary, spanning tree (*graph theory*); одноме́рный о́стов, 1-skeleton
о́стовный, *adj.*, framing, spanning; о́стовное де́рево, spanning tree; о́стовный подгра́ф, spanning subgraph
осторо́жно, *adv.*, carefully, cautiously
осторо́жность, *f.*, care, caution
осторо́жный, *adj.*, cautious, careful, delicate
остриё, *n.*, point, spike, edge, cusp; теоре́ма об остри́е кли́на, edge-of-the-wedge theorem
островерши́нность, *f.*, pointedness, peakedness
Острогра́дский, *m.*, Ostrogradskiĭ; теоре́ма Острогра́дского, (Gauss) divergence theorem
остроконе́чность, *f.*, pointedness, peakedness
острота́, *f.*, sharpness, delicacy
остроуго́льный, *adj.*, acute, acute-angled
о́стрый, *adj.*, acute, sharp, spike; о́стрый у́гол, acute angle; о́стрый и́мпульс, spike pulse
осуществи́мость, *f.*, realizability, practicability, feasibility, admissibility
осуществи́мый, *adj.*, realizable, practicable, feasible, admissible
осуществи́ть (*perf. of* осуществля́ть), *v.*
осуществле́ние, *n.*, realization
осуществля́емый, *adj.*, realized, effected, induced, defined
осуществля́ть (осуществи́ть), *v.*, realize, effect, bring about, establish, choose
осуществля́ться, *v.*, be realized, be effected, come about
осуществля́ющий, *adj.*, realizing, effecting
осуществля́я, *adv.*, effecting, realizing, making
осцилли́ровать, *v.*, oscillate
осцилли́рующий, *adj.*, oscillating, oscillatory
осциллогра́мма, *f.*, oscillogram
осцилло́граф, *f.*, oscillograph; oscilloscope
осцилля́тор, *m.*, oscillator
осцилляцио́нность, *f.*, oscillation, oscillatory character
осцилляцио́нный., *adj.*, oscillation, oscillatory
осцилля́ция, *f.*, oscillation
ось, *f.*, axis, axle, real axis, real line; гла́вная ось, principal axis, major axis; real axis
о́сями (*instr. pl. of* ось)
от, *prep.*, from, away from, of
отбира́ть (отобра́ть), *v.*, select, choose, take away
отбо́р, *m.*, selection
отбо́рный, *adj.*, chosen, selected
отбрако́вка, *f.*, rejection
отбра́сываемый, *adj.*, thrown; rejected
отбра́сывание, *n.*, rejection; о́бласть отбра́сывания, rejection region; оши́бка

при отбра́сывании (чле́нов), truncation error

отбра́сывать (отброси́ть), *v.*, throw; reject, discard, throw off; отбра́сывать тень, shadow, cast a shadow

отбро́шенный, *adj.*, rejected, discarded

отведённый, *adj.*, assigned

отверга́ть (отве́ргнуть), *v.*, reject, discard

отверга́ться, *v.*, be rejected, be discarded

отве́ргнутый, *adj.*, rejected, discarded

отве́рстие, *n.*, perforation, opening, aperture, hole; пробива́ть отве́рстие, *v.*, punch

отве́с, *m.*, plumb-line; по отве́су, perpendicularly

отве́сный, *adj.*, plumb, sheer; отве́сная ли́ния, plumb-line

отвести́ (*perf. of* отводи́ть), *v.*

отве́т, *m.*, answer, reply, response

ответвле́ние, *n.*, branch, off-shoot, derivation, forking

ответвля́ться, *v.*, fork

ответвля́ющийся, *adj.*, forking; ответвля́ющееся расшире́ние, forking extension

отве́тный, *adj.*, reciprocal, response

отве́тственный, *adj.*, responsible, answerable (for); crucial

отвеча́ть (отве́тить), *v.*, answer, reply, respond, correspond (to)

отвеча́ющий, *adj.*, responding (to), corresponding (to)

отвлека́ть (отвле́чь), *v.*, abstract, divert, digress

отвлека́ться (отвле́чься), *v.*, be distracted, abstract, digress

отвлече́ние, *n.*, abstraction

отвлечённость, *f.*, abstractness

отвлечённый, *adj.*, abstract

отвле́чься (*perf. of* отвлека́ться), *v.*

отво́д, *m.*, removal, withdrawal

отводи́ть (отвести́), *v.*, assign

отгиба́ние, *n.*, bending back; diffraction

отдава́ть (отда́ть), *v.*, return, give back

отдава́ться (отда́ться), *v.*, be devoted to

отдале́ние, *n.*, distance

отда́ча, *f.*, response, output, efficiency

отде́л, *m.*, department, division, section, branch

отделе́ние, *n.*, separation, isolation

отделённый, *adj.*, separated, detached, isolated; отделённый от нуля́, bounded away from zero

отдели́мость, *f.*, separability, separation, isolation; аксио́ма отдели́мости, separability axiom

отдели́мый, *adj.*, separable, separated; вполне́ отдели́мая а́лгебра, completely segregated algebra; отдели́мое простра́нство, Hausdorff space

отдели́тель, *m.*, separator, eliminator

отдели́ть (*perf. of* отделя́ть), *v.*, separate

отде́лка, *f.*, finishing, trimming, smoothing

отде́льно, *adv.*, separately

отде́льность, *f.*, individuality, singularity; в отде́льности, individually, separately

отде́льный, *adj.*, separate, individual, isolated; отде́льная то́чка, isolated point; отде́льный о́ттиск, reprint, offprint

отделя́ть (отдели́ть), *v.*, separate, isolate

отделя́ющий, *adj.*, separating, isolating; отделя́ющее мно́жество, separating set; отделя́ющая пло́скость, secant plane

о́тзыв, *m.*, opinion, reference, review

отка́з, *m.*, failure, refusal, denial, rejection, giving up; сре́днее вре́мя ме́жду отка́зами, mean time between failures

отка́зо-усто́йчивый, *adj.*, fault-tolerant

отка́зывать (отказа́ть), *v.*, refuse, reject, deny

отка́зываться (отказа́ться), *v.*, waive, relinquish, refuse, avoid

отка́чка, *f.*, pumping out, evacuation, exhaustion

откидно́й, *adj.*, reversible, collapsible

отки́дывать (отки́нуть), *v.*, throw off, discard

откла́дывание, *n.*, postponement

откла́дывать (отложи́ть), *v.*, put aside, postpone; separate off, single out

откла́дывая, *adv.*, postponing, putting aside

о́тклик, *m.*, response, comment, suggestion; фу́нкция о́тклика, response function

отклоне́ние, *n.*, deviation, divergence, deflection, error, distance; хаусдо́рфово отклоне́ние, Hausdorff distance

отклонённый, *adj.*, deviating, divergent, deflected

отклоня́емость, *f.*, deviation

отклоня́ться (отклони́ться), *v.*, deviate, diverge; уравне́ние с отклоня́ющимся аргуме́нтом, differential-delay equation, equation with deviating argument

отклоня́ющий, *adj.*, deflection, deflective, deflecting; отклоня́ющая систе́ма, deflection field, deflection system; отклоня́ющее отображе́ние, perturbation, perturbation mapping

отко́с, *m.*, slope, side slope, inclination

открыва́ть (откры́ть), *v.*, open, discover

открыва́ющий, *adj.*, opening; открыва́ющее мно́жество, opening set, opener

откры́тие, *n.*, opening; discovery

откры́то-за́мкнутый, *adj.*, open-closed, open-and-closed, clopen

откры́тость, *f.*, openness; при́нцип откры́тости отображе́ния, open mapping principle

откры́тый, *adj.*, open, opened, discovered; откры́тое отображе́ние, interior mapping, open mapping

откры́ть (*perf. of* открыва́ть), *v.*, open, discover

отку́да, *adv.*, whence, from which, from where

отлага́ть (= откла́дывать), *v.*

отла́дка, *f.*, debugging

отла́живать (отла́дить), *v.*, debug

отли́в, *m.*, low tide, ebb

отлича́ть (отличи́ть), *v.*, distinguish

отлича́ться, *v.*, differ, differ from, be distinguished

отлича́ющийся, *adj.*, differing

отли́чие, *n.*, difference, distinction; в отли́чие от, unlike, in contrast to, as opposed to

отличи́мость, *f.*, distinguishability

отличи́мый, *adj.*, distinguishable

отличи́тельный, *adj.*, distinctive

отли́чно, *adv.*, differently, excellently, perfectly well

отли́чный, *adj.*, different, different from, distinct, distinctive, excellent, other (than)

отложи́ть (*perf. of* откла́дывать *and* отлага́ть), *v.*, separate off, single out; lay aside, postpone

отме́на, *f.*, cancellation (*of a command or signal*)

отме́тина, *f.*, mark, marking, star

отме́тить (*perf. of* отмеча́ть), *v.*, single out, note, mark, mark off, mention; сле́дует отме́тить, что, it should be noted that

отме́тка, *f.*, note, mark

отмеча́ть (отме́тить), *v.*, mark, note, mention, notice, observe

отме́ченный, *adj.*, marked, noted, recorded, distinguished; отме́ченный идеа́л, distinguished ideal; отме́ченный граф, signed graph

отнесе́ние, *n.*, reference; то́чка отнесе́ния, reference point

отнести́ (*perf. of* относи́ть), *v.*, refer, associate, attribute, put, assign

отнима́ть (отня́ть), *v.*, take away, subtract

относи́тельно, *adv.*, relatively; *prep.*, with respect to, under, concerning, relative to, with respect to, over; относи́тельно инвариа́нтный, relatively invariant; относи́тельно обра́тный, relatively inverse; алгебраи́ческий относи́тельно, algebraic over; коне́чный относи́тельно, finite over

относи́тельность, *f.*, relativity; тео́рия относи́тельности, theory of relativity

относи́тельный, *adj.*, relative; относи́тельное произведе́ние, relative bundle; относи́тельный ми́нимум, relative minimum; коди́рование с относи́тельными адреса́ми, relative coding; относи́тельное удлине́ние, aspect ratio; относи́тельное число́, signed number; relative number

относи́ть (отнести́), *v.*, refer, relate, put, assign

относи́ться, *v.*, be, be to, be relative to, relate, concern; три отно́сится к четырём как шесть к восьми́, three is to four as six is to eight

относя́, *adv., adj.*, relating, referring, related (to)

относя́щийся, *adj.*, involving, relating to

отноше́ние, *n.*, ratio, quotient, relation; в э́том отноше́нии, in this respect; по отноше́нию к, with respect to; отноше́ние эквивале́нтности, equivalence relation; по́ле отноше́ний, quotient field; кольцо́ отноше́ний, quotient ring; после́довательный крите́рий отноше́ний вероя́тностей, sequential probability ratio test; отноше́ние предпочте́ний, preference relation, preference pattern; двойно́е отноше́ние, cross-ratio; двои́чное отноше́ние, binary relation; просто́е отноше́ние, affine ratio (of three points); схе́ма отноше́ний, association scheme

отны́не, *adv.*, henceforth

отню́дь, *adv.*, by no means, not at all

отня́ть (*perf. of* отнима́ть), *v.*, take away, subtract

отобража́ть (отобрази́ть), *v.*, map, reflect, represent, transform; отобража́ть в, map into; отобража́ть на, map onto

отобража́ющий, *adj.*, mapping, transforming, representing

отображе́ние, *n.*, map, mapping, transformation; отображе́ние в це́лом, global mapping, mapping in the large; отображе́ние в, into mapping; отображе́ние на, onto mapping; отображе́ние на значе́ниям, evaluation map; отображе́ние расслое́ний, fiber map, bundle map; отображе́ние прое́кций, projection map; отображе́ние после́дования, succession map

отображённый, *adj.*, represented, mapped

отобрази́ть (*perf. of* отобража́ть), *v.*, map, represent, transform

ото́бранный, *adj.*, selected

отобра́ть (*perf. of* отбира́ть), *v.*, select

отодвига́ть (отодви́гнуть), *v.*, move aside, remove

отождестви́тель, *m.*, identifier

отождествле́ние, *n.*, identification, identifying

отождествлённый, *adj.*, identified

отождествля́ть (отождестви́ть), *v.*, identify

отождествля́ться, *v.*, be identified

отопле́ние, *n.*, heating

оторва́ть (*perf. of* отрыва́ть), *v.*, remove, tear off, separate, isolate

отосла́ть (*perf. of* отсыла́ть), *v.*, refer to

отпада́ть (отпа́сть), *v.*, drop out, be eliminated

отпра́вка, *f.*, sending off, *etc.*

отправля́ть (отпра́вить), *v.*, transmit, dispatch

отправля́ться, *v.*, start, go

отправно́й, *adj.*, starting; отправна́я то́чка, отправно́й пункт, starting point, origin

отпуска́ние, *n.*, release, freeing

отраба́тывать (отрабо́тать), *v.*, complete, finish off

отрабо́тать (*perf. of* отраба́тывать), *v.*

отража́емый, *adj.*, mapped, image; отража́емая крива́я, image curve

отража́тель, *m.*, reflector, deflector, ejector

отража́тельный, *adj.*, reflecting, reflective; отража́тельная спосо́бность, reflectance

отража́ть (отрази́ть), *v.*, reflect, repulse, repel, map

отража́ться, *v.*, be reflected, be mapped; отража́ется в нуль, vanishes

отража́ющий, *adj.*, reflecting; отража́ющий экра́н, reflecting barrier

отраже́ние, *n.*, reflection, image; при́нцип отраже́ния, reflection principle

отражённый, *adj.*, reflected

отрази́ть (*perf. of* отража́ть), *v.*, reflect, express, reproduce; отрази́ться на, have an effect on, affect

о́трасль, *f.*, branch, subsystem

отредакти́ровать (*perf. of* редакти́ровать), *v.*, edit

отре́зок, *m.*, segment, (*closed*) interval; отре́зок, отсека́емый на оси́ (прямо́й ли́нии), intercept (of a straight line); ограни́ченный по отре́зкам, sectionally bounded

отре́зочный, *adj.*, segment; отре́зочный компле́кс, complex of segments

отрица́ние, *n.*, negation, denial; альтернати́вное отрица́ние, alternative negation
отрица́тель, *m.*, negation (*logic*); minus sign
отрица́тельный, *adj.*, negative; отрица́тельная обра́тная связь, negative feedback
отрица́ть, *v.*, deny, contradict, negate
отрица́ться, *v.*, be negated, be denied, be contradicted
отро́сток, *m.*, branch; twig (*graph theory*)
отры́в, *m.*, separation, isolation; то́чка отры́ва, separation
отрыва́ть (оторва́ть), *v.*, separate, isolate, tear off, interrupt
отры́вок, *m.*, fragment
отры́вочный, *adj.*, fragmentary
отсе́ивание, *n.*, elimination, screening, sifting
отсе́ивать *or* **оце́вать** (оце́ят), *v.*, sift, screen, eliminate
отсека́емый, *adj.*, cut off, intercepted; отре́зок, отсека́емый на о́си X, intercept on the X-axis
отсека́ть (отсе́чь), *v.*, cut off, sever
отсече́ние, *n.*, cut, truncation, cutting-off; оши́бка отсече́ния, truncation error
отсечённый, *adj.*, cut off, truncated
отсе́чка, *f.*, cut-off
отсе́ять (*perf. of* отсе́ивать), *v.*
отсо́с, *m.*, suction
отстава́ние, *n.*, lag
отстава́ть (отста́ть), *v.*, lag, lag behind, fall back
отста́ивать (отстоя́ть), *v.*, defend, advocate
отста́ющий, *adj.*, lagging
отстоя́ть, *v.*, be distant, be apart
отстоя́щий, *adj.*, distant
отступле́ние, *n.*, digression, deviation, pull-back
отсу́тствие, *n.*, absence, lack; отсу́тствие сигна́ла, "no" signal; отсу́тствие и́мпульса (сигна́ла), gap (in a signal)
отсу́тствовать, *v.*, be lacking, be absent, be missing
отсу́тствующий, *adj.*, missing, absent
отсчёт, *m.*, reading, reference; ось отсчёта, axis of reference; систе́ма отсчёта, frame of reference
отсчи́тывать (отсчита́ть), *v.*, count, reckon, count off
отсыла́ть (отосла́ть), *v.*, refer to
отсю́да, *adv.*, from here, hence
отта́лкивание, *n.*, repulsion
отта́лкивать (оттолкну́ть), *v.*, repel, repulse
отта́лкивающий, *adj.*, repelling, repellent, repulsing
отта́чивать (отточи́ть), *v.*, sharpen, perfect
отте́нок, *m.*, nuance, inflection
оттеня́ть (оттени́ть), *v.*, shade, tint, graduate
о́ттиск, *m.*, reprint, offprint
отто́к, *m.*, outflow
оттолкну́ть (*perf. of* отта́лкивать), *v.*
отту́да, *adv.*, from there
оття́нутый, *adj.*, plucked, delayed, drawn out; оття́нутая струна́, plucked string
отфильтро́вывать, *v.*, filter, filter out
отхо́д, *m.*, removal, withdrawal, deviation, departure
отходя́щий, *adj.*, issuing (от, from)
отцепля́емый, *adj.*, split off, segregated, splittable; отцепля́емая а́лгебра, segregated algebra
отча́сти, *adv.*, partly, partially
отчего́, *adv.*, why
отчёт, *m.*, report, account
отчётливо, *adv.*, clearly, distinctly
отчётливый, *adj.*, clear, distinct, sharp
отчётный, *adj.*, current, account, report; отчётный пери́од, accounting period
отчи́стка, *f.*, cleaning, purification, cleaning off
отщепле́ние, *n.*, splitting off, detaching, removal
отщепля́ться, *v.*, split off, detach
отыска́ние, *n.*, searching, search for, looking
оты́скивание, *n.*, search
оты́скивать (отыска́ть), *v.*, find out, search, discover
отяготи́т (*perf. of* отягоща́ть), *v.*
отягоща́ть (отяготи́ть), *v.*, burden
отягча́ть (отягчи́ть), *v.*, aggravate

оформля́ть (офо́рмить), *v.*, record, register, draw-up, arrange, design
охарактеризо́ванный, *adj.*, characterized
охарактеризова́ть, *v.*, describe, characterize
охва́т, *m.*, scope, envelopment, inclusion
охва́тывать (охвати́ть), *v.*, envelop, enclose, contain, involve, cover, include, surround
охва́тываться, *v.*, be covered, be spanned
охва́тывающий, *adj.*, enveloping, enclosing, overlapping, covering, containing
охва́ченный, *adj.*, included, spanned, enveloped
охладева́ть (охладе́ть), *v.*, cool, grow cold
охлажда́ть (охлади́ть), *v.*, cool, cool off; condense
охлажда́ться, *v.*, cool, cool down
охлажда́ющий, *adj.*, cooling
охлажде́ние, *n.*, cooling
охлаждённый, *adj.*, cooled
оценённый, *adj.*, estimated, evaluated
оце́ниваемый, *adj.*, (being) evaluated, (being) estimated
оце́нивание, *n.*, estimation; оце́нивание состо́яния, state estimation; оце́нивание пара́метров, parameter estimation; схе́ма после́довательного оце́нивания, sequential estimation scheme
оце́нивать (оцени́ть), *v.*, consider, evaluate, estimate, bound
оце́нивающий, *adj.*, evaluating, estimating, assigning values
оцени́ть (*perf. of* оце́нивать), *v.*, estimate, evaluate, bound
оце́нка, *f.*, bound, estimate, evaluation, valuation, estimation, inequality, estimator; оце́нка све́рху, upper bound; оце́нка сни́зу, lower bound; асимптоти́чески эффекти́вная оце́нка, asymptotically efficient estimate; доста́точная оце́нка, sufficient estimate; оце́нка максима́льного правдоподо́бия, maximum likelihood estimate; несмещённая оце́нка, unbiased estimate; состоя́тельная оце́нка, consistent estimate; эффекти́вная оце́нка, efficient estimate; слу́чай регуля́рной оце́нки, regular estimation case; совме́стно-доста́точная оце́нка, joint sufficient estimate; совме́стно-эффекти́вная оце́нка, joint efficient estimate; регуля́рная оце́нка, regular estimate; ма́трица оце́нок, rating matrix; оце́нка пло́тности Розенбла́тта-Па́рзена, kernel density estimate
оце́ночный, *adj.*, evaluating, valuating, estimating; оце́ночная фу́нкция, estimator
оцо́с, *m.*, suction
оча́г, *m.*, seat, center; оча́г землетрясе́ния, seismic center, seismic focus
очеви́дно, *adv.*, evidently, obviously; *pred.*, it is evident, it is obvious (that)
очеви́дность, *f.*, clearness, obviousness
очеви́дный, *adj.*, obvious, evident, trivial
о́чень, *adv.*, very, very much
очередно́й, *adj.*, next, recurrent
очерёдность, *f.*, regular succession, order of priority, sequence
о́чередь, *f.*, turn, line, queue; на о́череди, next in turn; в пе́рвую о́чередь, above all, chiefly, first of all, primarily; в свою́ о́чередь, in turn, conversely, inversely; тео́рия очереде́й, theory of queues, queueing theory
о́черк, *m.*, outline, sketch
очерта́ние, *n.*, outline, contour, configuration
оче́рчивать (очерти́ть), *v.*, outline, trace, draw around
очи́стка, *f.*, cleaning, purification, refinement
очко́, *n.*, point, score (*in games, etc.*); су́мма очко́в, score sum
ошиба́ться (ошиби́ться), *v.*, make a mistake, err
оши́бка, *f.*, error, mistake; оши́бка округле́ния, round-off error; оши́бка при отбра́сывании (чле́нов), truncation error; распределе́ние оши́бок, error distribution; станда́ртная оши́бка, standard error; вре́мя рабо́ты маши́ны без оши́бок, good time; устро́йство для обнаруже́ния оши́бки, error detecting facility; вре́мя рабо́ты с оши́бками, down time;

интегра́л оши́бок, error integral, error function
оши́бочно, *adv.*, by mistake, erroneously
оши́бочность, *f.*, inaccuracy, error
оши́бочный, *adj.*, erroneous, faulty
оштукату́риваемый, *adj.*, plasterable
оштукату́ривание, *n.*, plastering
ощела́чивание, *n.*, alkalization, alkalizing
ощела́чивать, *v.*, alkalize
ощу́пывать (ощу́пать), *v.*, feel, probe, sound
ощути́мый, *adj.*, perceptible, tangible
ощути́тельно, *adv.*, perceptibly, appreciably, tangibly
ощути́тельность, *f.*, perceptibility, tangibility
ощути́тельный, *adj.*, tangible, perceptible, appreciable
ощуща́емый, *adj.*, (being) felt, (being) perceived
ощуща́ть (ощути́ть), *v.*, feel, sense, perceive
ощуще́ние, *n.*, sensation, perception, sense

П п

пáдать (пасть, упáсть), *v.*, fall, drop
падáющий, *adj.*, incident, falling, dropping
падéние, *n.*, fall, drop, incidence; ýгол падéния, angle of incidence; пáдение напряжéния, voltage drop
паз, *m.*, slot, groove
пáйка, *f.*, soldering
пакéт, *m.*, package, stack, packet, batch; волновóй пакéт, wave packet; пакéт ошúбок, error burst
пакéтный, *adj.*, batch; packet, package; пакéтная обрабóтка, batch processing
Пáлей, *p.n.*, Paley
пáлец, *m.*, finger; счёт по пáльцам, finger counting
палиндрóм, *m.*, palindrome
палиндромúческий, *adj.*, palindromic
пáлуба, *f.*, deck; полéтная пáлуба, flight deck
пáмять, *f.*, memory, storage; ёмкость пáмяти, memory capacity, storage capacity; блок пáмяти, memory block
пангеодезúческий, *adj.*, pangeodesic
пандиагонáльный, *adj.*, pandiagonal
панéль, *f.*, panel; коммутациóнная панéль, keysets
пантóграф, *m.*, pantograph
Папп, *p.n.*, Pappus
пар, *m.*, steam, vapor; перегрéтый пар, superheated steam
пáра, *f.*, pair, couple; пáра сил, couple, force couple; задáча о составлéнии пар, matching problem
параáбелевый, *adj.*, para-abelian
парааналитúческий, *adj.*, para-analytic, hyperanalytic
парааналитúчность, *f.*, para-analyticity
парáбола, *f.*, parabola
параболúческий, *adj.*, parabolic; параболúческая фóрма, cusp form (*automorphic functions*)
параболóид, *m.*, paraboloid
паравы́пуклый, *adj.*, paraconvex
парáграф, *m.*, paragraph, section
парадóкс, *m.*, paradox
парадоксáльно, *adv.*, paradoxically
парадоксáльность, *f.*, paradoxicality
парадоксáльный, *adj.*, paradoxical
паразитúческий, *adj.*, parasitic
паразúтный, *adj.*, parasite, parasitic; паразúтный сигнáл, spurious signal
паракомпáктность, *f.*, paracompactness, compactness
паракомпáктный, *adj.*, paracompact, compact
паракомплéксный, *adj.*, paracomplex
параксиáльный, *adj.*, paraxial; параксиáльные лучú, paraxial rays
параллáкс, *m.*, parallax
параллактúческий, *adj.*, parallactic
параллелепúпед, *m.*, parallelepiped
параллелúзм, *m.*, parallelism
параллелизýемость, *f.*, parallelizibility
параллелизýемый, *adj.*, parallelizable
параллелогрáмм, *m.*, parallelogram
параллелотóп, *m.*, parallelotope
параллéль, *f.*, parallel; проводúть параллéль, *v.*, draw a parallel
параллéльно, *adv.*, in a parallel way, in parallel; *pred.*, (it) is parallel
параллéльно-аффúнный, *adj.*, parallel-affine
параллéльно-послéдовательный, *adj.*, parallel-sequential, parallel-serial; параллéльно-послéдовательный мéтод выполнéния оперáций, parallel-sequential mode, parallel-serial mode
параллéльность, *f.*, parallelism
параллéльный, *adj.*, parallel; мéтод параллéльного дéйствия, parallel mode
парамагнетúзм, *m.*, paramagnetism
парамагнéтик, *m.*, paramagnetic material, paramagnet
парамагнúтный, *adj.*, paramagnetic
парáметр, *m.*, parameter; парáметр положéния, location parameter; парáметр разбрóса, scale parameter, dispersion index; предварúтельно введённый парáметр, preset parameter
параметризáция, *f.*, parametrization
параметризóванный, *adj.*, parametrized

параметри́ческий, *adj.*, parametric
парано́рма, *f.*, paranorm
паранормиро́ванный, *adj.*, paranormed, with a paranorm
парасле́д, *m.*, paratrace
парасфе́ра, *f.*, parasphere
параунита́рный, *adj.*, para-unitary
парафи́н, *m.*, paraffin
Паре́то, *p.n.*, Pareto; оптима́льный по Паре́то, Pareto optimal; мно́жество Паре́то, Pareto set
паре́то-оптима́льный, *adj.*, Pareto-optimal
парите́т, *m.*, parity, equality
парите́тный, *adj.*, parity
паркета́ж, *m.*, tesselation
па́рный, *adj.*, conjugate, twin, pair, dual; па́рный граф, bipartite graph; па́рная игра́, two-person game
парово́й, *adj.*, steam
паросочета́ние, *n.*, matching
парохо́д, *m.*, steamboat, steamship
парсе́к, *m.*, parsec (3.26 *light years*)
парти́ция, *f.*, partition
па́ртия, *f.*, party, group, set, batch, lot, game
партнёр, *m.*, partner, opponent, player
парциа́льный, *adj.*, partial
паска́лев, *adj.*, Pascal
пасова́ть (спасова́ть), *v.*, pass (*at cards, in a game*), no bid
пасси́вный, *adj.*, passive
пасть (*perf. of* па́дать), *v.*, fall, drop
патологи́ческий, *adj.*, pathological
патоло́гия, *f.*, pathology
па́чка, *f.*, pack, packet, parcel, batch, block, bundle
Паш, *p.n.*, Pasch
п.в., *abbrev.* (почти́ всю́ду), a.e., almost everywhere, almost every
пеа́новский, *adj.*, Peano
педагоги́ческий, *adj.*, pedagogical
педанти́зм, *m.*, pedantry
педанти́чность, *f.*, pedantry
Пекле́, *p.n.*, Peclet
Пе́ли, *p.n.*, Paley
Пенлеве́, *p.n.*, Painlevé
Пе́нроуз, *p.n.*, Penrose
пентаго́н, *m.*, pentagon
пентагона́льный, *adj.*, pentagonal
пента́эдр, *m.*, pentahedron
пенто́д, *m.*, pentode
перви́чно, *adv.*, primarily, initially
перви́чный, *adj.*, primary, initial, prime; перви́чное кольцо́, prime ring; перви́чный мно́житель, primary factor
первобы́тный, *adj.*, primitive
первоисто́чник, *m.*, origin, source, primary source
первонача́льно, *adv.*, originally, initially
первонача́льный, *adj.*, original, initial, prime, primary, elementary, primitive; первонача́льные да́нные, raw data
первообра́зная, *f.*, primitive, antiderivative
первообра́зный, *adj.*, original, primitive; первообра́зные ко́рни, primitive roots; первообра́зная фу́нкция, primitive, antiderivative
первооснóва, *f.*, fundamental principle
первостепе́нный, *adj.*, primary, paramount
пе́рвый, *adj.*, first, former; во-пе́рвых, in the first place; пе́рвое слага́емое, first term, first part (*something to be added to*); пе́рвые коэффицие́нты, leading coefficients
перебира́ть (перебра́ть), *v.*, sort out, look over, search through, reset
перебо́р, *m.*, sorting, enumeration, tabulation; item-by-item examination, exhaustive search, brute force; excess (*in blackjack, etc.*); дока́зывать перебо́ром, prove by exhaustion
перебра́сывание, *n.*, transfer, throwing over
перебро́с, *m.*, transfer, throwing over
перебро́ска, *f.*, transfer, throwing over
перева́л, *m.*, saddle-point, crossing, passing; ме́тод перева́ла, saddle-point method
перева́ливать (перевали́ть), *v.*, cross, pass
перева́лка, *f.*, transfer
перева́лочный, *adj.*, transfer; перева́лочный пункт, transfer point
переведённый, *adj.*, translated, moved
перевёрнутый, *adj.*, inverted, reverse, turned over

перевёртывать (перевернýть), *v.*, invert, turn over
перевестú (*perf. of* переводúть), *v.*, translate, transfer
перевóд, *m.*, translation, conversion; transfer; waste; таблúца перевóда, conversion table
переводúть (перевестú), *v.*, translate; transfer; use up, move
перевóдчик, *m.*, translator, interpreter; change-lever
переводя́щий, *adj.*, translating, transferring, transforming, sending
перевóзка, *f.*, transport, conveyance, transportation
перегúб, *m.*, inflection, bend, twist; тóчка перегúба, point of inflection
переговóры, *pl.*, talks, negotiations
перегорóдка, *f.*, partition
перегрéв, *m.*, superheating, overheating
перегревáние, *n.*, superheating
перегревáть (перегрéть), *v.*, superheat, overheat
перегрéтый, *adj.*, superheated; перегрéтый пар, superheated steam
перегрýзка, *f.*, overload
перегруппировáние, *n.*, rearrangement, regrouping
перегруппирóванный, *adj.*, rearranged, regrouped
перегруппирóвка, *f.*, regrouping
пéред, *prep.*, before, in front of, to, compared to
передавáемый, *adj.*, transmitted
передавáть (передáть), *v.*, transmit, pass, give
передáнный, *adj.*, transmitted
передáточный, *adj.*, transmitting, transmission, transfer; передáточная фýнкция, transfer function; передáточное числó, ratio
передáтчик, *m.*, transmitter
передáча, *f.*, transmission, drive, broadcast; передáча управлéния по комáнде безуслóвного перехóда, unconditional transfer; сквознáя передáча, rippling through
передающий, *adj.*, transmitting, transmission
передвигáть (передвúнуть), *v.*, move, shift
передвигáться (передвúнуться), *v.*, move, change one's position, travel
передвижéние, *n.*, movement
передéлка, *f.*, translation, conversion, alteration
перéдний, *adj.*, front, leading, fore; перéдняя крóмка, leading edge
передокáзывать (передоказáть), *v.*, prove again, reprove
переиздавáть (переиздáть), *v.*, reprint, republish
переизлучáть, *v.*, reradiate
переизлучённый, *adj.*, reradiated
переизмеря́ть (переизмéрить), *v.*, remeasure
переименовáние, *n.*, renaming, rewriting
переименóвывать (переименовáть), *v.*, rename, rewrite
перейтú (*perf. of* переходúть), *v.*, pass
перекúдывать (перекúнуть), *v.*, span; throw over
переклáдывание, *n.*, rearrangement
переключáтель, *m.*, switch; переключáтель с вы́боркой по напряжéнию, voltage-selector switch
переключáтельный, *adj.*, switch, switching; переключáтельная схéма, switching circuit
переключáть (переключúть), *v.*, switch, switch over
переключáющий, *adj.*, switching; переключáющая схéма, switching circuit
переключéние, *n.*, switching
перекóс, *m.*, distortion, bias
перекóшенный, *adj.*, distorted, biased
перекрéстие, *n.*, cross-hairs
перекрёстный, *adj.*, cross, crossed, switch-back
перекрéщивание, *n.*, crossing, intersection
перекрéщивающийся, *adj.*, crossing, intersecting, criss-cross
перекрýчивание, *n.*, twisting
перекрывáть (перекры́ть), *v.*, superimpose, overlap, cover
перекрывáться, *v.*, overlap, be covered
перекрывáющий, *adj.*, overlapping, covering

перекрыва́ющийся, *adj.*, overlapping, covering, covered

перекры́тие, *n.*, overlapping, covering, intersection, duplication, overlap; коэффицие́нт перекры́тия, overlapping coefficient

перекры́тый, *adj.*, covered, spanned

перема́тывание, *n.*, rewinding

перемежа́емость, *f.*, alternation

перемежа́ть, *v.*, alternate

перемежа́ющийся, *adj.*, alternate, alternating, intermittent

переме́на, *f.*, interchange, change, alternation

перемени́ть (*perf. of* переменя́ть), *v.*, change, vary

переме́нная, *f.*, variable, argument; переме́нная сумми́рования, summation index

переме́нный, *adj.*, variable, varying; переме́нный ток, alternating current; переме́нное основа́ние систе́мы счисле́ния, variable radix; ме́тод переме́нных направле́ний, alternating direction method

переменя́ть (перемени́ть), *v.*, change, vary

перемести́тельность, *f.*, commutativity

перемести́тельный, *adj.*, commutative

перемести́ть (*perf. of* перемеща́ть), *v.*, transpose, relocate, commute

переме́шанный, *adj.*, mixed; переме́шанные чи́сла, shuffled numbers

переме́шивание, *n.*, intermixing, confusion

переме́шивать (перемеша́ть), *v.*, intermix, shuffle, mix up, confuse

переме́шивающий, *adj.*, intermixing, kneading; переме́шивающий инвариа́нт, kneading invariant

перемеща́ть (перемести́ть), *v.*, move, transpose, transfer, commute

перемеще́ние, *n.*, permutation, transfer, movement, interchange, displacement, moving; цена́ перемеще́ния, cost of moving; обра́тное перемеще́ние, backspacing

перемещённый, *adj.*, displaced, permuted

перемножа́ть (перемно́жить), *v.*, multiply, multiply out

перемноже́ние, *n.*, multiplication, multiplying out

перемы́чка, *f.*, cross connection, jumper, bridge

перенапряжённый, *adj.*, overstrained

перенесе́ние, *n.*, transference, transportation, displacement; гомоморфи́зм перенесе́ния, transfer homomorphism

перенести́ (*perf. of* переноси́ть), *v.*, transfer, carry over

перенормиро́ванный, *adj.*, renormalized

перенормиро́вка, *f.*, renormalization, normalization

перено́с, *m.*, transfer, translation, transport, carry, carry-over, break, displacement, shift, drift; каска́дный перено́с, step-by-step carry; перено́с из предыду́щего разря́да, previous carry; сквозно́й перено́с, ripple-through carry; перено́с переполне́ния, overflow; кругово́й перено́с, end-around carry; сло́жный перено́с, accumulative carry; цикли́ческий перено́с, end-around carry; предыду́щий перено́с, previous carry; схе́ма перено́са, carry circuit; цепь перено́са, carry circuit; пробле́ма перено́са, transport problem; знак перено́са, hyphen; перено́с осе́й, translation of axes; гомоморфи́зм перено́са, transfer homomorphism

переноси́мый, *adj.*, transferable, endurable

переноси́ть (перенести́), *v.*, transfer, carry over

перено́сный, *adj.*, portable, figurative, transfer, transport

перено́счик, *m.*, carrier

перенумера́ция, *f.*, renumbering, enumeration, numbering, reindexing, labeling

перенумеро́ванный, *adj.*, renumbered, enumerated, reindexed

перенумерова́ть, *v.*, index, enumerate, number, renumber, reindex

переобознача́ть (переобозна́чить), *v.*, rename

переобусло́вливание, *n.*, change of conditioning, preconditioning

переопределе́ние, *n.*, overdetermination

переопределённый, *adj.*, overdetermined
переоткрывáть (переоткрыть), *v.*, rediscover
переохладúть, *v.*, supercool
переохлаждéние, *n.*, supercooling
переоцéнивать (переоценúть), *v.*, overestimate, overrate
переоцéнка, *f.*, overestimation, re-evaluation
перепáд, *m.*, overfall
перепúска, *f.*, correspondence, copying
перепúсывание, *n.*, rewriting, copying
перепúсывать (переписáть), *v.*, rewrite, copy, write over, make a census of, sample
перепúсывающий, *adj.*, rewriting, copying
пéрепись, *f.*, census
переплёт, *m.*, interlacing, binding, cover
переплетáть (переплестú), *v.*, interlace, intertwine
переплетáющий, *adj.*, intertwining
переплетéние, *n.*, interlacing, linkage, linking; грýппа переплетéний, link group
переполнéние, *n.*, overfilling, overflow; разря́д переполнéния, redundancy bit, extra order; перенóс переполнéния, overflow
перепóнка, *f.*, membrane
перепры́гивать, *v.*, skip, jump, jump over
перепýтывать (перепýтать), *v.*, confuse
перерабáтывать (перерабóтать), *v.*, process, remake, alter, revise, transform
перерабóтанный, *adj.*, worked over, treated, revised, altered, transformed
перерабóтать (*perf. of* перерабáтывать), *v.*, revise, alter, work over, change, transform
перерабóтка, *v.*, processing, revision
переразмещéние, *n.*, rearrangement
перерасположéние, *m.*, rearrangement
перераспределéние, *n.*, redistribution
перераспределя́ть (перераспределúть), *v.*, redistribute
перерасчёт, *m.*, recomputation
перерегулúрование, *n.*, overshoot; overcontrol
перерезáть (перерéзать), *v.*, intersect, intercept, cut
перерéзывающий, *adj.*, intersecting, crosscutting
переры́в, *m.*, interruption, break
пересáженный, *adj.*, transplanted
пересáживать (пересадúть), *v.*, transplant
пересекáть (пересéчь), *v.*, intersect, cut, cross, meet
пересекáться, *v.*, intersect; попáрно не пересекáться, be mutually disjoint; взаúмно не пересекáться, be mutually disjoint
пересекáющийся, *adj.*, intersecting, crossing; пересекáющиеся лúнии, intersecting lines; пересекáющая лúния, secant (line)
пересечéние, *n.*, intersection, meet; тóчка пересечéния, point of intersection; гомоморфúзм по пересечéнию, meet-homomorphism; неразложúмый в пересечéние, meet-irreducible
пересéчься (*perf. of* пересекáться), *v.*, intersect
пересскáз, *m.*, retelling, exposition
перескáкивать (перескочúть), *v.*, skip, omit, jump over
пересмáтривать (пересмотрéть), *v.*, revise, reconsider, look over
переставáть (перестáть), *v.*, cease, stop; перестаёт быть, ceases to be, is no longer
переставля́ть (перестáвить), *v.*, rearrange, transpose, move, change the position of
перестанóвка, *f.*, permutation, rearrangement
перестанóвочность, *f.*, permutability
перестанóвочный, *adj.*, permutation, permutational, commutative, permutable (*with*), permutative; попáрно перестанóвочный, pairwise permutable; перестанóвочная фýнкция, commutator function
перестáть (*perf. of* переставáть), *v.*, cease, stop
перестрáивать (перестрóить), *v.*, rebuild, do surgery (*of manifold*)
перестрóйка, *f.*, bifurcation; modification; surgery (*of manifold*); reorganization, rebuilding
пересчёт, *m.*, recalculation, recount, enumeration

пересчи́тывать (пересчита́ть), *v.*, enumerate, count over, recount
перетасо́вка, *f.*, shuffle, shift
перетасо́вывание, *n.*, reshuffling, reshuffle
перетя́гивать (перетяну́ть), *v.*, outweigh, overbalance, contract
перетя́жка, *f.*, intake; constriction, necking
переустро́йство, *n.*, reorganization, reconstruction
переформули́рование, *n.*, reformulation, restatement
переформули́ровать, *v.*, reformulate, restate
перефрази́рованный, *adj.*, rephrased
перефрази́ровать, *v.*, rephrase, paraphrase
перефразиро́вка, *f.*, rephrasing
перехва́тывать (перехвати́ть), *v.*, intercept
перехо́д, *m.*, passage, transfer, transition, jump, conversion; перехо́д к преде́лу, passage to the limit; усло́вный перехо́д, branch, conditional jump, "jump if not"; опера́ция усло́вного перехо́да, "jump if not" operation; кома́нда усло́вного перехо́да, "jump if not" instruction; коэффицие́нт перехо́да, conversion factor
переходи́ть (перейти́), *v.*, pass, turn, cross, get over
перехо́дный, *adj.*, transitional, transition; transient; перехо́дный проце́сс (явле́ние), transient; перехо́дное состоя́ние, transient state; перехо́дная фу́нкция, transition function
переходя́, *adv.*, going over, passing on to; переходя́ к о́бщему слу́чаю, going over to the general case, if we go over to the general case
переходя́щий, *adj.*, transferring, translating, carrying
пе́речень, *m.*, enumeration, list
перечёркивать (перечеркну́ть), *v.*, cross out, cancel
перече́рчивание, *n.*, replotting, redrawing
перечисле́ние, *n.*, enumeration, transfer
перечи́сленный, *adj.*, enumerated
перечисли́мость, *f.*, denumerability
перечисли́мый, *adj.*, denumerable, countable; рекурси́вно перечисли́мый, счётно перечисли́мый, recursively enumerable
перечисля́ть (перечи́слить), *v.*, enumerate, transfer, list
переше́ек, *m.* (*gen.* переше́йка), isthmus, connection, neck; у́зкий переше́ек, narrow passage
переше́ечный, *adj.*, isthmus, connection, connective
перешёл (перешла́, перешло́, перешли́; *past of* перейти́), passed
периге́й, *m.*, perigee
периге́лий, *m.*, perihelion
пери́метр, *m.*, perimeter
пери́од, *m.*, period; по пери́оду, periodically
периодиза́ция, *f.*, periodization
периоди́ческий, *adj.*, periodic, recurrent, alternating; периоди́ческая дробь, repeating decimal; периоди́ческая гру́ппа, torsion group; периоди́ческая полугру́ппа, periodic semigroup
периоди́чность, *f.*, periodicity
периоди́чный, *adj.*, periodic
периодогра́мма, *f.*, periodogram
пе́ристый, *adj.*, feather-like, feathery, plumed; пе́ристое простра́нство, p-space (*not* P-space)
перифери́йный, *adj.*, peripheral
перифери́ческий, *adj.*, peripheral, periphery, rim
перифери́я, *f.*, periphery, circumference
пермане́нт, *m.*, permanent
пермане́нтность, *f.*, permanence
пермане́нтный, *adj.*, permanent
пермутацио́нный, *adj.*, permutation, permutational; пермутацио́нный мо́дуль, permutation module (*algebra*)
перпендикуля́р, *m.*, perpendicular
перпендикуля́рность, *f.*, perpendicularity
перпендикуля́рный, *adj.*, perpendicular
персисте́нтный, *adj.*, persistent, persistence; персисте́нтная моде́ль, persistence model
перспекти́ва, *f.*, perspective, view, prospect
перспективите́т, *m.*, perspectivity
перспекти́вно-аффи́нный, *adj.*, perspectively affine

перспекти́вный, *adj.*, perspective, promising
пертурбацио́нный, *adj.*, perturbation
пертурба́ция, *f.*, perturbation
перце́пция, *f.*, perception
песо́к, *m.*, sand
пессимисти́ческий, *adj.*, pessimistic
пета́рда, *f.*, petard
пе́тель, *gen. pl. of* пе́тля
пе́тербургский, *adj.*, St. Petersburg (*now* Leningrad)
петлева́ние, *n.*, looping
петлеви́дный, *adj.*, loop
пе́тля, *f.*, loop; констру́кция, позволя́ющая вычисля́ть гомоло́гии простра́нства пе́тель, cobar construction; дела́ние пе́тли (пе́тель), looping; де́лать пе́тлю, loop
петля́ние, *n.*, looping
печа́тать (напеча́тать), *v.*, print, type
печа́тающий, *adj.*, printing
печа́тный, *adj.*, printed, published; печа́тная схе́ма, printed circuit
печа́ть, *f.*, imprint, seal, stamp; print, printing, press; в печа́ти, in press
печно́й, *adj.*, furnace
пе́чь, *f.*, furnace, oven, kiln
пе́шка, *f.*, pawn
ПЗУ, *abbrev.* (постоя́нное запомина́ющее устро́йство), ROM (read-only memory)
пи, *number* π
Пизье́, *p.n.*, Pisier
пик, *m.*, peak
пика́ровский, *adj.*, Picard
пиковерши́нность, *f.*, peakedness
пи́ковый, *adj.*, spades (*cards*)
пиктогра́мма, *f.*, pictogram
пилообра́зный, *adj.*, saw-tooth
пило́т, *m.*, pilot
ПИП, *abbrev.* (прикладно́е исчисле́ние предика́тов), applied predicate calculus
пирами́да, *f.*, pyramid
пирамида́льный, *adj.*, pyramidal
пироэлектри́ческий, *adj.*, pyroelectric
пироэлектри́чество, *n.*, pyroelectricity
Пирс, *p.n.*, Peirce, Pierce; Пи́рса стре́лка, Peirce's arrow (↓); пи́рсовское разложе́ние, Peirce decomposition
пи́рсоновский, *adj.*, Pearson
пиру́эт, *m.*, pirouette
писа́ть (написа́ть), *v.*, write
пи́сьменный, *adj.*, written
письмо́, *n.*, letter, writing
пита́ние, *n.*, feed, feeding
пита́ть, *v.*, feed, nourish
пита́ющийся, *adj.*, fed, being fed
пифагоре́йский, *adj.*, Pythagorean
пифаго́ров, *adj.*, Pythagorean
пи́шут (*from* писа́ть), *v.*, (they) write
пи́шущий, *adj.*, writing; пи́шущая маши́нка, typewriter
пи́ща, *f.*, food, nourishment
пла́вание, *n.*, navigation
пла́вать, *v.*, drift, navigate
пла́вающий, *adj.*, floating, drifting, navigating; пла́вающий а́дрес, symbolic address, floating address; пла́вающая запята́я, floating point; систе́ма с пла́вающей запято́й, floating-point system
пла́вить, *v.*, melt
пла́вка, *f.*, melting, fusion, fuse
плавле́ние, *n.*, melting, fusion
пла́вность, *f.*, smoothness, fluency
пла́вный, *adj.*, smooth; пла́вное обтека́ние, streamline flow
плаву́честь, *f.*, buoyancy
плаву́чий, *adj.*, buoyant
пла́зма, *f.*, plasma, plasm
пла́мень, *m.*, flame, fire
пла́мя, *n.*, flame, fire
план, *m.*, plan, setting, scheme, map, design, outline, survey; план с непо́лными бло́ками, incomplete block design
плане́та, *f.*, planet; ма́лая плане́та, asteroid
планиме́тр, *m.*, planimeter
планиметри́ческий, *adj.*, planimetric
планиме́трия, *f.*, planimetry, plane geometry
плани́рование¹, *n.*, planning, designing, programming; лине́йное плани́рование, linear programming; плани́рование экспериме́нтов, design of experiments
плани́рование², *n.*, glide, gliding
плани́ровать¹ (заплани́ровать), *v.*, plan, design, program
плани́ровать² (сплани́ровать), *v.*, glide

планировáть³, *v.*, lay out
планирóвка, *f.*, design, planning; планирóвка эксперимéнтов, design of experiments; планирóвка óпыта, design of an experiment
плáнковский, *adj.*, Planck
планомéрный, *adj.*, systematic, regular, planned
планшéт, *m.*, plane table, drawing board
пласт, *m.*, layer, stratum
плáстика, *f.*, plastics
пласти́на, *f.*, plate, membrane, disk
пласти́нка, *f.*, plate, disk
пласти́нчатый, *adj.*, plate-like, sheetlike, lamellate
пласти́ческий, *adj.*, plastic
пласти́чность, *f.*, plasticity
пласти́чный, *adj.*, plastic
пластмáсса, *f.*, plastic, composition material; синтети́ческая пластмáсса, synthetic resin
плáта, *f.*, charge, payment, fee, price
платёж, *m.*, payoff, payment
Платó, *p.n.*, Plateau; задáча Платó, Plateau problem
платóнов, *adj.*, Plato; платóновы телá, Platonic solids
пленáрный, *adj.*, plenary
плёнка, *f.*, film, recording
плетéние, *n.*, network, lattice, braiding
плечó, *n.*, arm
плитá, *f.*, plate, slab
плодорóдие, *n.*, productivity, fertility
плодотвóрный, *adj.*, fruitful
плóский, *adj.*, plane, planar, flat, horizontal; плóское деформи́рованное состоя́ние, state of plane deformation; плóское напряжённое состоя́ние, state of plane stress; плóский граф, planar graph
плоскопараллéльный, *adj.*, plane-parallel
плоскополяризóванный, *adj.*, plane-polarized
плоскостнóй, *adj.*, planar, flat
плóскостность, *f.*, flatness
плóскость, *f.*, plane, surface, flat, subspace, two-dimensional subspace; плóскости, flats; направля́ющая плóскость, control surface; расши́ренная плóскость, extended plane; плóскость диафрáгмы, aperture plane; плóскость изображéния, image plane; плóскость срéдней квадрати́ческой регрéссии, mean square regression plane
плоти́на, *f.*, dam
плóтно, *adv.*, densely, compactly; плóтно влóженный, tightly embedded (*semigroup theory*)
плóтность, *f.*, density, compactness, condensation; плóтность печáти, printing capacity; зáпись с высóкой плóтностью, high density recording; плóтность тóка, current density; плóтность вероя́тности, probability density; кривáя плóтности, frequency curve; фýнкция плóтности, frequency function, density function
плóтный, *adj.*, dense, compact, tight; плóтный в сéбе, dense in itself; всю́ду плóтный, everywhere dense; метри́чески плóтный, metrically dense; нигдé не плóтный, nowhere dense
плóхо, *adv.*, badly, poorly
плохóй, *adj.*, bad, poor
плохообусловленный, *adj.*, improperly stipulated, poorly worded, ill-conditioned
площáдка, *f.*, area element, small area, platform, ground
плóщадный, *adj.*, areal, area; плóщадная произвóдная, *f.*, areolar derivative
площáдочный, *adj.*, area, areal
плóщадь, *f.*, area, space
Плю́ккер, *p.n.*, Plücker
плюривари́антный, *adj.*, multivariable, multivariate
плю́ри-дифференци́рование, *n.*, pluridifferentiation
плюрижáнр, *m.*, plurigenus, multiple genus
плю́ри-произвóдная, *f.*, pluriderivative
плюрисубгармони́ческий, *adj.*, plurisubharmonic
плюрисубгармони́чность, *f.*, plurisubharmonicity
плюс, *m.*, plus, advantage
п.н., *abbrev.* (почти́ навéрно), almost surely
пневмати́ческий, *adj.*, pneumatic
по, *prep.*, along, by; with respect to, according to; on, over, in, at, in the sense

of, from, in accordance with, according to, up to, as far as
побе́да, *f.*, victory
победи́тель, *m.*, winner
побежда́ющий, *adj.*, winning
побли́зости, *adv.*, nearby
побо́чный, *adj.*, collateral, accessory, auxiliary; побо́чная диагона́ль, secondary diagonal
побужда́ть (побуди́ть), *v.*, compel, induce, stimulate
побу́квенный, *adj.*, literal, alphabetical, digital
поведе́ние, *n.*, conduct, behavior, policy; асимптоти́ческое поведе́ние, asymptotic behavior
поведе́нческий, *adj.*, behavioral
пове́рить[1] (*perf. of* ве́рить), *v.*, believe
пове́рить[2] (*perf. of* поверя́ть), *v.*, check, verify
пове́рка, *f.*, check, test, verification
повёрнутый, *adj.*, turned, turned around, changed
поверну́ть (*perf. of* повёртывать *and* повора́чивать), *v.*
пове́рочный, *adj.*, checking, verifying
повёртывать (поверну́ть), *v.*, turn, change
пове́рх, *prep.*, over, above, on top of
пове́рхностный, *adj.*, surface, superficial; пове́рхностная зона́льная фу́нкция, surface zonal harmonic
пове́рхность, *f.*, surface, face, surface area; пове́рхность разде́ла, interface, boundary surface; пове́рхность регре́ссии, regression surface; пове́рхность Кле́йна, Klein bottle
поверя́ть (пове́рить[2]), *v.*, check, verify, inspect, trust
пове́сить (*perf. of* ве́шать), *v.*, hang, hang up
повести́ (*perf. of* вести́), *v.*, lead, conduct, direct
пове́стка, *f.*, notice, notification; пове́стка дня, agenda
по-ви́димому, *adv.*, apparently
повинова́ться, *v.*, obey, comply with
повле́чь (*perf. of* влечь), *v.*, result in; повле́ч за собо́й, cause, imply, entail, involve
повлия́ть, *v.* (*perf. of* влия́ть), influence, affect
по́вод, *m.*, cause, reason, pretext, basis; по по́воду, with reference to, apropos
повора́чивание, *n.*, turning, swinging, rotation
повора́чивать (повороти́ть *and* поверну́ть), *v.*, turn, rotate, swing
поворо́т, *m.*, turn, rotation, bend, twist
повороти́ть (*perf. of* повора́чивать), *v.*
поворо́тный, *adj.*, rotary
поврежда́ть (повреди́ть), *v.*, damage, injure
поврежде́ние, *n.*, damage
повреждённый, *adj.*, defective, damaged
повседне́вный, *adj.*, daily, everyday; в повседне́вной ре́чи, in everyday language
повсеме́стно, *adv.*, everywhere
повсю́ду, *adv.*, everywhere
повторе́ние, *n.*, repetition, reiteration, recurrence, iteration; ма́трица без повторе́ния, non-recurrent matrix
повтори́тель, *m.*, repeater, follower; эми́ттерный повтори́тель, emitter follower; като́дный повтори́тель, cathode follower
повтори́тельный, *adj.*, reiterative, repetitive, repeating
повтори́ть (*perf. of* повторя́ть), *v.*
повто́рно, *adv.*, repeatedly
повто́рный, *adj.*, repeated, reiterated, iterated; повто́рный интегра́л, iterated integral; повто́рная прове́рка, recheck, reinspection
повторя́емость, *f.*, recurrence, repetition, reiteration
повторя́ть (повтори́ть), *v.*, repeat, iterate, reiterate
повторя́ться, *v.*, be repeated
повторя́ющийся, *adj.*, recurring, repeating
повторя́я, *adv.*, repeating, iterating, by repeating
повыша́ть (повы́сить), *v.*, raise, enlarge; повыша́ть разме́рность, raise the dimension
повыша́ющий, *adj.*, raising, elevating
повыше́ние, *n.*, rise, raising, increase, increment

повы́шенный, *adj.*, raised, advanced, increased, excited
погада́ть (*perf. of* гада́ть), *v.*, guess, conjecture
погаси́ть (*perf. of* гаси́ть), *v.*, extinguish, quench
погаша́ть (погаси́ть), *v.*, cancel, liquidate, amortize
погаше́ние, *n.*, paying-off, amortization, discharge, cancellation
погиба́ть (поги́бнуть), *v.*, perish, be lost
поглоти́тель, *m.*, absorber
поглоща́емый, *adj.*, absorbent, absorbed
поглоща́ть (поглоти́ть), *v.*, swallow, absorb, take up
поглоща́ющий, *adj.*, absorbing, absorbent
поглоще́ние, *n.*, absorption, consumption, input
поглощённый, *adj.*, absorbed
пого́да, *f.*, weather
пого́нный, *adj.*, linear, line
пого́ня, *f.*, pursuit, chase; ли́ния пого́ни, pursuit curve, tractrix
пограни́чный, *adj.*, boundary; пограни́чный слой, boundary layer
погрансло́й, *m.*, boundary layer
погре́шность, *f.*, error, mistake
погружа́емость, *f.*, imbeddability, imbeddedness
погружа́ть (погрузи́ть), *v.*, immerse, imbed
погруже́ние, *n.*, immersion, imbedding, submersion
погружённый, *adj.*, imbedded, submerged, immersed
погрузи́ть (*perf. of* погружа́ть), *v.*, immerse, imbed
под, *prep.*, under, beneath
под-, *prefix*, sub-, under-
подава́емый, *adj.*, given, being given, fed, supplied
подава́ть (пода́ть), *v.*, give, supply, feed, serve; подава́ть смеще́ние, *v.*, bias
подави́ть (*perf. of* подавля́ть), *v.*, suppress, damp
подавле́ние, *n.*, suppression, repression, damping
подавля́ть (подави́ть), *v.*, suppress, repress, damp
подавля́ющий, *adj.*, overwhelming; подавля́ющее большинство́, overwhelming majority
пода́вно, *adv.*, a fortiori, so much the more
подавтома́т, *m.*, semi-automatic machine, subautomaton
пода́лгебра, *f.*, subalgebra
пода́тливость, *f.*, pliability, compliance
пода́тливый, *adj.*, pliable
пода́ча, *f.*, feed, supply, feeding, input; пода́ча эне́ргии, power supply
подба́зис, *m.*, subbasis
подбира́ть (подобра́ть), *v.*, select, assort, sort out, fit
подбо́р, *m.*, selection, choice, fitting, fit; реше́ние подбо́ром, solution by inspection
подбра́сывание, *n.*, tossing, flipping (*of coin*)
подведе́ние, *n.*, rendering; подведе́ние ито́га, *n.*, tally
подверга́емый, *adj.*, subject to, being subjected to
подверга́ть (подве́ргнуть), *v.*, subject, subject to, face, undertake
подверга́ться, *v.*, undergo, be subjected to
подверга́ющийся, *adj.*, undergoing, subject to
подве́ргнутый, *adj.*, subjected
подве́ргнуть (*perf. of* подверга́ть), *v.*
подве́рженный, *adj.*, subjected to, open to
подве́с, *m.*, suspension
подве́тренный, *adj.*, downstream, leeward
подве́шенный, *adj.*, suspended
подве́шивать (подве́сить), *v.*, suspend, hang up
подвига́ть (подви́нуть), *v.*, move, push
подви́жка, *f.*, adjustment, movement, shift
подвижно́й (= подви́жный)
подви́жность, *f.*, mobility
подви́жный, *adj.*, mobile, moving, sliding, traveling, nonstationary; подви́жный а́дрес, floating address; подви́жная шка́ла, sliding scale; зада́ча с подви́жной грани́цей, moving boundary problem
подви́нуть (*perf. of* подвига́ть), *v.*, move

подводи́ть (подвести́), *v.*, bring, bring to, place; подводи́ть ито́ги, *v.*, summarize, tally; подводи́ть бала́нс, *v.*, balance
подво́дный, *adj.*, underwater, submarine
подгиба́ть (подогну́ть), *v.*, turn in, bend under
подгля́дывание, *n.*, spying; непо́лное подгля́дывание, imperfect spying
подго́нка, *f.*, trimming, matching, adjustment, fitting (*curves*)
подго́нять (подогна́ть), *v.*, adjust, fit, drive on
подгота́вливать (подгото́вить), *v.*, prepare, prepare for
подготови́тельный, *adj.*, preparatory; подготови́тельная теоре́ма, lemma, preparation theorem
подгото́виться (*perf. of* подготовля́ться), *v.*, prepare, get ready
подгото́вка, *f.*, preparation, training
подгото́вленный, *adj.*, prepared
подготовля́ться (подгото́виться), *v.*, prepare, get ready
подгра́ф, *m.*, subgraph
подгра́фик, *m.*, ordinate set
подгру́ппа, *f.*, subgroup
подгруппо́ид, *m.*, subgroupoid
поддава́ться (подда́ться), *v.*, yield, lend itself (to)
поддаю́щийся, *adj.*, yielding, subject (to), lending itself (to)
подде́рживать (поддержа́ть), *v.*, support, hold up, maintain
подде́рживаться, *v.*, be maintained, be supported
подде́рживающий, *adj.*, supporting, carrying, maintaining
подде́ржка, *f.*, support, backing
подели́ть, *v.*, divide
поде́ра, *f.*, pedal (*curve or surface*)
подёргивать, *v.*, tug, pull at
подёргиваться (подёрнуться), *v.*, be covered
поде́рный, *adj.*, pedal
подзаголо́вок, *m.*, subtitle, subhead
подидеа́л, *m.*, subideal
подидемпоте́нтный, *adj.*, subidempotent
подинтегра́льное выраже́ние, *n.*, integrand
подинтегра́льный, *m.*, integrand
подинтегра́льный, *adj.*, integrand
подиспыта́ние, *n.*, subexperiment
подкаса́тельная, *f.*, subtangent
подкла́сс, *m.*, subclass, subset
подкле́ивание, *n.*, paste-up, collage
подкле́ивать (подкле́ить), *v.*, glue, paste, associate
подко́ва, *f.*, horseshoe
подкольцо́, *n.*, subring
подкомпле́кс, *m.*, subcomplex
подконти́нуум, *m.*, subcontinuum
подкоренно́й, *adj.*, subradical, under the radical sign; подкоренна́я величина́, radicand
подкреплённый, *adj.*, supported, confirmed
подкрепля́ть (подкрепи́ть), *v.*, substantiate, confirm
подкрути́ть (*perf. of* подкру́чивать), *v.*
подкру́ченный, *adj.*, twisted; подкру́ченная сте́пень, twisted degree
подкру́чивать (подкрути́ть), *v.*, twist
по́дкуп, *m.*, bribery
по́дле, *prep.*, next to, beside
подлежа́ть, *v.*, be subject to
подлежа́щее, *n.*, subject
подлежа́щий, *adj.*, subject to; подлежа́щее простра́нство, underlying space
подлинеа́л, *m.*, sublineal
по́длинник, *m.*, original
по́длинно, *adv.*, in truth, really
по́длинность, *f.*, authenticity
по́длинный, *adj.*, true, real, genuine
подло́жка, *f.*, substructure
подлу́па, *f.*, subloop
подма́трица, *f.*, submatrix
подмаши́на, *f.*, submachine
подме́н, *m.* (подме́на, *f.*), substitution, substitute
подмета́ть (подмести́), *v.*, sweep out (*in potential theory*)
подмеча́ть (подме́тить), *v.*, notice, observe
подмногообра́зие, *n.*, submanifold, subvariety
подмно́жество, *n.*, subset
подмоде́ль, *f.*, submodel
подмо́дуль, *m.*, submodule

поднима́ть (подня́ть), *v.*, lift, raise
поднима́ться, *v.*, rise, arise
поднорма́ль, *f.*, subnormal
поднорма́льный, *adj.*, subnormal
подноси́ть (поднести́), *v.*, bring, take, present
подня́тие, *n.*, raising, lifting, rise, elevation, pull-back
подня́ть (*perf. of* поднима́ть), *v.*
подня́ться (*perf. of* поднима́ться), *v.*, rise
подо́бие, *n.*, similarity, similitude
подо́бласть, *f.*, subregion, subdomain
подо́бно, *adv.*, like, similarly
подо́бно-изомо́рфный, *adj.*, order-isomorphic
подо́бно-однoли́стный, *adj.*, schlichtartig
подо́бный, *adj.*, similar, similar to, homothetic; подо́бным о́бразом, in a similar way, similarly; подо́бное преобразова́ние, similitude, dilation
подобра́в, *adv.*, having chosen, having taken
подо́бранный, *adj.*, selected, chosen
подобра́ть (*perf. of* подбира́ть), *v.*, select, pick out, pick up
подозрева́ть, *v.*, suspect
подозре́ние, *n.*, suspicion
подойти́ (*perf. of* подходи́ть), *v.*, arrive at, approach, fit
подокре́стность, *f.*, subneighborhood
подоплёка, *f.*, actual situation, background
подостла́ть (*perf. of* подстила́ть), *v.*
подо́шва, *f.*, base, foot, underside, sole
подошли́ (*past of* подойти́)
подпада́ть (подпа́сть), *v.*, fall (*under*)
подпира́ть (подпере́ть), *v.*, support, sustain
подпира́ющий, *adj.*, supporting
подписно́й, *adj.*, subscription, subscript
подпи́сывать (подписа́ть), *v.*, sign, add to, subscribe
по́дпись, *f.*, subscript, signature
подподпосле́довательность, *f.*, subsubsequence, subsequence
подпокры́тие, *n.*, subcovering
подпо́ле, *n.*, subfield
подполугру́ппа, *f.*, subsemigroup
подпосле́довательность, *f.*, subsequence
подпочти́-кольцо́, *n.*, subsemiring
подпра́вить (*perf. of* подправля́ть), *v.*, improve, touch up, retouch, correct
подпрогра́мма, *f.*, subroutine
подпроизведе́ние, *n.*, subproduct, subbundle
подпростра́нство, *n.*, subspace
подпря́мо, *adv.*, subdirectly, subdirect
подпрямо́й, *adj.*, subdirect
подпучо́к, *m.*, subbundle, subsheaf
подра́внивание, *n.*, leveling, trimming
подра́внивать (подровня́ть), *v.*, level, even out
подрадика́льный, *adj.*, under the radical sign
подража́ть, *v.*, imitate
подразбие́ние, *n.*, subpartition, subdivision
подразделе́ние, *n.*, subdivision, refinement, division, decomposition
подразделя́емый, *adj.*, partitionable, partitioned; подразделя́емое простра́нство, partitionable space
подразделя́ть (подраздели́ть), *v.*, subdivide, partition
подразумева́емый, *adj.*, implicit, subtended, implied
подразумева́ть, *v.*, imply, mean, subtend
подрешётка, *f.*, sublattice
подро́бно, *adv.*, in detail, at length, explicitly
подро́бность, *f.*, detail
подро́бный, *adj.*, detailed, explicit, extensive
подровня́ть (*perf. of* подра́внивать), *v.*
по-друго́му, *adv.*, in another way
подря́д, *adv.*, in succession
подсе́ктор, *m.*, subsector
подсеме́йство, *n.*, subfamily
подсе́ть, *f.*, subnet, subnetwork
подсисте́ма, *f.*, subsystem
подска́зываемый, *adj.*, suggested, prompting, prompted
подска́зывать (подсказа́ть), *v.*, suggest, prompt
подслу́чай, *m.*, subcase
подслу́шивание, *n.*, detection
подсо́бный, *adj.*, subsidiary, secondary, auxiliary
подсовоку́пность, *f.*, subset

подста́вленный, *adj.*, substituted
подставля́емый, *adj.*, substituted, being substituted; подставля́емое (выраже́ние), *n.*, substituend
подставля́ть (подста́вить), *v.*, substitute
подставля́я, *adv.*, substituting, by substituting, if we substitute
подстано́вка, *f.*, substitution, permutation; гру́ппа подстано́вок, permutation group
подстано́вочный, *adj.*, permutational
подстила́ть (подостла́ть), *v.*, underlie
подстила́ющий, *adj.*, underlying
подстро́йка, *f.*, small adjustment
подстро́чный, *adj.*, interlinear, word-for-word (*translation*)
подструкту́ра, *f.*, sublattice, substructure
по́дступ, *m.*, approach
подсчёт, *m.*, count, enumeration, calculation, computation
подсчи́тывать (подсчита́ть), *v.*, count, calculate, compute
подсчи́тываться, *v.*, be calculated, be counted, be estimated
подтвержда́ть (подтверди́ть), *v.*, confirm, corroborate, verify, substantiate
подтвержда́ться, *v.*, be verified
подтвержде́ние, *n.*, confirmation, corroboration, affirmation
подтверждённый, *adj.*, confirmed, verified
подте́ло, *n.*, subfield
поду́ровень, *m.*, sublevel
подушкообра́зный, *adj.*, pincushion-like; подушкообра́зная дисто́рсия, pincushion type distortion
подфо́рмула, *f.*, corollary (formula), corollary
подфу́нкция, *f.*, minorant, minorant function
подхара́ктер, *m.*, subcharacter
подхо́д, *m.*, approach
подходи́ть (подойти́), *v.*, approach, arrive at, come to
подходя́ще, *adv.*, suitably, properly, appropriately
подходя́щий, *adj.*, suitable, proper, appropriate; подходя́шая дробь, convergent of a continued fraction
подце́пь, *f.*, subchain
подча́с, *adv.*, sometimes
подчёркивать (подчеркну́ть), *v.*, underline, emphasize, stress
подчине́ние, *n.*, subordination, subjection
подчинённость, *f.*, subordination
подчинённый, *adj.*, subordinate, subordination; подчинённая переме́нная, slave variable (*finite element method*)
подчиня́ть (подчини́ть), *v.*, subordinate, subject to
подчиня́ться, *v.*, obey, be subjected to, be subordinate to
подчиня́ющийся, *adj.*, submitting (to), subject (to), subordinate (to)
подши́пник, *m.*, bearing, bushing
подъём, *m.*, rise, lift, ascent
подъёмный, *adj.*, lifting, hoisting, elevating, lift; подъёмная си́ла, body force, buoyant force, lift, buoyancy force; коэффицие́нт подъёмной си́лы, lift coefficient
подыгра́, *f.*, subgame
подынтегра́льный, *adj.*, under the integral sign, to be integrated; подынтегра́льная фу́нкция, *f.*, integrand
подынтегра́льный, *m.*, integrand
подынтерва́л, *m.*, subinterval
поды́скивать (подыска́ть), *v.*, seek, try to find
подыто́женный, *adj.*, summed up, summarized
подыто́живать (подыто́жить), *v.*, sum up
подэ́ра, *f.*, pedal (of a curve or surface)
пое́хать (*perf. of* е́хать), *v.*, go (*by vehicle*), travel
пожа́луй, *adv.*, perhaps, maybe
поже́ртвовать (*perf. of* же́ртвовать), *v.*, donate, sacrifice
позабо́титься (*perf. of* забо́титься), *v.*, take care of, be concerned about
позади́, *prep.*, behind, in back of
позволе́ние, *n.*, permission
позволи́тельный, *adj.*, permissible
позволя́ть (позволи́ть), *v.*, permit, allow, make possible
позволя́ющий, *adj.*, permitting, allowing
поздне́е, *adv.*, later
по́здний, *adj.*, late
по́здно, *adv.*, late

по́зже, *adv.*, later, later on
позитиви́зм, *m.*, positivism
позити́вность, *f.*, positivity, positiveness
позити́вный, *adj.*, positive
позитро́н, *m.*, positron
позицио́нный, *adj.*, positional
пози́ция, *f.*, position, stand, attitude
познава́тельный, *adj.*, perceptive, perceptual, cognitive
познава́ть (позна́ть), *v.*, come to know, experience, cognize
познако́миться (*perf. of* знако́мить), *v.*, be acquainted, become acquainted
позна́ние, *n.*, knowledge, perception, cognition
по́иск, *m.*, search; retrieval; по́иски, *pl.*, search; случа́йный по́иск, random search; в по́исках, in search (*of*); информацио́нный по́иск, information retrieval
поиска́ть, *v.*, look for, search
пои́стине, *adv.*, indeed
По́йа, *p.n.*, Pólya
пойдёт (*from* пойти́), *v.*, (he, she, it) will go
пойду́т (*from* пойти́), *v.*, they will go
пойти́ (*see* идти́, ходи́ть), *v.*, go, begin to
пока́, *conj.*, while, for now, as long as, so far, to begin with; пока́ не, until, not yet, before; пока́ ещё не, for the present, not yet
пока́жется (*from* пока́зываться), *v.*, seems, appears, will seem, will appear
пока́з, *m.*, demonstration, illustration
показа́ние, *n.*, observation
пока́занный, *adj.*, shown, demonstrated; ка́к пока́зано, as is shown
показа́тель, *m.*, index, exponent; показа́тель сте́пени, exponent; показа́тель адиаба́ты, isentropic exponent; показа́тель преломле́ния, index of refraction
показа́тельный, *adj.*, exponential, demonstration, demonstrative, significant, representative; показа́тельная вы́борка, representative sample; показа́тельная фу́нкция, exponential function
показа́ть (*perf. of* пока́зывать), *v.*, show, register, read
показа́ться (*perf. of* каза́ться and пока́зываться), *v.*, seem, appear
пока́зывать (показа́ть), *v.*, show, exhibit, register, read
пока́зываться (показа́ться), *v.*, seem, appear
покида́ть (поки́нуть), *v.*, abandon, leave
покле́точно, *adv.*, block-wise, block by block
поко́иться, *v.*, rest, rest on, lie, be at rest
поко́й, *m.*, rest; ма́сса поко́я, rest-mass; в поко́е, at rest; то́чка поко́я, stationary point, rest point
поколе́ние, *n.*, generation
покомпоне́нтно, *adv.*, component by component, component-wise
покомпоне́нтный, *adj.*, component-wise
покоордина́тно, *adv.*, coordinate-wise, by coordinates
поко́ящийся, *adj.*, rest; поко́ящаяся ма́сса, rest-mass
покро́в, *m.*, cover, mantle, sheath
покрыва́емость, *f.*, coverability
покрыва́емый, *adj.*, coverable, covered
покрыва́ть (покры́ть), *v.*, cover, cover by, cover with, overlap
покрыва́ющий, *adj.*, covering, overlapping
покры́тие, *n.*, covering, cover, overlapping; coating
покры́тый, *adj.*, covered
покры́шка, *f.*, covering, cover, lid
поку́да (= пока́), as long as
покупа́тель, *m.*, buyer, purchaser, customer
покупа́тельный, *adj.*, purchasing; покупа́тельная спосо́бность, purchasing power
покупа́ть (купи́ть), *v.*, buy, purchase
полага́ть (положи́ть), *v.*, suppose, assume, set, let
полага́ться (положи́тся), *v.*, rely on
полага́я, *adv., adj.*, setting, letting, assuming, if we set, by setting
по́лдень, *m.*, noon
по́ле, *n.*, field; по́ле отноше́ний, quotient field; по́ле расшире́ния, extension field; расшире́ние по́ля, field extension; по́ле деле́ния окру́жности, cyclotomic field; просто́е по́ле, prime field; по́ле ча́стных,

field of fractions; по́ле нулево́й сте́пени, structurally stable field; циклотоми́ческое по́ле, cyclotomic field
полево́й, *adj.*, field; полево́й объе́кт, field object
поле́зность, *f.*, usefulness, utility; фу́нкция поле́зности, utility function; де́рево поле́зности, utility tree
поле́зный, *adj.*, useful, helpful, efficient; поле́зное вре́мя рабо́ты, good time; коэффицие́нт поле́зного де́йствия, efficiency
полемизи́ровать, *v.*, argue against, enter into controversy
поле́мика, *f.*, dispute, controversy
полёт, *m.*, flight
ползти́, *v.*, creep, crawl
ползу́н, *m.*, slide-block, slide
ползуно́к, *m.*, movable indicator
ползу́честь, *f.*, creep, creeping (*of materials*)
По́лиа, *p.n.*, Pólya
полиади́ческий, *adj.*, polyadic
поливе́ктор, *m.*, multivector, linear tensor, skew-symmetric tensor
полигармони́ческий, *adj.*, polyharmonic, multiharmonic
полиге́нный, *adj.*, polygenic
полиго́н, *m.*, polygon; испыта́тельный полиго́н, proving ground
полигона́льный, *adj.*, polygonal
полиграфи́ческий, *adj.*, polygraphic
поликалори́ческий, *adj.*, polycaloric
поликомпоне́нтный, *adj.*, multicomponent
поликони́ческий, *adj.*, polyconic
поликру́г, *m.*, polydisk
полилине́йный, *adj.*, multilinear
полиме́рный, *adj.*, polymeric
полимо́рфный, *adj.*, polymorphic
полино́м, *m.*, polynomial
полиномиальнозна́чный, *adj.*, polynomial-valued
полиномиа́льный, *adj.*, polynomial, multinomial
полинормиро́ванный, *adj.*, polynormed, multinormed
полиоднoро́дный, *adj.*, polyhomogeneous, polyuniform
полиотноше́ние, *n.*, multirelation
полисинтети́ческий, *adj.*, multisynthetic, polysynthetic
полиспа́ст, *m.*, pulley block
полисфери́ческий, *adj.*, polyspherical, hyperspherical
политехни́ческий, *adj.*, polytechnic
полити́ческий, *adj.*, political
полито́п, *m.*, polytope
политро́па, *f.*, polytropy; показа́тель политро́пы, polytropic exponent
политропи́ческий, *adj.*, polytropic; политропи́ческое движе́ние, polytropic expansion
политро́пный, *adj.*, polytropic
полицикли́ческий, *adj.*, polycyclic
полицили́ндр, *m.*, polycylinder
полиэ́др, *m.*, polyhedron, polytope
полиэдра́льный, *adj.*, polyhedral
полиэдри́ческий, *adj.*, polyhedral
полиэдро́ид, *m.*, polyhedroid, polyhedron
по́лно (*from* по́лный), *adv.*, completely; по́лно интегри́руемый, completely integrable
полнове́сность, *f.*, full weight, soundness
полнодосту́пный, *adj.*, fully accessible, accessible
по́лностью, *adv.*, completely, entirely; по́лностью учтя́ то обстоя́тельство, taking full account of the fact; по́лностью рандомизи́рованный план, completely randomized design
полнота́, *f.*, completeness; аксио́ма полноты́, completeness axiom
полното́р *or* **полното́рий**, *m.*, solid torus
полноце́нный, *adj.*, rigorous, of full value, valid, valuable
по́лный, *adj.*, full, complete, total, perfect, whole, everywhere defined; по́лное произведе́ние, final product; по́лное простра́нство, complete space; по́лный дифференциа́л, total differential; по́лное упоря́дочение, linear ordering; по́лная оши́бка, total error; по́лный прообраз, preimage, inverse image, complete prototype; по́лная аддити́вность, complete additivity, countable additivity; по́лная информа́ция, perfect information; по́лный класс (страте́гий), complete class (of strategies); по́лный коэффицие́нт

корреля́ции, total coefficient of correlation; по́лное сопротивле́ние, impedance; по́лное сплете́ние, complete wreath product; по́лная вариа́ция, total variation; по́лная гру́ппа, divisible (Abelian) group; по́лная регуля́рность, total regularity; мно́жество по́лной ме́ры, set of full measure; по́лное прямо́е произведе́ние, direct product
полны́м-полно́, *adv.*, chock full
полови́на, *f.*, one-half
полови́нный, *adj.*, half
поло́гий, *adj.*, slanting, sloping
поло́дия, *f.*, polhode
положе́ние, *n.*, situation, position, condition, state, aspect, statement, location, level; возвраще́ние в исхо́дное положе́ние, resetting; возвраща́ть в исхо́дное положе́ние, *v.*, reset; устана́вливать в исхо́дное положе́ние, *v.*, clear; вы́ход из положе́ния, way out, exit
положи́телен (*short form of* положи́тельный), (is) positive
положи́тельно, *adv.*, positively; положи́тельно определённый, positive definite; положи́тельно, *pred.*, (is) positive
положи́тельность, *f.*, positiveness
положи́тельный, *adj.*, positive, affirmative
положи́ть (*perf. of* класть *and* положи́ть), *v.*, put, place, lay, assume
полома́ть, *v.*, break
поло́мка, *f.*, breakage, fracture
полоса́, *f.*, band, strip, zone, region, fringe; интерференцио́нная полоса́, fringe
полоса́тый, *adj.*, striped
поло́ска, *f.*, strip, band, zone, belt
полосово́й, *adj.*, band, strip; полосово́й спектр, band spectrum
полосообра́зный, *adj.*, strip; полосообра́зная о́бласть, strip region
по́лость, *f.*, cavity, concavity, sheet, nappe
полтора́, *num.*, one and a half
полтора́ста, *num.*, one hundred fifty
полу-, *prefix*, semi-, hemi-, half-
полуавтомати́ческий, *adj.*, semi-automatic
полуаддити́вный, *adj.*, semiadditive
полуалгебраи́ческий, *adj.*, semialgebraic
полубесконе́чный, *adj.*, semi-infinite
полубилине́йный, *adj.*, semibilinear, sesquilinear
полувале́нтность, *f.*, semivalency (*graph theory*); полува́лентность захо́да (исхо́да), invalency (outvalency)
полувариа́ция, *f.*, semivariation
полуволна́, *f.*, half-wave
полувы́пуклый, *adj.*, semiconvex
полугру́да, *f.*, semiheap, semigroud
полугру́ппа, *f.*, semigroup
полугруппово́й, *adj.*, semigroup
полугруппо́ид, *m.*, semigroupoid
полудедеки́ндов, *adj.*, semimodular; полудедеки́ндовая структу́ра, semimodular lattice
полудедеки́ндовость, *f.*, semimodularity
полудистрибути́вный, *adj.*, semidistributive
полудиэдра́льный, *adj.*, semidihedral
полудополне́ние, *n.*, semisupplement, semicomplement
полудополни́тельный, *adj.*, semisupplementary, semicomplementary
полужи́рный, *adj.*, semiboldface
полуза́мкнутый, *adj.*, half-closed
полуинвариа́нт, *m.*, semiinvariant
полуинтегра́льный, *adj.*, semiintegral, semiintegrable
полуинтерва́л, *m.*, half-interval, half-open interval
полуитерати́вный, *adj.*, semiiterative
полукаса́тельная, *f.*, half-tangent, semitangent
полуква́дрика, *f.*, regulus (*system of rulings of a quadric surface*)
полукватернио́н, *m.*, semiquaternion
полукольцо́, *n.*, semiring
полукру́г, *m.*, half-disk
полукру́глый, *adj.*, semicircular
полукуби́ческий, *adj.*, semicubical; полукуби́ческая пара́бола, semicubical parabola
полулине́йный, *adj.*, semilinear
полулогарифми́ческий, *adj.*, semilogarithmic
полулока́льный, *adj.*, semilocal
полумартинга́л, *m.*, semimartingale

полуметри́ческий, *adj.*, semimetric
полумодуля́рность, *f.*, semimodularity
полумодуля́рный, *adj.*, semimodular
полунасле́дственный, *adj.*, semihereditary
полунатура́льный, *adj.*, seminatural
полунепреры́вно, *adv.*, semicontinuously
полунепреры́вность, *f.*, semicontinuity; полунепреры́вность све́рху (сни́зу), upper (lower) semicontinuity
полунепреры́вный, *adj.*, semicontinuous; полунепреры́вный све́рху, upper semicontinuous; полунепреры́вный сни́зу, lower semicontinuous
полуно́рма, *f.*, seminorm
полуограни́ченность, *f.*, semiboundedness, boundedness from one side
полуограни́ченный, *adj.*, semibounded, bounded from one side, semiclosed, half-closed
полуокре́стность, *f.*, half-neighborhood
полуокру́жность, *f.*, semicircle
полуопределённый, *adj.*, semi-definite
полуордина́рный, *adj.*, semiordinary
полуортоцентри́ческий, *adj.*, semiorthocentric
полуо́стров, *m.*, peninsula
полуо́сь, *f.*, semiaxis
полуоткры́тый, *adj.*, semiopen, half-open; полуоткры́тый интерва́л, half-open interval
полуперви́чный, *adj.*, semiprime (*ring theory*)
полупери́одный, *adj.*, semiperiodic
полупласти́чность, *f.*, semiplasticity
полупло́скость, *f.*, half-plane
полупло́тный, *adj.*, semicompact, semidense
полупове́рхностный, *adj.*, semisurface
полупове́рхность, *f.*, semisurface
полупо́ле, *n.*, semifield
полупра́вильный, *adj.*, semiregular
полупревраще́ние, *n.*, half-reaction; пери́од полупревраще́ния, half-life
полуприведённый, *adj.*, half-reduced, semireduced
полуприводи́мый, *adj.*, semireducible
полупроводни́к, *m.*, semiconductor, transistor
полупроводнико́вый, *adj.*, semiconducting; полупроводнико́вый прибо́р (*or* трио́д), transistor; схе́ма с непосре́дственной свя́зью на полупроводнико́вых трио́дах, directly-coupled transistor circuit; кре́мниевый полупроводнико́вый трио́д, silicon transistor; тя́нутый плоскостно́й полупроводнико́вый трио́д, grown-junction transistor; выполня́ть на полупроводнико́вых трио́дах, *v.*, transistorize; плоскостно́й полупроводнико́вый трио́д, junction transistor; полупроводнико́вый трио́д с простра́нственным заря́дом, spacistor
полупроница́емый, *adj.*, semipermeable
полупросто́й, *adj.*, semisimple
полупростота́, *f.*, semisimplicity
полупростра́нство, *n.*, half-space
полупряма́я, *f.*, ray, half-line
полупрямо́й, *adj.*, semidirect, subdirect
полупсевдоордина́рный, *adj.*, semipseudo-ordinary
полуравноме́рно, *adv.*, semiuniformly, quasi-uniformly
полуравноме́рный, *adj.*, quasi-uniform, semiuniform
полуразма́х, *m.*, semirange
полураспа́д, *m.*, half-decay; пери́од полураспа́да, half-life
полурегуля́рность, *f.*, semiregularity
полурегуля́рный, *adj.*, semiregular
полурефлекси́вный, *adj.*, semireflexive
полурешётка, *f.*, semilattice
полусегме́нт, *m.*, half-segment, half-open interval
полусимметри́ческий, *adj.*, semisymmetric
полусимметри́я, *f.*, half-symmetry, semisymmetry
полусимплициа́льный, *adj.*, semisimplicial
полусле́д, *m.*, semitrace, half-trace
полуспециа́льный, *adj.*, semispecial
полуспино́р, *m.*, semispinor
полуструкту́ра, *f.*, semilattice
полусу́мма, *f.*, half-sum
полусумма́тор, *m.*, half-adder

полусфе́ра, *f.*, hemisphere
полусфери́ческий, *adj.*, hemispherical
полусходя́щийся, *adj.*, semiconvergent, asymptotic
полуте́нь, *f.*, penumbra
полутеорети́ческий, *adj.*, semitheoretical
полу́тора-, *prefix*, sesqui-
полуторалине́йный, *adj.*, sesquilinear
полу́торный, *adj.*, sesquilateral, one and a half; в полу́торном разме́ре, half as much again
полуто́чный, *adj.*, semiexact; полуто́чная па́ра, semiexact couple
полутраекто́рия, *f.*, semitrajectory
полуунита́рный, *adj.*, semiunitary
полуупоря́дочение, *n.*, semiordering, partial ordering
полуупоря́доченный, *adj.*, partially ordered
полуфабрика́т, *m.*, intermediate product, half-finished product
полуфеноменологи́ческий, *adj.*, semiphenomenological
полуформа́льный, *adj.*, semiformal
полуфу́нкция, *f.*, semifunction
полуце́лый, *adj.*, half-integer
полуцили́ндр, *m.*, semicylinder, semitube
полуцилиндри́ческий, *adj.*, semicylindrical, semitube
получа́ть (получи́ть), *v.*, get, obtain, receive, derive, deduce
получа́ться, *v.*, result, come out, be obtained
получа́ющийся, *adj.*, resulting, obtained
получебышёвский, *adj.*, semi-Chebyshevskian
получе́ние, *n.*, receipt, obtaining, receiving
полу́ченный, *adj.*, obtained, received, achieved, derived
получи́вшийся, *adj.*, resulting
получи́стый, *adj.*, semipure
полуша́рие, *n.*, hemisphere
полуширина́, *f.*, half-width (of spectrum)
полуэллипти́ческий, *adj.*, semielliptical
полуэмпири́ческий, *adj.*, semiempirical
полуяче́йка, *f.*, half-cell
по́лый, *adj.*, hollow; по́лый шар, spherical shell, sphere
по́льза, *f.*, use, advantage; в по́льзу, in behalf of
по́льзование, *n.*, use, utilization
по́льзователь, *m.*, user
по́льзоваться, *v.*, make use of; по́льзоваться слу́чаем, take the opportunity
по́льзуясь, *adv.*, using, making use of, if we use, by using
по́льский, *adj.*, Polish; по́льская за́пись, Polish notation, prefix notation, Łukasiewicz notation
по́люс, *m.*, pole, terminal; се́верный по́люс, North Pole
по́люсник, *m.*, pole, contact pole, terminal network
по́люсный, *adj.*, polar
По́ля, *p.n.*, Pólya
поля́ра, *f.*, polar, polar line
поляриза́тор, *m.*, polarizer
поляризацио́нный, *adj.*, polarizable, polarization
поляриза́ция, *f.*, polarization
поляризи́руемый, *adj.*, polarizable
поляризо́ванный, *adj.*, polarized
поляризова́ть, *v.*, polarize
поляризу́емость, *f.*, polarizability; поляризу́емость диэле́ктрика, electric susceptibility
поляризу́ющий, *adj.*, polarizing
поляризу́ющийся, *adj.*, polarizable
полярите́т, *m.*, polarity, polar mapping
поля́рно-симметри́ческий, *adj.*, polar-symmetric
поля́рность, *f.*, polarity
поля́рный, *adj.*, polar; поля́рное соотве́тствие, polarity
поменя́ть (*perf. of* меня́ть), *v.*, interchange
помести́ть (*perf. of* помеща́ть), *v.*, place, locate, imbed, invest
помести́ться (*perf. of* помеща́ться), *v.*, be, be located, have room
поме́тка, *f.*, mark, note
поме́ха, *f.*, hindrance, obstacle, nuisance; поме́хи, noise; случа́йные поме́хи, random noise; свобо́дный от поме́х, noiseless
помехоусто́йчивость, *f.*, noise stability

помехоустóйчивый, *adj.*, noise-resistant
помéченный, *adj.*, marked, labeled
помешáть (*perf. of* мешáть), hinder, interfere, mix
помещáть (помести́ть), *v.*, put, place, locate, imbed, invest
помещáться, *v.*, be, be located, have room, belong
помещéние, *n.*, room, location, investment, premises
помещённый, *adj.*, included, placed, put, imbedded, invested
поми́мо, *prep.*, besides, except, aside from
пóмнить, *v.*, remember, keep in mind
помножáть (помнóжить), *v.*, multiply
помогáть (помóчь), *v.*, help, aid
пóмощь, *f.*, help, aid, assistance; с пóмощью, with the help of; при пóмощи, with the help of, by means of
понáдобиться, *v.*, be necessary, be needed
пондеромотóрный, *adj.*, ponderomotive; пондеромотóрная си́ла, normal stress (on a conductor), ponderomotive force
поневóле, *adv.*, necessarily, against one's will
понижáть (пони́зить), *v.*, reduce, lower, decrease
понижáться (пони́зиться), *v.*, fall, diminish, be reduced, decrease
понижáющий, *adj.*, reducing, lowering, decreasing
понижéние, *n.*, lowering, reduction, depression
пони́женный, *adj.*, reduced, lowered, decreased
пони́зить (*perf. of* понижáть), *v.*, reduce, lower
понимáние, *n.*, understanding, comprehension, meaning; в обы́чном понимáнии, in the usual sense; в у́зком понимáнии, in a narrow sense, in a restricted sense
понимáть (поня́ть), *v.*, understand, comprehend, mean, interpret, conceive
понимáться, *v.*, be regarded, be understood
по-нóвому, *adv.*, in a new fashion, in the modern way
Понселé, *p.n.*, Poncelet
понтря́гинский, *adj.*, Pontrjagin; понтря́гинское произведéние, Pontrjagin product
поня́тие, *n.*, concept, notion, idea
понятти́йный, *adj.*, conceptual
поня́тный, *adj.*, clear, intelligible, natural
поня́ть (*perf. of* понимáть), *v.*, understand, see; как легкó поня́ть, as is easily seen
поочерёдно, *adv.*, in turn, by turns
поощрéние, *n.*, encouragement, stimulation, reward
поощря́ть (поощри́ть), *v.*, stimulate, excite, encourage
попáвший, *adj.*, having hit, having occurred, hitting, occurring
попадáние, *n.*, hit; прямóе попадáние, direct hit
попадáть (попáсть), *v.*, hit, hit a target, get into, find oneself
попадáться, *v.*, occur, come across, get, be caught
попадáющий, *adj.*, hitting, falling into
попáрно, *adv.*, in pairs, pairwise, mutually; попáрно не пересекáться, be mutually exclusive, be mutually disjoint
попáсть (*perf. of* попадáть), *v.*
попеременно, *adv.*, alternately, by turns
поперéчина, *f.*, cross-beam, cross-bar, cross-cut; неприводи́мая поперéчина, irreducible cross-cut
поперéчник, *m.*, diameter, width; n-поперéчник по Колмогорóвы, Kolmogorov n-width
поперéчный, *adj.*, cross, transverse, transversal, diametrical, cross-cut; поперéчное колебáние, transverse vibration; поперéчное сечéние, cross-section; поперéчное увеличéние, lateral magnification; поперéчный разрéз, cross-section
пополáм, *adv.*, in two, in halves; дели́ть пополáм, divide in two, bisect; делéние пополáм, bisection
пополнéние, *n.*, supplement, replenishment, augmentation, addition, completion; компáктное пополнéние, compactification

попо́лненный, *adj.*, completed, complete, augmented
пополня́ть (попо́лнить), *v.*, supplement, enlarge, complete, augment
пополня́ющий, *adj.*, supplementing, enlarging, augmentation
поправи́мый, *adj.*, reparable, rectifiable
попра́вить (*perf. of* поправля́ть), *v.*, correct, repair, adjust, improve
попра́вка, *f.*, correction; вноси́ть попра́вки, *v.*, correct
попра́вочный, *adj.*, correction; попра́вочный коэффицие́нт, correction factor; попра́вочный член, correction term
по-пре́жнему, *adv.*, as before
попро́бовать (*perf. of* про́бовать), *v.*, try, attempt, experiment
по́просту, *adv.*, merely, simply
популя́рный, *adj.*, popular
популя́ция, *f.*, population
попу́тно, *adv.*, in passing, incidentally, simultaneously
попыта́ться (*perf. of* пыта́ться), *v.*, try, attempt, undertake
попы́тка, *f.*, try, attempt
попя́тный, *adj.*, retrograde
пора́, *f.*, time, period, season; на пе́рвых пора́х, at first; до сих пор, until now, up to this point, so far; с тех пор, since, since then; до тех пор, until, as long as; с тех са́мых пор, ever since
по́ра, *f.*, pore
поража́ть (порази́ть), *v.*, hit, strike, defeat
порази́тельно, *adv.*, strikingly
порази́тельный, *adj.*, striking, startling
по-ра́зному, *adv.*, differently
порва́ть (*perf. of* порыва́ть), *v.*, tear, break
по́ристость, *f.*, porosity
по́ристый, *adj.*, porous
по́ровну, *adv.*, equally, in equal parts
поро́г, *m.*, threshold
поро́говый, *adj.*, threshold; поро́говая фу́нкция, threshold function
породи́ть (*perf. of* порожда́ть), *v.*
порожда́емый, *adj.*, generated
порожда́ть (породи́ть), *v.*, generate, induce, provide, give rise to
порожда́ться, *v.*, be generated, be induced, be achieved, be produced
порожда́ющий, *adj.*, generating, generative; порожда́ющая грамма́тика, generative grammar
порожде́ние, *n.*, result, outcome
порождённый, *adj.*, generated, induced
по́рознь, *adv.*, separately, apart
поро́й, поро́ю, *adv.*, occasionally, now and then
поро́чный, *adj.*, faulty, fallacious; поро́чный круг, vicious circle
порошо́к, *m.*, powder
портати́вный, *adj.*, portable
по́ртить, *v.*, spoil, mar
портре́т, *m.*, portrait
поручи́тельство, *n.*, guarantee
поручи́ть (*perf. of* руча́ться), *v.*, guarantee
по́рция, *f.*, portion
по́рча, *f.*, damage, breakage
по́ршень, *m.*, piston, plunger
поршнево́й, *adj.*, piston
поры́в, *m.*, burst, gust, rush, gap, tear
порыва́ть (порва́ть), *v.*, tear, break
порыва́ться[1] (порва́ться), *v.*, tear, break off
порыва́ться[2], *v.*, try (to), attempt (to), endeavor (to)
поря́дковый, *adj.*, ordinal, order, serial; поря́дковое число́, ordinal number; поря́дковая статисти́ка, order statistics; поря́дковое числи́тельное, *n.*, ordinal; поря́дковый тип, *m.*, order-type
поря́док, *m.*, order, degree, multiplicity; отноше́ние поря́дка, order relation, order; выра́внивание поря́дков, matching of exponents; выра́внивать поря́дки, *v.*, match exponents; поря́док чи́сел, exponent; для поря́дка, to be formal, for form's sake; поря́док нуля́, multiplicity of a zero
по-сво́ему, *adv.*, in (his, her, its) own way
посвяща́ть (посвяти́ть), *v.*, devote, dedicate
посвящённый, *adj.*, dealing with, devoted to, dedicated to, concerned with
посеребрённый, *adj.*, silvered, silver-plated

посереди́не, *adv., prep.*, in the middle (*of*), halfway (*along*)

посеща́ть (посети́ть), *v.*, visit, attend, resort (to)

поси́мвольный, *adj.*, symbol-by-symbol

посино́м, *m.*, posinomial (*contraction of* positive polynomial)

поско́льку, *conj.*, as far as, as long as, since, because

по́сланный, *adj.*, transmitted, sent

по́сле, *prep.*, after; *adv.*, later; по́сле того́ как, after, once; по́сле э́того, по́сле того́, after that; по́сле всех, last

последе́йствие, *n.*, aftereffect, persistence, contagion; распределе́ние последе́йствия, contagious distribution

после́днее, *n.*, the latter, the last

после́дний, *adj.*, last, latter; в после́днее вре́мя, recently; после́дняя теоре́ма Ферма́, Fermat's last theorem

после́дование, *n.*, following, succession; отображе́ние после́дования, first return map, Poincaré map; фу́нкция после́дования, first return function, Poincaré function

после́дованый, *adj.*, successive, consecutive

после́дователь, *m.*, successor

после́довательность, *f.*, sequence, succession; фундамента́льная после́довательность, fundamental sequence, Cauchy sequence; после́довательность кома́нд, routine (*computing*); схе́ма регули́рования после́довательности, sequence circuit; схе́ма после́довательности опера́ций, flow chart

после́довательный, *adj.*, sequential, consecutive, successive; план после́довательных вы́борок, sequential-sampling plan; после́довательная вы́борка, sequential sampling; игра́ с усечённой после́довательной вы́боркой, truncated-sequential game; после́довательные приближе́ния, successive approximations; паралле́льно-после́довательный ме́тод выполне́ния опера́ций, parallel-serial mode; после́довательная вы́борка кома́нд, control sequence; после́довательный ана́лиз, sequential analysis

после́довать (*perf. of* сле́довать), *v.*, follow

после́дствие, *n.*, consequence, corollary

после́дующий, *adj.*, consequent, following, next, subsequent, successive

посло́вный, *adj.*, word-for-word, word-by-word, literal; посло́вный перево́д, word-for-word translation

посло́йно, *adv.*, layerwise, in layers, by layers, fiberwise

посло́йный, *adj.*, fiber, fibered; посло́йная гомото́пия, fiber homotopy

послужи́ть (*perf. of* служи́ть), *v.*, serve, be used for

посме́ртный, *adj.*, posthumous

посмотре́ть (*perf. of* смотре́ть), *v.*, look at

посмо́трим (*from* смотре́ть), *v.*, we shall see, let us see

посо́бие, *n.*, manual, textbook

поспе́шный, *adj.*, hasty, hurried

поспо́бствовать (*perf. of* спосо́бствовать), *v.*, promote, further

поспо́рить (*perf. of* спори́ть), *v.*

посреди́, *prep.*, in the middle of

посреди́не, *adv.*, in the middle, half-way

посре́дство, *n.*, means, agency, medium; при посре́дстве, by means of

посре́дством, *prep.*, by means of

поста́вить (*perf. of* ста́вить), *v.*, put, place, set, set down; поста́вить вопро́с, raise the question (of); поста́вить пробле́му, set up a problem

поста́вленный, *adj.*, posed, set, formulated; корре́ктно поста́вленный, correctly formulated, reasonably formulated, well posed

поставщи́к, *m.*, supplier, caterer; зада́ча о поставщи́ке, caterer problem

постано́вка, *f.*, statement, posing, formulation, setting (*of a problem*); постано́вка вопро́са, statement of a question

постара́ться (*perf. of* стара́ться), *v.*, attempt, endeavor, try, seek

постепе́нно, *adv.*, gradually, step-by-step, progressively

постепе́нный, *adj.*, gradual, step-by-step, progressive
постолбцо́вый, *adj.*, along the column; column; постолбцо́вый сре́дний, column mean, column average
посто́льку, *conj.*, since, to that extent
посторо́нний, *adj.*, outside, strange, foreign, extraneous, irrelevant
постоя́нная, *f.*, constant; диэлектри́ческая постоя́нная, permittivity; dielectric constant
постоя́нный, *adj.*, constant, fixed, permanent; ме́тод вариа́ции постоя́нных, method of variation of parameters; постоя́нная величина́, constant; постоя́нный сигна́л, steady signal; постоя́нный ток, direct current
постоя́нство, *n.*, constancy, steadiness
пострада́ть (*perf. of* страда́ть), *v.*, suffer
построе́ние, *n.*, structure, construction, tracing
постро́енный, *adj.*, constructed
постро́ить (*perf. of* стро́ить), *v.*, construct
постро́чный, *adj.*, row, along the row; постро́чный сре́дний, row mean, row average
постскри́птум, *m.*, postscript
постула́т, *m.*, postulate, axiom, hypothesis; постула́т вы́бора, axiom of choice; ме́тод постула́тов, postulational method
постулациони́ст, *m.*, postulationist
постули́рованный, *adj.*, postulated
постули́ровать, *v.*, postulate
постули́роваться, *v.*, be postulated
поступа́тельный, *adj.*, forward, advancing, progressive, translational, translation; поступа́тельное движе́ние, translation, translational movement
поступа́ть (поступи́ть), *v.*, behave, act, treat, deal with, enter, arrive, do, proceed, happen, be forthcoming
поступа́ющий, *adj.*, at hand, entering, incoming, behaving
поступле́ние, *adj.*, inflow, entry, receipt, arrival
посчита́ть, *v.*, count up
посыла́ть (посла́ть), *v.*, transmit, send; посыла́ть и́мпульсы, *v.*, pulse
посы́лка, *f.*, premise, sending; бо́льша́я посы́лка, major premise; ме́ньшая посы́лка, minor premise
посыпа́ть (посы́пать), *v.*, pour, sprinkle, powder; посыпа́ть песко́м, sand
потемне́ние, *n.*, darkening, occultation
потенци́руя, *adv.*, exponentiating
потенциа́л, *m.*, potential
потенциа́льно, *adv.*, potentially, potential-
потенциа́льный, *adj.*, potential; сигна́л потенциа́льного ти́па, steady-state signal; вычисли́тельная маши́на потенциа́льного ти́па, direct-current computer; потенциа́льная бесконе́чность, potential infinity, constructive infinity
потенцио́метр, *m.*, potentiometer
потенци́рование, *n.*, exponentiating
потенци́ровать, *v.*, exponentiate
потерпе́вший, *adj.*, undergone, suffered
потерпе́ть (*perf. of* терпе́ть), *v.*, undergo, suffer
поте́ря, *f.*, loss, waste; фу́нкция поте́рь, loss function; без поте́ри о́бщности, without loss of generality
потеря́нный, *adj.*, lost, missed
потеря́ть (*perf. of* теря́ть), *v.*, lose
пото́к, *m.*, stream, flow, current, flux; магни́тный пото́к, magnetic flux; ма́ссовая пло́тность пото́ка, mass flux density; У-пото́к, Anosov flow; пото́к да́нных, data flow
пото́ковый, *adj.*, data-flow, data-driven (*computing*)
пото́кораспределение, *n.*, load flow
потоло́к, *m.*, ceiling
пото́м, *adv.*, later, afterwards
пото́мок, *m.*, offspring, descendant
пото́мство, *n.*, descendants, race, posterity; отноше́ние непосре́дственного пото́мства, progeny relation
потому́, *adv.*, therefore; потому́ что, because
пото́чечный, *adj.*, pointwise; пото́чечная сходи́мость, pointwise convergence
пото́чный, *adj.*, continuous; пото́чная ли́ния, production line, assembly line
потреби́тель, *m.*, customer, consumer
потреби́тельский, *adj.*, consumer

потребле́ние, *n.*, consumption, expenditure, input; потребле́ние-произво́дство, *n.*, input-output; грани́ца возмо́жного потребле́ния, consumption-possibility frontier

потребля́емый, *adj.*, consumable, consumed

потребля́ющий, *adj.*, consuming, consumer

потре́бность, *f.*, want, need, demand, requirement

потре́бный, *adj.*, necessary, required

потре́бовавшийся, *adj.*, required

потре́бовать (*perf. of* тре́бовать), *v.*, require; потре́буется, it will be necessary

потряса́ющий, *adj.*, tremendous, startling, brandishing

потуха́ние, *n.*, extinction

поуча́ть, *v.*, teach, instruct, lecture

поуче́ние, *n.*, lesson, lecture; scholium

поучи́тельно, *adv.*, instructively

поучи́тельность, *f.*, instructiveness

поучи́тельный, *adj.*, instructive

похо́жий, *adj.*, similar, like, resembling

по́чва, *f.*, ground, land, soil; на твёрдой по́чве, on sure ground

почему́, *adv.*, why

почему́-либо, почему́-нибудь, *adv.*, for some reason, for any reason, for any reason at all

почему́-то, *adv.*, for some reason

почерпа́ть (почерпну́ть), *v.*, get, obtain, draw

почини́ть (*perf. of* чини́ть), *v.*, repair, mend

почита́емый, *adj.*, respected, esteemed

почита́ться, *v.*, be respected

почле́нно, *adv.*, termwise, term by term; скла́дывать почле́нно, *v.*, add term by term

почле́нный, *adj.*, term-by-term, termwise

по́чта, *f.*, post, mail

почти́, *adv.*, almost; почти́ инвариа́нтный, almost invariant; почти́ всю́ду, almost everywhere; почти́ во всех то́чках, almost everywhere; почти́ кро́ссов, just-non-Cross; почти́ нильпоте́нтная гру́ппа, nilpotent-by-finite group; почти́ для всех, for almost all

почти́-кольцо́, *n.*, near-ring

почти́-периоди́ческий, *adj.*, almost-periodic

почу́вствовать (*perf. of* чу́вствовать), *v.*, experience, feel

поша́говый, *adj.*, stepwise, recursive, step by step

пошевели́ть (*perf. of* шевели́ть), *v.*, move

пощу́пать (*perf. of* щу́пать), *v.*, feel, probe, touch

поэлеме́нтно, *adv.*, element-wise, element by element

поэта́пно, *adv.*, by stages, by steps

по́этому, *adv.*, therefore

появи́ться (*perf. of* появля́ться), *v.*, appear

появле́ние, *n.*, appearance

появля́ться (появи́ться), *v.*, appear, show up, emerge

по́яс, *m.*, belt, zone

поясне́ние, *n.*, explanation, clarification

поясно́й, *adj.*, zone, belt; поясно́е вре́мя, zone time

поясня́ть (поясни́ть), *v.*, explain, clarify

поясня́ющий, *adj.*, explaining, clarifying

пра́вда, *f.*, truth; it is true (that)

правдоподо́бие, *n.*, probability, likelihood, plausibility

правдоподо́бный, *adj.*, probable, likely, reliable, plausible

праве́е, *adv.*, to the right (of)

пра́вило, *n.*, rule, principle, law; пра́вило очко́в (*or* ба́ллов), score (*or* scoring) rule; пра́вило вы́бора, choice rule; пра́вило приня́тия реше́ний, decision rule

пра́вильно, *adv.*, correctly, tamely; пра́вильно вло́женный, tamely imbedded, tame

пра́вильность, *f.*, regularity, correctness, validity, accuracy

пра́вильный, *adj.*, right, true, proper, correct, regular, rectilinear, faithful, tame; пра́вильное вложе́ние, tame imbedding; пра́вильное мно́жество, tame set; пра́вильная часть, principal part

пра́вка, *f.*, correcting; пра́вка корректу́ры, proof-reading

правоальтернати́вный, *adj.*, right-alternative

правовинтово́й, *adj.*, right-handed; правовинтова́я систе́ма, right-handed system

пра́во-инвариа́нтный, *adj.*, right-invariant

правомо́чный, *adj.*, competent

правоспосо́бность, *f.*, capacity, capability

правоспосо́бный, *adj.*, capable, competent

правосторо́нний, *adj.*, right, right-hand, right-side

правоуничтожа́ющий, *adj.*, right-annihilating

правоупоря́доченный, *adj.*, right-ordered

пра́вый, *adj.*, right, right-hand; пра́вый идеа́л, right ideal; на пра́вой стороне́, on the right, on the right-hand side

прагмати́ческий, *adj.*, pragmatic

пра́ктика, *f.*, practice; на пра́ктике, in practice

практикова́ть, *v.*, practice

пра́ктикум, *m.*, practical work

практику́ющий, *adj.*, practicing

практи́чески, *adv.*, practically, in practice

практи́ческий, *adj.*, practical; практи́ческий смысл, common sense

практи́чность, *f.*, practicality, efficiency

практи́чный, *adj.*, practical, efficient

пребыва́ние, *n.*, stay, period, sojurn time; вре́мя пребыва́ния, response time

превале́нтнний, *adj.*, prevalent

превали́рующуий, *adj.*, prevalent, prevailing

превзойти́ (*perf. of* превосходи́ть), *v.*, exceed

превзошёл (*past of* превзойти́), *v.*, (it) exceeded

превзошли́ (*past of* превзойти́), (they) exceeded

превосходи́ть (превзойти́), *v.*, exceed, surpass

превосхо́дный, *adj.*, excellent, exceeding, superior (to), greater (than)

превосхо́дство, *n.*, superiority

превосходя́щий, *adj.*, greater (than), exceeding, superior (to)

преврати́ть (*perf. of* превраща́ть), *v.*, convert, turn into

преврати́ться (*perf. of* превраща́ться), *v.*, be converted, turn into, become

превра́тность, *f.*, falsity, changeability

превраща́ть (преврати́ть), *v.*, convert, turn into, change

превраща́ться, *v.*, be converted, turn into

превраща́ющий, *adj.*, converting, changing

превраще́ние, *n.*, transformation, conversion, transmutation, obversion

превыша́ть (превы́сить), *v.*, exceed

превыша́ющий, *adj.*, exceeding

превыше́ние, *n.*, excess, exceeding

прегра́да, *f.*, barrier, obstacle

предба́за, *f.*, subbasis

предваре́ние, *n.*, prediction, precession; предваре́ние равноде́нствий, precession of the equinoxes

предварённый, *adj.*, preliminary, preceding; предварённая фо́рма (фо́рмула), prenex form (formula) (*logic*)

предвари́тельно, *adv.*, beforehand, as a preliminary; предвари́тельно введённый пара́метр, preset parameter

предвари́тельный, *adj.*, preliminary; счётчик с предвари́тельной устано́вкой, predetermined counter

предве́стник, *m.*, forerunner, precursor

предвеща́ть (предвести́ть), *v.*, indicate, betoken, portend

предви́деть, *v.*, foresee, expect

предвосхища́ть (предвосхи́тить), *v.*, anticipate

предвосхище́ние, *n.*, anticipation

предгармони́ческий, *adj.*, preharmonic

предги́льбертов, *adj.*, pre-Hilbert; предги́льбертова но́рма, pre-Hilbert norm

предгруппово́й, *adj.*, proto-group, pre-group

преде́л, *m.*, limit, bound; преде́л теку́чести, yield point, yield stress

преде́льный, *adj.*, limit, limiting; преде́льное мно́жество, cluster set, limit set; преде́льная ограни́ченность, ultimate boundedness; преде́льный перехо́д, passage to the limit; преде́льный слу́чай, limiting case; преде́льное представле́ние, limit representation; рабо́та в

предéльном режи́ме, marginal operation; предéльная тóчка, limit point; предéльное услóвие, boundary condition; предéльный цикл, limit cycle, limiting cycle, boundary cycle; предéльное кáнторово мнóжество, Cantor limit set; предéльное поведéние, asymptotic behavior; предéльный дохóд, marginal profit
предикáбельный, *adj.*, predicable
предикáт, *m.*, predicate; исчислéние предикáтов, predicate calculus
предикáтный, *adj.*, predicate, predicative
предислóвие, *n.*, preface, foreword, introduction
предкомпáктный, *adj.*, precompact
предлагáть (предложи́ть), *v.*, offer, propose, suggest, recommend
предложéние, *n.*, conjecture, proposal, sentence, proposition; перевóд по предложéниям, sentence-for-sentence translation; предложéние цены́, bidding; предложéние и спрос, supply and demand
предложи́ть (*perf. of* предлагáть), *v.*, offer, propose, suggest
предмéт, *m.*, subject, object, unit, topic, article
предмéтный, *adj.*, object, objective; предмéтный указáтель, subject index
предмногообрáзие, *n.*, prevariety
предназначáть (предназнáчить), *v.*, intend (for), mean (for), be destined (for)
предназначéние, *n.*, destination
предназнáченный, *adj.*, intended, meant, destined
предначертáние, *n.*, outline, plan, design
предначертáть, *v.*, outline in advance
предопределя́ть (предопредели́ть), *v.*, predetermine
предоставля́ть (предостáвить), *v.*, let, submit, leave, allow; доказáтельство предоставля́ем читатéлю, we leave the proof to the reader
предоставля́ться, *v.*, be permitted, be allowed, be given
предостерегáть (предостерéчь), *v.*, warn, caution
предостережéние, *n.*, warning, caution
предосторóжность, *f.*, precaution
предотвращáть (предотврати́ть), *v.*, prevent
предохрани́тель, *m.*, safety device, protector, safeguard
предписáние, *n.*, prescription, prescribing
предпи́санный, *adj.*, prescribed
предпи́сывать (предписáть), *v.*, prescribe, order, direct
предполагáемый, *adj.*, supposed, conjectural, tentative
предполагáть (предположи́ть), *v.*, assume, presuppose
предпóлный, *adj.*, precomplete
предположéние, *n.*, supposition, assumption, premise, hypothesis; предположéние индýкции, inductive hypothesis
предполóженный, *adj.*, postulated, presupposed, assumed, conjecture, proposal
предположи́ть (*perf. of* предполагáть), *v.*, assume, presuppose
предпоря́док, *m.*, preorder, quasi-order
предпоследний, *adj.*, penultimate, next to the last
предпосылáть (предпослáть), *v.*, presuppose, premise, preface
предпосы́лка, *f.*, premise, prerequisite
предпочитáть (предопринЯть), *v.*, undertake
предпочитáть (предпочéсть), *v.*, prefer
предпочтéние, *n.*, preference; отношéние предпочтéний (*or* предпочтéния), preference relation, preference pattern
предпочти́тельный, *adj.*, preferred, preferable
предпошлём (*from* предпосылáть), *v.*, we assume
предпринимáтель, *m.*, industrialist, employer
предпринимáть (предпринЯть), *v.*, undertake, launch
предпри́нятый, *adj.*, undertaken, made
предпринЯть (*perf. of* предпринимáть), *v.*
предприЯтие, *n.*, enterprise, undertaking, business; анáлиз дéятельности предприЯтия, break-even analysis
предпусковóй, *adj.*, pre-launch, pre-start, restarting, reset; предпусковóй режи́м, reset condition

предпучо́к, *m.*, presheaf
предреша́ть (предреши́ть), *v.*, determine, predetermine
предсказа́ние, *n.*, prediction, forecast
предска́занный, *adj.*, predicted
предсказа́тель, *m.*, predictor
предска́зывать (предсказа́ть), *v.*, predict
представи́мость, *f.*, representability
представи́мый, *adj.*, representable
представи́тель, *m.*, representative, specimen; систе́ма разли́чных представи́телей, system of distinct representatives
представи́тельный, *adj.*, representative
предста́вить (*perf. of* представля́ть), *v.*, represent, present, offer, assume, produce
представле́ние, *n.*, representation, presentation; idea, perception; (*stage*) performance; двои́чное представле́ние, binary notation; представле́ние числа́ в обы́чном ви́де, true representation; дискре́тное представле́ние величины́, sampling; графи́ческое представле́ние програ́ммы, flow diagram; представле́ние числа́ с учётом поря́дков, floating-point notation; а́лгебра с ограни́ченными степеня́ми представле́ний, algebra of bounded representation type; кла́стерное представле́ние, cluster expansion
предста́вленный, *adj.*, represented
представля́ть (предста́вить), *v.*, represent, present; представля́ть собо́й, represent, be; представля́ть себе́, imagine, conceive, think of, suppose
представля́ться (предста́виться), *v.*, seem, appear; представля́ется в ви́де, has the form, can be written in the form
представля́ющий, *adj.*, representing, representative; представля́ющй фу́нктор, represented functor, functor Hom$(X,\ )$
представля́я, *adv.*, representing, if we represent
предубежде́ние, *n.*, bias, prejudice, preconception
предубеждённый, *adj.*, biased, prejudiced
предупоря́доченный, *adj.*, preordered, quasi-ordered
предупреди́тельный, *adj.*, warning, preventive; предупреди́тельная ли́ния, warning limit
предупрежда́ть (предупреди́ть), *v.*, notify, caution, warn
предупрежда́ющий, *adj.*, warning; предупрежда́ющая систе́ма, warning system
предусло́вие, *n.*, precondition
предусма́триваемый, *adj.*, specified, provided
предусма́тривать (предусмотре́ть), *v.*, provide (*for*), stipulate, specify, foresee
предусмо́тренный, *adj.*, provided, specified, stipulated
предше́ственник, *m.*, predecessor
предше́ствовать, *v.*, precede
предше́ствующий, *adj.*, preceding, former, previous, antecedent
предъявле́ние, *n.*, presentation
предъя́вленный, *adj.*, produced
предъявля́емый, *adj.*, produced, presented, producible
предъявля́ть (предъяви́ть), *v.*, produce, present, show
предыду́щий, *adj.*, previous, preceding; предыду́щий член, antecedent (*logic*); по предыду́щему, as before
предынтегра́льный, *adj.*, pre-integral
предысто́рия, *f.*, previous history
прее́мник, *m.*, successor
пре́жде, *adv.*, before, first, formerly; пре́жде всего́, first of all, first, above all; пре́жде чем, before
преждевре́менный, *adj.*, premature, early
пре́жний, *adj.*, previous, former
преиму́щественно, *adv.*, mainly, chiefly, in preference
преиму́щественный, *adj.*, primary
преиму́щество, *n.*, advantage, preference
прекомпа́ктный, *adj.*, precompact
прекра́сный, *adj.*, excellent, fine
прекраща́ть (прекрати́ть), *v.*, stop, discontinue, cease, suspend
прекраща́ться (прекрати́ться), *v.*, come to an end, cease, stop
прекраще́ние, *n.*, stopping, ceasing, curtailment, termination
преломле́ние, *n.*, refraction, breaking

преломлённый, *adj.*, refracted
преломля́емость, *f.*, refraction, refractability
преломля́емый, *adj.*, refractable, refracted
преломля́ть (преломи́ть), *v.*, refract, break
пре́мия, *f.*, bonus, premium, prize
пренебрега́емый, *adj.*, negligible, neglected
пренебрега́ть (пренебре́чь), *v.*, neglect, disregard
пренебрега́ющий, *adj.*, forgetful (*functor*)
пренебреже́ние, *n.*, neglect, disregard
пренебрежи́мый, *adj.*, negligible
пренебрежи́тельный, *adj.*, neglectful, slighting
пренебре́чь (*perf. of* пренебрега́ть), *v.*, neglect; мо́жно пренебре́чь, can be neglected
преоблада́ние, *n.*, preponderance, predominance, prevalence
преоблада́ть, *v.*, predominate, dominate, majorize
преоблада́ющий, *adj.*, dominant, predominant, prevalent
преобразова́ние, *n.*, transformation, transform, mapping, conversion, processing, transmutation; обра́тное преобразова́ние, inverse transformation, reconversion; преобразова́ние Фурье́, Fourier transform; лине́йное преобразова́ние, linear transformation; преобразова́ние отображе́ния, mapping transformation; устро́йство для преобразова́ния, transcriber; систе́ма преобразова́ния информа́ции, information processing; устро́йство для преобразова́ния углово́го положе́ния в цифрову́ю фо́рму, digital angular position encoder; преобразова́ние подо́бия, similarity transformation; систе́ма преобразова́ния да́нных (информа́ции), data reduction system, data conversion system
преобразо́ванный, *adj.*, transformed, converted, processed
преобразова́тель, *m.*, transformer, transducer, converter, translator; оптима́льный преобразова́тель, optimum transducer; преобразова́тель да́нных, data converter; линейно-логарифми́ческий преобразова́тель, linear-to-log converter; ша́говый преобразова́тель, step-switch converter; обра́тный преобразова́тель, inverter
преобразова́тельный, *adj.*, transforming, converting, converter, transformer
преобразо́вывать (преобразова́ть), *v.*, transform, change, convert; преобразо́вывать в цифрову́ю фо́рму, *v.*, digitize
преобразу́емый, *adj.*, transformable, transformed
преобразу́ющийся, *adj.*, transforming, converting, processing
преодолева́ть (преодоле́ть), *v.*, overcome, surmount, get over; succeed
преодоле́ние, *n.*, overcoming, surmounting
препара́т, *m.*, preparation, compound
преподава́ние, *n.*, instruction, teaching
преподава́тель, *m.*, instructor
препозити́вный, *adj.*, pre-positive
репри́нт, *m.*, preprint
препя́тствие, *n.*, obstacle, barrier, obstruction; второ́е препя́тствие, second obstruction
препя́тствовать, *v.*, hinder, obstruct, prevent
препя́тствующий, *adj.*, obstructing, obstruction; препя́тствующий ∇ цикл, obstruction cocycle
прерыва́ние, *n.*, interruption, break
прерыва́тель, *m.*, cut-out, circuit breaker
прерыва́ть (прерва́ть), *v.*, interrupt, break
преры́вистый, *adj.*, discontinuous, broken, interrupted, intermittent
преры́вный, *adj.*, discontinuous
пресле́дование, *n.*, pursuit
пресле́довать, *v.*, pursue
пресс, *m.*, press
претворе́ние, *n.*, conversion, realization
претворя́ть (претвори́ть), *v.*, transform, change; претворя́ть в жизнь, realize, put into practice
претендова́ть, *v.*, claim, pretend
претенду́ющий, *adj.*, claiming
прете́нзия, *f.*, claim, pretention

претерпева́ть (претерпе́ть), *v.*, undergo, endure; претерпева́ть скачо́к, undergo a sudden change; претерпева́ть разры́в, have a discontinuity
преткнове́ние, *n.*, obstacle, impediment; ка́мень преткнове́ния, stumbling block
преувеличе́ние, *n.*, exaggeration, overstatement
преуменьше́ние, *n.*, understatement
преупоря́доченный, *adj.*, preordered
прецессио́нный, *adj.*, precession; прецессио́нное колеба́ние, precession, oscillation, wobbling
преце́ссия, *f.*, precession
прецизио́нный, *adj.*, precision
при, *prep.*, at, in, under, by, for, as; при усло́вии, under the condition; при э́том, in addition, in this connection, in this case, here, moreover; notwithstanding, nevertheless; при всём том, for all that, in spite of that; moreover
приба́вить (*perf. of* прибавля́ть), *v.*, add
прибавле́ние, *n.*, addition, supplement, augmentation
прибавля́емый, *adj.*, added, being added
прибавля́ть (приба́вить), *v.*, adjoin, add, increase
прибега́ть (прибе́гнуть), *v.*, resort (to), have recourse (to)
приближа́ть (прибли́зить), *v.*, approximate, bring nearer
приближа́ться, *v.*, approach, approximate
приближе́ние, *n.*, approximation, approach, fitting; сте́пень приближе́ния, degree of approximation; после́довательные приближе́ния, successive approximations
приближённо, *adv.*, approximately; приближённо равня́ться, *v.*, approximate, be approximately equal (to)
приближённый, *adj.*, approximate, rough; приближённое изображе́ние фу́нкций, curve fitting
приблизи́тельно, *adv.*, approximately, roughly
приблизи́тельность, *f.*, approximate nature, degree of approximation
приблизи́тельный, *adj.*, approximate, rough
прибли́зиться (*perf. of* приближа́ться), *v.*, approach, approximate
прибо́р, *m.*, apparatus, device, instrument; полупроводнико́вый прибо́р, transistor; реша́ющий прибо́р, resolver; обслу́живающий прибо́р, server
прибыва́ть (прибы́ть), *v.*, arrive, increase, grow
прибыва́ющий, *adj.*, arriving, coming, incoming, increasing
при́быль, *f.*, gain, profit
прибы́тие, *n.*, arrival
приведе́ние, *n.*, reduction, adduction
приведённость, *f.*, reducibility
приведённый, *adj.*, reduced, mentioned, adduced
привёл (привели́, *etc.*, *past of* привести́), *v.*
приве́с, *m.*, increase in weight, overweight
привести́ (*perf. of* приводи́ть), *v.*, bring, reduce, adduce, mention
приви́вка, *f.*, grafting
привлека́тельный, *adj.*, attractive
привлека́ть (привле́чь), *v.*, attract, draw, invoke, call on, use
привлече́ние, *n.*, attraction
привнесённый, *adj.*, introduced
привноси́ть (привнести́), *v.*, introduce
приво́д, *m.*, drive
приводи́мость, *f.*, reducibility
приводи́мый, *adj.*, cited, brought out, reducible, separable
приводи́ть (привести́), *v.*, reduce, reduce to, bring, cite, deduce, adduce, lead, perform, carry (into), restrict; приводи́ть к масшта́бу, scale; приводи́ть к, lead to, result in; приводя́ подо́бные чле́ны, collecting similar terms
приводя́щий, *adj.*, reducing, carrying into
привы́чка, *f.*, habit
привы́чный, *adj.*, customary, habitual, usual
привя́занный, *adj.*, attached
приглаша́ть (пригласи́ть), *v.*, invite, ask
пригоди́ться, *v.*, be of use, prove useful
приго́дность, *f.*, fitness, suitability, usefulness
приго́дный, *adj.*, suitable, admissible
приготовле́ние, *n.*, preparation
приготовля́ть (пригото́вить), *v.*, prepare

придава́ть (прида́ть), *v.*, add, attach, give; придава́ть значе́ние, attach importance (to), give meaning (to)
при́данный, *adj.*, attached
прида́ть (*perf. of* придава́ть), *v.*, give, add, attach
придающий, *adj.*, adding, giving, attaching
приде́рживаться (придержа́ться), *v.*, hold, keep, adhere, confine oneself
придётся (*from* приходи́ться), *v.*, it will be necessary
приду́мывать (приду́мать), *v.*, invent, devise
приём, *m.*, acceptance, receiving, reception, method, way, mode, device, step, stage; в два приёма, in two steps, in two stages; эмпири́ческий приём, empirical method, rule of thumb
приёмка, *f.*, acceptance, accepting; ли́ния приёмки, acceptance line; о́бласть приёмки, acceptance region
прие́млемость, *f.*, acceptability, admissibility
прие́млемый, *adj.*, plausible, acceptable, admissible
приёмник, *m.*, receiver, collector, container
приёмочный, *adj.*, reception, acceptance; приёмочное испыта́ние, acceptance test
прижима́ть (прижа́ть), *v.*, press, compress
при́зма, *f.*, prism
при́зма-отража́тель, *m.*, reflecting prism, prism
призмати́ческий, *adj.*, prismatic, prism
призмато́ид, *m.*, prismatoid
признава́ть (призна́ть), *v.*, recognize, acknowledge
при́знак, *m.*, indication, sign, mark, feature, test, criterion, condition; при́знак дели́мости, criterion for divisibility
призна́ть (*perf. of* признава́ть), *v.*, acknowledge, recognize, regard
при́зрак, *m.*, phantom, illusion
призыва́ть (призва́ть), *v.*, call, summon
прийти́ (*perf. of* приходи́ть), *v.*, arrive
прийти́сь (*perf. of* приходи́ться), *v.*, fit, suit, be necessary
прикаса́ться (прикосну́ться), *v.*, touch, be tangent
прикла́дка, *f.*, adding; прикла́дки, calculation, computation
прикладно́й, *adj.*, applied; прикладна́я матема́тика, applied mathematics
прикла́дываемый, *adj.*, applied, applicable
прикла́дывать (приложи́ть), *v.*, affix, adjoin, enclose
прикле́ивание, *n.*, attaching, pasting; прикле́ивание ярлы́ков, tagging
прикле́ивать (прикле́ить), *v.*, paste, attach, stick
риконта́ктный, *adj.*, contact
прикоснове́ние, *n.*, tangency, contact; то́чка прикоснове́ния, adherent point; point of tangency
прикоснове́нный, *adj.*, adherent, implicated, involved
прикосну́ться (*perf. of* прикаса́ться), *v.*, touch, be tangent (to)
прикрепля́ть (прикрепи́ть), *v.*, append, attach
прилага́ть (приложи́ть), *v.*, apply; affix, adjoin, enclose
прилега́ть (приле́чь), *v.*, adjoin, be adjacent (to)
прилега́ющий, *adj.*, adjacent, adjoining, contiguous
прилежа́щий, *adj.*, adjacent, adjoining
прили́в, *m.*, flow, influx, tide
прили́вный, *adj.*, tidal
прилипа́ние, *n.*, adhesion, sticking
прилипа́ть (прилипну́ть), *v.*, adhere, adhere to
прило́жен, *pred.*, applied, (is) applied
приложе́ние, *n.*, application, supplement, appendix
прило́женный, *adj.*, applied
приложи́мость, *f.*, applicability
приложи́ть (*perf. of* прилага́ть *and* прикла́дывать), *v.*, apply; affix, adjoin, enclose
прим, *m.*, prime, accent
прима́ль, *n.*, primal
прима́льный, *adj.*, primal
прима́рный, *adj.*, primary, prime; прима́рный идеа́л, primary ideal

при́мем (*from* принима́ть), *v.*, we shall accept, let us assume
примене́ние, *n.*, application
примени́в, *adv.*, having applied, by applying
примени́мость, *f.*, applicability, adaptability, validity
примени́мый, *adj.*, applicable, suitable
примени́тельно (к), *prep.*, in connection (with), in conformity (to)
примени́тельный, *adj.*, suitable, applicable
применя́вшийся, *adj.*, employed, applied
применя́емый, *adj.*, applied, used
применя́ть (примени́ть), *v.*, adapt, apply, employ
применя́я, *adv.*, applying, if we apply
приме́р, *m.*, example, instance
приме́рно, *adv.*, roughly, approximately; by way of example
приме́рный, *adj.*, exemplifying, exemplary, approximate
при́месный, *adj.*, extrinsic
при́месь, *f.*, ingredient, admixture
примеча́ние, *n.*, remark, note, scholium
примиря́ть (примири́ть), *v.*, reconcile
примити́вно-рекурси́вный, *adj.*, primitive recursive
примити́вность, *f.*, primitiveness, primitivity
примити́вный, *adj.*, primitive, primary, initial; со́бственно примити́вный, properly primitive
примордиа́льный, *adj.*, primordial, original
прим. перев., *abbrev.* (примеча́ние перево́дчика), translator's remark
примыка́емость, *f.*, adjacency
примыка́ние, *n.*, contiguity, joining
примыка́ть (примкну́ть), *v.*, adjoin, abut, border on
примыка́ющий, *adj.*, abutting, adjoining, adherent, closely related, related to; бли́зко примыка́ющий, closely approximating; примыка́ющий ряд, adherent series
принадлежа́ть, *v.*, belong, belong to, pertain (to)
принадлежа́щий, *adj.*, belonging (to), pertaining (to), contoured (by)
принадле́жность, *f.*, membership, belonging, affiliation
При́нгсхейм (При́нгсхайм), *p.n.*, Pringsheim
принести́ (*perf. of* приноси́ть), *v.*, bring
принима́ть (приня́ть), *v.*, take, receive, accept, admit, assume; принима́ть во внима́ние, take into account; bear in mind
принима́ться (приня́ться), *v.*, begin (with), start (with)
принора́вливать (приналови́ть), *v.*, fit, adapt, adjust
принора́вливаться, *v.*, accommodate, adapt
приноси́ть (принести́), *v.*, bring, yield
принуди́тельный, *adj.*, forced, compulsory; positive; принуди́тельние движе́ние, positive motion
принужда́ть (прину́дить), *v.*, compel, force, constrain
принужде́ние, *n.*, compulsion, constraint
принуждённо, *adv.*, under constraint, by force
принуждённость, *f.*, constraint, tension
принуждённый, *adj.*, constrained, forced
при́нцип, *m.*, principle; в при́нципе, theoretically, in principle; при́нцип Дирихле́, Dirichlet principle; при́нцип дво́йственности, duality principle; при́нцип минима́кса, minimax principle
принципиа́льный, *adj.*, of principle, in principle; принципиа́льная схе́ма, schematic diagram; с принципиа́льной то́чки зре́ния, fundamentally
приня́тие, *n.*, assumption, taking, admission, acceptance; тео́рия приня́тия реше́ний, decision theory
при́нято, *pred.*, it is usual to, it is customary to; *adv.*, it is usual, it is accepted; не при́нято, it is not customary, it is not done; как при́нято, as usual
при́нятый, *adj.*, accepted, admitted, adopted, used, customary

приня́ть (*perf. of* принима́ть), *v.*, take, accept; приня́ть во внима́ние, take into consideration
приобрета́ть (приобрести́), *v.*, gain, obtain, acquire
приобрете́ние, *n.*, acquisition, gain
приобща́ть (приобщи́ть), *v.*, unite, join
приобще́ние, *n.*, union, junction
приорите́т, *m.*, priority
припа́ивание, *n.*, soldering
припасо́вка, *f.*, alignment, fitting
припасо́вывание, *n.*, fitting, alignment; припасо́вывание криво́й, curve fitting
приписа́ть (*perf. of* припи́сывать), *v.*, ascribe (*to*)
припи́сываемый, *adj.*, ascribed, attributed
припи́сывать (приписа́ть), *v.*, assign, attach, attribute, register, add, ascribe
припи́сываться, *v.*, be ascribed (to), be attributed (to)
припи́сывающий, *adj.*, assigning, ascribing
припо́й, *m.*, solder
прира́внивание, *n.*, equating, setting equal (to), equalization
прира́внивать (приравня́ть), *v.*, equate (to), set equal (to)
прираста́ть (прирасти́), *v.*, increase, grow, adhere (to)
прираще́ние, *n.*, increment, increase; прираще́ние теплоты́, heat differential; отноше́ние прираще́ний, difference quotient; теоре́ма коне́чных прираще́ний, mean value theorem, intermediate value theorem, law of the mean, Lagrange formula
приращённый, *adj.*, increment, increased
приро́да, *f.*, nature, character
приро́дный, *adj.*, natural; приро́дные бога́тства, natural resources
приро́допользователь, *m.*, user of nature
приро́ст, *m.*, increase, growth, increment, gain
присва́ивать (присво́ить), *v.*, appropriate, confer, give, assign
присвое́ние, *n.*, appropriation, awarding, assignment
присво́ить (*perf. of* присва́ивать), *v.*, appropriate; give, award
присла́ть (*perf. of* присыла́ть), *v.*, send
присоедине́ние, *n.*, association, connection, joining, addition, adjunction
присоединённо-полупросто́й, *adj.*, adjoint, semisimple
присоединённо-просто́й, *adj.*, adjoint-simple
присоединённый, *adj.*, joined, adjoined, associated, adjugate, adjoint; присоединённая ма́сса, apparent additional mass; присоединённая ма́трица, adjoint matrix, augmented matrix
присоединя́ть (присоедини́ть), *v.*, join, adjoin, connect, associate
приспоса́бливать (= приспособля́ть), *v.*, adapt
приспосо́бить (*perf. of* приспоса́бливать *and* приспособля́ть), *v.*
приспособле́ние, *n.*, adaptation, adjustment, accommodation, apparatus
приспосо́бленный, *adj.*, adjusted, suited, adapted
приспособля́емый, *adj.*, adjustable, adaptable, applicable
приспособля́ть (приспосо́бить), *v.*, adjust, adapt, fit, accommodate
приста́вка, *f.*, prefix
приставля́ть (приста́вить), *v.*, put (against), set (against), adjoin
при́стальный, *adj.*, assiduous, detailed, fixed, intense, intent, thorough
присте́нный, *adj.*, wall-adjacent (*in fluid flow*)
пристра́стность, *f.*, bias
пристра́стный, *adj.*, biased; пристра́стный вы́бор, biased sampling
пристро́йка, *f.*, addition, annex, extension
приступа́ть (приступи́ть), *v.*, enter upon, begin, proceed, embark on
присужда́ть (присуди́ть), *v.*, adjudge, award
присужде́ние, *n.*, judgment, awarding
прису́тствие, *n.*, presence
прису́тствовать, *v.*, be present
прису́тствующий, *adj.*, present
прису́щий, *adj.*, inherent (in), intrinsic
присчи́тывать (присчита́ть), *v.*, add on
присыла́ть (присла́ть), *v.*, send

прито́к, *m.*, influx, tributary
прито́м, *conj.*, besides, moreover
притя́гивать (притяну́ть), *v.*, attract
притя́гивающий, *adj.*, attracting
притяже́ние, *n.*, attraction
притяза́ние, *n.*, claim, pretense
притяза́тельный, *adj.*, exacting
притяза́ть, *v.*, pretend, lay claim (to)
притяну́ть (*perf. of* притя́гивать), *v.*, attract
приуро́чивать (приуро́чить), *v.*, coordinate, time, adapt
приходи́ть (прийти́), *v.*, arrive, come
приходи́ться (прийти́сь), *v.*, fit, suit, have to; it is necessary
приходя́щий, *adj.*, incoming, arriving
приходя́щийся, *adj.*, being necessary, necessary, fitting; taken over; приходя́щаяся на едини́цу объёма си́ла, force per unit volume; интегра́л, приходя́щийся на D, integral over D
прице́л, *m.*, aim, sight
прице́ливание, *n.*, aiming
прице́льный, *adj.*, sighting, aiming
прича́ливание, *n.*, docking
прича́ливать (прича́лить), *v.*, dock, moor
причём, *conj.*, where, moreover, and also, with
причи́на, *f.*, cause, reason, motive; причи́на и сле́дствие, cause and effect; по той же причи́не, for the same reason
причи́нность, *f.*, causality
причи́нный, *adj.*, causal, causative
причиня́ть (причини́ть), *v.*, cause
причиня́ющий, *adj.*, causing
причисле́ние, *n.*, adding, ascribing, attaching, attributing, carrying, counting
причисля́ть (причи́слить), *v.*, add on (to), rank (among), attach (to)
пришёл (пришли́, *etc.*, *past of* прийти́), *v.*
про, *prep.*, about, for
проанализи́ровать, *v.*, analyze
про́ба, *f.*, test, trial, sample, probe; ме́тод проб и оши́бок, trial and error method
пробабилиза́ция, *f.*, probabilization
пробабили́зм, *m.*, probabilism
пробе́г, *m.*, run, course (*of value*)
пробега́емый, *adj.*, running (through)
пробега́ть (пробежа́ть), *v.*, pass, pass by, run, pass through, run through, range over; пробега́ть значе́ние от... до..., run from... to...
пробега́ющий, *adj.*, passing, running; пробега́ющий и́ндекс, running index
пробе́л, *m.*, gap, omission, lacuna, blank
проби́вка, *f.*, puncture, piercing, punching
про́бит, *m.*, probit, probe, try
пробле́ма, *f.*, problem, topic, question; пробле́ма перено́са, transport problem; пробле́ма сравне́ния двух сре́дних, two-means problem; пробле́ма ра́венства слов, *or* пробле́ма то́ждества слов, word problem
проблема́тика, *f.*, problems
проблемати́ческий (*or* проблемати́чный), *adj.*, problematical
про́бный, *adj.*, test, experimental, trial, tentative, sample, sampling; про́бная то́чка, sampling point; про́бная се́рия, test run
про́бовать (попро́бовать), *v.*, try, attempt, test
пробоотбо́рник, *m.*, sampler
проведе́ние, *n.*, carrying out, execution, conducting
проведённый, *adj.*, conducted, led, drawn, traced
прове́дывать (прове́дать), *v.*, find out, learn, trace, pass, visit
прове́ренный, *adj.*, revised, inspected, examined, proved
прове́рить (*perf. of* проверя́ть), *v.*, check, verify
прове́рка, *f.*, testing, test, check, verification, control; прове́рка гипо́тез, test of hypothesis; прове́рка предположе́ния, что, test of whether, test of the assumption that, ascertaining whether; прове́рка ме́тодом в две ру́ки, twin check; прове́рка с по́мощью контро́льных разря́дов, redundant check; прове́рка на дефе́ктность, marginal checking; предвари́тельная прове́рка, pre-check; програ́мма прове́рки, check program, check routine; профилакти́ческая прове́рка, checking procedure, marginal checking; реше́ние прове́ркой, solution by inspection

прове́рочный, *adj.*, control, checking, verifying; прове́рочная схе́ма, checking circuit
проверя́емый, *adj.*, verifiable, verified
проверя́ть (прове́рить), *v.*, check, verify
проверя́ться, *v.*, be verified
провести́[1] (*perf. of* вести́), *v.*, conduct, carry on
провести́[2] (*perf. of* проводи́ть), *v.*
про́вод, *m.*, conductor, wire, lead
проводи́мость, *f.*, conductivity, conductance
проводи́ть (провести́[2]), *v.*, lead, conduct, draw, develop, carry out, maintain; приво́дя подо́бные чле́ны, collecting similar terms
проводни́к, *m.*, conductor, lead
про́волока, *f.*, wire
проги́б, *m.*, deflection, sagging
прогиба́ться (прону́ться), *v.*, sag, cave in, deflect
прогно́з, *m.*, prediction, forecast
прогнози́рование, *n.*, prediction
прогности́ческий, *adj.*, prognostic
прогну́ться (*perf. of* прогиба́ться), *v.*, deflect, sag, cave in
прого́н, *m.*, drive, run
прого́нка, *f.*, pass (*through a cycle of operations*), run (*of a program*); ме́тод прого́нки, sweep method (*differential equations*)
програ́мма, *f.*, code, program, schedule, course, routine; програ́мма восстановле́ния информа́ции, rerun routine; веду́щая програ́мма, master program; набо́рная програ́мма, plugged program; блок-схе́ма програ́ммы, flow diagram; графи́ческое представле́ние програ́ммы, flow diagram
программи́рование, *n.*, programming; автомати́ческое программи́рование, self-programming, computer-aided programming; программи́рование в интеракти́вном режи́ме, interactive programming
программи́руемый, *adj.*, programmed
программи́ст, *m.*, programmer
програ́ммный, *adj.*, programmed
прогре́сс, *m.*, progress, step forward
прогре́ссия, *f.*, progression; геометри́ческая прогре́ссия, geometric progression
продава́ть (прода́ть), *v.*, sell
прода́жа, *f.*, sale, selling
прода́жный, *adj.*, sale, selling; прода́жная цена́, selling-price; отноше́ние прода́жных цен, barter-price ratio
прода́кт-ме́ра, *f.*, product measure
продвига́вшийся, *adj.*, progressing, advancing
продвига́ть (продви́нуть), *v.*, advance, progress
продвиже́ние, *n.*, progress, advance
продви́нутый, *adj.*, advanced, progressive
продви́нуться, *v.*, advance, extend
проде́ланный, *adj.*, done
проде́лывать (проде́лать), *v.*, do, make, perform
продикто́ванный, *adj.*, imposed, dictated
продиктова́ть (*perf. of* диктова́ть), *v.*, dictate, impose
продифференци́ровав, *adv.*, having differentiated, after differentiating
продифференци́рованный, *adj.*, differentiated, derived
продифференци́ровать, *v.*, differentiate
продлева́ть (продли́ть), *v.*, prolong, extend
продле́ние, *n.*, extension, prolongation
продолгова́тый, *adj.*, oblong, extended, elongated, prolate
продолжа́емость, *f.*, continuability, extendability
продолжа́емый, *adj.*, extendable, continuable, extended, continued
продолжа́ть (продолжи́ть), *v.*, continue, prolong, produce, extend
продолжа́ющийся, *adj.*, continued, extended
продолжа́я, *adv.*, continuing, extending, if we continue
продолже́ние, *n.*, continuation, extension, refinement
продо́лженный, *adj.*, extended, prolonged, continued
продолжи́мость, *f.*, continuability, extendability

продолжи́мый, *adj.*, extendable, continuable

продолжи́тельность, *f.*, duration, period; продолжи́тельность колеба́ния, period of oscillation

продолжи́ть (*perf. of* продолжа́ть), *v.*

продо́льный, *adj.*, longitudinal, lengthwise; продо́льная ма́сса, longitudinal mass; продо́льный изги́б сте́ржня, buckling

проду́кт, *m.*, product, good; проду́кты, goods

продукти́вный, *adj.*, productive, product; продукти́вное мно́жество, productive set

проду́кция, *f.*, output, production

проду́манный, *adj.*, considered, reasoned, thought out

прое́зд, *m.*, passage

прое́кт, *m.*, project, plan

проективите́т, *m.*, projectivity

проекти́вно, *adv.*, projectively

проекти́вно-геометри́ческий, *adj.*, projective-geometric

проекти́вно-дифференциа́льный, *adj.*, projective-differential

проекти́вность, *f.*, projectivity

проекти́вно-тожде́ственный, *adj.*, projectively identical

проекти́вный, *adj.*, projective; проекти́вная пло́скость, projective plane

проекти́рование, *n.*, projection, design; проекти́рование ло́гики, logical design

проекти́ровать (спроекти́ровать), *v.*, project, plan

проекти́ровочный, *adj.*, projecting, designing

проекти́руемый, *adj.*, projected, projectible

проекти́рующий, *adj.*, projecting

проекти́руя, *adv.*, projecting, by projecting, if we project

прое́ктный, *adj.*, design, designed, designing; прое́ктные ограниче́ния, design constraints

прое́ктор, *m.*, projector, projection

проекто́рнозначий, *adj.*, projection-valued, projector-valued

проекцио́нный, *adj.*, projective, projection

прое́кция, *f.*, projection, view; горизонта́льная прое́кция, side view

проём, *m.*, aperture, opening

проеци́рование, *n.*, projection

прозра́чность, *f.*, transparency, transmittance

прозра́чный, *adj.*, transparent

проигра́вший, *m.*, loser

прои́грывать (проигра́ть), *v.*, lose, play over

про́игрыш, *m.*, loss, failure

произведе́ние, *n.*, product, composition, bundle; по́лное произведе́ние, final product; произведе́ние ма́триц, matrix product; вну́треннее произведе́ние, inner product, scalar product; координа́тное произведе́ние, coordinate bundle; косо́е произведе́ние, fiber bundle; произведе́ние Уи́тни, Whitney product, cap-product; произведе́ние Колмого́рова-Алекса́ндера, Kolmogorov-Alexander product, cup-product; произведе́ние кла́ссов когомоло́гий, cup-product; произведе́ние простра́нств, product space; произведе́ние отображе́нний, composition of transformations; произведе́ние мер, product measure

произвести́ (*perf. of* производи́ть), *v.*, produce, perform, construct

производи́мый, *adj.*, producible

производи́тель, *m.*, producer, generator

производи́тельность, *f.*, efficiency, productivity, capacity, output

производи́тельный, *adj.*, efficient, productive

производи́ть (произвести́), *v.*, produce, construct, make, create, derive, carry out

произво́дная, *f.*, derivative; произво́дная по, derivative with respect to; коса́я произво́дная, directional derivative; ча́стная произво́дная, partial derivative

произво́дный, *adj.*, derivative, derived

произво́дственный, *adj.*, industrial, manufacturing; произво́дственная мо́щность, productive capacity; произво́дственный спо́соб, activity; ана́лиз произво́дственной де́ятельности, activity analysis

произво́дство, *n.*, production, manufacture, output; коэффицие́нт произво́дства, capital output ratio; у́ровень произво́дства, output level
производя́, *adv.*, performing, carrying out
производя́щий, *adj.*, productive, producing, generating, reproducing; производя́щий опера́тор, generator; производя́щая фу́нкция, generating function, course-of-value function (*logic*); производя́щее ядро́, reproducing kernel
произво́л, *m.*, arbitrariness, arbitrary rule
произво́льно, *adv.*, arbitrarily; произво́льно взя́тая фу́нкция, arbitrary function
произво́льность, *f.*, arbitrariness
произво́льный, *adj.*, arbitrary, unrestricted
произойти́ (*perf. of* происходи́ть), *v.*, arise, happen, occur
произошёл (произошла́, произошло́), *v.* (*past of* произойти́)
проиллюстри́ровать, *v.*, illustrate
проинтегри́ровать, *v.*, integrate; проинтегри́ровать по, integrate over
проистека́ть (происте́чь), *v.*, result, ensue, originate
проистека́ющий, *adj.*, resulting, resultant
происходи́ть (произойти́), *v.*, happen, take place, originate, be the result (of)
происходя́щий, *adj.*, arising (from), originating (from), taking place, going on, happening
происхожде́ние, *n.*, origin, descent, extraction
происше́дший, *adj.*, happened
про́йденный, *adj.*, traversed, passed
пройти́ (*perf. of* проходи́ть), *v.*, pass
прока́лываемый, *adj.*, pierced, punctured
прока́лывать (проколо́ть), *v.*, pierce, perforate, puncture
проканонизи́ровать (*perf. of* канонизи́ровать), *v.*, reduce to canonical form
прока́тка, *f.*, rolling (*out, as metal*)
проквантова́ть, *v.*, quantize
прокла́дывать (проложи́ть), *v.*, build, develop, make
проко́лотый, *adj.*, punctured, deleted; проко́лотая окре́стность, deleted neighborhood, punctured neighborhood
пролага́ть, *v.*, *same as* прокла́дывать
пролёживание, *n.*, idling
пролёживать (пролежа́ть), *v.*, lie around, idle
пролёт, *m.*, span, arch, spacing
пролива́ть (проли́ть), *v.*, spill, shed; пролива́ть свет, shed light (on), illuminate
прологарифми́ровав, *adv.*, having taken the logarithm, after taking the logarithm
прологарифми́ровать, *v.*, take the logarithm
проложи́ть (*perf. of* прокла́дывать *and* пролага́ть)
про́мах, *m.*, gross error, error, blunder
промежу́ток, *m.*, interval, space, span, gap; на промежу́тке, in the interval; промежу́ток вре́мени, time interval
промежу́точность, *f.*, betweenness
промежу́точный, *adj.*, intermediate, interstitial, intervening
проме́р, *m.*, measurement, error in measurement
промерза́ние, *n.*, freezing
промы́шленность, *f.*, industry
промы́шленный, *adj.*, industrial, business
прони́зывать (пронизáть), *v.*, pierce, penetrate, permeate
прони́зывающий, *adj.*, piercing, penetrating
проника́ть (прони́кнуть), *v.*, penetrate, obtain an understanding of
проника́ющий, *adj.*, penetrating, permeating
проникнове́ние, *n.*, penetration, permeation
проница́емость, *f.*, permeability, penetrability; диэлектри́ческая проница́емость, permittivity; dielectric constant
проница́емый, *adj.*, permeable, penetrable
проница́ние, *n.*, permeation, penetration
проница́тельность, *f.*, insight, penetration
проница́тельный, *adj.*, penetrating
пронорми́ровать, *v.*, normalize

проноси́мый, *adj.*, conveyed, brought through
пронумеро́ванный, *adj.*, enumerated, indexed
пронумеро́вывать (пронумерова́ть), *v.*, index, number, enumerate, paginate
прообраз, *m.*, prototype, original, preimage, inverse image
пропага́нда, *f.*, propaganda, propagation
пропага́ндировать, *v.*, advocate, propagandize, popularize
пропада́ть (пропа́сть), *v.*, vanish, disappear, be missing
пропе́ллер, *m.*, propeller
прописно́й, *adj.*, capital, copy-book; прописна́я бу́ква, capital letter
пропозициона́льный, *adj.*, propositional, proposition; пропозициона́льная свя́зка, propositional connective
пропорциона́льно, *adv.*, proportionally, in proportion (to); обра́тно (пря́мо) пропорциона́льно, inversely (directly) proportional to
пропорциона́льность, *f.*, proportionality, proportion
пропорциона́льный, *adj.*, proportional; пря́мо пропорциона́льный, directly proportional; обра́тно пропорциона́льный, inversely proportional
пропо́рция, *f.*, proportion, ratio
про́пуск, *m.*, skip, gap, omission; теоре́ма (Адама́ра) о про́пусках, (Hadamard) gap theorem
пропуска́ние, *n.*, passage, admission; transmission; пропуска́ние и́мпульса, pulse advancing
пропуска́ть (пропусти́ть), *v.*, pass, pass through, omit, miss, transmit; пропуска́ться че́рез, factors through
пропускно́й, *adj.*, absorbent, permeable, conducting; пропускна́я спосо́бность кана́ла, channel capacity
пропусти́ть (*perf. of* пропуска́ть), *v.*, pass over, omit, skip
пропу́щенный, *adj.*, omitted, skipped
прореаги́ровавший, *adj.*, reacted
прореаги́ровать (*perf. of* реаги́ровать), *v.*, react
проре́з, *m.*, cut, slot, notch; retrosection
проре́занный, *adj.*, cut, slit
проры́в, *m.*, break, gap
проса́чивание, *n.*, percolation
проса́чиваться (просочи́ться), *v.*, leak, exude, filter
просверлённый, *adj.*, drilled, perforated
проска́кивать (проскочи́ть), *v.*, by-pass, slip past
просле́живание, *n.*, tracing
просле́живать (проследи́ть), *v.*, trace, track, observe
просло́йка, *f.*, interior layer, interlayer
просма́тривать (просмотре́ть), *v.*, look over, overlook, miss
просмо́тр, *m.*, survey, view
просочи́ться (*perf. of* проса́чиваться), *v.*, leak, exude, filter
проставля́ть (проста́вить), *v.*, write down, fill in
проста́ивать (простоя́ть), *v.*, stand, stand idle, stay
простейший, *adj.*, simplest, elementary; просте́йшая дро́бь, partial fraction
простира́ние, *n.*, extension, reach
простира́ться (простере́ться), *v.*, extend, reach, range
простира́ющийся, *adj.*, extending, reaching, stretching
про́сто, *adv.*, simply, simple
про́сто-бесконе́чный, *adj.*, simply infinite
простогармони́ческий, *adj.*, simply harmonic, simple harmonic
просто́й, *m.*, standing idle, stoppage; вре́мя просто́я, down time; вре́мя просто́я в о́череди, queueing time, waiting time
просто́й, *adj.*, simple, prime, primary, easy, tame, short; ordinary (*geometry*); просто́й идеа́л, prime ideal; просто́е число́, prime number; просто́й двои́чный, pure binary; проста́я крива́я, tame curve, simple curve; просто́й случа́йный вы́бор, simple sampling; взаи́мно просто́й, relatively prime; просто́й коне́ц, prime end; просто́й ба́зис, proper base; проста́я моде́ль, prime model; осо́бая проста́я а́лгебра Ли, exceptional simple Lie algebra; проста́я осо́бенность, ordinary singularity

(of a curve); простéйшие дрóби, partial fractions
прóсто-периоди́ческий, *adj.*, simply periodic
простóр, *m.*, spaciousness, scope
простóрно, *adv.*, widely, amply; простóрно располóженный, exteriorly situated
простóрный, *adj.*, spacious, wide, ample
простотá, *f.*, simplicity, primality
простотранзити́вный, *adj.*, simply-transitive
прострáнный, *adj.*, extensive, diffuse
прострáнственно, *adv.*, spatially
прострáнственно-подóбный, *adj.*, spacelike, spatially similar
прострáнственный, *adj.*, space, spatial; прострáнственная кривáя, space curve, twisted curve
прострáнство, *n.*, space; прострáнство вы́борок, sample space; прострáнство равномéрной сходи́мости, uniconvergence space; прострáнство траектóрий, trajectory space, orbit space; прострáнство бли́зости, proximity space; прострáнство (косóго) произведéния, bundle space; K-прострáнство [K_σ-прострáнство], Dedekind complete [σ-complete] vector lattice (or Riesz space), conditionally complete vector lattice; отдели́мое прострáнство, Hausdorff space; пространство Канторóвича-Бáнаха, KB-space, Kantorovich-Banach space
прострáнство-врéмя, *n.*, space-time
просумми́ровать, *v.*, sum
просчёт, *m.*, error, miscalculation; checking
протабули́рованный, *adj.*, tabulated
протáскивание, *n.*, drawing through, pulling through
протáскивать (протащи́ть), *v.*, drag through, pull through
протеи́н, *m.*, protein
протекáние, *n.*, course, passing, flowing
протекáть (протéчь), *v.*, flow past, elapse, run its course
прóтив, *prep.*, against, opposite, facing, contrary to, as against; прóтив часовóй стрéлки, counter-clockwise
проти́вник, *m.*, opponent, adversary
проти́вное, *n.*, the contrary, the opposite
проти́вный, *adj.*, opposite, contrary; (доказáтельство) от проти́вного, (proof) by contradiction; в проти́вном слу́чае, otherwise; éсли не оговорéно проти́вное, unless otherwise stated
противовéс, *m.*, counterbalance, counterpoise, counterweight, balance weight
противодавлéние, *n.*, counterpressure
противодéйствие, *n.*, opposition, counteraction, reaction
противодéйствовать, *v.*, counteract, react, oppose
противолежáщий, *adj.*, opposite, lying opposite; противолежáщий у́гол, alternate angle
противоположéние, *n.*, antithesis, contradistinction, contraposition
противоположно, *adv.*, contrariwise, contrarily, in an opposite way
противополóжность, *f.*, contrast, opposition
противополóжный, *adj.*, opposite, inverse, negative, contrary, antipodal; antagonistic *or* two-person zero-sum (*game*); диаметрáльно противополóжный, diametrically opposite, antipodal
противопомéховый, *adj.*, noise-cutting, anti-noise; противопомéховый фильтр, noise filter
противопоставлéние, *n.*, contrapositive
противопостáвленный, *adj.*, opposite
противопоставля́ть (противопостáвить), *v.*, oppose, contrast, set off
противорéчащий, *adj.*, contradicting, contradictory; противорéчащий примéр, counterexample
противоречи́во, *adv.*, in contradiction, contradictorily, inconsistently
противоречи́вость, *f.*, inconsistency, variance, contradictoriness; внéшняя противоречи́вость, external inconsistency
противоречи́вый, *adj.*, contradictory, inconsistent, conflicting
противорéчие, *n.*, contradiction
противорéчить, *v.*, contradict
противостоя́ние, *n.*, opposition

протоко́л, *m.*, report, record, protocol
прото́н, *m.*, proton
прото́нный, *adj.*, proton
прото́н-прото́нный, *adj.*, proton-proton; прото́н-прото́нная реа́кция, proton-proton reaction
прототе́тика, *f.*, protothetics
прототи́п, *m.*, prototype, pre-image, inverse image
протя́гивать (протяну́ть), *v.*, extend, prolong
протяже́ние, *n.*, extent, duration, stretch; на протяже́нии рабо́ты, in the course of the work; *K*-протяже́ние, *n.*, *K*-spread
протяжённость, *f.*, expansion, extension, content, extent, magnitude, spread; протяжённость по́ля, length of field (*optics*)
протяжённый, *adj.*, stretched, extensive, lengthy
профакторизова́ть, *v.*, factor out, form quotient
профила́ктика, *f.*, preventive inspection, prophylaxis
профилакти́ческий, *adj.*, prophylactic, preventive; профилакти́ческий контро́ль, checking, checking procedure
про́филь, *m.*, profile, section, side-view; про́филь предпочте́ний, preference profile
про́фильный, *adj.*, profile; про́фильное сопротивле́ние, profile drag
профильтро́ванный, *adj.*, filtered
профильтрова́ть (*perf. of* профильтро́вывать), *v.*
профильтро́вывать (профильтрова́ть), *v.*, filter
профраттини́ев, *adj.*, prefrattini
профсою́з, *abbrev.* (профессиона́льный сою́з), *m.*, trade union
прохо́д, *m.*, passage
проходи́вший (*from* проходи́ть), *adj.*, held (at), that took place (at)
проходи́мость, *f.*, permeability, practicability
проходи́мый, *adj.*, passable, practicable, permeable
проходи́ть (пройти́), *v.*, pass, go, go through, take on, assume, become; проходи́ть че́рез значе́ние, pass through a value, assume the value
проходя́щий, *adj.*, transient, passing, progressing, advancing; проходя́щая волна́, transient wave, transient; проходя́щий че́рез, passing through
прохожде́ние, *n.*, passage; прохожде́ние и́мпульса, advancing pulse
процеду́ра, *f.*, prodedure, process, method
проце́нт, *m.*, percent, percentage, rate; проце́нты, *pl.*, interest; сло́жные проце́нты, compound interest; фо́рмула просты́х проце́нтов, simple interest formula
проценти́ль, *m.*, centile, percentile, percentile rank
проце́нтный, *adj.*, percentage
проце́сс, *m.*, process
проце́ссия, *f.*, procession
проце́ссор, *m.*, processor
про́черк, *m.*, line (*over a word or through an empty space*)
прочёркивать (прочеркну́ть), *v.*, draw a line through, delete, strike out
проче́сть (*perf. of* чита́ть), *v.*, read
про́чий, *adj.*, other; и про́чее, et cetera, and so on; поми́мо всего́ про́чего, in addition; ме́жду про́чим, by the way
прочи́танный, *adj.*, read, delivered
прочита́ть (*perf. of* прочи́тывать), *v.*, read
прочи́тывать (прочита́ть), *v.*, read
про́чно, *adv.*, firmly, stably, securely
про́чность, *f.*, strength, durability, solidity, stability; про́чность на разры́в, tensile strength
про́чный, *adj.*, stable, durable, resistant; про́чный фунда́мент, stable foundation
прочу́вствовать, *v.*, experience, feel
проше́дший, *adj.*, past, previous
прошёл (прошла́, прошло́), *past of* пройти́
проше́ствие, *n.*, lapse, end; по проше́ствии, after a lapse of, at the end of
про́шлое, *n.*, the past; ко́нус про́шлого, retrograde cone
про́шлый, *adj.*, past, last
про́ще (*compar. of* просто́й), *adj.*, easier, simpler; (*compar. of* про́сто), *adv.*, more easily, more simply
проявле́ние, *n.*, manifestation

проявля́ть (прояви́ть), *v.*, show, exhibit
проявля́ться, *v.*, develop, become apparent, appear
проясни́ть (проясня́ть), *v.*, make clear, explain, clarify
пружи́на, *f.*, spring, coil
прут, *m.*, rod, bar, switch
прыжо́к, *m.*, jump
пряде́ние, *n.*, spinning
пря́жа, *f.*, thread
пря́мо, *adv.*, outright, straight, directly
прямо́й, *adj.*, straight, direct, right, straightforward, erect; пряма́я ли́ния, straight line; прямо́е произведе́ние, direct product, product bundle; прямо́е разложе́ние, direct decomposition; пряма́я су́мма, direct sum; прямо́й у́гол, right angle; прямо́й код, true representation
прямолине́йность, *f.*, linearity, rectilinearity; ме́ра прямолине́йности, degree of linearity
прямолине́йный, *adj.*, rectilinear, linear
прямопропорциона́льный, *adj.*, directly proportional
прямоуго́льник, *m.*, rectangle
прямоуго́льный, *adj.*, rectangular, right angled; прямоуго́льная систе́ма координа́т, Cartesian coordinate system; формирова́тель прямоу́гольных и́мпульсов, squaring circuit; генера́тор прямоуго́льных и́мпульсов, square wave-form oscillator; прямоуго́льный треуго́льник, right triangle
пря́чущийся, *adj.*, hiding
псе́вдо-, *prefix*, pseudo-, quasi-, semi-
псевдоа́белев, *adj.*, pseudo-Abelian
псевдоа́лгебра, *f.*, pseudoalgebra
псевдоаналити́ческий, *adj.*, pseudoanalytic, quasiconformal
псевдоба́зис, *m.*, subbasis, pseudobasis
псевдове́кторный, *adj.*, pseudovector, axial vector
псевдово́гнутый, *adj.*, pseudoconcave
псевдовы́пуклый, *adj.*, pseudoconvex, wegsam (German)
псевдогармони́ческий, *adj.*, pseudoharmonic
псевдогла́вный, *adj.*, pseudoprincipal; псевдогла́вное реше́ние, pseudoprincipal solution
псевдогру́ппа, *f.*, pseudogroup
псевдодифференциа́льный, *adj.*, pseudodifferential
псевдодлина́, *f.*, pseudolength
псевдодополне́ние, *n.*, pseudocomplement
псевдодуга́, *f.*, pseudoarc
псевдоевкли́дов, *adj.*, pseudoeuclidean
псевдокомпа́ктность, *f.*, pseudocompactness
псевдокомпа́ктный, *adj.*, pseudocompact, semicompact
псевдокомпле́ксный, *adj.*, pseudocomplex
псевдокомпозицио́нный, *adj.*, pseudocomposite, pseudocomposition
псевдоконгру́энция, *f.*, pseudocongruence, semicongruence
псевдоконфо́рмно, *adv.*, pseudoconformally, quasiconformally
псевдоконфо́рмный, *adj.*, pseudoconformal, quasiconformal
псевдокососимметри́ческий, *adj.*, pseudo-skewsymmetric
псевдокреати́вный, *adj.*, pseudocreative
псевдокрива́я, *f.*, pseudocurve
псевдолине́йный, *adj.*, pseudolinear
псевдоло́маная, *adj.*, pseudobroken *or* pseudopolygonal line
псевдоме́ра, *f.*, pseudomeasure
псевдоме́трика, *f.*, pseudometric, semimetric, pseudovaluation
псевдометри́ческий, *adj.*, pseudometric, semimetric
псевдомногочле́н, *m.*, pseudopolynomial
псевдони́м, *m.*, pseudonym, alias
псевдоно́рма, *f.*, pseudonorm
псевдонормиро́ванный, *adj.*, pseudonormalized, pseudonormed
псевдообра́тный, *adj.*, pseudoinverse
псевдоортогона́льный, *adj.*, pseudoorthogonal
псевдопаралле́льный, *adj.*, pseudoparallel
псевдопло́скость, *f.*, pseudoplane
псевдопо́лный, *adj.*, pseudocomplete, semicomplete
псевдопреде́л, *m.*, pseudolimit
псевдопроизведе́ние, *n.*, pseudoproduct

псевдопросто́й, *adj.*, pseudosimple
псевдоравностепе́нно, *adv.*, semiequipotentially; псевдоравностепе́нно непреры́вный, semiequicontinuous, pseudoequicontinuous
псевдорасстоя́ние, *n.*, pseudodistance
псевдорациона́льный, *adj.*, pseudorational
псевдорекурре́нтность, *f.*, pseudorecurrence
псевдорекурре́нтный, *adj.*, pseudorecurrent
псевдори́манов, *adj.*, pseudo-Riemannian
псевдоскаля́рный, *adj.*, pseudoscalar; псевдоскаля́рная ковариа́нтная величина́, *f.*, pseudoscalar covariant
псевдослуча́йный, *adj.*, pseudorandom; псевдослуча́йные числа́, pseudorandom numbers
псевдосопряжённый, *adj.*, pseudoconjugate
псевдосторона́, *f.*, pseudoside
псевдострукту́ра, *f.*, pseudolattice, pseudostructure, semilattice
псевдосфе́ра, *v.*, pseudosphere
псевдосфери́ческий, *adj.*, pseudospherical
псевдосходи́мость, *f.*, semiconvergence, pseudoconvergence
псевдосходя́щийся, *adj.*, semiconvergent, pseudoconvergent
псевдотранспони́рование, *n.*, pseudotransposition, pseudoconjugation
псевдотреуго́льник, *m.*, pseudotriangle
псевдоунита́рный, *adj.*, pseudounitary
псевдохара́ктер, *m.*, pseudocharacter
псевдоци́кл, *m.*, pseudocycle
псевдоэллипти́ческий, *adj.*, pseudoelliptic, quasielliptic
псевдоэрми́тов, *adj.*, pseudo-Hermitian
психологи́чески, *adv.*, psychologically
психологи́ческий, *adj.*, psychological
психоло́гия, *f.*, psychology
Пуанкаре́, *p.n.*, Poincaré
Пуансо́, *p.n.*, Poinsot
Пуассо́н, *p.n.*, Poisson
пуассо́нов, пуассо́новский, *adj.*, Poisson
публикова́ться, *v.*, be published
пузырёк, *m.*, vial, bubble
пузы́рь, *m.*, bubble
пул-бэк, *m.*, pull-back
пульвериза́ция, *f.*, pulverization
пульс, *m.*, pulse
пульси́рованный, *adj.*, pulsed, pulsate
пульси́рующий, *adj.*, pulsing, pulsating, beating
пульт, *m.*, desk, panel, console; пульт управле́ния, control panel; опера́тор у пу́льта управле́ния, console operator
пу́ля, *f.*, bullet, projectile, shot
пункт, *m.*, point, item, article, subsection; нача́льный пункт, initial point; исхо́дный пункт, starting point; коне́чный пункт, terminal point
пункти́р, *m.*, dotted line
пункти́рный, *adj.*, dotted; пункти́рная ли́ния, dotted line
пункти́рованный, *adj.*, pointed
пункти́ровать, *v.*, dot, punctuate
пунктифо́рмный, *adj.*, punctiform
пуск, *m.*, starting, allowing; пуск в ход маши́ны, starting a machine
пусково́й, *adj.*, starting, start; пускова́я кно́пка, start button
пусто́й, *adj.*, empty, vacuous, null, blank; пусто́е мно́жество, empty set
пустота́, *f.*, emptiness, void, vacuum; ско́рость истече́ния в пустоте́, escape velocity
пустоте́лый, *adj.*, hollow
пусть, *particle*, let
пу́таница, *f.*, confusion
пу́таный, *adj.*, confused, confusing
пу́тать, *v.*, confuse, confuse with, implicate
путём, *prep.*, by means of, from; таки́м путём, in this way
путь, *m.*, curve, path, way, course, approach, method
пу́чность, *f.*, loop, bulge
пучо́к, *m.*, bundle, pencil, cluster, beam, sheaf; те́нзорный пучо́к, tensor bundle; пучо́к све́та, beam of light; пучо́к сфер, sphere bundle; каса́тельный пучо́к, tangent bundle; пучо́к электро́нов, electron beam
пуш-а́ут, *m.*, push-out
пу́шка, *f.*, gun; электро́нная пу́шка, electron gun

пфа́ффов, *adj.*, Pfaffian; пфа́ффова фо́рма, Pfaffian form, Pfaffian
пылево́й, *adj.*, dust
пыли́нка, *f.*, dust particle, grain
пыль, *f.*, dust, powder
пыта́ться (попыта́ться), *v.*, attempt, try
пье́зо-, *prefix*, piezo-, piezoelectric
пьезопрово́дность, *f.*, piezoconductivity
пьезоэлектри́ческий, *adj.*, piezoelectric
пьезоэлектри́чество, *n.*, piezoelectricity
Пэ́ли, *p.n.*, Paley
Пюизё, *p.n.*, Puiseux
пятери́чный, *adj.*, quinary; пятери́чный разря́д, quinary digit
пятёрка, *f.*, five, set of five
пяти́-, *prefix*, penta-, five-
пятигра́нник, *m.*, pentahedron
пятигра́нный, *adj.*, pentahedral, five-sided
пятиуго́льник, *m.*, pentagon
пятиуго́льный, *adj.*, pentagonal, five-cornered
пятиэлеме́нтный, *adj.*, five-element
пятна́дцать, *num.*, fifteen
пятно́, *n.*, spot, blemish, patch; со́лнечное пятно́, sunspot
пя́тый, *ord. num.*, fifth; пя́тый постула́т Евкли́да, Euclid's parallel axiom
пять, *num.*, five
пятьдеся́т, *num.*, fifty
пятьсо́т, *num.*, five hundred

Р р

рабо́та, *f.*, work, paper, performance; перио́д рабо́ты, operating period
рабо́тать, *v.*, work
рабо́тник, *m.*, worker, employee
работода́тель, *m.*, employer
работоспосо́бность, *f.*, efficiency, capacity for work
рабо́чий, *adj.*, working; рабо́чее запомина́ющее устро́йство, working storage, store; рабо́чие характери́стики, performance; рабо́чая гипо́теза, working hypothesis; рабо́чая гру́ппа, task group; рабо́чее вре́мя, running time; рабо́чий фа́йл, scratch file (*computers*); рабо́чная о́бласть, working space, blackboard (*computers*); рабо́чная па́мять, temporary storage
рабо́чий, *m.*, worker
ра́вен, *pred.*, equals, is equal (to)
ра́венство, *n.*, equality; знак ра́венства, equality sign
равни́на, *f.*, flatness, plain
равни́нный, *adj.*, flat, plain
равно́, *adv.*, similarly; *pred.*, equals, is equal (to); равно́ как и, *conj.*, as well as
ра́вно-, *prefix*, equi-, uniformly
равнобе́дренный, *adj.*, isosceles
равнобо́чный, *adj.*, equilateral
равновели́кий, *adj.*, isometric, equivalent, equal, of equal magnitude, of equal area, of equal volume
равноверо́ятный, *adj.*, equiprobable
равнове́сие, *n.*, equilibrium, balance; усто́йчивое равнове́сие, stable equilibrium
равнове́сность, *f.*, equilibrium, balance
равнове́сный, *adj.*, in equilibrium, equilibrium, balanced
равновзве́шенный, *adj.*, equally weighted
равновозмо́жный, *adj.*, equally possible, equally likely
равновы́четный, *adj.*, equiresidual
равноде́йствующий, *adj.*, equal in effect, resultant; равноде́йствующая (си́ла), *f.*, resultant (force)
равноде́нствие, *n.*, equinox; весе́ннее равноде́нствие, vernal equinox; осе́ннее равноде́нствие, autumnal equinox; то́чка весе́ннего (осе́ннего) равноде́нствия, vernal (autumnal) equinox
равнозна́чащий, *adj.*, equivalent
равнозна́чный, *adj.*, equivalent
равноизме́римый, *adj.*, equimeasurable
равнокорրели́рованный, *adj.*, uniformly correlated
равноме́рно, *adv.*, uniformly, evenly; равноме́рно ограни́ченный, uniformly bounded
равноме́рно-распределённый, *adj.*, uniformly distributed, equidistributed
равноме́рность, *f.*, uniformity
равноме́рный, *adj.*, uniform, proportional; равноме́рная структу́ра, uniformity
равномо́щный, *adj.*, equivalent, of equal strength, of equal cardinality
равнообъёмный, *adj.*, coextensive
равноостáточный, *adj.*, congruent
равноотсто́ящий, *adj.*, equidistant, equally spaced
равнопра́вие, *n.*, equal rights, equal status
равнопра́вный, *adj.*, equivalent, having the same rights
равнораспреде́ление, *n.*, equidistribution, uniform distribution
равнораспределённость, *f.*, uniform distribution, equidistribution
равнораспределённый, *adj.*, uniformly distributed
равноро́дный, *adj.*, of equal genus
равноси́льность, *f.*, equivalence
равноси́льный, *adj.*, equivalent, equipotent, equally matched
равнососта́вленность, *f.*, homogeneity
равнососта́вленный, *adj.*, homogeneous, equipartite
равностепе́нно, *adv.*, equipotentially; равностепе́нно непреры́вный, equicontinuous
равностепе́нно-непреры́вный, *adj.*, equicontinuous

равностепе́нный, *adj.*, equipotential, uniform, of the same degree; равностепе́нная непреры́вность, *f.*, equicontinuity
равносторо́нний, *adj.*, equilateral
равносумми́руемый, *adj.*, equisummable
равносходи́мость, *f.*, equiconvergence
равното́чный, *adj.*, of equal accuracy, uniformally precise
равноуго́льный, *adj.*, equiangular, isogonal
равноудалённый, *adj.*, equidistant
равноуско́ренный, *adj.*, uniformly accelerated, with constant acceleration
равнохарактеристи́ческий, *adj.*, equicharacteristic
равноце́нность, *f.*, equivalence; indifference
равноце́нный, *adj.*, of equal value, equivalent, tantamount (to)
равноэксце́ссный, *adj.*, homokurtic
ра́вный, *adj.*, equal; крива́я ра́вных вероя́тностей, equiprobability curve; почти́ ра́вный, nearly equal
равня́ть, *v.*, equate, equalize, even
равня́ться, *v.*, be equal (to), amount (to); приближённо равня́ться, approximate, be approximately equal (to)
рад., *abbrev.* (радиа́н), *m.*, radian
рада́р, *m.*, radar
рада́рный, *adj.*, radar, radar-location
ра́ди, *prep.*, for the sake of
радиа́льно, *adv.*, radially
радиа́льный, *adj.*, radial
радиа́н, *m.*, radian
радиа́нный, *adj.*, radian
радиацио́нный, *adj.*, radiation, radiative
радиа́ция, *f.*, radiation
радика́л, *m.*, radical; знак радика́ла, radical sign
радика́льный, *adj.*, radical
ра́дио, *n.*, radio (transmitter *or* receiver)
радиоакти́вность, *f.*, radioactivity
радиоакти́вный, *adj.*, radioactive
радиоастроно́мия, *f.*, radio astronomy
радиоволна́, *f.*, radiowave
радиоизото́п, *m.*, radioisotope
радиоло́гия, *f.*, radiology
радиолокацио́нный, *adj.*, radar, radio-locating
радиолока́ция, *f.*, radar, radar-location
радионавигацио́нный, *adj.*, radio navigational
радиоприёмник, *m.*, radio receiver
радиоприёмный, *adj.*, radio-receiving
радиосвя́зь, *f.*, radio communication
радиоте́хника, *f.*, radio engineering
радиотехни́ческий, *adj.*, radio, radio engineering
радиофи́зика, *f.*, radio physics
радиохи́мия, *f.*, radiochemistry
радиочастота́, *f.*, radio-frequency
ра́диус, *m.*, radius
ра́диус-ве́ктор, *m.*, radius vector
раз, *m.*, time; *adv.*, once; *conj.*, since; на э́тот раз, this time; ещё раз, once again; как ра́з, just, even, exactly; два ра́за, twice; мно́го раз, many times; не ра́з, more than once, repeatedly, not just once; ни ра́зу, never, not even once; раз навсегда́, once and for all
разбавле́ние, *n.*, dilution
разба́вленный, *adj.*, dilute, diluted
разберём (*from* разбира́ть), *v.*, we examine, we analyze
разбива́ть (разби́ть), *v.*, divide, partition, lay out, break (up), decompose, split
разбива́я, *adv.*, dividing, partitioning, if we divide
разби́вка, *f.*, decomposition, dividing, splitting
разбие́ние, *n.*, partition, partitioning, subdivision, separation, fragmentation, decomposition, tiling; кле́точное разбие́ние, complex, block decomposition; triangulation; разбие́ние едини́цы, partition of unity
разбира́ть (разобра́ть), *v.*, analyze, take apart, examine
разбира́ться, *v.*, examine, investigate
разби́тый, *adj.*, broken up, decomposed
разби́ть (*perf. of* разбива́ть), *v.*, decompose, split, break up
разбо́р, *m.*, analysis, critique; граммати́ческий разбо́р, parsing

разбро́с, *m.*, scattering, dispersion, range, scatter; коэффицие́нт разбро́са, scatter coefficient
разбро́санный, *adj.*, scattered, dispersed
ра́зве, *particle*, perhaps, if, unless; ра́зве то́лько, unless; ра́зве лишь, only
разве́данный, *adj.*, explored, surveyed
развёрнутый, *adj.*, expanded, developed, explicit; развёрнутая фо́рма, expanded form, explicit form; развёрнутый у́гол, straight angle
разверну́ть (*perf. of* развёртывать), *v.*, unroll, develop, expand
развёртка, *f.*, development, evolvent, scan, scanning; блок развёртки, sweep circuit; схе́ма развёртки, scanning circuit
развёртывание, *n.*, development; развёртывание фу́нкции, development of the function, expansion of a function
развёртывать (разверну́ть), *v.*, unroll, develop, expand, scan
развёртывающийся, *adj.*, developable, scanning; развёртывающаяся пове́рхность, developable surface
разветвле́ние, *n.*, branching, ramification, bifurcation; то́чка разветвле́ния, branch point
разветвлённый, *adj.*, ramified, branching
разветвля́ться (разветви́ться), *v.*, branch, ramify, bifurcate
разветвля́ющийся, *adj.*, ramifying, branching, branch
развива́ть (разви́ть), *v.*, develop, evolve, unwind
разви́тие, *n.*, development
развито́й, *adj.*, developed
разворачива́ть (развороти́ть), *v.*, tear apart (*convex sets*)
развя́зка, *f.*, outcome; decoupling
развя́зывание, *n.*, untying, releasing
развя́зывать (развяза́ть), *v.*, untie, release
разграни́ченный, *adj.*, delineated, demarcated
разграфлённый, *adj.*, drawn, ruled
разгру́зка, *f.*, unloading (*literally or figuratively*)
раздва́иватся (раздвои́ться), *v.*, bifurcate
раздвига́ть (раздви́нуть), *v.*, move apart
раздвижно́й, *adj.*, extensible, expansible
раздво́енный, *adj.*, forked, dichotomous
разде́л, *m.*, division, section, class, cut, partition; пове́рхность разде́ла, interface (*between two media*); мно́жество разде́ла, separation set, out locus
разделе́ние, *n.*, separation, partition, division, sharing; разделе́ние переме́нных, separation of variables; цепь (схе́ма) разделе́ния, buffer circuit; разделе́ние капита́ла, capital decumulation; разделе́ние вре́мени, time-sharing
разделённый, *adj.*, divided, separated
раздели́мый, *adj.*, separable, divisible
раздели́тель, *m.*, divisor, separator
раздели́тельный, *adj.*, dividing, separating, dichotomous, disjunctive; раздели́тельная дизъю́нкция, exclusive disjunction
раздели́ть (*perf. of* разделя́ть), *v.*
разде́льно, *adv.*, separately
разделя́ть (раздели́ть), *v.*, divide, separate
разделя́ющийся, *adj.*, separating, separable
разделя́я, *adv.*, separating, dividing
разде́тый, *adj.*, stripped, undressed
раздраже́ние, *n.*, irritation
раздражи́тель, *m.*, irritant, stimulus
раздробля́ть (раздроби́ть), *v.*, shatter, break in pieces
раздува́ние, *n.*, inflation, blowing up
раздува́ть (разду́ть), *v.*, inflate, blow
разду́тие, *n.*, blowing up, blow up
разжа́тие, *n.*, release, giving way
разлага́ть (разложи́ть), *v.*, decompose, expand, resolve, factor, rearrange
разлага́ться, *v.*, expand, decompose, decay, split up
разлага́я, *adv.*, expanding, rearranging
разла́дка, *f.*, discord, disharmony, dissonance, disorder; моме́нт разла́дки, change point
разлёт, *m.*, dispersion, scattering
разлино́вывать (разлинова́ть), *v.*, rule, make lines
различа́ть (различи́ть), *v.*, distinguish
различа́ться, *v.*, differ
различа́ющий, *adj.*, distinguishing, differentiating, discriminating,

contrasting; различáющая ∇-цепь, difference cochain
различéние, *n.*, discrimination, distinguishing
разли́чие, *n.*, distinction, difference
различи́мость, *f.*, distinguishability
различи́мый, *adj.*, distinguishable
различи́тельный, *adj.*, distinctive
разли́чный, *adj.*, different, distinct, various; систéма разли́чных представи́телей, system of distinct representatives
разложéние, *n.*, expansion, decomposition, factorization; разложéние на мнóжители, factorization; разложéние в ряд Фурьé, Fourier-series expansion; пóле разложéния, splitting field; разложéние Брюá, Bruhat decomposition; спектрáльное разложéние, spectral resolution
разлóженный, *adj.*, decomposed, expanded, factored, developed
разложи́мость, *f.*, decomposability, separability
разложи́мый, *adj.*, decomposable, separable, factorable, reducible
разложи́ть (*perf. of* разлагáть), *v.*, decompose, develop, expand, factor; разложи́ть на мнóжители, factor, factorize
размазáть (размáзывать), *v.*, spread
размáзывание, *n.*, smearing, spreading
размáх, *m.*, range, amplitude, span; размáх колебáния, amplitude of oscillation; коэффициéнт измéнчивости размáха, coefficient of variation of range; фу́нкция большóго размáха, function with large oscillations, function with large amplitude
размельчéние, *n.*, making small, pulverization
размéр, *m.*, amount, dimension, size, order (*of matrix, etc.*)
размерéние, *n.*, measuring, measurement
размéривание, *n.*, measuring, measurement
размéривать (размéрить), *v.*, measure
размéрно-допóлненный, *adj.*, dimensionally complemented
размéрностный, *adj.*, dimensional
размéрность, *f.*, dimension, dimensionality, degree
размеря́ть (размéрить), *v.*, measure
размечáть (размéтить), *v.*, label, mark, graduate
размéченный, *adj.*, marked, graduated
размещéние, *n.*, distribution, arrangement, allocation, investment, placement, occupancy, occupation
размножáемость, *f.*, reproducibility, potential of population to increase
размножáть, *v.*, multiply, reproduce
размножéние, *n.*, reproduction, multiplication, propagation, breeding, birth; (простóй) процéсс размножéния и ги́бели, (simple) birth and death process
размывáть[1] (размы́ть), *v.*, erode, wash out
размывáть[2], *v.*, fuzzify
размыкáние, *n.*, breaking, disconnecting, disconnection; пери́од размыкáния, off period
размыкáть (разомкну́ть), *v.*, break, disconnect; размыкáть контáкт, *v.*, break contact; размыкáть ток, *v.*, break the current
размыкáющий, *adj.*, breaking, disconnecting
размы́тие, *n.*, diffusion, fuzzifying; оперáтор размы́тия, fuzzifier
размы́тый, *adj.*, diffusion, fuzzy, spreading, smearing; размы́тое мнóжество, fuzzy set
размышлéние, *n.*, reflection, speculation
размягчéние, *n.*, softening
разнесéние, *n.*, diversity
разнести́ (*perf. of* разноси́ть), *v.*
рáзниться, *v.*, differ, be unlike
рáзница, *f.*, difference, distinction
разнови́дность, *f.*, variety, kind, species
разновремéнность, *f.*, diversity; time difference
рáзное, *n.*, miscellany
разнообрáзие, *n.*, variety, diversity; необходи́мое разнообрáзие, requisite variety
разнообрáзный, *adj.*, diverse, various
разнораспределённый, *adj.*, differently distributed, variously distributed

разноро́дный, *adj.*, heterogeneous, miscellaneous
разноси́ть (разнести́), *v.*, deliver, distribute, enter, spread, disperse, scatter, shatter, destroy
ра́зностный, *adj.*, difference; ра́зностный ана́лог, difference analogue; ра́зностная аппроксима́ция, difference approximation; ра́зностное отноше́ние, difference quotient; ра́зностно-дифференциа́льное уравне́ние, difference-differential equation; исчисле́ние коне́чных ра́зностей, calculus of finite differences; ра́зностное уравне́ние, difference equation; уравне́ние в коне́чных ра́зностях, difference equation; ра́зностная произво́дная, difference derivative
разносторо́нний, *adj.*, scalene
ра́зность, *f.*, difference, remainder (*after subtraction*)
разноцве́тный, *adj.*, many-colored, variegated
разноэксце́ссный, *adj.*, heterokurtic
ра́зный, *adj.*, different, various
разо́бранный, *adj.*, analyzed, examined, taken apart
разобра́ть (*perf. of* разбира́ть), *v.*, take apart, analyze, examine
разобра́ться, *v.*, clear up
разобща́ть (разобщи́ть), *v.*, disconnect, separate, disunite
разобьём (*from* разби́ть), *v.*, we shall separate, we shall divide; доказа́тельство разобьём на два́ ша́га, we shall divide the proof into two steps
ра́зовый, *adj.*, single, one-time
разогре́в, *m.*, heating, warming up
разойти́сь (*perf. of* расходи́ться), *v.*, diverge, differ; be out of print
разо́мкнутый, *adj.*, open, clear, open cycle; разо́мкнутая цепь, open circuit, open loop
разорва́ть (*perf. of* разрыва́ть), *v.*, tear, tear apart
разоре́ние, *n.*, ruin, destruction
разоря́ть (разори́ть), *v.*, destroy, ruin
разраба́тывать (разрабо́тать), *v.*, work out, develop
разрабо́танный, *adj.*, worked out, developed; хорошо́ разрабо́танный, detailed
разрабо́тать (*perf. of* разраба́тывать), *v.*
разрабо́тка, *f.*, development, elaboration
разрежа́ть (разреди́ть), *v.*, rarefy, thin out
разреже́ние, *n.*, rarefaction; vacuum
разре́женный, *adj.*, rarefied, thinned out, thin (*potential theory*), sparse, meager; разре́женная ма́трица, sparse matrix
разре́з, *m.*, cut, cross-cut, slit, section, cutset; попере́чный разре́з, cross-section
разреза́емый, *adj.*, cut; разреза́емый конти́нуум, cut continuum
разреза́ние, *n.*, cut, section
разре́занный, *adj.*, cut, slit
разреза́ть (разре́зать), *v.*, cut, section
разреза́ющий, *adj.*, cutting, cut; разреза́ющая то́чка, cut point
разре́зывать (разре́зать), *v.*, cut up
разреша́ть (разреши́ть), *v.*, solve, resolve, permit
разреша́ющий, *adj.*, solving, resolving, solution, decision; разреша́ющий проце́сс, decision process; стати́стическое разреша́ющее пра́вило, statistical decision procedure; разреша́ющее ядро́, solving kernel, resolvent
разреше́ние, *n.*, solution, permission, reduction, resolution, blowing up
разрешённый, *adj.*, solved, allowed
разреши́мость, *v.*, solvability, decidability; пробле́ма разреши́мости, decision problem, decidability problem
разреши́мый, *adj.*, solvable, decidable, resolvable; аффи́нно-разреши́мый, affine-resolvable; разреши́мая дли́на, solvable length; разреши́мое мно́жество, recursive set (*logic*)
разро́зненно, *adv.*, separately
разро́зненный, *adj.*, disconnected, separated, separate
разруша́ть (разру́шить), *v.*, destroy
разруша́ться, *v.*, fail, collapse
разруша́ющий, *adj.*, destroying, critical
разруше́ние, *n.*, destruction, collapse, fracture

разруши́тельный, *adj.*, destructive, destroying
разры́в, *m.*, break, gap, discontinuity
разрыва́ть (разорва́ть), *v.*, tear, tear apart
разрывно́й, *adj.*, explosive; разрывно́й снаря́д, explosive shell
разры́вность, *f.*, discontinuity
разры́вный, *adj.*, discontinuous, disconnected; вполне́ разры́вный, totally disconnected; всю́ду разры́вный, totally disconnected
разря́д, *m.*, order, class, rank, category, digit, discharge; зна́чащий разря́д, significant digit; ста́рший разря́д, high order, top digit; са́мый ста́рший разря́д, highest order, most significant digit; са́мый мла́дший разря́д, least significant digit; разря́д переполне́ния, extra order; десяти́чный разря́д, decimal digit, decimal, decimal location; счётчик на оди́н разря́д, digit counter; ко́нтрольный разря́д, check bit; двои́чный разря́д, binary digit bit; прове́рка с по́мощью контро́льных разря́дов, redundant check; ци́фра второ́го разря́да, second-order digit; разря́д деся́тков, tens digit; разряд едини́ц, ones digit; сумма́тор вы́сшего (ле́вого) разря́да, left-hand adder; сумма́тор ни́зшего (пра́вого) разря́да, right-hand adder; апериоди́ческий разря́д, overdamping
разря́дка, *f.*, discharging, unloading, relief, relaxation; spacing; spaced-out printing; détente
разря́дный, *adj.*, discharging, discharge
разряжа́ть (разряди́ть), *v.*, discharge, unload, relax
ра́зум, *m.*, reason, mind, intelligence
разуме́ние, *n.*, understanding
разуме́ть, *v.*, understand
разуме́ться, *v.*, be understood, it stands to reason; разуме́ется, it is clear, of course, to be sure; э́то са́мо собо́й разуме́ется, that is self-understood
разу́мность, *f.*, reasonableness
разу́мный, *adj.*, reasonable; разу́мным о́бразом, in a reasonable way
разъеда́емость, *f.*, corrodibility
разъеда́емый, *adj.*, corrosive
разъеда́ние, *n.*, corrosion
разъеда́ть (разъе́сть), *v.*, corrode, erode
разъеда́ющий, *adj.*, corroding, corrosive, caustic
разъедине́ние, *n.*, separation, disconnection, dissociation
разъедине́ние, *n.*, separation, disconnection, dissociation
разъединённый, *adj.*, disconnected, disengaged, discrete
разъедини́тельный, *adj.*, separating, disconnecting, disengaging
разъединя́ть (разъедини́ть), *v.*, separate, disengage, disconnect
разъединя́ющий, *adj.*, separating, disconnecting, disengaging
разъясне́ние, *n.*, explanation, interpretation
разъясня́ть (разъясни́ть), *v.*, make clear, explain
разъясня́ться, *v.*, be cleared up
разыска́ние, *n.*, research, investigation
разы́скивать (разыска́ть), *v.*, search, find
разы́скиваться, *v.*, be sought
райо́н, *m.*, region, area; district
Райс, *p.n.*, Rice
Ра́ка, *p.n.*, Racah
раке́та, *f.*, rocket
раке́тный, *adj.*, rocket, rocket-powered
ра́ма, *f.*, frame, chassis
Рамануджа́н, *p.n.*, Ramanujan
ра́мка, *f.*, frame, framework; ра́мки, *pl.*, scope, limits, framework
ранг, *m.*, class, rank, trace, spur, range; ранг ма́трицы, rank of matrix
ра́нговый, *adj.*, rank, order
рандомизацио́нный, *adj.*, randomization
рандомиза́ция, *f.*, randomization
рандомизи́рованный, *adj.*, randomized
ра́нее, *adv.*, previously, earlier
ра́нец, *m.*, knapsack; пробле́ма о ра́нце, knapsack problem
ранжи́рованный, *adj.*, ranked, ranged; ранжи́рованное простра́нство, ranked space, ranged space
ранжи́роваться, *v.*, be ranked
ранжиро́вка, *f.*, ranking, classification
ра́нний, *adj.*, early
ра́но, *adv.*, early
ра́нца (*from* ра́нец), *m.*

ра́ньше, *adv.*, previously, earlier, before
раскалённый, *adj.*, incandescent, glowing
раска́тывать (раската́ть, раскати́ть), *v.*, unroll, level, smooth out; set rolling, roll away; shake, loosen, shatter
раска́чиваться (раскача́ться), *v.*, oscillate, swing
раска́чка, *f.*, swing, amplitude of oscillation; drive; slope; loosening (*of a film on a surface*)
раскла́дывать (разложи́ть), *v.*, lay out, decompose, distribute
раскоди́рование, *n.*, decipherability, decoding
раскра́ска, *f.*, coloring
раскра́шиваемый, *adj.*, colorable, colored
раскра́шивание, *n.*, coloring
раскра́шивать (раскра́сить), *v.*, color
раскру́чивать (раскрути́ть), *v.*, untwist, untie, disentangle
раскру́чивающий, *adj.*, untwisting, disentangling
раскру́чивающийся, *adj.*, spiraling, twisting, unwinding
раскрыва́емый, *adj.*, opened, uncovered, revealed
раскрыва́ть (раскры́ть), *v.*, uncover, open, reveal, develop; раскрыва́ть ско́бки, remove the parentheses, multiply out
раскрыва́ющий, *adj.*, revealing, developing
раскры́тие, *n.*, uncovering, opening, exposure, expansion
раскры́тый, *adj.*, open, disclosed, exposed
раскры́ть (*perf. of* раскрыва́ть), *v.*, uncover, reveal
распа́вшийся, *adj.*, reducible, breakable, decomposed
распа́д, *m.*, disintegration, decay, decomposition, collapse
распада́ться (распа́сться), *v.*, fall (into), decompose, disintegrate, split
распада́ющийся, *adj.*, reducing, disintegrating, decomposing, splitting; распада́ющийся крива́я, reducible curve
распаде́ние, *n.*, disintegration, decay, decomposition, dissociation
распаралле́ливание, *n.*, parallelizing (*an algorithm*); converting (*serial programs*) to parallel
расписа́ние, *n.*, schedule; тео́рия расписа́ний, scheduling theory
распла́чиваться (расплати́ться), *v.*, pay
расплы́вчато, *adv.*, vaguely
расплы́вчатость, *f.*, diffusion, diffusiveness, vagueness, fuzziness
расплы́вчатый, *adj.*, fuzzy
распознава́ние, *n.*, discernment, recognition; распознава́ние о́бразов, pattern recognition
распознава́ть (распозна́ть), *v.*, recognize, discern
распознаю́щий, *adj.*, discerning, recognizing
располага́ть (расположи́ть), *v.*, have available, arrange, place, dispose
расположе́ние, *n.*, disposition, situation, arrangement, distribution, location, ordering, configuration, placement
располо́женный, *adj.*, situated, ordered, disposed; располо́женное по́ле, ordered field
расположи́ть (*perf. of* располага́ть), *v.*
расположи́ться, *v.*, be arranged, settle
распоряжа́ться (распоряди́ться), *v.*, order, deal with, dispose
распоряже́ние, *n.*, instruction, direction, disposal, arrangement; име́ющийся в распоряже́нии, *adj.*, available
распределе́ние, *n.*, distribution, partitioning, assignment, scheduling; распределе́ния Шва́рца, Schwartz distribution; распределе́ние вероя́тностей, probability distribution; несо́бственное распредле́ние, singular distribution; совме́стное распределе́ние, joint distribution, simultaneous distribution; усло́вное распределе́ние, conditional distribution; ча́стное распределе́ние, marginal distribution; распределе́ние Стьюде́нта, Student's distribution; фу́нкция распределе́ния, distribution function, partition function; распределе́ние рабо́чих, employment scheduling
распределённый, *adj.*, distributed, allocated; систе́ма с распределёнными

параметрами, distributed parameter system; распределённый параметр, distributed parameter
распределитель, *m.*, distributor
распределительный, *adj.*, distributive
распределять (распределить), *v.*, distribute
распростирать (распростереть), *v.*, extend, widen
распространение, *n.*, spreading, propagation, extension, diffusion, prevalence
распространённость, *f.*, prevalence
распространённый, *adj.*, frequently encountered, ordinary, widespread, prevalent, usual, widely known
распространимость, *f.*, extendability, expansion, extension, spreading
распространять (распространить), *v.*, spread, extend, diffuse
распространяться, *v.*, extend, enlarge, spread
распрямлять (распрямить), *v.*, straighten, unbend, rectify
рассеиваемый, *adj.*, scattered, dispersed
рассеивание, *n.*, dispersion, scattering
рассеивать (рассеять), *v.*, disperse, scatter, diffract
рассеивающий, *adj.*, dispersing, scattering, diffracting
рассекание, *n.*, cutting apart
рассекать (рассечь), *v.*, cut, dissect
рассекающий, *adj.*, dissecting, cutting
Рассел, *p.n.*, Russell
рассечение, *n.*, section, cleavage
рассечённый, *adj.*, dissected, cut
рассечь (*perf. of* рассекать), *v.*, cut, dissect
рассеяние, *n.*, scattering, dispersion, dissipation; эллипс рассеяния, ellipse of concentration; эллипсоид рассеяния, ellipsoid of concentration
рассеянный, *adj.*, scattered, dispersed, diffused
рассказывать (рассказать), *v.*, tell, relate, describe, give an account of
расслаиваемый, *adj.*, stratifiable, stratified
расслаивать (расслоить), *v.*, stratify, fiber
расслаивающий, *adj.*, fibering, fiber; расслаивающее отображение, fiber map
расследование, *n.*, investigation
расслоение, *n.*, fibering, stratification, fiber bundle, vector bundle; расслоение по степени близости, proximity stratification; одномерное расслоение, line bundle; расслоение на прямые, line bundle; тривиальное расслоение, product bundle
расслоенный, *adj.*, stratified, laminated, fiber; расслоенный пучок, fiber bundle; расслоенное пространство, fiber space; расслоенная выборка, stratified sample
расслоить (*perf. of* расслаивать), *v.*, stratify, fiber
рассматриваемый, *adj.*, under consideration, considered, relevant, in question; рассматриваемый в целом, *adj.*, global
рассматривать (рассмотреть), *v.*, examine, consider
рассматриваться, *v.*, be regarded, be considered
рассмотрение, *n.*, examination, consideration, discussion, inspection
рассмотренный, *adj.*, examined, analyzed
рассмотреть (*perf. of* рассматривать), *v.*, examine, consider, treat
расставлять (расставить), *v.*, place, arrange
расстановка, *f.*, arrangement, order; функция расстановки, hashing function
расстояние, *n.*, distance, space, separation (*of a lens*), spread; расстояние от вершины до объекта, object distance; управление на расстоянии, remote control; расстояние между соседними порядковыми статистиками, spacing
расстройство, *n.*, disorder, distruption
рассуждать, *v.*, reason, argue
рассуждение, *n.*, reasoning, argument; рассуждение по индукции, induction argument
рассчитанный, *adj.*, calculated, computed
рассчитывать (рассчитать, расчесть), *v.*, calculate, reckon, count, count on, expect, depend (on)

рассыла́ть, *v.*, deliver, distribute, circulate
рассыпа́ть (рассы́пать), *v.*, scatter, spill, strew
раство́р, *m.*, opening, span; solution (*chemistry*); с угло́м раство́ра 45°, of angle 45°
раствори́тель, *m.*, solvent
растека́ние, *n.*, spreading
расте́ние, *n.*, plant
расти́, *v.*, grow, increase
расторга́ть (расто́ргнуть), *v.*, break, rupture, cancel, dissolve
ра́стр, *m.*, raster, screen
ра́стровый, *adj.*, raster
расту́щий, *adj.*, increasing, growing; coercive
растя́гивать (растяну́ть), *v.*, stretch, expand
растя́гивающий, *adj.*, expanding, stretching
растяже́ние, *n.*, tension, expansion, dilation, extension; растяже́ние вре́мени, time dilatation
растяжи́мость, *f.*, extensibility, expandability, tensile strength
растяжи́мый, *adj.*, extendable, expansible, tensile, extensible, elastic
растя́жка, *f.*, extension, stretching
растяну́ть (*perf. of* растя́гивать), *n.*
расхо́д, *m.*, expenditure, expense, outlay, consumption; прихо́д и расхо́д, income and expenditure; ка́рта расхо́да (материа́лов), flow chart (of materials); списа́ть в расхо́д, *v.*, write off; расхо́д па́мяти, storage consumption, program length (*computing*)
расходи́мость, *f.*, divergence
расходи́ться, *v.*, diverge, differ
расхо́дование, *n.*, expenditure
расхо́доваться, *v.*, spend, be consumed, be spent
расходя́щийся, *adj.*, nonconvergent, divergent; расходя́щийся класс, divergence class; расходя́щиеся прямы́е, hyperparallels
расхожде́ние, *n.*, divergence, deviation; ме́ра расхожде́ния, measure of deviation; коэффицие́нт расхожде́ния, coefficient of divergence
расцве́т, *m.*, flowering, heyday, prime
расцве́чивание, *n.*, coloring
расце́нивать (расцени́ть), *v.*, estimate, value, appraise
расчёт, *m.*, calculation, computation, estimate
расчётливо, *adv.*, economically, sparingly
расчётливость, *f.*, economy, frugality
расчётливый, *adj.*, calculating, economical, frugal, thrifty
расчётный, *adj.*, rated, calculated, designed
расчлене́ние, *n.*, partition, dissection
расчленённый, *adj.*, partitioned, multipartite; расчленённая систе́ма, separated system; расчленённое число́, multipartite number
расчленя́ть, *v.*, partition, dismember, analyze
расчленя́ющий, *adj.*, partitioning
расша́танность, *f.*, instability
расша́тывать (расшата́ть), *v.*, loosen, shatter
расшире́ние, *n.*, extension, prolongation, expansion, dilatation, completion; по́ле расшире́ния, field extension, extension field; алгебраи́ческое расшире́ние по́ля, algebraic extension of a field; аналити́ческое расшире́ние, analytic completion; расшире́ние игры́, extension of a game; бикомпа́ктное расшире́ние, compactification
расши́ренный, *adj.*, extended, widened, augmented; расши́ренная ма́трица, augmented matrix; расши́ренная пло́скость, extended plane; расши́ренное K-простра́нство, universally complete vector lattice (*or* Riesz space)
расширя́ть (расши́рить), *v.*, widen, extend, expand
расширя́ющийся, *adj.*, expanding, extending
расшифро́вка, *f.*, deciphering, determination, evaluation
расшифро́вывать (расшифрова́ть), *v.*, decipher, decode, determine, find the value of
расшнуровыва́ть (расшнурова́ть), *v.*, unlace, untie; ме́тод «расшнуро́ванной вы́борки», bootstrap method

расщепле́ние, *n.*, decomposition, fission, splitting
расщеплённый, *adj.*, split, decomposed
расщепля́емый, *adj.*, decomposable, splittable, fissionable, disjunction; расщепля́емая структу́ра, disjunction lattice; расщепля́емое расшире́ние, splittable extension
расщепля́ться (расщепи́ться), *v.*, decompose, split
расщепля́ющий, *adj.*, splitting, decomposing
расщипа́ть, *v.*, unravel, pick apart, shred
Ра́ус, *p.n.*, Routh
рацио́н, *m.*, ration
рационализа́тор, *m.*, rationalizer
рационализи́ровать, *v.*, rationalize
рациона́льно, *adv.*, rationally
рациона́льность, *f.*, rationality
рациона́льный, *adj.*, rational; рациона́льная сто́имость, ration price; бюдже́т рациона́льных цен, ration-point budget; рациона́льный вы́бор, rational choice
реаге́нт, *m.*, reactant, reagent
реаги́ровать, *v.*, react
реаги́рующий, *adj.*, reacting
реакти́в, *m.*, reagent
реакти́вность, *f.*, reactance
реакти́вный, *adj.*, reactive, reacting, jet
реа́ктор, *m.*, reactor
реа́кция, *f.*, reaction
реализа́ция, *f.*, realization, model, implementation, representation
реали́зм, *m.*, realism
реализо́ванный, *adj.*, realized, represented
реализова́ть, *v.*, realize, represent
реализу́емость, *f.*, realizability
реализу́емый, *adj.*, realizable
реализу́ющий, *adj.*, realizing
реали́ст, *m.*, realist
реалисти́чный, *adj.*, realistic
реа́льно, *adv.*, substantively; реа́льно ниче́м не, not substantively
реа́льность, *f.*, reality, practicality
реа́льный, *adj.*, real, actual, workable; реа́льный газ, imperfect gas
рёберный, *adj.*, rib, riblike, line; рёберный граф, adjoint graph; рёберная свя́зность, edge-connectedness
рёбристи, *adj.*, ribbed
ребри́стый, *adj.*, ridge, edge; ребри́стая то́чка, ridge point
ребро́, *n.*, edge, rib, branch; bond (*statistical mechanics*); ребро́ возвра́та, cuspidal edge; ребро́ гра́фа, (*unoriented*) edge of a graph
ревербера́ция, *f.*, reverberation
ре́верс, *m.*, reversion, reverse
реверси́вность, *f.*, reversibility
реверси́вный, *adj.*, reverse, reversing, reversible
реверси́рованный, *adj.*, reversed
реверси́ровать, *v.*, reverse
реверси́руемость, *f.*, reversibility
реверси́руемый, *adj.*, reversible, reversed
регенера́ция, *f.*, regeneration; число́ обраще́ний ме́жду регенера́циями, read-around ratio
регенери́рующий, *adj.*, regenerating
реги́стр, *m.*, register; реги́стр мно́жителя-ча́стного, multiplier-quotient register; динами́ческий реги́стр, revolver; ёмкость реги́стра, register length; реги́стр кома́нды, operation-address register; стати́ческий реги́стр, staticizer
регистра́ция, *f.*, registration, recording, logging
регистри́рованный, *adj.*, registered, recorded
регистри́роваться, *v.*, be registered, be recorded
регистри́рующий, *adj.*, registering, recording
регламента́ция, *f.*, regulation
регресси́вный, *adj.*, regression, regressive
регресси́ровать, *v.*, regress, retrogress
регре́ссия, *f.*, regression; эллипсо́ид регре́ссии, ellipsoid of regression; пло́скость регре́ссии, regression plane; пове́рхность регре́ссии, regression surface; крива́я регре́ссии, regression curve; коэффицие́нт регре́ссии, coefficient of regression
регули́рование, *n.*, regulation, control, adjustment

регули́рованный, *adj.*, regulated
регули́ровать, *v.*, govern, regulate, adjust
регулиро́вка, *f.*, regulation, control
регули́руемый, *adj.*, regulative, adjustable, controlled; регули́руемое сопротивле́ние, varistor
регули́рующий, *adj.*, regulating, control
регуляриза́ция, *f.*, regularization, regularity
регуляризи́рующий, *adj.*, regulating, regularizing
регуля́рность, *f.*, regularity
регуля́рный, *adj.*, regular; регуля́рный автоморфи́зм, fixed-point-free automorphism
регуля́тор, *m.*, controller, regulator
редакти́рование, *n.*, editing
редакти́ровать, *v.*, edit
реда́ктор, *m.*, editor
реда́кция, *f.*, editorship, editorial staff; version
ре́дкий, *adj.*, scarce, sparse, infrequent
ре́дко, *adv.*, rarely, seldom; spaced out
редкоземе́льный, *adj.*, rare-earth
ре́дкость, *f.*, scarcity, sparseness, rarity
редукти́вный, *adj.*, reductive
реду́кция, *f.*, reduction
редуци́рованный, *adj.*, reduced; редуци́рованный норма́льный зако́н, reduced normal law; редуци́рованный вы́борочный контро́ль, reduced sampling
редуци́ровать, *v.*, reduce
редуци́роваться, *v.*, be reduced
редуци́рующий, *adj.*, reducing
ре́же (*compar. of* редкий), scarcer, sparser
режи́м, *m.*, condition, conditions, policy, duty, rate, behavior, regime, mode, environment; тяжёлый режи́м, heavy duty; режи́м фикса́ции реше́ния, hold condition; предпусково́й режи́м, reset condition; режи́м рабо́ты, operating conditions; рабо́та в преде́льном режи́ме, marginal operation; скользя́щий режи́м, sliding mode
ре́зание, *n.*, cutting
ре́зать (резану́ть), *v.*, cut
резе́кция, *f.*, resection
резе́рв, *m.*, reserve, standby
резе́рвный, *adj.*, reserve, standby; резе́рвный блок, spare block
резидуа́льный, *adj.*, residual
ре́зкий, *adj.*, harsh, sharp
ре́зко, *adv.*, sharply, abruptly
резольве́нтный, *adj.*, resolvent, resolution
резолю́ция, *f.*, resolution
резона́нс, *m.*, resonance
резона́нсный, *adj.*, resonance
резона́тор, *m.*, resonator
резони́рующий, *adj.*, resonance inducing, resonant
результа́нт, *m.*, resultant
результа́т, *m.*, result; в результа́те, as a result; име́ть результа́том, *v.*, result in
результати́вный, *adj.*, successful
результи́рующий, *adj.*, resulting
резьба́, *f.*, thread; винт с пра́вой резьбо́й, right-threaded screw, right-hand screw
резюме́, *n.*, summary, résumé, abstract
резюми́ровать, *v.*, summarize, sum up, abstract
реифика́ция, *f.*, reification
Ре́йнольдс, *p.n.*, Reynolds
рейс, *m.*, trip, run
рекла́ма, *f.*, advertisement, advertising; зада́ча о рекла́ме, advertising problem
реклами́ровать, *v.*, advertise
рекомбинацио́нный, *adj.*, recombinational
рекомбина́ция, *f.*, recombination
рекомбини́ровать, *v.*, recombine
рекоменда́ция, *f.*, recommendation
рекомендова́ть, *v.*, recommend
рекоменду́ется (*from* рекомендова́ть), *v.*, is recommended
реко́рд, *m.*, record
рекурре́нтно, *adv.*, recursively, recurrently
рекурре́нтный, *adj.*, recursion, recurrence, recurrent; рекурре́нтная фо́рмула, recursion (recurrence) relation
рекурси́вно, *adv.*, recursively
рекурси́вно-перечисли́мый, *adj.*, recursively enumerable
рекурси́вно-проекти́вный, *adj.*, recursively projective
рекурси́вность, *f.*, recursiveness
рекурси́вный, *adj.*, recursive, recursion; рекурси́вное определе́ние, definition by

recursion; частично рекурсивный, partially recursive; рекурсивная кривая, fractal curve

рекурсия, *f.*, recursion

релаксационный, *adj.*, relaxational, relaxation

релаксация, *f.*, relaxation; множитель релаксации, relaxation factor

реле, *n.*, relay; реле времени, timer

релейно-контактный, *adj.*, contact-relay, relay switching

релейный, *adj.*, relay; релейный контроль, bang-bang control

рельеф, *m.*, relief, contour; потенциальный рельеф, charge pattern; рельеф функции, modular surface

рельсовый, *adj.*, rail; рельсовый путь, rail track

релятивизация, *f.*, relativization

релятивизированный, *adj.*, relativized

релятивизм, *m.*, relativism, relativity

релятивистский, *adj.*, relativistic; релятивистская поправка, relativistic correction constant

реляционный, *adj.*, relational, relation

ремонт, *m.*, repairs, maintenance

ремонтировать, *v.*, repair, refit

ремонтируемый, *adj.*, reparable, repaired

ренормгруппа, *f.*, renormalization group

ренормировка, *f.*, renormalization, renorming

рента, *f.*, rent; annuity; ежегодная рента, annuity; государственная рента, government securities, government annuity

рентабельность, *f.*, profitability, earning capacity

рентген-диффракционный, *adj.*, X-ray diffraction

рентген-диффракция, *f.*, X-ray diffraction

рентгеновский, *adj.*, X-ray, Roentgen

рентгенографический, *adj.*, X-ray

реология, *f.*, rheology

репер, *m.*, frame, frame of reference, reference point, mark; K-репер, K-frame, K-hedron, K-tuple; сопровождающий репер (кривой), moving n-hedron (of a curve)

репертуар, *m.*, repertory

репрезентативный, *adj.*, representative; репрезентативная выборка, representative sampling

репродуктор, *m.*, reproducer, loudspeaker

репродукция, *f.*, reproduction

ресурс, *m.*, resource

ретрагирующий, *adj.*, retracting, retraction; ретрагирующее отображение, retract, retraction

ретракт, *m.*, retract; окрестностный ретракт, neighborhood retract

ретракция, *f.*, retraction

реферат, *m.*, abstract, review, summary

реферативный, *adj.*, review, reviewing

референт, *m.*, reviewer, aide

референция, *f.*, reference

реферируемый, *adj.*, (being) reviewed

рефлекс, *m.*, reflex

рефлексивно, *adv.*, reflexively

рефлексивность, *f.*, reflexivity

рефлексивный, *adj.*, reflexive

рефлективный, *adj.*, reflective

рефракция, *f.*, refraction

рецензент, *m.*, reviewer, referee

рецензия, *f.*, review, critique

рецепт, *m.*, prescription, formula

рецептор, *m.*, receptor

рецептурный, *adj.*, prescribed

рециркуляция, *f.*, recirculation

речь, *f.*, word, term, speech, question, discourse; идёт речь о, the question is

решать (решить), *v.*, solve, decide, determine

решающий, *adj.*, resolving, deciding, decision, decisive; решающая функция, decision function; решающее устройство, resolver; решающий прибор, resolver; решающая коалиция, decisive coalition

решая, *adv.*, solving, by solving, if we solve

решение, *n.*, solution, decision, determination; функция решения, decision function; принятие решений, decision making

решённый, *adj.*, determined, solved, decided

решётка, *f.*, lattice, grating, grid; "heads"; герб и решётка, heads and tails;

ве́кторная решётка, vector lattice, Riesz space; решётка с дополне́ниями, complemented lattice
решето́, *n.*, sieve; решето́ Эрато́сфена, sieve of Eratosthenes
решёточный, *adj.*, lattice
решётчатый, *adj.*, lattice, latticed
реши́тельный, *adj.*, decisive, resolute
реши́ть (*perf. of* реша́ть), *v.*
Ри́ман, *p.n.*, Riemann; сфе́ра Ри́мана, Riemann sphere
ри́манов, *adj.*, Riemann, Riemannian; ри́манова пове́рхность, Riemann surface; ри́маново многообра́зие, Riemannian manifold, Riemannian variety
ри́мский, *adj.*, Roman; ри́мская ци́фра, Roman numeral
рис., *abbrev.* (рису́нок), fig. (*diagram*)
риск, *m.*, risk; фу́нкция ри́ска, risk function
рисова́ть, *v.*, design, draw, picture
Рисс, *p.n.*, Riesz
ри́ссовский, *adj.*, Riesz
рису́нок, *m.*, design, drawing, figure
ритм, *m.*, rhythm
ритми́ческий, *adj.*, rhythmic
ритми́чно, *adv.*, rhythmically
ритми́чный, *adj.*, rhythmic
Ри́ччи, *p.n.*, Ricci
роба́стный, *adj.*, robust (*statistics*)
ро́бот, *m.*, robot
ро́вно, *adv.*, equally, exactly, regularly, precisely, smoothly
ро́вный, *adj.*, even, smooth, flat, level; ро́вная пове́рхность, plane surface
рог, *m.*, horn
род, *m.*, family, genus, sort, kind; коне́чного ро́да, of finite genus; своего́ ро́да, a sort of, a kind of; в своём ро́де, in its own way; в не́котором ро́де, in some way, to some extent; кра́тный род, plurigenus; род ка́рты, genus of map; род гра́фа, genus of graph
роди́тельский, *adj.*, parental, parent
роди́ться (*perf. of* рожда́ться), *v.*
родово́й, *adj.*, generic, family
Родри́г, *p.n.*, Rodrigues
ро́дственный, *adj.*, related, contiguous; ро́дственная фу́нкция, contiguous function
родство́, *n.*, relationship
рожда́емость, *f.*, birth-rate
рожда́ться (роди́ться), *v.*, arise, grow
рожде́ние, *f.*, birth; стати́стика рожде́ний, birth statistics; проце́сс рожде́ния и ги́бели, birth and death process
ро́зничный, *adj.*, retail, purchasing; ро́зничная цена́, retail price, purchasing cost
ро́зыгрыш, *m.*, drawing (*lottery*), draw (*game*)
рой, *m.*, cluster, swarm
рокирова́ться, *v.*, castle (*chess*)
роль, *f.*, role, part, function
ромб, *m.*, rhombus, diamond
ромби́ческий, *adj.*, rhombic, rhombus; «ромби́ческая диагра́мма», “lozenge diagram”
ромбови́дный, *adj.*, diamond-shaped
ромбо́ид, *m.*, rhomboid
ромбоида́льный, *adj.*, rhomboidal
ро́ссыпь, *f.*, deposit, scattering, distribution
рост, *m.*, growth, increase, height; темп ро́ста моде́ли, rate of growth of a model
росто́к, *m.*, sprout, shoot, germ; росто́к аналити́ческой фу́нкции, germ of an analytic function; пучо́к ростко́в, sheaf of germs
Рот, *p.n.*, Roth
рота́тор, *m.*, rotator
рота́ция, *f.*, rotation
Ро́те, *p.n.*, Rothe
ро́тор, *m.*, rotor, rotation, curl, vorticity
рту́ть, *f.*, mercury
рубе́ж, *m.*, boundary, border; рубе́ж эффекти́вности, efficiency frontier
ру́брика, *f.*, heading, column
руда́, *f.*, ore
рудиме́нт, *m.*, rudiment
рудимента́рный, *adj.*, rudimentary
рудни́к, *m.*, mine, pit
рудни́чный, *adj.*, mine, mining
рука́, *f.*, hand, arm
руководи́тель, *m.*, leader, supervisor, director
руководи́ть, *v.*, guide, direct, manage
руково́дство, *n.*, direction, guidance, supervision; guidebook, textbook

руково́дствоваться, *v.*, follow, be guided
ру́копись, *f.*, manuscript
рулево́й, *adj.*, steering
румб, *m.*, bearing, rhumb
Ру́нге, *p.n.*, Runge; ме́тод Ру́нге-Ку́тта, Runge-Kutta method
ру́пор, *m.*, horn, megaphone
Ру́ссо, *p.n.*, Russo
руча́ться (поручи́ться), *v.*, guarantee
ру́чка, *f.*, handle, pen
ручно́й, *adj.*, tame; hand
ры́нок, *m.*, market
ры́ночный, *adj.*, market; по ры́ночной цене́, at market price; моде́ль ры́ночной ку́пли, market model; ана́лиз ры́ночных цен во вре́мени, market trend
ры́скание, *n.*, search, yaw; у́гол ры́скания, angle of yaw
ры́скать (ры́скнуть), *v.*, search, roam, yaw
ры́скающий, *adj.*, yawing
рыча́г, *m.*, lever; плечо́ рыча́га, lever arm
рыча́жный, *adj.*, lever
Рэле́й, Ре́йли, *p.n.*, Rayleigh
ряд, *m.*, series, row, line, sequence; (*with genitive*) several, a number of; ряд да́нных, sequence (*or* series) of data; ряд Фурье́, Fourier series; ряд одно́го переме́нного, univariable series; ряды́ кла́виш, key sets; ряд Шту́рма, Sturm sequence; ряд после́довательных коммута́нтов, derived series
ря́дом, *adv.*, in a row, side by side, alongside, near

С с

с (со), *prep.*, with, from, by, of, out of
с., *abbrev.* (секу́нда), second (*unit of time*); страни́ца, page
С., *abbrev.* (се́вер), *m.*, North
саби́на, *f.*, sabine (*unit of total acoustic absorption*)
саги́тта, *f.*, sagitta; саги́тта дуги́, sagitta of an arc
сагитта́льный, *adj.*, sagittal
Сакке́ри, *p.n.*, Saccheri
сам (сама́, само́), *pron.*, self (myself, itself, etc.); само́ по себе́, by itself; само́ собо́й разуме́ется, it stands to reason, of course, it is understood; сам себе́, one's self
самовозбужда́емый, *adj.*, self-exciting; самовозбужда́емый конту́р, self-exciting circuit
самовосстана́вливающийся, *adj.*, self-renewing, self-regenerating
самодво́йственный, *adj.*, self-dual, auto-dual
самодуа́льный, *adj.*, self-dual, auto-dual
самоинве́рсный, *adj.*, self-inversive, self-inverse
самоинду́кция, *f.*, self-induction
самокаса́ние, *n.*, self-contact, self-tangency; то́чка самокаса́ния, double cusp
самокаса́ться, *v.*, be tangent to itself
самолёт, *m.*, airplane
са́мом (*see* са́мый *and* сам)
самонаведе́ние, *n.*, homing guidance
самонаводя́щийся, *adj.*, homing
самонастра́ивающийся, *adj.*, self-adjusting, self-orienting, self-aiming
самонепересека́ющийся, *adj.*, non-self-intersecting
самонормализа́тор, *m.*, self-normalizer
самоорганизу́ющийся, *adj.*, self-organizing
самоочеви́дный, *adj.*, self-evident, axiomatic
самопересека́ющийся, *adj.*, self-crossing, self-intersecting
самопересече́ние, *n.*, self-intersection, self-crossing
самопи́сец, *m.*, automatic recorder
самопода́ча, *f.*, self-feeding
самоприкоснове́ние, *n.*, self-contact, self-tangency; то́чка самоприкоснове́ния, point of osculation, tacnode
самоприсоединённый, *adj.*, self-adjoint
самопрограмми́рующий, *adj.*, self-programming
самопроизво́льность, *f.*, spontaneity
самопроизво́льный, *adj.*, spontaneous
самораспространя́ющийся, *adj.*, self-spreading, self-propagating
самосогласо́ванный, *adj.*, (self-) consistent, self-coordinated, self-congruent
самосоприкоснове́ние, *n.*, self-tangency
самосопряжённость, *f.*, self-conjugacy, self-adjointness
самосопряжённый, *adj.*, selfadjoint, self-conjugate; самосопряжён в суще́ственном, essentially selfadjoint
самостоя́тельный, *adj.*, independent
самоуравнове́шенный, *adj.*, self-balanced
самоцентрализа́тор, *m.*, self-centralizer
самоцентри́рование, *n.*, self-centering, self-alignment
са́мый, *pron.*, same, very, *indication of superlative*; переводи́ть в са́моё себя́, transform into itself; тот же са́мый, the same; в са́мом де́ле, indeed; тем са́мым, hence, thereby, therefore, by the same token, a fortiori
сантиме́тр, *m.*, centimeter, tape measure
сантиметро́вый, *adj.*, centimeter
сателли́т, *m.*, satellite
сбаланси́рованность, *f.*, balance
сбаланси́рованный, *part.*, balanced
сбега́ть, *v.*, run down, diminish
сбега́ющий, *adj.*, running down, diminishing
сбива́ть (сбить), *v.*, knock down, put out
сби́вчивый, *adj.*, inconsistent, confused
сближа́ться, *v.*, approach, come close, come together, approximate

сближе́ние, *n.*, coming together, approach, approximation
сбо́ку, *adv.*, on one side, to one side; вид сбо́ку, side-view
сбор, *m.*, gathering, collection; сбор да́нных, data gathering
сбо́рка, *f.*, assembling, assembly; fold, pleat; гра́фик (план) сбо́рки, assembly schedule
сбо́рник, *m.*, transactions, collection (*of works*), compendium
сбо́рный, *adj.*, combined, assembly, miscellaneous
сбра́сывать (сбро́сить), *v.*, drop, throw off, shed
сброс, *m.*, dumping, clearing (*computing*)
сбыт, *m.*, sale, marketing
сведе́ние, *n.*, reduction, contraction, discussion, account; сведе́ние к абсу́рду, reductio ad absurdum; сведе́ние да́нных, data reduction
све́дение, *n.*, information, intelligence, material, knowledge, obtaining; приня́ть к све́дению, take into consideration
сведённый, *adj.*, reduced
свезти́ (*perf. of* свози́ть), *v.*
свело́сь (*perf. of* своди́ть), *v.*, reduced, has reduced itself
све́рить (*perf. of* сверя́ть), *v.*
свёрнутый, *adj.*, convolution, contracted, convolute
сверну́ть (*perf. of* свёртывать), *v.*
свёртка, *f.*, convolution, fold, folding, contraction (*of tensor*); интегра́л свёртки, convolution
свёрточный, *adj.*, convolution
свёртывание, *n.*, convolution, rolling up, curtailment, turning, folding, contraction (*of tensors*)
свёртывать (сверну́ть), *v.*, contract, fold, roll up, curtail, convolve, form the convolution of
сверх, *prep.*, over, above, beyond, super-, hyper-, ultra-; сверх того́, in addition, moreover
сверхаддити́вный, *adj.*, superadditive
сверхгига́нт, *m.*, supergiant
сверхзвуково́й, *adj.*, supersonic, ultrasonic
сверхигра́, *f.*, supergame
сверхкомпа́ктный, *adj.*, supercompact, hypercompact
сверхкрити́ческий, *adj.*, supercritical
сверхмодуля́рный, *adj.*, supermodular, hypermodular
сверхоболо́чка, *f.*, ultra-envelope, hyperenvelope
сверхопределённый, *adj.*, overdetermined, overdefined
сверхпо́лный, *adj.*, saturated, superabundant
сверхпроводи́мость, *f.*, superconductivity
сверхпроводни́к, *m.*, superconductor, superconducting matter
сверхпроводя́щий, *adj.*, superconducting
сверхразреши́мый, *adj.*, supersolvable, hypersolvable
сверхрелакса́ция, *f.*, overrelaxation, superrelaxation
сверхсоприкаса́ющийся, *adj.*, hyperosculating
сверхстациона́рный, *adj.*, superstationary
сверхстрате́гия, *f.*, superstrategy
сверхсходи́мость, *f.*, overconvergence, superconvergence
сверхсходя́щийся, *adj.*, overconvergent
сверхто́нкий, *adj.*, hyperfine
све́рху, *adv.*, above, from above, on top; полунепреры́вный све́рху, *adj.*, upper semicontinuous; черта́ све́рху, line over (*a word*), over-line, bar
сверхуро́чный, *adj.*, overtime
сверхусто́йчивость, *f.*, overstability
сверша́ть (сверши́ть), *v.*, accomplish
сверя́ть (све́рить), *v.*, compare (with), check
сверя́ться, *v.*, be compared, be checked
свести́ (*perf. of* своди́ть), *v.*, reduce, remove, bring together, take
свет, *m.*, light, world; в све́те, in view (of)
свети́мость, *f.*, luminosity, brightness
све́тлый, *adj.*, light, clear
светово́д, *m.*, light-guide, light pipe, optical fiber
светово́й, *adj.*, light, luminous, photonic, optical; светово́й ко́нус, light cone; светово́й луч, light ray

светочувстви́тельность, *f.*, photosensitivity
светочувстви́тельный, *adj.*, photosensitive, light-sensitive, sensitive
светоэлектри́ческий, *adj.*, photoelectric
све́тящийся, *adj.*, luminous, phosphorescent; све́тящаяся то́чка, focus
свече́ние, *n.*, luminescence, brightness, fluorescence
свиде́тельство, *n.*, testimony, evidence, indication, certificate
свиде́тельствовать, *v.*, testify (to), attest (to), demonstrate
свиде́тельствующий, *adj.*, indicative, indicating
свине́ц, *m.*, lead (metal)
свинцо́вый, *adj.*, lead, leaden
свобо́да, *f.*, freedom, liberty
свобо́дно, *adv.*, freely
свободнодеформи́руемый, *adj.*, deformation-free
свободностру́йный, *adj.*, free-flow
свобо́дный, *adj.*, free; свобо́дный член, constant term (*of a polynomial*)
свод, *m.*, arch, vault, code
своди́мость, *f.*, reducibility
своди́мый, *adj.*, reducible
своди́ть (свести́), *v.*, reduce, remove, bring together, take
своди́ться, *v.*, be reduced, reduce (itself), come; своди́тся к нулю́, reduces to zero; э́то сво́дится к, this amounts to
сво́дка, *f.*, résumé, summary, report
сво́дный, *adj.*, summary, compound, combined, multiple; сво́дный коэффицие́нт корреля́ции, multiple coefficient of correlation
сводя́щийся, *adj.*, reducing (to), leading (to)
своевре́менно, *adv.*, in time, opportunely
своевре́менный, *adj.*, timely, opportune
своеобра́зие, *n.*, originality, singularity, peculiarity
своеобра́зность, *f.*, singularity, peculiarity
своеобра́зный, *adj.*, distinctive, singular, peculiar, original
свози́ть (свезти́), *v.*, bring (together), take
свой, *pron.*, (his, her, its, their, my, your, our, one's) own
сво́йственный, *adj.*, peculiar (to), characterized (by), incident (to)
сво́йство, *n.*, property, character; сво́йства, characteristics; сво́йство коне́чной покрыва́емости, finite cover property (f.c.p); сво́йство незави́симости, independence property; сво́йство поря́дка, order property; сво́йство разме́рностного поря́дка, dimensional order property (dop); сво́йство совме́стного вложе́ния, joint embedding property; сво́йство стро́гого поря́дка, strict order property
свора́чивать (свороти́ть), *v.*, displace, remove, turn, swing
свы́ше, *adv.*, from above; *prep.*, over, beyond
свя́занный, *adj.*, connected, linked, dependent, coupled, combined, implied, bound, associated, concerned; свя́занный ве́ктор, bound vector, localized vector; свя́занная переме́нная, bound variable; сингуля́рно свя́занные гра́фы, singularly related graphs
связа́ть (*perf. of* свя́зывать), *v.*, tie, bind, connect, link
свя́зка, *f.*, sheaf, bundle, bunch, connective, band (*semigroup theory*), idempotent semigroup, tangle, net; пропозициона́льная свя́зка, propositional connective
свя́зность, *f.*, connectedness, connectivity, coherence, connection; свя́зность с помо́щью дуг, arcwise connectedness; аффи́нная свя́зность, affine connectedness; простра́нство аффи́нной свя́зности, affinely connected space; лине́йная свя́зность, arcwise connectedness; нелине́йная свя́зность, nonlinear connection; компоне́нта свя́зности, connected component
свя́зный, *adj.*, connected, coherent; лине́йно свя́зный, *adj.*, arcwise connected
связу́ющий, *adj.*, connecting
свя́зывание, *n.*, binding, linking, coupling
свя́зывать (связа́ть), *v.*, connect, bind, group together
свя́зываться, *v.*, communicate (with), be bound (to), be combined

свя́зывающий, *adj.*, connecting
связь, *f.*, relation, connection, tie, bond, association, communication, constraint, binding, restriction; си́ла свя́зи, constraint force; обра́тная связь, feedback; в те́сной свя́зи, closely connected (to); в связи́, in connection (with); взаи́мная связь, coupling; постоя́нная свя́зи, coupling constant; свя́зь ребра́, edge connectivity; ме́ра свя́зи, correlation measure
с.г., *abbrev.* (сего́ го́да), this year
СГА, *abbrev.* (си́льно гомотопи́чески ассоциати́вный), strongly homotopy associative
сгиб, *m.*, bend
сгиба́ние, *n.*, inflection, bending
сгла́дить (*perf. of* сгла́живать), *v.*
сгла́женность, *f.*, flattening, flatness; сгла́женность криво́й пло́тности, flatness of a frequency curve
сгла́женный, *adj.*, smoothed, leveled, modified
сгла́живание, *n.*, smoothing, fitting
сгла́живатель, *m.*, mollifier, smoothing map (*or* operator)
сгла́живать (сгла́дить), *v.*, smooth out, level, smooth over, fit
сгла́живающий, *adj.*, smoothing; сгла́живающий опера́тор, smoothing operator
сгруппиро́вывать (сгруппирова́ть), *v.*, group (together), arrange into groups, classify
сгусти́вшийся, *adj.*, condensed, thickened
сгусти́ться (*perf. of* сгуща́ться), *v.*
сгу́сток, *m.*, bunch, cluster, bundle, group, concentration
сгуща́емость, *f.*, condensability, compressibility
сгуща́емый, *adj.*, condensable, compressible, condensed, compressed, concentrated
сгуща́ться (сгусти́ться), *v.*, be condensed, be concentrated
сгуще́ние, *n.*, condensation, concentration, accumulation
сдава́ть (сдать), *v.*, return, give, deal, surrender; сдава́ть ка́рты, *v.*, deal (*cards*)
сда́ча, *f.*, surrender, change, lease, turn; сда́ча карт, dealing cards
сдва́ивать (сдво́ить), *v.*, double
сдвиг, *m.*, displacement, translation, shift, shear; напряже́ние сдви́га, shear; сре́дний мо́дуль сдви́га, mean shear modulus; сдвиг вле́во, left-shift; опера́тор сдви́га, translation operator; вну́тренний сдвиг, inner translation; сдвиг по фа́зе, phase lag
сдвига́ть (сдви́нуть), *v.*, shift, displace, move
сдвиго́вый, *adj.*, translation; сдвиго́вая оболо́чка, translation hull
сдви́нутый, *adj.*, shifted
сдво́енный, *adj.*, doubled, double, paired; сдво́енная ли́ния, double line; сдво́енная пряма́я, double straight line
сде́ланный, *adj.*, made, done, manufactured, suitable, certain
сде́лать (*perf. of* де́лать), *v.*, make, do
сде́лка, *f.*, agreement, bargain, deal, transaction; зада́ча о сде́лке, bargaining problem
сде́льный, *adj.*, job, piece; сде́льная опла́та труда́, piece-rate system; сде́льная пла́та, contract price
себесто́имость, *f.*, cost price, cost-in-process, production cost, net cost, manufacturing cost
себя́, *pron.*, herself, himself, itself, oneself, myself, ourselves, yourselves, yourself, themselves
се́вер, *m.*, North
се́верный, *adj.*, north, northern; се́верный по́люс, North Pole
сегме́нт, *m.*, segment, section, line segment
сегмента́рный, *adj.*, sectional
сего́, *pron.*, *genitive of* сей
сего́дня, *adv.*, today
седло́, *n.*, saddle, seat, saddle point
седлово́й, *adj.*, saddle; седлова́я то́чка, saddle point
седлообра́зный, *adj.*, saddle; седлообра́зная то́чка, saddle point
седло́-фо́кус, *m.*, saddle-focus
седьмо́й, *ord. num.*, seventh
сезо́нный, *adj.*, seasonal

сей, *pron.*, this
сейсмический, *adj.*, seismic
сейсмограмма, *f.*, seismogram
сейсмограф, *m.*, seismograph
сейсмологический, *adj.*, seismological
сейсмология, *f.*, seismology
сейчас, *adv.*, now, at once, just now; сейчас же, at once, immediately
сек., *abbrev.* (секунда), *f.*, second
секанс, *m.*, secant
секвенциально, *adv.*, sequentially; секвенциально компактный, sequentially compact
секвенциальный, *adj.*, sequential; вальдовское секвенциальное испытание, sequential probability ratio test, Wald sequential test
секвенция, *f.*, sequence, sequent; сходные секвенции, cognate sequents; средняя секвенция, midsequent
Сёкефальви-Надь, *p.n.*, Szökefalvi-Nagy
секондарный, *adj.*, secondary; секондарный идеал, secondary ideal
секстиль, *f.*, sextile
сектор, *m.*, sector
секториальный, *adj.*, sector, sectorial; секториальная сферическая функция, sectorial surface harmonic; секториальная скорость, areal velocity
секторный, *adj.*, sector
секунда, *f.*, second (*of time*)
секущая, *f.*, secant, transversal, section
секущий, *adj.*, intersecting, cutting; секущая линия, *f.*, secant; секущая поверхность, *f.*, cross-section, intersecting surface; секущая цепь, cross-path (*graph theory*)
секционирование, *n.*, partitioning
секционный, *adj.*, sectional, sectioned, partitioned
селективно, *adv.*, selectively
селектор, *m.*, selector
селекторный, *adj.*, selective, selector
селеновый, *adj.*, selenium
сельскохозяйственный, *adj.*, agricultural
семантика, *f.*, semantics
семантический, *adj.*, semantic
семейство, *n.*, set, family, class, collection, aggregate
семиинвариант, *m.*, semi-invariant, cumulant
семи-интерквартильный, *adj.*, semi-interquartile; семи-интерквартильная широта, semi-interquartile range
семиметрический, *adj.*, semimetric
семинар, *m.*, seminar
семинорма, *f.*, seminorm
семитензор, *m.*, semitensor
семиугольник, *m.*, heptagon
семь, *num.*, seven
семьдесят, *num.*, seventy
Сен-Венан, *p.n.*, Saint-Venant
сенсорный, *adj.*, sensory
сепарабельность, *f.*, separability
сепарабельный, *adj.*, separable
сепаранта, *f.*, separant
сепаративный, *adj.*, separative
сепаратриса, *f.*, separatrix (*differential equations*)
сепаратрисный, *adj.*, separatrix; сепаратрисная величина, separatrix parameter
сепарация, *f.*, separation
сервантный, *adj.*, serving; сервантная подгруппа, serving subgroup, pure subgroup, isolated subgroup
сервисный, *adj.*, service; сервисная аппаратура, service equipment
серводвигатель, *m.*, servomotor, servomechanism
сервомеханизм, *m.*, servomechanism
сервомотор, *m.*, servomotor
сервопривод, *m.*, servo, servodrive
сервосистема, *f.*, servosystem
сервоусилитель, *m.*, servoamplifier
сердечник, *m.*, core, center
сердцевина, *f.*, core, heart
серебро, *n.*, silver
середина, *f.*, middle, mean, midpoint
сериальный, *adj.*, series, serial
серийно, *adv.*, serially
серийный, *adj.*, serial; серийная продукция, batch production, production bundle
серия, *f.*, series, run; серия изображений, set of patterns
Серпинский, *p.n.*, Sierpiński; ковёр Серпинского, Sierpiński carpet

Серр, *p.n.*, Serre
Серрé, *p.n.*, Serret
серьёзность, *f.*, seriousness, gravity
серьёзный, *adj.*, serious, grave
сéссия, *f.*, session
сéтка, *f.*, net, mesh, network, grid, frame, lattice
сéточный, *adj.*, net, grid, network, lattice; сéточный оперáтор, difference operator, network operator
сéтчатый, *adj.*, network; сéтчатая номогрáмма, alignment nomogram
сеть, *f.*, net; network (*general topology*)
сечéние, *n.*, cross-section, cut, section, cutset; кони́ческое сечéние, conic section; теорéма об элиминáции сечéний, cut elimination theorem
сжáтие, *n.*, pressure, compression, pressing, contraction, compressibility; сжáтие квáнторов, contraction of quantifiers
сжáто, *adv.*, concisely
сжáтость, *f.*, conciseness, compactness
сжáтый, *adj.*, condensed, compressed, compact, contracted, oblate; сжáтый сферóид, oblate spheroid; при́нцип сжáтых отображéний, contraction mapping principle
сжигáть (сжечь), *v.*, burn, cremate
сжижáть (сжиди́ть), *v.*, liquefy
сжижéние, *n.*, liquefaction
сжимáемость, *f.*, compressibility, condensability, contractibility
сжимáемый, *adj.*, compressible, contractible, compressed, contracted
сжимáть (сжать), *v.*, contract, shrink
сжимáться, *v.*, contract, shrink
сжимáющий, *adj.*, contractive, contracting, shrinking; сжимáющий оперáтор, contraction operator
сзáди, *prep.*, behind, from behind, from the end; вид сзáди, rear view
сигнáл, *m.*, signal; сигнáл зáписи, write signal; входнóй сигнáл, input; сигнáл потенциáльного ти́па, steady-state signal; граф сигнáлов, signal graph
сигнализáтор, *m.*, signalizer
сигнализáторный, *adj.*, signalizer
сигнáльный, *adj.*, signal, signalling; сигнáльный код, signalling alphabet
сигнатýра, *f.*, signature, label
сигни́фика, *f.*, denotation, meaning
си́гнум-фýнкция, *f.*, sign function, signum function
сидери́ческий, *adj.*, sidereal
сизи́гия, *f.*, syzygy; цепь сизи́гий, chain syzygies
си́ла, *f.*, force, strength, power; сохрани́ть си́лу, *v.*, remain valid; в си́ле, in force; в си́лу, by virtue (of), on the strength (of); момéнт си́лы, torque, moment of force; опти́ческая си́ла ли́нзы, optical power of a lens; в си́лу тогó, что, because, since; си́ла инéрции, inertial force
Си́ли, *p.n.*, Seeley
силлоги́зм, *m.*, syllogism
силлоги́стика, *f.*, syllogistics
силлогисти́ческий, *adj.*, syllogistic
силовóй, *adj.*, power, force; силовóе пóле, field of force, force field; силовáя цéпь, power circuit; силовóй многоугóльник, polygon of forces
си́ловский, *adj.*, Sylow; си́ловская грýппа, Sylow group
сильнée (*compar. of* си́льный), *adj.*, stronger
сильнéйший, *adj.*, strongest; сильнéйшая тополóгия, strongest topology, finest topology
си́льно, *adv.*, strongly; си́льно гомотопи́чески ассоциати́вный, strongly homotopy equivalent; си́льно демпфи́рованный, overdamped
сильнопаракомпáктный, *adj.*, strongly paracompact
си́льный, *adj.*, strong, powerful; си́льная сходи́мость, strong convergence; си́льное демпфи́рование, overdamping
си́мвол, *m.*, symbol; си́мвол чáстного, quotient-symbol; си́мвол Крóнекера, Kronecker delta
символизáция, *f.*, symbolization
символизи́ровать, *v.*, symbolize
символи́зм, *m.*, symbolism
симвóлика, *f.*, symbolics, symbolism, notation
символи́ческий, *adj.*, symbolic; символи́ческий код, pseudocode

симметризацио́нный, *adj.*, symmetrization
симметриза́ция, *f.*, symmetrization
симметризи́ровать, *v.*, symmetrize
симметризу́емый, *part.*, symmetrizable, symmetrized
симметри́рование, *n.*, symmetrization
симметри́ческий, *adj.*, symmetric
симметри́чность, *f.*, symmetry
симметри́чный, *adj.*, symmetric; симметри́чным рассужде́нием, by a parallel argument
симметри́я, *f.*, symmetry, reflection
си́мплекс, *m.*, simplex
си́мплексный, *adj.*, simplex, simplicial
симплекти́ческий, *adj.*, symplectic
симплициа́льно, *adv.*, simplicially
симплициа́льность, *f.*, simpliciality
симплициа́льный, *adj.*, simplicial
симпо́зиум, *m.*, symposium
симпто́м, *m.*, symptom
си́напс, *m.*, synapse
сингле́тный, *adj.*, singlet; сингле́тное состо́яние, singlet state
сингуля́рность, *f.*, singularity
сингуля́рный, *adj.*, singular, improper (*integral*)
синерге́тика, *f.*, synergetics
сино́ним, *m.*, synonym
синоними́чный, *adj.*, synonymous
синопти́ческий, *adj.*, synoptic
си́нтаксис, *m.*, syntax
синтакси́ческий, *adj.*, syntactical
си́нтез, *m.*, synthesis, design
синтези́ровать, *v.*, synthesize
синтети́ческий, *adj.*, synthetic, deductive
си́нус, *m.*, sine
си́нусный, *adj.*, sine
синусо́ида, *f.*, sinusoid, sine curve, harmonic curve
синусоида́льный, *adj.*, sinusoidal, sine-shaped
синхрониза́ция, *f.*, synchronization, synchronizing
синхронизи́рование, *n.*, synchronization
синхронизи́ровать, *v.*, synchronize, bring into step
синхрони́зм, *m.*, synchronism
синхрони́ческий, *adj.*, synchronic
синхро́нно, *adv.*, synchro
синхро́нноследя́щий, *adj.*, synchronous tracking, synchro-tracking
синхро́нный, *adj.*, synchronous, coincident
синхротро́н, *m.*, synchrotron
синхроциклотро́н, *m.*, synchrocyclotron
серенди́повый, *adj.*, serendipity; коне́чный элеме́нт серенди́пова кла́сса (*or* ти́па), serendipity finite element
систе́ма, *f.*, class, system; structure, model (*short for* алгебраи́ческая систе́ма); систе́ма управле́ния с обра́тной свя́зью, feedback control system; алгебраи́ческая систе́ма, algebraic system, structure, model; систе́ма очко́в (*or* ба́ллов), scoring system; систе́ма с переме́нными пара́метрами, time-varying system; систе́ма с постоя́нными пара́метрами, time-invariant system; систе́ма фа́кторов, factor set; систе́ма корне́й, root system
систематиза́ция, *f.*, systematization, classification
систематизи́рованный, *adj.*, systematized, classified, systematic, methodical
систематизи́ровать, *v.*, systematize
системáтика, *f.*, systematization; taxonomy
системати́ческий, *adj.*, systematic, methodical
системати́чность, *f.*, systematic character, systematic viewpoint
систе́мный, *adj.*, system; систе́мный ана́лиз, systems analysis
системоте́хника, *f.*, systems analysis
ситуа́ция, *f.*, situation
сих (*from* сей), of these; до сих пор, till now
ска́жем (*from* сказа́ть), *v.*, we shall say, let us say
ска́занный, *adj.*, said, asserted; в соотве́тствии со ска́занным, according to what has been said
сказа́ть (*perf. of* говори́ть), *v.*, say, tell, assert
сказу́емое, *n.*, predicate
ска́зываться (сказа́ться), *v.*, manifest itself, tell

скака́ть, *v.*, skip, jump, gallop
скаля́р, *m.*, scalar
скаля́рный, *adj.*, scalar; скаля́рная величина́, *f.*, scalar; скаля́рное произведе́ние, scalar product, inner product, dot product
скани́рующий, *adj.*, scanning
ска́пливаться (скопи́ться), *v.*, accumulate, pile up, gather
скат, *m.*, slope, incline, pitch; ме́тод наибо́льшего ска́та, saddle-point method
скачкообра́зно, *adv.*, spasmodically, very rapidly, step-wise
скачкообра́зный, *adj.*, spasmodic, uneven, transition, jump-like; скачкообра́зная фу́нкция, jump function, step function
скачо́к, *m.*, jump (*of a function*), saltus, shock, step; скачо́к уплотне́ния, shock (*wave*)
сква́жина, *f.*, slit, chink, pore, hole
сква́жистость, *f.*, porosity, porousness
сква́жность, *f.*, porosity, porousness
сквозно́й, *adj.*, open, continuous, transparent, composition, through; сквозно́е отображе́ние, composition (mapping); сквозна́я характери́стика, through characteristics; сквозна́я схе́ма, through circuit; сквозна́я переда́ча, rippling through (*computing*); сквозно́й перено́с, ripple-through carry; блок цепо́чки сквозно́го перено́са, ripple-through carry unit
сквозь, *prep.*, through
скеле́т, *m.*, skeleton, frame, shell
скепти́ческий, *adj.*, skeptical
ски́дка, *f.*, discount, deduction, reduction; но́рма ски́дки, discount rate; со ски́дкой в, at a discount of
скин-эффе́кт, *m.*, skin-effect
склад[1], *m.*, warehouse; помеща́ть в склад, *v.*, warehouse
склад[2], *m.*, kind (*of mind*); склодыма́, mentality
склади́рование, *n.*, stacking, storing, warehousing; зада́ча склади́рования, warehousing problem
скла́дка, *f.*, fold, folding
складно́й, *adj.*, folding; ме́тод складно́го ножа́, jackknife method
скла́дывание, *n.*, addition, putting together, stacking, folding
скла́дывать (сложи́ть), *v.*, add, sum, combine, fold, put up
скла́дываться, *v.*, be added
скле́енный, *adj.*, glued, pasted, sewn, identified; скле́енная о́бласть, sewn region, fused region
скле́ивание, *n.*, pasting together, assembling, identification, contraction, coalescence; теоре́ма скле́ивания, sewing theorem
скле́ивать (скле́ить), *v.*, paste together, identify, fuse, contract, coalesce, sew
скле́йка, *f.*, glueing, glueing together, splicing, pasting, sewing (*together*); фу́нкция скле́йки, sewing function
склероно́мный, *adj.*, scleronomous (*independent of time in space-time coordinates*)
склон, *m.*, slope
скло́нен (*short form of* скло́нный), *adj.*
склоне́ние, *n.*, declination, inclination, declension; круг склоне́ния, hour circle
скло́нный, *adj.*, disposed, given, inclined, prone (к, to)
ско́бка, *f.*, parenthesis, bracket, brace; квадра́тные ско́бки, square brackets; прямы́е ско́бки, square brackets; кру́глые ско́бки, parentheses; фигу́рные ско́бки, braces; ско́бка Ли, Lie commutator; ско́бка Пуассо́на, Poisson bracket
ско́бочный, *adj.*, parenthesis, with parentheses
ско́ванный, *adj.*, constrained
сколь (*from* ско́лько), *adv.*, how much; сколь уго́дно, arbitrarily, as much as desired; сколь бы ма́ло ни бы́ло, no matter how small
скольже́ние, *n.*, sliding, gliding, covering, transformation, translation
скользи́ть, *v.*, slide, glide
скользя́щий, *adj.*, sliding, slipping skidding, moving, glancing; скользя́щая пружи́на, cantilever spring; скользя́щая сре́дняя, moving average; скользя́щий режи́м, sliding mode

ско́лько, *adv.*, how much, how many; сто́лько (же) ско́лько, as much as, as many as
ско́лько-нибу́дь, *adv.*, several, a few, some, any (*amount*)
скомбини́ровать (*perf. of* комбини́ровать), *v.*, arrange, combine
ско́мканный, *adj.*, crumpled
ско́мкать (*perf. of* ко́мкать), *v.*, crumple, bunch up
сконструи́ровать, *v.*, construct, design
сконцентри́роваться (*perf. of* концентри́роваться), *v.*, crowd, concentrate
скопи́ровать (*perf. of* копи́ровать), *v.*, copy, imitate
скопи́ться (*perf. of* ска́пливаться), *v.*, accumulate
скопле́ние, *n.*, accumulation, gathering
скопля́ться (скопи́ться), *v.*, cluster, accumulate, store up
скоре́е (*compar. of* ско́рый), *adj.*, faster, rather; скоре́е всего́, most likely, probably
скоре́йший, *adj.*, quickest, fastest; ме́тод скоре́йшего спу́ска, method of steepest descent
скоростно́й, *adj.*, velocity, high-speed, rapid; скоростно́й напо́р, velocity head, pressure head
ско́рость, *f.*, speed, velocity, rate; сектори́альная ско́рость, areal velocity; ско́рость истече́ния в пустоте́, escape velocity; сре́дняя взве́шенная по ма́ссам ско́рость, mean mass velocity; ско́рость измене́ния, rate of change; ско́рость вы́борки (да́нных), access speed (*computing*); ско́рость сходи́мости, degree of convergence (*approximation theory*); ско́рость приближе́ния, degree of approximation; мгнове́нный центр скоросте́й, instantaneous center
скорректи́ровать (*perf. of* корректи́ровать), *v.*, correct
ско́рый, *adj.*, fast, quick, rapid
ско́шенность, *f.*, bias, skewness
ско́шенный, *adj.*, oblique, skew
скра́дывать, *v.*, conceal, hide
скрепле́ние, *n.*, fastening (together), clamping
скрепля́ть (скрепи́ть), *v.*, fasten together, tie, clamp, strengthen, authenticate
скрести́ться (*perf. of* скре́щиваться), *v.*
скре́щенный, *adj.*, crossed, cross; скре́щенное произведе́ние, cross product, crossed product; скре́щенная а́лгебра, twisted algebra; скре́щенный колпа́к, cross-cap
скре́щивание, *adj.*, crossing
скре́щиваться (скрести́ться), *v.*, cross
скре́щивающийся, *adj.*, crossing, cross; скре́щивающийся член, cross-term; скре́щивающиеся пря́мые, skew lines
скрои́ть (*perf. of* крои́ть), *v.*, cut, cut out
скругля́ть (скругли́ть), *v.*, round off
скру́ченный, *adj.*, twisted, contorted
скру́чиваемый, *adj.*, twisted
скру́чивание, *n.*, twisting, tying up; скру́чивание Де́на, Dehn twist
скру́чивать (скрути́ть), *v.*, twist, tie up, roll
скрыва́ть (скрыть), *v.*, hide, conceal, cover
скры́тый, *adj.*, hidden, latent; скры́тое состоя́ние, latency, latent state
ску́дный, *adj.*, scanty, poor, meager
ску́ченность, *f.*, density, congestion
ску́ченный, *adj.*, dense, congested
слабе́е, *adj.*, weaker
слабе́йший, *adj.*, the weakest
сла́бо, *adv.*, weakly; сла́бо дополни́тельный, weakly complementary, weakly supplementary; сла́бо непреры́вный, weakly continuous
сла́бо-серва́нтный, *adj.*, neat (*Abelian groups*)
сла́бый, *adj.*, weak, feeble, slack; сла́бая тополо́гия, coarse topology
сла́гаемое, *n.*, term, item, summand, addend; прямо́е слага́емое, direct summand
слага́емый, *adj.*, composed of, made up of, additive
слага́ть (сложи́ть, сложа́ть), *v.*, lay away, put together, add
слага́ться, *v.*, be made up of
слага́ющий, *adj.*, component, constituent
сле́ва, *adv.*, from the left

слегка́, *adv.*, easily, slightly, somewhat
след., *abbrev.* (сле́довательно), consequently
след, *m.*, trace, track, sign; след игры́, imputation of the game
следи́ть[1], *v.*, watch
следи́ть[2], *v.*, leave traces
след. обр., *abbrev.* (сле́дующим о́бразом), as follows
сле́довало (*past of* сле́довать), *v.*, ought to have, should have, followed
сле́дование, *n.*, sequence, succession, movement; частота́ сле́дования и́мпульсов, pulse repetition rate; фу́нкция сле́дования (за), successor function (of)
сле́довательно, *conj.*, consequently, hence, therefore
сле́довать (после́довать), *v.*, follow, succeed
сле́дствие, *n.*, corollary, consequence, implication; причи́на и сле́дствие, cause and effect
сле́дует (*from* сле́довать), *pred.*, it should be; one must; it follows that; сле́дует указа́ть, it should be pointed out; не сле́дует ду́мать, it should not be supposed (that); как сле́дует, properly, well
сле́дующий, *adj.*, following, next; сле́дующее, *n.*, the following; сле́дующим о́бразом, in the following way; сле́дующий раз, next time
следя́щий, *adj.*, tracking; следя́щая систе́ма, servomechanism
слеже́ние, *n.*, tracking, tracing, following; слеже́ние за це́лью, target tracking
слёживаться (слежа́ться), *v.*, cake, consolidate, slump, clump
слепо́й, *adj.*, blind; слепа́я поса́дка, instrument landing, radar landing
сли́в, *m.*, discharge, overflow
слива́ться (сли́ться), *v.*, merge, combine
сли́вшийся, *adj.*, combined, merged
слизги́бкий, *adj.*, slithy
слипа́ться (сли́пнуться), *v.*, stick together
сли́пшийся, *adj.*, bound together, sticking together
сли́тно, *adv.*, together
сли́тно-проста́я, *adj.*, fusion-simple (*group*)
сли́тность, *f.*, combination, unification
сли́тный, *adj.*, combined, unified, united
слича́ть (сличи́ть), *v.*, compare, check
сличе́ние, *n.*, comparison, checking
сли́шком, *adv.*, too, too much; сли́шком ма́ло, too little
слия́ние, *n.*, confluence, junction, fusion
слова́рный, *adj.*, dictionary, lexicographic
слова́рь, *m.*, dictionary
slове́сный, *adj.*, verbal, oral
сло́вно, *adv.*, as if
сло́во, *n.*, word; други́ми слова́ми, in other words; ины́ми слова́ми, in other words; вре́мя вы́борки одного́ сло́ва, word time; гру́ппа слов, message
слог, *m.*, syllable, style
слое́ние, *n.*, foliation; слое́ния с ме́рой, measured foliations
слоёный, *adj.*, layer, laminary
сложе́ние, *n.*, adding, addition, composition; сложе́ние сил, composition of forces; гомотопи́ческая теоре́ма сложе́ния, homotopy addition theorem
сложи́вшийся, *adj.*, fully developed, fully formed, ultimate
сложи́ть (*perf. of* скла́дывать *and* слага́ть), *v.*, add, sum, add together, put together
сло́жно, *adv.*, in a complicated way
сло́жность, *f.*, complexity, complication
сло́жный, *adj.*, complicated, complex, compound, composite; umbrella, saddle, focus (point, *for differential equation*); сло́жное отноше́ние, cross-ratio, anharmonic ratio; сло́жные проце́нты, compound interest; сло́жная фу́нкция, composite function; сло́жный коммута́тор, extended commutator; сло́жный фо́кус, weak focus (*differential equations*); сложный цикл, polycycle
слои́стый, *adj.*, layered, stratified, laminated
слой, *m.*, layer, band, shell, fiber, class (*Markov chains*), stalk, layer, leaf; пограни́чный слой, boundary layer
сло́йно-коне́чный, *adj.*, finitely layered, layer-finite

сло́йный (*see* слоёный)
сло́манный, *adj.*, broken down
слома́ться (*perf. of* лома́ться), *v.*, break down, get out of order
слон, *m.*, elephant; bishop (*chess*)
слу́жащий, *adj.*, used for, serving
слу́жба, *f.*, service; слу́жба тыло́в, logistics
служи́ть (послужи́ть), *v.*, serve, be used (for)
слу́чай, *m.*, case, event, chance; во вся́ком слу́чае, at all events; в тако́м слу́чае, in that case; в э́том слу́чае, in this case; на вся́кий слу́чай, just in case; несча́стный слу́чай, accident; ча́стный слу́чай, special case; в тех слу́чаях, когда́, where
случа́йность, *f.*, chance, randomness, contingency
случа́йный, *adj.*, random, accidental, stochastic; слу́чайная величина́, random variable; случа́йная оши́бка, random error; случа́йный проце́сс, stochastic process
случа́ться (случи́ться), *v.*, happen, come about, occur
слу́шатель, *m.*, listener, student; *pl.* audience
слы́шимость, *f.*, hearing, audibility
слы́шимый, *adj.*, audible
см., *abbrev.* (сантиме́тр), *m.*, centimeter; (смотри́), *v.*, see, cf.
сманеври́ровать (*perf. of* маневри́ровать), *v.*, maneuver
сма́чивать (смочи́ть), *v.*, moisten
сме́жность, *f.*, contiguity, adjacency, nearness; класс сме́жности, coset; ма́трица сме́жности, adjacency matrix, incidence matrix
сме́жный, *adj.*, adjacent, adjoining, contiguous, related; сме́жный у́гол, adjacent angle; сме́жный класс, coset, residue class
Смейл, *p.n.*, Smale
сме́лость, *f.*, boldness, courage
сме́лый, *adj.*, bold, courageous
сме́на, *f.*, change, interchange, replacement, shift
сменя́емость, *f.*, removability
сменя́емый, *adj.*, removable
сменя́ть (смени́ть), *v.*, change, replace, relieve
сме́ртность, *f.*, mortality, death rate
смерч, *m.*, tornado
смеси́тель, *m.*, mixer
смеси́тельный, *adj.*, mixing
смести́ть (*perf. of* смеща́ть), *v.*, displace, remove
смесь, *f.*, mixture; ана́лиз сме́си, composite analysis, compound analysis
сме́шанный, *adj.*, mixed, compound, composite; сме́шанная зада́ча, mixed (boundary value) problem; сме́шанная систе́ма счисле́ния, mixed-base notation; сме́шанный моме́нт, product moment, mixed moment; сме́шанное произведе́ние, mixed product, triple scalar product; сме́шанный моме́нт второ́го поря́дка, covariance; сме́шанная страте́гия, mixed strategy
смеше́ние, *n.*, mixture, blending, confusion
сме́шивать (смеша́ть), *v.*, mistake, mix, mix up, confuse
смеща́ть (смести́ть), *v.*, displace, remove, bias
смеще́ние, *n.*, displacement, removal, parallax, bias, shift; подава́ть смеще́ние, *v.*, bias; кра́сное смеще́ние спектра́льных ли́ний, red shift of spectral lines; крите́рий смеще́ния, test of location
смещённость, *f.*, bias, displacement, dislocation
смещённый, *adj.*, displaced, dislocated, out of line, biased
смина́ть (смять), *v.*, contort, crumple
смог (*from* смочь), *v.*, (he, I, you, it) could
смогли́ (*from* смочь), *v.*, (they, we, you) could
смола́, *f.*, resin, tar, pitch
смотре́ть (посмотре́ть), *v.*, look, look at, see, examine; смотре́ть как (на), regard (as)
смотри́ (*imperative of* смотре́ть), see, look (at)
смотря́, *adv.*, looking, looking at, seeing; смотря́ по, according to
смочи́ть (*perf. of* сма́чивать), *v.*, moisten
смочь (*perf. of* мочь), *v.*, can, be able to, prove able

смыка́ние, *n.*, joining, closing, coupling
смыка́ть (сомкну́ть), *v.*, close, join, link, couple
смыка́ться, *v.*, close, interlock
смысл, *m.*, sense, meaning, significance; име́ть смысл, *v.*, have meaning, make sense
смы́чка, *f.*, union, linking
смычо́к, *m.*, bow (*music*)
смягче́ние, *n.*, softening, relaxation
смять (*perf. of* смина́ть), *v.*, contort, crumple
снабжа́ть (снабди́ть), *v.*, furnish, provide, equip, endow (with)
снабже́ние, *n.*, supply, provision
снабжённый, *adj.*, equipped (with), provided (with), endowed (with); снабжённый зна́ками, signed
снару́жи, *adv.*, outside, on the outside, from the outside
снаря́д, *m.*, projectile, missile, shell
снаряже́ние, *n.*, equipment, allowance
снасть, *f.*, instruments, tools, tackle
снача́ла, *adv.* (*for* с нача́ла, *see* нача́ло), at first, first
снести́ (*perf. of* сноси́ть), *v.*, take, carry, carry down; bear, put up; pile up
снижа́ть (сни́зить), *v.*, reduce, lower, lessen
сниже́ние, *n.*, lowering, decrease, drop, reduction, depreciation
сни́зить (*perf. of* снижа́ть), *v.*, reduce, lower
сни́зу, *adv.*, below, from below; полунепреры́вный сни́зу, lower semicontinuous
снима́ние, *n.*, removal, taking off; cut (*cards*); снима́ние карт, cutting (*cards*)
снима́ть (снять), *v.*, take, take off, cut, remove; снима́ть ка́рты, cut (*the cards*); снима́ть нагру́зку, unload; снима́ть напряже́ние, dump
сно́ва, *adv.*, again, anew
снос, *m.*, drift, deflection, pulling down; снос ве́тром, wind drift
сноси́ть (снести́), *v.*, blow off, drift, carry (away), take
сно́ска, *f.*, footnote
сня́тие, *n.*, removal, taking down
снять (*perf. of* снима́ть), *v.*

со (= с), *prep.*, with, from
собира́ние, *n.*, collection, gathering, aggregation
собира́тельный, *adj.*, collecting, collective; собира́тельный проце́сс коммута́торов, commutator-collecting process
собира́ть (собра́ть), *v.*, gather, collect
собира́ться, *v.*, intend, assemble
соблюда́ть (соблюсти́), *v.*, observe, keep to
соблюда́ться, *v.*, be observed, be fulfilled
соблюде́ние, *n.*, validity, observance
соблюсти́ (*see* соблюда́ть), *v.*, observe
собо́й (*instr. of* себя), itself, themselves; нести́ с собо́й, imply; ме́жду собо́й, among themselves; представля́ет собо́й, is
собра́ние, *n.*, meeting, collection
собра́ть (*perf. of* собира́ть), *v.*, gather, collect
со́бственно, *adv.*, properly, really; *particle*, proper, as such; со́бственно примити́вный, properly primitive; со́бственно говоря́, strictly speaking; со́бственно матема́тика, mathematics proper
со́бственный, *adj.*, characteristic, eigen-, proper, own, nonsingular, complete; со́бственное значе́ние, eigenvalue, characteristic value; со́бственное число́, eigenvalue; со́бственная фу́нкция, eigenfunction; со́бственная частота́, fundamental frequency; со́бственное норма́льное распределе́ние, nonsingular normal distribution; со́бственное подпростра́нство, proper subspace; со́бственный ве́ктор, eigenvector; со́бственный опера́тор, properly supported operator
собы́тие, *n.*, event
соверша́емый, *adj.*, done, accomplished
соверша́ть (соверши́ть), *v.*, accomplish, perform
соверша́ющий, *adj.*, accomplishing, performing
соверше́ние, *n.*, accomplishment, fulfilment
соверше́нно, *adv.*, absolutely, quite, completely, perfectly, fully, totally; соверше́нно по́лный, fully complete

совершённый, *adj.*, perfect, absolute, complete, principal; совершённое числó, perfect number; совершённый мéтод, perfect method (*summability*); совершённая грýппа, complete group; совершённое мнóжество, perfect set; кáнторовское совершённое мнóжество, Cantor discontinuum

совершéнствование, *n.*, perfecting, perfection

совершéнствовать (усовершéнствовать), *v.*, develop, improve, perfect, refine

совершúть (*perf. of* совершáть), *v.*

совещáние, *n.*, conference, meeting

совладáть, *v.*, cope (with)

совместúмость, *f.*, compatibility, consistency

совместúмый, *adj.*, compatible, consistent

совместúть (*perf. of* совмещáть), *v.*, combine, combine with

совмéстно, *adv.*, simultaneously, jointly, combined

совмéстность, *f.*, compatibility, consistency

совмéстный, *adj.*, joint, combined, simultaneous, compatible, common; совмéстная рабóта, on-line operation, joint operation, team-work; совмéстное распределéние, joint distribution, simultaneous distribution; совмéстный спектр, joint spectrum; совмéстное мнóжество, compatible set (*Jordan algebras*)

совмещáть (совместúть), *v.*, combine, superpose, match

совмещáться, *v.*, coincide

совмещéние, *n.*, combination, superposition, matching, coincidence, alignment

совокуплять, *v.*, join, unite

совокýпно, *adv.*, jointly, in common

совокýпность, *f.*, totality, union, aggregate, population, universe, collection; генерáльная совокýпность, population, parent population, universe

совокýпный, *adj.*, joint, combined cumulative, total

совпадáть (совпáсть), *v.*, coincide, concur, be the same (as); не совпадáть, disagree (with), be inconsistent (with)

совпадáющий, *adj.*, coinciding, coincident, congruent

совпадéние, *n.*, coincidence, congruence, fit, fitness

совпáсть (*perf. of* совпадáть), *v.*, coincide

совремéнный, *adj.*, contemporary, modern, recent

совсéм, *adv.*, absolutely, entirely, completely, of all, quite; совсéм не, not at all

соглáсие, *n.*, conformity, accord, agreement, accordance; критéрий соглáсия, goodness-of-fit test; наилýчшее соглáсие, best fit

согласúться (*perf. of* соглашáться), *v.*, agree

соглáсно, *adj.*, according to, by; in accord

соглáсный, *adj.*, agreeing, agreeing with, consistent, concordant

согласовáние, *n.*, agreement, concordance, reconciliation

согласóванность, *f.*, coordination, consistency, agreement, compatibility

согласóванный, *adj.*, coordinated, consistent, concordant, compatible, conforming; согласóванный конéчный элемéнт, conforming finite element

согласóвывать (согласовáть), *v.*, coordinate, adjust, make consistent

согласýющийся, *adj.*, consistent, compatible, congruent

соглашáться (согласúться), *v.*, agree, concur

соглашéние, *n.*, stipulation, agreement, contract, convention

сóгнутый, *adj.*, bent, curved

содéйствие, *n.*, assistance, cooperation

содéйствовать, *v.*, assist, further, contribute, promote

содéйствующий, *adj.*, contributing, contributory, assisting

содержáние, *n.*, contents, intension (*logic*), matter, substance

содержáтельный, *adj.*, rich in content, informative, interesting, substantive, meaningful, profound, significant, useful, valuable, appropriate

содержа́ть, *v.*, contain, maintain, support, envelop; содержа́ть в себе́, contain, include
содержа́ться, *v.*, be contained, contain
содержа́щий, *adj.*, containing
содержа́щийся, *adj.*, contained, contained in
соедине́ние, *n.*, union, combination, junction, join, conjunction, juxtaposition; минима́льное соедине́ние, minimal connector
соединённый, *adj.*, united, joint, conjoint
соедини́тельный, *adj.*, connective
соединя́ть (соедини́ть), *v.*, combine, join, connect, unite, juxtapose, pool
соединя́ющий, *adj.*, connecting, combining, joining, uniting; соединя́ющий граф, attachment graph
сожале́ние, *n.*, regret; к сожале́нию, unfortunately
создава́емый, *adj.*, originating, being made, being created
создава́ть (созда́ть), *v.*, create, originate
созда́ние, *n.*, creation, work
созерца́ние, *n.*, contemplation
созерца́тельный, *adj.*, contemplative
созида́ние, *n.*, creation
созида́тельный, *adj.*, creative
созида́ть, *v.*, create, build up
созида́ющий, *adj.*, creating
созна́ние, *n.*, consciousness
созна́тельно, *adv.*, knowingly, consciously, deliberately
соизмери́мость, *f.*, commensurability
соизмери́мый, *adj.*, commensurable
соиска́тель, *m.*, applicant (*for a degree, after submitting a thesis*)
сократи́мость, *f.*, cancellability
сократи́мый, *adj.*, cancellable
сокраща́ть (сократи́ть), *v.*, shorten, reduce, cancel, contract
сокраща́ющийся, *adj.*, being cancelled, cancelled, reduced
сокраще́ние, *n.*, reduction, cancellation, shortening, abbreviation, contraction; сокраще́ние да́нных, reduction of data
сокращённый, *adj.*, reduced, abbreviated, contracted, abridged; сокращённое обозначе́ние, abridged notation
солено́ид, *m.*, solenoid
соленоида́льный, *adj.*, solenoidal
солёность, *f.*, salinity
соли́дный, *adj.*, solid, substantial
солито́н, *m.*, soliton
со́лнечный, *adj.*, solar, sun
со́лнце, *n.*, sun
солнцестоя́ние, *n.*, solstice; то́чка ле́тнего солнцестоя́ния, summer solstice; то́чка зи́мнего солнцестоя́ния, winter solstice
сольётся (*from* слива́ться), *v.*, will merge
сомкну́ть (*perf. of* смыка́ть), *v.*
сомнева́ться, *v.*, doubt
сомне́ние, *n.*, doubt
сомни́тельный, *adj.*, doubtful, questionable, dubious
сомно́житель, *m.*, factor, cofactor
сообража́ть, *v.*, consider, figure out, comprehend
соображе́ние, *n.*, concept, consideration, reason, argument
сообрази́тельный, *adj.*, quick-witted, sharp, bright
сообрази́ть (*perf. of* сообража́ть), *v.*, figure out, comprehend
сообра́зно (с), *prep.*, according to, in conformity with
сообра́зность, *f.*, conformity
сообра́зный, *adj.*, conformable (to), consistent
сообща́ть (сообщи́ть), *v.*, inform, communicate
сообще́ние, *n.*, information, report, communication, message
сооруже́ние, *n.*, structure
со́осный, *adj.*, coaxial
соотв., *abbrev.* (соотве́тственно), respectively
соотве́тственно, *adv.*, respectively; (*with dative*) corresponding (to), in accordance (with)
соотве́тственность, *f.*, conformity, accordance, correspondence
соотве́тственный, *adj.*, corresponding, respective
соотве́тствие, *n.*, correspondence, congruence, agreement, accordance, mapping, relation; в соотве́тствии, accordingly, according to; в соотве́тствии

со ска́занным, according to what has been said; соотве́тствие Галуа́, Galois correspondence
соотве́тствовать, *v.*, correspond, correspond to, conform to
соотве́тствующий, *adj.*, corresponding, appropriate, relevant, congruent
соотнесённый, *adj.*, associated, correlated, assigned, related
соотноси́тельный, *adj.*, correlative
соотноше́ние, *n.*, relation, correlation, ratio, formula
сопло́, *n.*, nozzle, jet; сопло́ переме́нного сече́ния, variable cross-section nozzle
соплово́й, *adj.*, nozzle, jet; соплово́е регули́рование, jet regulation, jet control
сопоставле́ние, *n.*, comparison, contrast, juxtaposition
сопоставля́ть (сопоста́вить), *v.*, compare, associate
соприкаса́ние, *n.*, contact, juxtaposition
соприкаса́ться, *v.*, touch, be in contact, adjoin, osculate
соприкаса́ющийся, *adj.*, touching, osculating, adjoining, contiguous; соприкаса́ющая окру́жность, osculating circle
соприкоснове́ние, *n.*, contact, contiguity, osculation
соприкоснове́нный, *adj.*, contiguous (to)
сопроводи́тельный, *adj.*, accompanying
сопровожда́емый, *adj.*, accompanied
сопровожда́ть (сопроводи́ть), *v.*, accompany
сопровожда́ться, *v.*, be accompanied
сопровожда́ющий, *adj.*, accompanying, moving; сопровожда́ющий репе́р, moving *n*-hedron (*of a curve*); сопровожда́ющая ма́трица, companion matrix; сопровожда́ющий трёхгранник, moving trihedral
сопровожде́ние, *n.*, accompaniment
сопротивле́ние, *n.*, resistance, specific resistance, drag; регули́руемое сопротивле́ние, varistor; ёмкостное сопротивле́ние, capacitance; усили́тель на сопротивле́ниях, resistance coupled amplifier; согласо́ванное сопротивле́ние, matched impedance; волново́е сопротивле́ние, matched impedance, wave impedance; индукти́вное сопротивле́ние, induced drag; про́фильное сопротивле́ние, profile drag; по́лное сопротивле́ние, impedance; счётчик с высокоо́мным сопротивле́нием, high-resistance counter
сопротивля́емость, *f.*, resistivity
сопряга́ть (сопря́чь), *v.*, join, unite, refer, conjugate
сопряже́ние, *n.*, union, junction, conjunction, conjugation, conjugating
сопряжённость, *f.*, contingency, union, conjunction, conjugacy, electrically charged state, conjugation; коэффицие́нт сопряжённости, coefficient of contingency; табли́ца сопряжённости при́знаков, contingency table; семе́йство сопряжённости, conjugation family
сопряжённый, *adj.*, conjugate, associated, charged, adjoint, apolar, dual (*space*); сопряжённая ма́трица, conjugate matrix; ко́мплексно сопряжённый, complex conjugate; сопряжённые измере́ния, conditioned measurements; ме́тод сопряжённых градие́нтов, conjugate gradient method; сопряжённые ве́кторные прострса́нства, dual vector spaces; сопряжённое простра́нство, dual space
сопря́чь (*perf. of* сопряга́ть), *v.*
сопу́тствовать, *v.*, accompany
сопу́тствуемый, *adj.*, accompanied
сопу́тствующий, *adj.*, accompanying, concomitant
соразме́рно, *adv.*, in proportion (to)
соразме́рность, *f.*, proportionality, commensurability
соразме́рный, *adj.*, proportional, commensurate, balanced
сорва́ться (*perf. of* срыва́ться), *v.*, break loose, fail, fall
Соро́, *p.n.*, Soreau
со́рок, *num.*, forty
сорт, *m.*, kind, quality
сортиро́вка, *f.*, sorting, grading
сосе́д, *m.*, neighbor
сосе́дний, *adj.*, neighboring, adjacent
сосе́дство, *n.*, neighborhood, vicinity; по сосе́дству, in the neighborhood (of)

соска́льзывать (соскользну́ть), *v.*, slide, slip
сосла́ться (*perf. of* ссыла́ться), *v.*, refer to, quote
сосредото́чение, *n.*, concentration
сосредото́ченный, *adj.*, concentrated, lumped; сосредото́ченная си́ла, point force; сосредото́ченный пара́метр, lumped parameter
сосредото́чивать (сосредото́чить), *v.*, concentrate, focus
соста́в, *m.*, composition, structure; входи́ть в соста́в, *v.*, be part of
соста́вить (*perf. of* составля́ть), *v.*
составле́ние, *n.*, composition, compilation; составле́ние логи́ческой схе́мы, logical design; зада́ча о составле́нии пар, matching problem; составле́ние счето́в, billing
соста́вленный, *adj.*, composed, superposed, constituted
составля́ть (соста́вить), *v.*, put together, compose, constitute, make up, form
составля́ющий, *adj.*, component, constituent
составно́й, *adj.*, component, composite, compound, constituent, combined; составно́е число́, composite number; составна́я величина́, combined variable; составно́й и́ндекс, aggregate (*or* aggregative) index; составно́е отображе́ние, composition (*mapping*); составна́я фу́нкция, blending function (*finite element method*)
соста́риться (*perf. of* ста́риться), *v.*, age, become old
состоя́ние, *n.*, state, condition; мы в состоя́нии, we are able to; с одни́м усто́йчивым состоя́нием, monostable; скры́тое состоя́ние, latency; усто́йчивое состоя́ние, steady-state; ве́ктор состоя́ния, state vector
состоя́тельность, *f.*, competence, justifiability, consistency
состоя́тельный, *adj.*, well-grounded, justifiable, consistent; состоя́тельная оце́нка, consistent estimate
состоя́ть, *v.*, be, consist (of)
состоя́ться, *v.*, take place
состоя́щий, *adj.*, consisting (of)
состыкова́ть (*perf. of* стыкова́ть), *v.*, join
состяза́ние, *n.*, competition, controversy
сосу́д, *m.*, vessel, container, volume (*statistical mechanics*)
сочи́тывать (сосчита́ть), *v.*, compute, calculate, sum up, count
со́тая, *f.*, one hundredth
сотвори́ть (твори́ть), *v.*, create
со́тен, *num.* (*gen. pl. of* со́тня), hundreds
со́тканный, *adj.*, web, webbed, woven
со́товый, *adj.*, honeycomb
сотру́дник, *m.*, collaborator, contributor, co-worker, associate
сотру́дничество, *n.*, collaboration, cooperation
со́ты, *pl.*, honeycombs; звёздные двуме́рные со́ты, star-tessellation
со́тый, *num.*, hundredth
соударе́ние, *n.*, collision, impact
софи́зм, *m.*, sophism, fallacy
софо́кусный, *adj.*, confocal
сохране́ние, *n.*, preservation, conservation, invariance; сохране́ние эне́ргии, conservation of energy
сохра́нно, *adv.*, safely, securely, intact
сохра́нность, *f.*, safety, invariance, preservation, conservation
сохра́нный, *adj.*, safe, secure, intact, invariant, conservation
сохраня́ть (сохрани́ть), *v.*, preserve, retain, remain, conserve; сохрани́ть си́лу, remain valid
сохраня́ться (сохрани́ться), *v.*, keep, last, remain, survive, be kept, be reserved
сохраня́ющий, *adj.*, preserving, retaining; сохраня́ющий у́глы, angle-preserving; сохраня́ющий но́рму, norm-preserving; сохраня́ющий ме́трику, metric-preserving, isometric; сохраня́ющий поря́док, order-preserving; сохраня́ющий слой, fiber-preserving
социа́льный, *adj.*, social; социа́льные нау́ки, social sciences
социометри́ческий, *adj.*, sociometric
сочета́ние, *n.*, combination, set; число́ сочета́ний, binomial coefficient
сочета́тельность, *f.*, associativity
сочета́тельный, *adj.*, associative, combinative

сочета́ть, *v.*, combine, unite, associate
сочета́ться, *v.*, combine, associate
сочине́ние, *n.*, composition, work
сочлене́ние, *n.*, joint, articulation, concatenation; то́чка сочлене́ния, cutpoint (*of a graph*)
сочли́, *past perf. of* счита́ть
сошлёмся (*from* сосла́ться), *v.*, we refer to
сою́зный, *adj.*, adjoint, connected with, associated (with)
спада́ть (спасть), *v.*, abate
спа́ренный, *adj.*, paired, coupled, twin, dual
спа́ривание, *n.*, pairing, coupling
спа́ривать (спа́рить), *v.*, pair, couple
спаса́тельный, *adj.*, life-saving; спаса́тельный круг, torus
спаса́ть (спасти́), *v.*, save, rescue
спасова́ть (*perf. of* пасова́ть), *v.*, pass
спе́йсинг, *m.*, spacing (*in statistics*)
спектр, *m.*, spectrum
спектра́льно (*from* спектра́льный), *adv.*; спектра́льно представи́мый, representable by spectral decomposition
спектра́льность, *f.*, spectral property, spectrum
спектра́льный, *adj.*, spectral; спектра́льная фу́нкция, spectral function
спектро́граф, *m.*, spectrograph
спектрографи́ческий, *adj.*, spectrographic
спектро́метр, *m.*, spectrometer
спектроскопи́ческий, *adj.*, spectroscopic
спекуляти́вный, *adj.*, speculative
Спе́нсер, *p.n.*, Spenser
сперва́, *adv.*, at first
спе́реди, *prep.*, in front of, before; *adv.*, at the front, from the front
спецфу́нкции, *pl., colloq.*, special functions
специализа́ция, *f.*, specialization
специализи́рованный, *adj.*, specialized
специализи́роваться, *v.*, specialize (in), specialize (to)
специа́льный, *adj.*, special, specific
специ́фика, *f.*, specific character, characteristics
специфи́ческий, *adj.*, specific, characteristic
специфи́чность, *f.*, specificity, quality of being specific
спецку́рс, *abbrev.* (специа́льный курс), *m.*, special course
спин, *m.*, spin
спина́, *f.*, back
спи́нка, *f.*, back, back edge
спин-коллинеа́ция, *f.*, spin-collineation
спи́новый, *adj.*, spin
спино́р, *m.*, spinor
спино́рный, *adj.*, spinor; спино́рная а́лгебра, spinor algebra
спиралеви́дный, *adj.*, spiral, helical
спира́ль, *f.*, spiral, helix; спира́ль Архиме́да, spiral of Archimedes; si-ci-спира́ль, si-ci spiral, Nielsen's spiral
спира́льный, *adj.*, spiral, helical
спи́сок, *m.*, list, copy; спи́сок литерату́ры, bibliography, list of references
спи́ца, *f.*, spoke
сплав, *m.*, alloy, fusion, float
сплавля́ть (спла́вить), *v.*, melt, fuse, alloy, float
сплавля́ться, *v.*, interpenetrate, coalesce
сплайн, *m.*, spline
сплета́ть (сплести́), *v.*, interlace, weave
сплета́ющий, *adj.*, intertwining
сплете́ние, *n.*, interlacing, wreath product
сплетённый, *adj.*, mixed, interlaced, wreathed
сплошно́й, *adj.*, continuous, entire, solid, total, compact; сплошна́я прове́рка, total inspection
сплo̍шность, *f.*, entirety, continuity, uniformity
сплошь, *adv.*, without gaps, uninterruptedly, completely, entirely
сплю́снутость, *f.*, flattening, flatness
сплю́снутый, *adj.*, flattened, oblate
сплющенный, *adj.*, flattened, oblate
сплющивание, *n.*, flattening, oblateness
сплющивать (сплющи́ть), *v.*, flatten
сплющиваться, *v.*, be flattened, be flat, be oblate
споко́йный, *adj.*, at rest, latent, quiet
сponта́нный, *adj.*, spontaneous
спор, *m.*, controversy, argument, quarrel; игра́ «семе́йный спор», "battle of the sexes" game
споради́ческий, *adj.*, sporadic

спо́рить (поспо́рить), *v.*, argue
спо́рный, *adj.*, controversial, disputed
спо́соб, *m.*, way, method; таки́м спо́собом, in this way; други́м спо́собом, in a different way; обы́чным спо́собом, in the usual way; по спо́собу, by means of
спосо́бность, *f.*, capacity, power, ability, aptitude; разреша́ющая спосо́бность, resolution, resolving power; пропускна́я спосо́бность, capacity; отража́тельная спосо́бность, reflectance
спосо́бный, *adj.*, able, capable
спосо́бствовать (поспо́бствовать), *v.*, promote, further
спосо́бствующий, *adj.*, instrumental, contributing
спра́ва, *adv.*, from the right, to the right, on the right
справедли́во, *adv.*, correctly, just; *adj.* (*short form of* справедили́вый); это нера́венство справедли́во, this inequality is correct (*or* holds, *or* is valid)
справедли́вость, *f.*, correctness, validity, fairness; прове́рка справедли́вости, justification test
справедли́вый, *adj.*, valid, correct, true, just, equitable, fair (*of a game*)
спра́виться (*perf. of* справля́ться), *v.*
спра́вка, *f.*, reference, information, certificate
справля́ться (спра́виться), *v.*, manage, cope (with); ask (about), consult
спра́вочник, *m.*, handbook, reference book
спра́вочный, *adj.*, reference
спра́шивать (спроси́ть), *v.*, ask, inquire, demand
спра́шиваться, *v.*, ask; спра́шивается, the question is
спроекти́рованный, *adj.*, designed, planned, projected
спроекти́ровать (*perf. of* проекти́ровать), *v.*, plan, design, project
спроекти́роваться (*perf. of* проекти́роваться), *v.*, be projected
спрос, *m.*, demand, market; крива́я спро́са, demand curve; переме́нная спро́са, demand variable; произво́дная спро́са, derived demand; нулево́й спрос, zero demand, excluded activity
спроси́ть (*perf. of* спра́шивать), *v.*
спряже́ние, *n.*, conjugation
спрямле́ние, *n.*, rectification
спрямля́емость, *f.*, rectifiability
спрямля́емый, *adj.*, rectifiable
спрямля́ть (спрями́ть), *v.*, rectify
спрямля́ющий, *adj.*, rectifying; спрямля́ющая пло́скость, rectifying plane
спуск, *m.*, slope, incline, descent, launching; ли́ния наибо́лее круто́го спу́ска, steepest descent; ме́тод скоре́йшего (*or* наибыстре́йшего) спу́ска, method of steepest descent; инду́кция спу́ска, descending induction; бесконе́чный спуск, infinite descent
спустя́, *prep.*, later; after
спу́тник, *m.*, satellite
ср., *abbrev.* (сравни́), compare, cf.
сраба́тывание, *n.*, operation, functioning; ло́жное сраба́тывание, malfunctioning
сраба́тывать (срабо́тать), *v.*, operate, function
сравнён (*short form of* сравнённый), *adj.*
сравне́ние, *n.*, comparison, congruence, matching; сравне́ние моне́т, matching coins
сравнённый, *adj.*, compared, equal, made equal to
сра́вниваемый, *adj.*, compared
сра́внивать (сравни́ть, сравня́ть), *v.*, compare, equal, equate
сра́вниваться, *v.*, equal, be equal, be compared, be congruent
сравни́мость, *f.*, comparability, congruence
сравни́мый, *adj.*, comparable, congruent; сравни́мые числа́, congruent numbers; сравни́мый по мо́дулю A, congruent modulo A
сравни́тельно, *adv.*, comparatively
сравни́тельный, *adj.*, comparative
сравни́ть (*perf. of* сра́внивать), *v.*, compare
сравня́ть (*perf. of* сра́внивать), *v.*, equate, equalize
сраже́ние, *n.*, battle
сра́зу, *adv.*, at once

сраста́ние, *n.*, combining, coalescence, accretion
сраста́ться (срасти́сь), *v.*, grow together, coalesce
срасти́ть (*perf. of* сра́щивать), *v.*, join, unite
сраще́ние, *n.*, union
сра́щивание, *n.*, union, joining, combination, coalescence
сра́щивать (срасти́ть), *v.*, join, unite, splice
среда́, *f.*, medium, surroundings, Wednesday
среди́, *prep.*, among; среди́ них, among them
среди́на, *f.*, middle, mean
среди́нный, *adj.*, middle, mean, average; среди́нное отклоне́ние, mean deviation
сре́дне-, *prefix*, mean, average
среднеарифмети́ческий, *adj.*, arithmetic mean, averaging, average
средневеко́вый, *adj.*, medieval
средневзве́шенный, *adj.*, weighted-mean
сре́днее, *n.*, mean, average, middle; сре́днее (значе́ние), mean, mean value; арифмети́ческое сре́днее, arithmetic mean; взве́шенное сре́днее, weighted mean, weighted average; преде́льное сре́днее, limiting mean; преде́льное сре́днее разма́ха, limiting mean of range; в сре́днем, on the average; сходи́мость в сре́днем, mean convergence; сходи́ться в сре́днем, converge in mean
среднеквадрати́ческий, *adj.*, mean square
среднеметри́ческий, *adj.*, mean-metric
среднесу́точный, *adj.*, daily average
сре́дний, *adj.*, middle, average, mean, median; сре́дняя секве́нция, midsequent; сре́дняя то́чка, centroid, midpoint; в сре́днем, on the average; сре́днее арифмети́ческое, *n.*, arithmetic mean; сре́днее значе́ние, mean value, average value; сре́дний член, mean (*of a ratio*); сре́днее пропорциона́льное, *n.*, mean proportional; сре́дний пропорциона́льный, *adj.*, mean proportional; сре́дняя ли́ния, *f.*, median, the line joining midpoints of two sides of a triangle; сре́дняя квадрати́чная оши́бка, mean square error, mean square deviation, standard deviation; сре́днее квадрати́ческое отклоне́ние, mean square deviation, standard deviation; усло́вное сре́днее значе́ние, conditional mean value; сре́днее отклоне́ние, mean deviation; сре́дняя квадрати́ческая регре́ссия, mean square regression; сре́дняя квадрати́ческая сопряжённость, mean square contingency; вы́борочное сре́днее значе́ние, sample mean, sampling mean; сре́днее лине́йное отклоне́ние, mean deviation
сре́дство, *n.*, means, tool
срез, *m.*, cut, section, shearing, slice
сре́занный, *adj.*, cut, cut off, truncated; а́лгебра аре́занных многочле́нов, divided powers algebra
среза́ть (сре́зать), *v.*, cut off
сре́зка, *f.*, cut-off function
сре́зывающий, *adj.*, cutoff, shear; сре́зывающее уси́лие, shearing stress
срок, *m.*, time, period, fixed time, date; срок слу́жбы, life; испыта́ние на срок слу́жбы, life test
СРП, *abbrev.* (систе́ма разли́чных представи́телей), system of distinct representatives
срыв, *m.*, derangement, disruption, collapse, breakdown; точка́ сры́ва, breakdown point (*robust statistics*)
срыва́ться (сорва́ться), *v.*, break loose, fail, fall
ссу́да, *f.*, loan
ссу́жаемый, *adj.*, supported
ссыла́ться (сосла́ться), *v.*, refer to, quote
ссыла́ясь, *adv.*, referring, alluding, if we refer; ссыла́ясь на, referring to, with reference to
ссы́лка[1], *f.*, reference
ссы́лка[2], *f.*, exile
стабилиза́тор, *m.*, stabilizer
стабилиза́ция, *f.*, stabilization, constancy
стабилизи́рование, *n.*, stabilization, stabilizing
стабилизи́ровать, *v.*, stabilize
стаби́льность, *f.*, stability
стаби́льный, *adj.*, stable, standard
ста́вить (поста́вить), *v.*, put, place, set, pose
ста́вка, *f.*, stake, bet, rate, salary

ста́вший (*from* стать), *adj.*, having become
ста́дия, *f.*, stage, phase; по ста́диям, by stages
ста́лкивать (столкну́ть), *v.*, push, shove, impel, bring (together)
ста́лкиваться, *v.*, collide (with), run into, encounter
ста́ло (*from* стать), *v.*, became; ста́ло быть, so, therefore
станда́рт, *m.*, norm, standard
стандартиза́ция, *f.*, standardization
стандартизо́ванный, *adj.*, standardized; стандартизо́ванная величина́, standardized variable, standardized quantity
станда́ртный, *adj.*, standard; станда́ртное отклоне́ние, standard deviation; станда́ртная оши́бка, standard error; станда́ртный блок, package; станда́рдтное сплете́ние, standard wreath product, regular wreath product
ста́нет (*from* станови́ться, стать), *v.*, stands
станови́ться[1] (стать[1]), *v.*, stand, stop, take a position, etc.
станови́ться[2] (стать[2]), *v.*, become, begin, get, grow, start (to)
становле́ние, *n.*, formation, composition
ста́нция, *f.*, station, plant, central office
стара́ние, *n.*, effort
стара́ться, *v.* (постара́ться), attempt, endeavor, try, seek
старе́ние, *n.*, aging
ста́риться (соста́риться), *v.*, age, become old
ста́рший, *adj.*, higher, highest, leading, older, senior, dominant; ста́ршая произво́дная, higher derivative; са́мый ста́рший разря́д, most significant digit; ста́рший коэффицие́нт, leading coefficient
ста́рый, *adj.*, old
ста́скивать (стащи́ть), *v.*, pull off, drag down
стасова́ть (*perf. of* тасова́ть), *v.*, shuffle
ста́тика, *f.*, statics
стати́стик, *m.*, statistician
стати́стика, *f.*, statistic; sample
статисти́ческий, *adj.*, statistical, statistic; статисти́ческая су́мма, statistical sum, partition function
стати́чески, *adv.*, statically
стати́ческий, *adj.*, static
статконтро́ль, *m.*, statistical control
ста́тус-фу́нкция, *f.*, status function
стать[1] (*perf. of* станови́ться[1]), *v.*
стать[2] (*perf. of* станови́ться[2]), *v.*
статья́, *f.*, article, item
стациона́рность, *f.*, stationary state
стациона́рный, *adj.*, stationary; стациона́рное уравне́ние, steady-state equation; стациона́рный временно́й ряд, stationary time series; ме́тод стациона́рной фа́зы, method of stationary phase; стациона́рная подгру́ппа, isotropy subgroup, stabilizer
ствол, *m.*, trunk, stem
стекло́, *n.*, glass
стеклова́ние, *n.*, vitrification
стеклови́дный, *adj.*, glassy, vitreous
стекля́нный, *adj.*, glass
сте́нка, *f.*, wall, partition
стенно́й, *adj.*, wall
стеногра́мма, *f.*, shorthand record, verbatim account
степенно́й, *adj.*, power, degree; степенно́й ряд, power series; степенна́я фу́нкция, exponential function
сте́пень, *f.*, power, degree, extent; сте́пень свобо́ды, degree of freedom; фу́нкция коне́чной сте́пени, function of exponential type; прямя́я сте́пень, direct power; сте́пень трансценде́нтности, transcendency degree
стерадиа́н, *m.*, steradian, stereo-radian (*unit of solid angle*)
стереографи́чески, *adv.*, stereographically
стереографи́ческий, *adj.*, stereographic
стереометри́ческий, *adj.*, solid geometry, stereometrical
стереоме́трия, *f.*, solid geometry, stereometry
стереоско́п, *m.*, stereoscope
стереоскопи́ческий, *adj.*, stereoscopic
стере́ть (*perf. of* стира́ть), *v.*
сте́ржень, *m.*, rod, bar, pivot
стержнево́й, *adj.*, pivotal

стержнеобра́зный, *adj.*, rod-like
стёртый, *adj.*, erased, obliterated
стесне́ние, *n.*, constraint, restraint
стеснённый, *adj.*, constrained, restrained
стесни́тельно, *adv.*, inconveniently, restrictively, shyly
стесни́тельный, *adj.*, restrictive, inconvenient, shy
стесня́ть (стесни́ть), *v.*, constrain, restrain, hinder, hamper
стигмати́чный, *adj.*, stigmatic
Сти́лтьес, *p.n.*, Stieltjes
стиль, *m.*, style, fashion
сти́льный, *adj.*, stylish, in style
сти́мул, *m.*, stimulus, stimulant
стимули́ровать, *v.*, stimulate
сти́нродовский, *adj.*, Steenrod
стира́ние, *n.*, erasure, cancellation
стира́ть (стере́ть), *v.*, erase, rub out, cancel
стира́ющий, *adj.*, forgetful (functor)
сто, *num.*, hundred
сто́имостный, *adj.*, value, cost; сто́имостная ма́трица, value matrix
сто́имость, *f.*, cost, value; фу́нкция сто́имости, cost function
сто́ить, *v.*, cost, be worth, be worthwhile, be a matter of; сто́ит, costs, is worth (while); stands, stops, remains, is, there is; сто́ит то́лько доказа́ть, it remains only to prove
сто́йка, *f.*, stand, support, post, pole
сток, *m.*, flow, drain, channel, sink; сток орграфа, sink of a digraph
стокра́тный, *adj.*, hundredfold
стол, *m.*, table, desk; расчётный стол, computer board
столб, *m.*, post, pole, column
столбе́ц, *m.*, column
сто́лбик, *m.*, *diminutive of* столб
столбцо́вый, *adj.*, column; столбцо́вая ма́трица, column matrix
сто́лбчатый, *adj.*, bar, histogram; сто́лбчатая диагра́мма, bar graph
столе́тие, *n.*, century, centennial
столе́тний, *adj.*, centennial
столкнове́ние, *n.*, collision, encounter
столкну́ть (*perf. of* ста́лкивать), *v.*, collide
столь, *adv.*, so, such; столь же, equally
сто́лько, *adv.*, as much, as many, so much, so many; не сто́лько … ско́лько, not so much … as
стопа́[1], *f.*, pile, ream
стопа́[2], *f.*, foot, foot step
сторона́, *f.*, side, aspect; с дру́гой стороны́, on the other hand; непреры́вный в о́бе стороны́, *adj.*, bicontinuous; равноме́рный в о́бе стороны́, *adj.*, bi-uniform
Сто́ун, *p.n.*, Stone
сто́уновский, *adj.*, Stone
стоха́стика, *f.*, stochastics
стохасти́чески, *adv.*, stochastically
стохасти́ческий, *adj.*, stochastic; стохасти́ческий проце́сс, stochastic process
стоя́ть, *v.*, stand, stop, be, be situated, remain, last, be idle
стоя́чий, *adj.*, standing, stagnant, standard
сто́ящий, *adj.* (*from* сто́ить), being capable (of), worth doing
стоя́щий, *adj.* (*from* стоя́ть), standing, lasting, idle
страда́ть (пострада́ть), *v.*, suffer; страда́ет недоста́тком, has the defect (that)
страни́ца, *f.*, page
стра́нность, *f.*, strangeness, peculiarity, singularity
стра́нный, *adj.*, odd, strange, singular
стратеги́ческий, *adj.*, strategic, strategical; стратеги́ческая усто́йчивость, property of being strategy-proof, nonmanipulability; стратеги́ческое голосова́ние, strategical *or* sophisticated voting
страте́гия, *f.*, strategy
стратифици́рованный, *adj.*, stratified
страхова́ние, *n.*, insurance; стати́стика страхова́ния, actuarial statistics
страхова́тель, *m.*, insurant, insured person
страхова́ть, *v.*, insure
страхово́й, *adj.*, insurance, actuarial
страхо́вщик, *m.*, insurer
стрела́, *f.*, arrow

стре́лка, *f.*, pointer, indicator, arrow; по часово́й стре́лке, clockwise; про́тив часово́й стре́лки, counterclockwise
стрельба́, *f.*, shooting, firing
стрельча́тый, *adj.*, arrow-shaped, pointed
стреля́ющий, *adj.*, firing, fire-
стреми́ться, *v.*, strive, try, aim for
стремле́ние, *n.*, convergence, tending, tendency
стремя́щийся, *adj.*, tending, approaching
стри́кция, *f.*, striction
строб, *m.*, gate; strobe
строби́рование, *n.*, gating
строби́ровать, *v.*, gate
строби́рующий, *adj.*, gating
стробоскопи́ческий, *adj.*, stroboscopic
стро́гий, *adj.*, rigorous, strict, strong; стро́гое вложе́ние, strict embedding; стро́гое нера́венство, strict inequality; стро́гое предпочте́ние, strong (*or* strict) preference; стро́гая импликация, strict implication
стро́го, *adv.*, strictly, rigorously; стро́го обрати́мый, strongly reversible; стро́го пло́ский A-мо́дуль, faithfully flat A-module
стро́гость, *f.*, rigor, structure, severity
строе́ние, *n.*, structure, construction
строи́тель, *m.*, designer, builder
строи́тельство, *n.*, construction, project
стро́ить (постро́ить), *v.*, construct, build, form
Стро́йк, *p.n.*, Struik
стро́йность, *f.*, orderliness, just proportion
стро́йный, *adj.*, orderly, well-proportioned
строка́, *f.*, line, row, series; n-строка́, n-tuple
строфо́ида, *f.*, strophoid
стро́чка, *f.*, line, row, series, stitch
строчно́й, *adj.*, lower-case; строчна́я бу́ква, small letter
стро́чный, *adj.*, row; стро́чный ранг, row rank
стро́я, *adv.*, forming, constructing, by forming, if we form
стро́ящийся, *adj.*, projected; стро́ящееся произведе́ние, projected bundle
структу́ра, *f.*, lattice, structure, Banach lattice, set-up; структу́ра с заме́ной, exchange lattice; M-структу́ра, matroid lattice; гребе́нчатая структу́ра, comb structure, corrugated structure
структуризу́емый, *adj.*, (being) made into a lattice
структу́рно, *adv.*, structural; структу́рно упоря́доченный, lattice-ordered; структу́рно усто́йчивый, structurally stable
структу́рно-гомомо́рфный, *adj.*, lattice-homomorphic
структу́рный, *adj.*, lattice, structural, parastrophic; структу́рная ма́трица, parastrophic matrix; структу́рный пучо́к, structure sheaf; структу́рная усто́йчивость, structural stability
структуро́ид, *m.*, latticoid
струна́, *f.*, string; оття́нутая струна́, plucked string
струя́, *f.*, jet, spray, stream
студе́нт, *m.*, student
ступе́нчатый, *adj.*, graduated, consecutive, step-; ступе́нчатая фу́нкция, step-function; ступе́нчатый ме́тод, staircase method; ступе́нчатая диагра́мма, bar graph
ступе́нь, *f.*, step, footstep, stage, level, order, degree; ступе́нь разреши́мости, solvability length
ступе́нька, *f.*, step-like data
стык, *m.*, junction, joining point; seam, interface
стыкова́ть (состыкова́ть), *v.*, join
стьюдентизи́рованный, *adj.*, Student's; стьюдентизи́рованное отклоне́ние, Student's deviation
стью́дентов, *adj.*, Student's, Student; стью́дентово отноше́ние, Student's ratio; стью́дентово отклоне́ние, Student's deviation
стя́гиваемость, *f.*, contractibility, compressibility
стя́гиваемый, *adj.*, contractible, contracted, compressible, collapsible, subtended
стя́гивание, *n.*, tightening, contraction, retraction, compression, pinching, blowing down

стя́гивать (стяну́ть), *v.*, tighten, pinch, tie, span, shrink, contract, subtend, retract
стя́гиваться, *v.*, shrink, contract
стя́гивающий, *adj.*, contracting, tending, subtending, spanning
стя́нутый, *adj.*, constricted, contracted, reduced; стя́нутое произведе́ние, smash product, contracted product, reduced product
стя́нуть (*perf. of* стя́гивать), *v.*, contract, subtend, retract
субаддити́вный, *adj.*, subadditive
суб-бигармони́ческий, *adj.*, sub-biharmonic
суббло́к, *m.*, sub-unit, sub-block
субвале́нтный, *adj.*, subvalent
субгармони́ческий, *adj.*, subharmonic
субгармони́чность, *f.*, subharmonicity
субгеодези́ческий, *adj.*, subgeodesic
субинвариа́нтный, *adj.*, subinvariant, accessible
сублине́йный, *adj.*, sublinear
субма́трица, *f.*, submatrix
субметри́ческий, *adj.*, submetric
субмоде́ль, *f.*, submodel
субнорма́ль, *f.*, sub-normal
субнорма́льный, *adj.*, subnormal
субоптима́льный, *adj.*, suboptimal
субордина́ция, *f.*, subordination
субпло́ский, *adj.*, subflat
субпроекти́вный, *adj.*, subprojective
субрефлекси́вный, *adj.*, subreflexive
субстанциона́льный, *adj.*, substantive
субститу́ция, *f.*, substitution
субституэ́нд, *m.*, substituend
субстра́т, *m.*, substratum
субтота́льный, *adj.*, subtotal
субфини́тный, *adj.*, sub-finite
субъе́кт, *m.*, person, individual, subject
субъективи́зм, *m.*, subjectivism
субъекти́вный, *adj.*, subjective
сугу́бо, *adv.*, especially, particularly, extremely; doubly, twice
суде́бный, *adj.*, legal, judicial, court
суди́ть, *v.*, judge, predetermine
су́дно, *n.*, vessel, craft
судьба́, *f.*, fate, fortune
су́дя, *adv.*, judging, if we judge; су́дя по э́тому, judging from this; су́дя по тому́, что, judging from the fact that
сужа́ть (су́зить), *v.*, narrow down, contract, constrict; ме́тод сужа́ющихся окре́стностей, decremental neighborhood method
сужде́ние, *n.*, judgment, opinion, inference; индукти́вное сужде́ние, inductive inference
суже́ние, *n.*, contraction, constriction, narrowing, restriction
су́женный, *adj.*, contracted, narrowed
су́зить (*perf. of* сужа́ть), *v.*
суме́ть, *v.*, be able, know, succeed (in)
су́мма, *f.*, sum, union; в су́мме, amounting to; су́мма очко́в, score sum; интегра́льная су́мма, Riemann sum (*for an integral*)
сумма́рный, *adj.*, total, summary, summarized
сумма́тор, *m.*, adder, summator, integrator
сумми́рование, *n.*, summation, summing up; сумми́рование распространя́ется на, the summation is taken over
сумми́ровать, *v.*, sum, sum up, add together, summarize
сумми́руемость, *f.*, summability, integrability
сумми́руемый, *adj.*, summable, integrable; сумми́руемая с квадра́том, square integrable
сумми́рующий, *adj.*, summing
сумми́руя, *adv.*, summing, by summing, if we sum; сумми́руя по, summing over
су́технаддити́вный, *adj.*, super-additive
супергармони́ческий, *adj.*, superharmonic
супергармони́чность, *f.*, superharmonicity
супермультипле́тный, *adj.*, super-multiplet
суперпози́ция, *f.*, superposition, composition; опера́тор суперпози́ции, substitution operator
суперфиниши́рование, *n.*, high finishing
суперэффекти́вность, *f.*, supereffectiveness, superefficiency
суперэффекти́вный, *adj.*, supereffective, superefficient

су́ппорт, *m.*, support, rest
супре́мум, *m.*, supremum
суррога́т, *m.*, substitute; топологи́ческий суррога́т, topological substitute
су́слинский, *adj.*, Suslin; су́слинское мно́жество, Suslin set, analytic set
суспе́нзия, *f.*, suspension
су́тки, *pl.*, twenty-four hours, day
су́ток (*gen. pl. of* су́тки)
су́точный, *adj.*, daily, diurnal
суть, *f.*, essence, substance
суть (*from* быть), *v.*, (they) are
су́хой, *adj.*, dry, arid
су́шка, *f.*, drying
суще́ственно, *adv.*, essentially, substantially; суще́ственно осо́бая то́чка, essential singularity
суще́ственность, *f.*, importance, essence
суще́ственный, *adj.*, essential, important, substantial
существо́, *n.*, essence, being, entity; по существу́, actually, essentially, in essence; по существу́ де́ла, essentially, fundamentally
существова́ние, *n.*, existence, presence; доказа́тельство существова́ния, existence proof; ква́нтор существова́ния, existential quantifier
существова́ть, *v.*, exist, be
су́щность, *f.*, essence, main point, entity; в су́щности говоря́, generally speaking
сфе́ра, *f.*, sphere
сфери́ческий, *adj.*, spherical; сфери́ческая фу́нкция, spherical harmonic
сфери́чески симметри́чный, *adj.*, spherically symmetric
сферо́ид, *m.*, spheroid
сфероида́льный, *adj.*, spheroidal
сфе́ро-кони́ческий, *adj.*, sphero-conal, sphero-conical
сфокуси́ровать (*perf. of* фокуси́ровать), *v.*, focus
сформули́рованный, *adj.*, formulated, stated
сформули́ровать, *v.*, state, formulate
схе́ма, *f.*, scheme, plan, diagram, circuit, network, pattern; коне́чная схе́ма, finite scheme, finite circuit; схе́ма со мно́гими усто́йчивыми состо́яниями, multistable configuration, multistable circuit; тео́рия схем, communication theory; схе́ма «и», "and" circuit; модели́рующая схе́ма, analogous circuit; схе́ма антисовпаде́ний, anticoincidence circuit; схе́ма с и́мпульсным возбужде́нием, pulse-actuated circuit; схе́ма заде́ржки и́мпульсов, pulse-delay circuit; схе́ма генера́ции и́мпульсов, pulse-generating circuit; реле́йная схе́ма, relay circuit; схе́ма удвое́ния напряже́ния, voltage-doubling circuit; схе́ма Ве́йля, Weyl pattern; схе́ма Ю́нга, Young tableau; блок-схе́ма, block design; схема функциона́льных элеме́нтов, circuit of (*or* consisting of) functional elements
схематиза́ция, *f.*, schematization, planning
схема́тика, *f.*, circuitry, schematics
схемати́чески, *adv.*, schematically, diagrammatically
схемати́ческий, *adj.*, schematic, diagrammatical
схе́мный, *adj.*, network, circuit, system
сходи́мость, *f.*, convergence; тополо́гия просто́й сходи́мости, simple convergence topology; сходи́мость в сре́днем, mean convergence
сходи́ть, *v.*, descend, come down, get off
сходи́ться, *v.*, converge, come together, meet; сходи́ться к, converge to; сходи́ться в сре́днем, converge in mean
схо́дный, *adj.*, similar; схо́дная черта́, similarity; схо́дная секве́нция, cognate sequent
схо́дственный, *adj.*, similar, like
схо́дство, *n.*, resemblance, similarity, analogy
сходя́щийся, *adj.*, convergent, concurrent
схо́жий, *adj.*, like, similar
Схо́тен, *p.n.*, van Schouten
сценарий, *m.*, scenario; ме́тод сцена́риев, scenario method
сцепле́ние, *n.*, coupling, linking, cohesion, adhesion
сце́пленный, *adj.*, geared, coupled, linked, chained, cohesive; сце́пленное мно́жество, enchained set; сце́пленные о́бласти, overlapping domains
сцинтилли́рующий, *adj.*, scintillating
сцинтилля́ция, *f.*, scintillation

сча́стье, *n.*, happiness, luck; к сча́стью, fortunately
счесть (*perf. of* счита́ть[1,2]), *v.*
счёт, *m.*, calculation, computation, count; за счёт, at the expense of, on account of, by means of, with respect to; в коне́чном счёте, in the end, as a final result, ultimately
счётно, *adv.*, denumerably, countably; счётно перечисли́мый, recursively enumerable
счётно-аддити́вный, *adj.*, denumerably additive, countably additive
счётно-компа́ктный, *adj.*, countably compact, separable
счётно-кра́тный, *adj.*, countably multiple
счётно-паракомпа́ктный, *adj.*, countable-paracompact
счётно-разложи́мый, *adj.*, denumerably decomposable
счётнореша́ющий, *adj.*, computing, calculating
счётность, *f.*, denumerability, countability; втора́я аксио́ма счётности, second axiom of countability
счётный, *adj.*, denumerable, countable, counting, calculational; счётная лине́йка, slide rule; счётная маши́на, calculator, computer; счётное мно́жество, denumerable set; не бо́лее чем счётный, at most countable; счётное ре́ле, counting relay; счётное в бесконе́чности простра́нство, locally compact σ-compact space
счётчик, *m.*, counter, indicator, accumulator
счётчик-сцинтилля́тор, *m.*, scintillation counter
счёты, *pl.*, abacus
счисле́ние, *n.*, calculation; систе́ма счисле́ния, number system; сме́шанная систе́ма счисле́ния, mixed-base notation
счита́ть[1] (счесть), *v.*, reckon, consider, regard, suppose, assume; счита́т дока́занным, take for granted, assume; мы счита́ем $x = 1$, we take, $x = 1$ (*or* suppose $x = 1$)
счита́ть[2] (*perf. of* счи́тывать), *v.*, read, read out; compare, collate
счита́ть[3] (сосчита́ть), *v.*, count, add up, compute, reckon
счита́ться, *v.*, consider, reckon (with), be considered
счита́я, *adv.*, considering, regarding, if we regard, if we count
счи́тка, *f.*, comparison, checking, read-out
счи́тывание, *n.*, reading, read-out
счи́тывать (счита́ть[2]), *v.*, read, read out
сшива́ть (сшить), *v.*, sew together
сши́вка, *f.*, sewing together; теоре́ма о сши́вка, sewing theorem
сшить (*perf. of* шить *and of* сшива́ть), *v.*, sew, sew together
съезд, *m.*, congress
съём, *m.*, removal, sampling; моме́нт съёма, sampling instant
съёмка, *f.*, survey, shooting
съёмочный, *adj.*, surveying, survey
сыгра́ть, *v.*, play, perform
сыпу́чий, *adj.*, free-flowing, loose
сыро́й, *adj.*, untreated, crude, raw, wet
сырьё, *n.*, raw material
сэконо́мить (*perf. of* эконо́мить), *v.*, economize, save
сюда́, *adv.*, here
сюръе́кция, *f.*, surjection
сюръекти́вный, *adj.*, surjective
S-**ядро́**, *s*-**ядро́**, *n.*, core (*of a game*)

Т т

та (*from* тот), *pron.*, that
табли́ца, *f.*, table, list, array, plate; прямоуго́льная табли́ца, rectangular array, matrix; табли́ца сопряжённости при́знаков, contingency table
табли́чный, *adj.*, table, tabular; M-табли́чный, M-table; M-табли́чное представле́ние, M-table representability
табули́рование, *n.*, tabulation
табули́рованный, *adj.*, tabulated
табули́ровать, *v.*, tabulate
табуля́тор, *m.*, tabulator
тавтологи́ческий, *adj.*, tautological
тавтоло́гия, *f.*, tautology
так, *adv.*, so, thus, like this; то́чно так же, in just the same way; *conj.*, так как, as, since; так же, как и вы́ше, as above; так называ́емый, so-called; это не так, it is not the case; так же, in the same way; так что, so that
та́кже, *adv.*, also, too, as well
таки́м (*from* тако́й), such; таки́м о́бразом, thus
такнода́льный, *adj.*, tacnodal; такнода́льная то́чка, tacnode
таково́й, *pron.*, such, the same; как таково́й, as such
тако́й, *pron.*, such, so, that; тако́й же, как, the same as; тако́й же... как, as... as; в тако́м слу́чае, in that case
тако́й-то, *pron.*, so-and-so, such-and-such
такт[1], *m.*, time, bar, stroke, unit of time pass, step (*computing*)
такт[2], *m.*, tact
та́к-таки, *particle*, really, after all
такти́ческий, *adj.*, tactical
там, *adv.*, there; там же, in the same place
танга́ж, *m.*, pitch, pitching; у́гол танга́жа, pitch angle
та́нгенс, *m.*, tangent
тангенсгальвано́метр, *m.*, tangent galvanometer
тангенсо́ида, *f.*, tangent curve
тангенциа́льный, *adj.*, tangential
та́нец, *m.*, dance; зада́ча о та́нцах, dancing problem, marriage problem
тасова́ние, *n.*, shuffle, shuffling (of cards)
тасова́ть, *v.* (стасова́ть), shuffle; тасова́ть ка́рты, shuffle cards
тасо́вка, *f.*, shuffle, shuffling
та́уберов, *adj.*, Tauberian
таутохро́на, *f.*, tautochrone
тве́рдость, *f.*, hardness, solidity, firmness, rigidity
твердоте́льный, *adj.*, solid state, rigid body
тве́рдый, *adj.*, rigid, hard, firm; твёрдое те́ло, rigid body, solid
тви́стор, *m.*, twistor
твори́ть (сотвори́ть), *v.*, create
тво́рческий, *adj.*, creative
т. е., *abbrev.* (то есть), that is, i.e.
те (*from* тот), *pron.*, those
те́зис, *m.*, thesis
те́йлоров, *adj.*, Taylor
те́йлоровский, *adj.*, Taylor
Те́йхмюллер, *p.n.*, Teichmüller
текст, *m.*, text
тексти́льный, *adj.*, textile
тексту́ально, *adv.*, according to text
тексту́альный, *adj.*, textual
теку́честь, *f.*, fluctuation, instability, fluidity, fluid, yield
теку́чий, *adj.*, fluid, fluctuating, unstable
теку́щий, *adj.*, flowing, flow, current, present-day; теку́щая координа́та, moving coordinate
тел (*gen. pl. of* те́ло), of bodies, solids, *or* fields
телеви́дение, *n.*, television
телегра́фный, *adj.*, telegraphic; телегра́фное уравне́ние, telegraph equation
телекоммуникацио́нный, *adj.*, telecommunicational
телепараллели́зм, *m.*, teleparallelism
телепереда́ча, *f.*, telecommunication, transmission, telecast
телеско́п, *m.*, telescope
телескопи́ческий, *adj.*, telescopic

теле́сный, *adj.*, solid (angle), corporal, solid; теле́сная зона́льная фу́нкция, solid zonal harmonic
телета́йп, *m.*, teletype, teleprinter; код телета́йпа, teleprinter code
телета́йпный, *adj.*, teletype
телеуправле́ние, *n.*, remote control
телеуправля́емый, *adj.*, operated by remote control, remote control
телефони́я, *f.*, telephony
телефо́нный, *adj.*, telephone, telephonic
те́ло, *n.*, body, solid, field (*not* "field" *without modifiers, in algebra*); skew field, division ring; материа́льное те́ло, mass; пробле́ма двух (трех) тел, two- (three-) body problem; излуче́ние чёрного те́ла, blackbody radiation; альтернати́вное те́ло, alternative field, alternative division ring; жи́дкое те́ло, liquid; вы́пуклое те́ло, convex body
телодвиже́ние, *n.*, movement of the body, motion of the body
телообра́зный, *adj.*, field-like
телоподо́бный, *adj.*, field-like; телоподо́бная а́лгебра, field-like algebra
тем (*from* тот), *pron.*, by that, to those; *adv.*, so much the; чем..., тем..., the..., the...; тем бо́лее, что, the more so, as; тем не ме́нее, nevertheless; тем са́мым, thus, moreover, by the same token, hence, then so that
те́ма, *f.*, theme, subject, topic
тема́тика, *f.*, themes, subjects
темати́ческий, *adj.*, subject, thematic
тембр, *m.*, timbre, characteristic, quality
те́ми (*from* тот), *pron.*, (by) those
темново́й, *adj.*, dark; темново́й ток, dark current
темнота́, *f.*, dark, darkness
тёмный, *adj.*, dark
темп, *m.*, rate, speed, frequency, tempo; ускоря́ть темп, *v.*, accelerate
температу́ра, *f.*, temperature
температу́рный, *adj.*, temperature
тенденцио́зность, *f.*, bias, tendentiousness
тенденцио́зный, *adj.*, biased
тенде́нция, *f.*, tendency, inclination, trend, bias
те́нзор, *m.*, tensor; те́нзор деформа́ции, strain tensor, deformation tensor; те́нзор напряжёния, stress tensor; те́нзор ско́рости деформа́ции, strain velocity tensor; те́нзор проводи́мости, conductivity tensor
те́нзорный, *adj.*, tensor; те́нзорное исчисле́ние, tensor calculus
тень, *f.*, shadow, shade, umbra
теоре́ма, *f.*, theorem
теоре́тико-, *prefix*, -theoretic
теоре́тико-вероя́тностный, *adj.*, probability-theoretic
теоре́тико-группово́й, *adj.*, group-theoretic
теоре́тико-игрово́й, *adj.*, game-theoretic
теоре́тико-мно́жественный, *adj.*, set-theoretic
теоре́тико-структу́рный, *adj.*, lattice-theoretic
теоре́тико-функциона́льный, *adj.*, function-theoretic
теоре́тико-числово́й, *adj.*, number-theoretic
теорети́чески, *adv.*, theoretically, in theory
теорети́ческий, *adj.*, theoretical
теорети́чный, *adj.*, abstract, theoretical
тео́рия, *f.*, theory
тепе́решний, *adj.*, present, contemporary
тепе́рь, *adv.*, now, present; тепе́рь же, right now
Тёплиц, *p.n.*, Toeplitz
тёплицев, *adj.*, Toeplitz
тепло́, *n.*, heat, warmth; *adj.* (*short form of* тёплый), warm
теплово́й, *adj.*, thermal, caloric, heat
теплоёмкость, *f.*, heat capacity, thermal capacity; уде́льная теплоёмкость, specific heat
теплоизлуче́ние, *n.*, thermal radiation, thermal emission, heat radiation
теплоизоляцио́нный, *adj.*, (thermally) insulated
теплоизоля́ция, *f.*, heat insulation, thermal insulation
теплообме́н, *m.*, heat exchange, heat transfer
теплообме́нник, *m.*, heat exchanger
теплоотво́д, *m.*, cooling

теплопереда́ча, *f.*, heat transfer
теплопрово́дность, *f.*, heat conductivity, thermal conductivity, heat conduction
теплопроводя́щий, *adj.*, heat conducting
теплосодержа́ние, *n.*, heat content, enthalpy
теплота́, *f.*, heat, warmth
тёплый, *adj.*, warm
терм, *m.*, therm
те́рмин, *m.*, term; в те́рминах, in terms (of)
термина́льный, *adj.*, terminal; термина́льный объе́кт, terminal object
терминоло́гия, *f.*, terminology, nomenclature
термио́нный, *adj.*, thermionic
терми́ческий, *adj.*, thermal, thermic
термодина́мика, *f.*, thermodynamics
термодинами́ческий, *adj.*, thermodynamic
термодиффузио́нный, *adj.*, thermodiffusion
термодиффу́зия, *f.*, thermal diffusion
термомагни́тный, *adj.*, thermomagnetic
термопа́ра, *f.*, thermocouple
термоста́тика, *f.*, thermostatics
термоэлектри́чество, *n.*, thermoelectricity
термоэлектродви́жущий, *adj.*, thermoelectromotive; коэффицие́нт термоэлектродви́жущей си́лы, absolute thermoelectric power
термоэлеме́нт, *m.*, thermoelement, thermocouple
термоэффе́кт, *m.*, thermo-effect
термоя́дерный, *adj.*, thermonuclear
терна́рный, *adj.*, ternary
терпе́ть (потерпе́ть), *v.*, suffer, undergo, endure, tolerate, support; те́рпят разры́в, are discontinuous, have discontinuities
территориа́льный, *adj.*, territorial
террито́рия, *f.*, territory
Тёрстон, *p.n.*, Thurston
терциа́рный, *adj.*, tertiary
теря́ть (потеря́ть), *v.*, lose, give off, give up, shed; теря́ется (*of an assertion*), fails
теря́я, *adv., adj.*, losing; не теря́я о́бщности, without losing generality
тесера́льный (= тессера́льный), *adj.*, tesseral; тесера́льная гармо́ника, tesseral harmonic
те́сно, *adv.*, closely
теснота́, *f.*, tightness, closeness, crowd
те́сный, *adj.*, tight, close, narrow; в те́сной свя́зи с, closely connected to
тессера́льный, *adj.*, tesseral; тессера́льная сфери́ческая фу́нкция, tesseral surface harmonic
тест, *m.*, test
тести́рование, *n.*, test, testing
те́та-функция, *f.*, theta function
тетрацикли́ческий, *adj.*, tetracyclic
тетра́эдр, *m.*, tetrahedron; гру́ппа тетра́эдра, tetrahedral group
тетраэдра́льный, *adj.*, tetrahedral
тетраэдри́ческий, *adj.*, tetrahedral
тетро́д, *m.*, tetrode
тех (*from* тот), *pron.*, those, of those
те́хник, *m.*, technician, engineer
те́хника, *f.*, technology, engineering, techniques
те́хникум, *m.*, technical school, college, technical college
техни́ческий, *adj.*, technical, engineering, technological; техни́ческая возмо́жность, technological capability
технологи́ческий, *adj.*, technological
техноло́гия, *f.*, technology
тече́ние, *n.*, current, stream, flow, trend; в тече́ние, in the course (of), during; безвихрево́е тече́ние, irrotational flow
течь, *v.*, flow, leak
ти́льда, *f.*, tilde; ти́льда-опера́ция, tilde-operation
тип, *m.*, type, model, kind; главный тип, Haupttypus (*number theory*)
типи́ческий, *adj.*, typical, representative
типи́чно, *adv.*, typically; generically
типи́чно-веще́ственный, *adj.*, typically real
типи́чность, *f.*, typicalness, generic character
типи́чный, *adj.*, typical, characteristic, generic
типово́й, *adj.*, standard, model
тире́, *n., indeclinable*, dash, em-dash
тита́н, *m.*, titanium; boiler; titan

Титс, *p.n.*, Tits; систéма Титса, Tits system
ти́хоновский, *adj.*, Tychonoff
т.к., *abbrev.* (так как), since
тка́невый, *adj.*, tissue, woven, web
ткань, *f.*, web, fabric, material, tissue
тлéющий, *adj.*, glowing, smoldering; тлéющий разря́д, glow discharge
т. н., *abbrev.* (так называ́емый), so-called
то, *pron.*, it, that; *conj.*, then (*frequently just a strong comma, and is best omitted in translation*); то есть, that is, i.e.; то же, the same; однó и то же, one and the same; не то, otherwise; не то... не то, either... or; то ли... то ли, whether... or, either... or; (да) и то, even, even then; то, что, that, the fact that
Т-обра́зный, *adj.*, T-shaped, right-angled; Т-обра́зное сочленéние, right-angled junction
това́р, *m.*, wares, commodity, goods
това́рный, *adj.*, commodity; това́рная ка́рта, commodity map
тогда́, *adv.*, then, at that time; тогда́ и тóлько тогда́, if and only if; тогда́, когда́, when; тогда́ как, whereas
тогó (*from* тот), *pron.*, (of) this; для тогó чтóбы, in order that; и без тогó, even without that, in any case; по мéре тогó как, as; крóме тогó, furthermore; без тогó чтóбы, unless
тождéственно, *adv.*, identically
тождéственность, *f.*, identity
тождéственный, *adj.*, identical, identical to, same, same as, standard; тождéственное отображéние, identity mapping
тождéство, *n.*, identity; проблéма тождéства, word problem
тóже, *adv.*, also, too, as well
ток, *m.*, current, flow; постоя́нный ток, direct current; перемéнный ток, alternating current; фу́нкция тóка, stream function, flow function; ли́ния тóка, streamline
токси́ческий, *adj.*, toxic
токси́чность, *f.*, toxicity
толера́нтность, *f.*, tolerance
толера́нтный, *adj.*, tolerance; толера́нтные предéлы, tolerance limits
толкова́ние, *n.*, interpretation
толкова́ть, *v.*, interpret, explain
тóлком, *adv.*, clearly, properly, really, thoroughly
толпа́, *f.*, mob, crowd
толстостéнный, *adj.*, thick-walled, heavy-walled
тóлстый, *adj.*, thick, heavy
толчóк, *m.*, push, shock, stimulus; дать толчóк раз ви́тию, stimulate the development
толщина́, *f.*, thickness
тóлько, *adv.*, only, solely, merely, but; тогда́ и тóлько тогда́, когда, if and only if; тóлько что, just, just now; как тóлько, as soon as; не тóлько... но и, not only... but also
Том, *p.n.*, Thom
том, *m.*, volume
тому́ (*from* тот), *pron.*, that; к тому́ же, furthermore; и тому́ подóбное, etc., and so forth
тон, *m.*, tone, pitch
тóнкий, *adj.*, thin, fine, subtle, refined
тóнко, *adv.*, thinly, finely; *prefix*, thin-
тонкостéнный, *adj.*, thin-shelled
тóнкость, *f.*, thinness, subtlety, fineness; тóнкости, *pl.*, details, refinements
тóнна, *f.*, ton
тонча́йший (*from* тóнкий), *adj.*, finest
тóпка, *f.*, heating, furnace, melting
тóпливный, *adj.*, fuel
тóпливо, *n.*, fuel, firing; жи́дкое тóпливо, (fuel) oil, liquid fuel
топографи́ческий, *adj.*, topographical
топогра́фия, *f.*, topography
топóлог, *m.*, topologist
топологиза́ция, *f.*, topologization
топологизи́рованный, *adj.*, topologized
топологизи́ровать, *v.*, topologize
топологизи́роваться, *v.*, be topologized
топологизи́рующий, *adj.*, topologizing
топологи́чески, *adv.*, topologically
топологи́ческий, *adj.*, topological
тополóгия, *f.*, topology
тóпос, *m.*, topos
тóпочный, *adj.*, furnace, heating
тор, *m.*, torus, anchor ring

торг, *m.*, bargaining, market, auction; торги́, bidding; игра́ то́рга, bargaining game
торго́вец, *m.*, dealer, merchant
торго́вля, *f.*, trade, commerce, barter
торго́вый, *adj.*, commercial, trade; сре́дняя торго́вой акти́вности, average sales
торе́ц, *m.*, end-wall, paving block, element of a covering
тори́ческий, *adj.*, torus
торможе́ние, *n.*, damping, braking, retardation, drag, inhibition
то́рмоз, *m.*, brake, obstacle
тормози́ть, *v.*, retard, damp, brake
тормозно́й, *adj.*, braking; тормозно́е излуче́ние, bremsstrahlung
тормозя́щий, *adj.*, inhibiting, damping, braking
торови́дный, *adj.*, torus, torus-shaped, toroidal
торо́ид, *m.*, toroid
тороида́льный, *adj.*, toroidal
торообра́зный, *adj.*, torus-shaped, toroidal
торс, *m.*, developable surface, torse, trunk
торсообразу́ющий, *adj.*, developable
то́рсор, *m.*, torsor
торцо́вый (торцево́й), *adj.*, front, face, end; торцево́й граф, endgraph
тот (та, то), *pron.*, that; тот же са́мый, the same; тот же, the same
тотализа́ция, *f.*, totalization
тота́льно, *adv.*, completely, totally
тота́льность, *f.*, property of being total; totality
тота́льный, *adj.*, total, complete
то́тчас, *adv.*, immediately, instantly
то́чечно, *adv.*, pointwise
то́чечно-, *prefix*, point-, pointwise
то́чечно-коне́чный, *adj.*, pointwise finite, point-finite
то́чечно-конта́ктный, *adj.*, point-contact
то́чечно-опо́рный, *adj.*, point-supported
то́чечно-пересека́ющийся, *adj.*, intersecting pointwise
то́чечно-транзити́вный, *adj.*, pointwise transitive
то́чечный, *adj.*, point, pointwise, dot, pointlike; то́чечный исто́чник, point source; то́чечная реше́тка, point lattice; то́чечное мно́жество, punctiform set, point set
то́чка, *f.*, point, place, spot, dot; то́чка зре́ния, point of view; то́чка сосредоточе́ния ма́ссы, discrete mass point; крити́ческая то́чка, critical point; то́чка перети́ба, inflection point
точне́е, *adv.*, more exactly, more precisely
то́чно, *adv.*, accurately, exactly, precisely, just, directly; то́чно так же, in just the same way, in the same way; то́чно интегриру́ющийся, exactly integrable; то́чно n-транзити́вный, sharply n-transitive
то́чность, *f.*, exactness, accuracy, precision; с то́чностью до, to within, up to; повы́шенная то́чность, multiple precision; в то́чности, exactly, precisely, accurately
то́чный, *adj.*, precise, exact, explicit, correct, strict, close, proximate, faithful, sharp; то́чный поря́док, proximate order; то́чная ве́рхняя грань, least upper bound, supremum; то́чная ни́жняя грань, greatest lower bound, infimum; то́чное представле́ние, faithful representation; то́чная оце́нка, sharp estimate; то́чный хара́ктер, faithful character; то́чная после́довательность, exact sequence
то́щий, *adj.*, meager, thin; то́щее мно́жество, thin set, meager set
т. п., *abbrev.* (тому́ подо́бно), similarly
травя́щий, *adj.*, etching
традицио́нный, *adj.*, traditional, conventional
тради́ция, *f.*, tradition
траекто́рия, *f.*, trajectory, path, track, locus
тракта́т, *m.*, treatise
трактова́ть, *v.*, treat, discuss, interpret
тракто́вка, *f.*, interpretation
трактри́са, *f.*, tractrix
транзи́стор, *m.*, transistor
транзи́сторный, *adj.*, transistor
транзити́вность, *f.*, transitivity
транзити́вный, *adj.*, transitive
трансвариа́ция, *f.*, transvariation
трансверса́ль, *f.*, transversal
трансверса́льно, *adv.*, transversally
трансверса́льность, *f.*, transversality

трансверса́льный, *adj.*, transverse, transversal
трансгресси́вный, *adj.*, overlapping, intersecting, transgressive
трансгре́ссия, *f.*, overlapping, intersection, transgression
трансзвуково́й, *adj.*, transonic
транслати́вность, *f.*, translativity
транслати́вный, *adj.*, translative
трансля́тор, *m.*, translator, compiler (*computing*)
трансляцио́нный, *adj.*, translation, translational, transmission, broadcasting
трансля́ция, *f.*, translation, transmission, broadcast
трансмиссио́нный, *adj.*, transmission
трансми́ссия, *f.*, transmission
транспара́нт, *m.*, transparency, transparent overlay
транспа́рантный, *adj.*, transparent
трансплента́ция, *f.*, transplantation
транспози́ция, *f.*, transposition
транспони́рование, *n.*, transposition, conjugation, conjugating
транспони́рованный, *adj.*, transposed, conjugate, conjugated; транспони́рованная ма́трица, transpose
транспони́ровать, *v.*, transpose, conjugate
транспорти́р, *m.*, protractor
транспортиро́вка, *f.*, transport, transportation
тра́нспортный, *adj.*, transport, transporting, supply
трансфини́тный, *adj.*, transfinite
трансформа́нта, *f.*, transform
трансформа́тор, *m.*, transformer
трансформацио́нный, *adj.*, transformation
трансформа́ция, *f.*, transformation
трансформи́ровать, *v.*, transform
трансценде́нтность, *f.*, transcendence
трансценде́нтный, *adj.*, transcendental, transcendence
трапецеида́льный, *adj.*, trapezoidal
трапециеви́дный, *adj.*, trapezoidal
трапе́ция, *f.*, trapezoid, trapezium
трассиро́вка, *f.*, tracing
тра́та, *f.*, expenditure; пуста́я тра́та, waste
трафаре́т, *m.*, stencil, pattern, groove, routine
тра́ффик, *m.*, traffic
тре́бование, *n.*, requirement, demand, request, condition; техни́ческие тре́бования, specifications
тре́бовать (потре́бовать), *v.*, require, demand; что и тре́бовалось доказа́ть, Q.E.D., □, as was to be proved
тре́буемый, *adj.*, desired, required, requirement, specification; тре́буемый до́пуск, specification tolerance
тре́буется (*from* тре́бовать), *v.*, is required
трезу́бец, *m.*, trident; трезу́бец Ню́тона, trident of Newton (*or* Descartes)
тренд, *m.*, trend
тре́ние, *n.*, friction; пове́рхностное тре́ние, skin friction; тре́ние каче́ния, rolling friction
трениро́вочный, *adj.*, training, practice
тре́тий, *ord. num.*, third
трети́чный, *adj.*, tertiary
треть, *f.*, (one) third; две тре́ти, two thirds
тре́тье, *n.*, third; исключённое тре́тье, excluded middle; зако́н исключённого тре́тьего, law of the excluded middle
треуго́льник, *m.*, triangle; аксио́ма (*or* нера́венство) треуго́льника, triangle inequality
треуго́льный, *adj.*, triangular
трёх-, *prefix*, tri-, three-
трёхгра́нник, *m.*, trihedron
трёхгра́нный, *adj.*, trihedral, three-edged
трёхдиагона́льный, *adj.*, tridiagonal
трёхзна́чный, *adj.*, three-valued, three-digit
трёхи́ндексный, *adj.*, three-index; трёхи́ндексные си́мволы Кристо́ффеля, Christoffel three-index symbols
трёхкра́тный, *adj.*, triple
трёхме́рный, *adj.*, three-dimensional, trivariate; трёхме́рное норма́льное распределе́ние, trivariate normal distribution; трёхме́рная гиперпове́рхность, threefold; трёхме́рное многообра́зие, three-manifold, three-variety
трёхо́сный, *adj.*, triaxial, three axes

трёхпараметри́ческий, *adj.*, three-parameter
трёхразря́дный, *adj.*, triply-discharging, three-digit
трёхсвя́зный, *adj.*, triply connected
трёхсторо́нний, *adj.*, three-sided, three-way
трёхчле́н, *m.*, trinomial
трёхчле́нный, *adj.*, trinomial
тре́щина, *f.*, crack, split, fissure
три, *num.*, three
триа́да, *f.*, triad
триангули́ровать, *v.*, triangulate
триангули́руемость, *f.*, triangulability
триангули́руемый, *adj.*, triangulable, triangulated
триангуля́ция, *f.*, triangulation
триве́ктор, *m.*, trivector, three-vector
тривиа́льность, *f.*, triviality
тривиа́льный, *adj.*, trivial; подмно́жество тривиа́льного пересече́ния, trivial intersection set (TI set)
три́ггер, *m.*, trigger, flip-flop (*computing*); счётчик на три́ггерах, flip-flop counter; три́ггер перено́са, carry flip-flop
три́ггерный, *adj.*, trigger, flip-flop
тригона́льный, *adj.*, trigonal
тригонометри́ческий, *adj.*, trigonometrical, trigonometric
тригономе́трия, *f.*, trigonometry
три́жды, *adv.*, thrice, three times, triply
трилине́йный, *adj.*, trilinear
трили́стник, *m.*, three-leaved figure, trifolium, trefoil
трина́дцать, *num.*, thirteen
трио́д, *m.*, triode, transistor, triod
триоди́ческий, *adj.*, triodic
триортогона́льный, *adj.*, triorthogonal, triply orthogonal
трипле́т, *m.*, triplet, set of three
трипле́тный, *adj.*, triplet
трипотенциа́льный, *adj.*, tripotential
трисектри́са, *f.*, trisectrix
трисе́кция, *f.*, trisection
три́ста, *num.*, three hundred
трие́др, *m.*, trihedron
троекра́тно, *adv.*, three times
трои́чный, *adj.*, divided into three, tripartite, ternary
тро́йка, *f.*, the three, set of three, triple
тройни́чный, *adj.*, ternary; тройни́чная квадрати́ческая фо́рма, ternary quadratic form
тройно́й, *adj.*, triple, threefold
тро́йственный, *adj.*, triple
трос, *m.*, cable, rope, line
тротуа́р, *m.*, pavement, sidewalk
трохо́ида, *f.*, trochoid
троя́кий, *adj.*, triple, threefold
троя́ко, *adv.*, in three (different) ways
труба́, *f.*, pipe, duct; подзо́рная труба́, telescope; аэродинами́ческая труба́, wind-tunnel; труба́ бу́дущего, future tube
тру́бка, *f.*, tube, tubular neighborhood
тру́бчатый, *adj.*, tubular, tube, duct
труд, *m.*, work, labor, trouble, difficulty; без труда́, easily
труднодосту́пный, *adj.*, hard to come by
тру́дность, *f.*, difficulty, obstacle
тру́дный, *adj.*, difficult, hard
трудоёмкий, *adj.*, laborious, labor-consuming
трудоёмкость, *f.*, working time, complexity
труды́ (*from* труд), *pl.*, works, memoirs
труи́зм (= трюи́зм), *m.*, truism
тру́щийся, *adj.*, rubbing, friction
тря́ска, *f.*, shaking, jolting
т.т.т., *abbrev.* (тогда́ и то́лько тогда́), iff
туда́, *adv.*, there; туда́ и сюда́, back and forth; туда́ и обра́тно, there and back
тузе́мный, *adj.*, native, indigenous
тума́н, *m.*, fog, mist
тума́нность, *f.*, nebula, vagueness
тума́нный, *adj.*, nebulous, vague, obscure
тунне́ль, *m.*, tunnel, duct, conduit
тунне́льный, *adj.*, tunnel
тупи́к, *m.*, dead end, impasse
тупико́вый, *adj.*, deadlock, dead end
тупо́й, *adj.*, obtuse, blunt
тупоуго́льный, *adj.*, obtuse, obtuse-angled
турбоальтерна́тор, *m.*, turbo-alternator
турбореакти́вный, *adj.*, turboreactive, turbo-; турбореакти́вный дви́гатель, jet engine, turbojet

турбуле́нтность, *f.*, turbulence
турбуле́нтный, *adj.*, turbulent
турнике́т, *m.*, assertion sign (⊢)
турни́р, *m.*, tournament
турни́рный, *adj.*, tournament; турни́рное пра́вило, tournament rule
тут, *adv.*, here
Ту́э, *p.n.*, Thue
тща́тельно, *adv.*, thoroughly, carefully
тща́тельный, *adj.*, careful, thorough
тыл, *m.*, rear; слу́жба тыло́в, logistics; организа́ция ты́ла, logistics
тылово́й, *adj.*, rear
ты́сяча, *num.*, thousand
Тью́ринг, *p.n.*, Turing; маши́на Тью́ринга, Turing machine
тэ́та-фу́нкция, *f.*, theta-function
тюк, *m.*, package, bale
тя́га, *f.*, thrust, propulsion, traction, draught
тяготе́ние, *n.*, gravity, gravitation
тяготе́ть, *v.*, gravitate, be attracted, be drawn
тягу́честь, *f.*, viscosity
тягу́чий, *adj.*, viscous, ductile, tensile
тяжелове́сный, *adj.*, heavy, unwieldy
тяжёлый, *adj.*, heavy, severe
тя́жесть, *f.*, weight, gravity; центр тя́жести, center of gravity, centroid

У у

у, *prep.*, by, near, at, on, to, of; у негó (есть), he (it) has
Уáйтхед, *p.n.*, Whitehead
Уáтсон, *p.n.*, Watson
убегáние, *n.*, evasion
убегáть (убежáть), *v.*, flee, run off, escape
убеди́тельный, *adj.*, convincing, conclusive, striking
убеди́ть (*perf. of* убеждáть), *v.*
убежáть (*perf. of* убегáть), *v.*
убеждáть (убеди́ть), *v.*, convince, persuade
убеждáться (убеди́ться), *v.*, verify, make sure (of), see for oneself
убеждéние, *n.*, conviction, belief
убеждённо, *adv.*, convincingly, with conviction
убеждённый, *adj.*, convinced
убирáть (убрáть), *v.*, remove, take off, take away, tidy up, clean up
у́бранный, *adj.*, removed, cleaned
убрáть (*perf. of* убирáть), *v.*
убывáние, *n.*, decrease, diminution, descent, decay
убывáть (убы́ть), *v.*, decrease, diminish, take away, depart
убывáющий, *adj.*, decreasing, diminishing, descending; услóвие обры́ва убывáющих цепóчек, descending chain condition
у́быль, *f.*, decrease, diminution; идёт на у́быль, is decreasing; пошлó на у́быль, began to decrease
убыстрéние, *n.*, acceleration
убы́ток, *m.*, loss, disadvantage
убы́ть (*perf. of* убывáть), *v.*
увеличéние, *n.*, increase, enlargement, magnification, extension, expansion
увели́ченный, *adj.*, enlarged, augmented
увели́чивать (увели́чить), *v.*, increase, augment, extend, magnify, enlarge
увели́чивающий, *adj.*, increasing, enlarging, extending
увеличи́тельный, *adj.*, magnifying, expanding
увéренность, *f.*, certainty, confidence
увéренный, *adj.*, convinced, certain, confident, sure
увёртка, *f.*, evasion, subterfuge
уви́деть (*perf. of* ви́деть), *v.*, see, observe
увлекáть (увлéчь), *v.*, carry away, carry along
увлечéние, *n.*, dragging; коэффициéнт увлечéния Френéля, Fresnel dragging coefficient
увлечённый, *adj.*, dragged
увя́зка, *f.*, interrelationship, coordination
увя́зывать (увязáть), *v.*, link, tie up, connect
угáдывать (угадáть), *v.*, guess, conjecture
углерóд, *m.*, carbon
углерóдный, *adj.*, carbon; углерóдный цикл, carbon cycle
угловáтость, *f.*, angularity, awkwardness
угловáтый, *adj.*, angular, awkward
угловóй, *adj.*, angular, corner, nodal; угловáя тóчка, corner point, corner, point of break; услóвие в угловы́х тóчках, corner condition; угловóй коэффициéнт, slope; угловóе движéние, attitude (*spacecraft*)
углублéние, *n.*, deepening, extension
углубля́ть (углуби́ть), investigate, examine, deepen, extend
угóдный, *adj.*, desired; как угóдно, anyhow, arbitrarily; скóль(ко) угóдно, any amount, as much as desired, arbitrarily; что угóдно, anything
у́гол, *m.*, angle, corner; под углóм в, at an angle (of); под прямы́м углóм, at right angle; многогрáнный у́гол, polyhedral cone
-угóльник, *suffix*, -gon; *n*-угóльник, *n*-gon
у́гольный, *adj.*, coal, carbon, carbonic
угóльный, *adj.*, corner
угрóза, *f.*, danger, threat; objection (*game theory*)
удавáться (удáться), *v.*, succeed, turn out well
удалéние, *n.*, receding, moving off, elimination, removal, deletion

удалённый, *adj.*, distant, far, remote, removed, apart; бесконéчно удалённый, infinite, infinitely distant; бесконéчно удалённая тóчка, *f.*, point at infinity; одинáково удалённый, equidistant

удалóсь (*from* удавáться), *v.*, to have succeeded; ей удалóсь доказáть теорéм, she succeeded in proving the theorem

удаляéмый, *adj.*, receding

удалáть (удалúть), *v.*, remove, move off, send away

удалáться (удалúться), *v.*, recede, withdraw

удаляющий, *adj.*, receding, moving off, removing, sending away

удáр, *m.*, impact, blow, stroke, shock, thrust; упрýгий удáр, elastic impact

удáрный, *adj.*, shock; удáрная волнá, shock wave

ударять (удáрить), *v.*, strike, collide (with)

удáться (*perf. of* удавáться), *v.*, succeed

удáча, *f.*, success, good luck

удáчно, *adv.*, successfully, well

удáчный, *adj.*, successful

уд.в., *abbrev.* (удéльный вес), specific gravity

удвáивать (удвóить), *v.*, double, duplicate, redouble

удвоéние, *n.*, doubling, redoubling, duplication; фóрмула удвоéния, duplication formula; схéма удвоéния, doubling circuit; схéма удвоéния напряжéния, voltage-doubling circuit; удвоéние кýба, duplication of the cube

удвóенный, *adj.*, doubled, duplicate, duplicated

удвоúтель, *m.*, doubler; удвоúтель частоты́, frequency doubler

уделённый, *adj.*, given

удéльно, *adv.*, specifically

удéльный, *adj.*, specific; удéльная рабóта деформáции, specific work of deformation; молярная удéльная теплоёмкость, molar specific heat; удéльная теплотá, specific heat

уделять (уделúть), *v.*, give, spare

удержáние, *n.*, retention, deduction, restraint, constraint

удéрживать (удержáть), *v.*, retain, hold, keep, suppress

удивúтельно, *adv.*, astonishingly, surprisingly; не удивúтельно, it is no wonder that

удивúтельный, *adj.*, astonishing, striking

удивлéние, *n.*, surprise, astonishment

удлинéние, *n.*, lengthening, prolongation, continuation, extension; относúтельное удлинéние (крылá), aspect ratio

удлинённый, *adj.*, oblong, elongated, extended; удлинённый эллипсóид вращéния, prolate spheroid

удлинять (удлинúть), *v.*, extend, expand, lengthen, prolong, elongate

удóбнее, *adj.*, more convenient, more suitable

удóбно, *adv.*, conveniently; *pred.*, it is convenient

удóбный, *adj.*, suitable, convenient, opportune, comfortable

удóбство, *n.*, convenience, ease, utility

удовлетворéние, *n.*, satisfaction, compliance

удовлетворённый, *adj.*, satisfied

удовлетворúтельно, *adv.*, satisfactorily

удовлетворúтельный, *adj.*, satisfactory

удовлетворять (удовлетворúть), *v.*, satisfy, comply (with), meet

удовлетворяться (удовлетворúться), *v.*, be satisfied

удовлетворяющий, *adj.*, satisfying, complying (with), meeting

удовóльствие, *n.*, pleasure

удовóльствоваться (*perf. of* довóльствоваться), *v.*, be content, content oneself

удостоверять (удостовéрить), *v.*, certify, verify, attest, prove

уединённый, *adj.*, isolated, solitary

уж[1], *emphatic particle*, very, to be sure (*see also* ужé)

уж[2], *m.*, (grass) snake

ýже, *adj.*, narrower

ужé, *adv.*, already, now, by this time, even, also; ужé не, no longer; ужé не раз, more than once; схóдиться ужé самá последовательность, the whole sequence converges

у́зел, *m.*, knot, node, group, assembly, unit, component, construction; у́зел интерполя́ции, point of interpolation; тип узла́, knot-type; узлы́ се́ти, nodes (*or* vertices) of a network; у́зел управле́ния, control assembly

у́зкий, *adj.*, restricted, narrow, slender; в у́зком смы́сле, in the restricted sense; зада́ча с у́зким ме́стом, bottleneck problem; у́зкая гру́ппа, slender group

узкополо́сный, *adj.*, narrow-band

узлово́й, *adj.*, nodal, main; узлова́я ли́ния, nodal curve; узлова́я то́чка, node

узнава́ть (узна́ть), *v.*, recognize, learn, find out

УИП, *abbrev.* (у́зкое исчисле́ние предика́тов), restricted predicate calculus

Уи́тни, *p.n.*, Whitney

Уи́ттекер, *p.n.*, Whittaker

Уи́шарт, *p.n.*, Wishart

уйти́ (*perf. of* уходи́ть), *v.*, leave, go away

ука́жем (*from* указа́ть), *v.*, we shall indicate, we shall find

указа́ние, *n.*, indication, instruction, designation, hint

ука́занный, *adj.*, indicated, stated, mentioned, pointed out, chosen

ука́затель, *m.*, indicator, index

указа́ть (*perf. of* ука́зывать), *v.*, indicate, find, determine, point out, choose

ука́зывать (указа́ть), *v.*, indicate, show, find, determine; ука́зывать на, point to

ука́зывающий, *adj.*, pointing out, indicating, showing

укла́дка, *f.*, packing, laying, stacking

укла́дывать (уложи́ть), *v.*, pack, stack, fill, cover, fit in, arrange

укла́дывающийся, *adj.*, being packed, being stacked

укло́н, *m.*, slope, inclination

уклоне́ние, *n.*, deviation, digression, variance

уклоня́ться (уклони́ться), *v.*, deviate, avoid, digress, elude

уклоня́ющийся, *adj.*, deviating, eluding

укора́чивание, *n.*, shortening, contraction

укора́чивать (укороти́ть), *v.*, shorten, contract

укоро́чение, *n.*, contraction, shortening, truncation

укоро́ченный, *adj.*, shortened, contracted, truncated, curtate

укрепле́ние, *n.*, strengthening, consolidation

укрепля́ть (укрепи́ть), *v.*, strengthen, reinforce, consolidate

укрупне́ние, *n.*, enlargement, consolidation

укрупнённый, *adj.*, enlarged, consolidated; вы́борка из укрупнённых па́ртий, grand-lot sample

укрупня́ть, *v.*, enlarge, extend, amplify

укры́тый, *adj.*, covered, concealed

ула́вливать (улови́ть), *v.*, catch, detect, discern

ули́тка, *f.*, spiral, helix, limaçon, snail

улиткообра́зный, *adj.*, spiral, helical

улови́ть (*perf. of* ула́вливать), *v.*

уложе́ние, *n.*, packing, code

уложи́ть (*perf. of* укла́дывать), *v.*, pack, stack

улучша́ть (улу́чшить), *v.*, improve

улучше́ние, *n.*, improvement, refinement, adaptation, sharpening

улу́чшенный, *adj.*, improved

ультрагиперболи́ческий, *adj.*, ultrahyperbolic

ультразвуково́й, *adj.*, ultrasonic

ультраидеа́л, *m.*, ultra-ideal

ультракоро́ткий, *adj.*, ultrashort

ультрапоказа́тельный, *adj.*, ultraexponential

ультраразделитель, *m.*, ultradivisor

ультрарешётка, *f.*, ultralattice

ультрасла́бый, *adj.*, ultraweak

ультрастаби́льный, *adj.*, ultrastable

ультрасфери́ческий, *adj.*, ultraspherical

ультраусто́йчивость, *f.*, ultrastability

ультраусто́йчивый, *adj.*, ultrastable

ультрафи́льтр, *m.*, ultrafilter

ультрафиоле́товый, *adj.*, ultraviolet

ультраэллипти́ческий, *adj.*, ultraelliptic

ум, *m.*, mind, intellect

умаля́ться (умали́ться), *v.*, diminish, be disparaged

уме́ние, *n.*, ability, knowledge

уменьша́емое, *n.*, minuend

уменьша́ть (уменьши́ть), *v.*, reduce, diminish, decrease

уменьша́ющий (ся), *adj.*, decreasing
уменьше́ние, *n.*, diminution, decrease, reduction, depreciation
уме́ньшенный, *adj.*, diminished, reduced
уме́ренно, *adv.*, moderately
уме́ренный, *adj.*, moderate, medium, temperate, mild; обобщённая фу́нкция уме́ренного ро́ста, tempered distribution
уме́рший, *adj.*, dead, deceased
уме́стность, *f.*, pertinence, relevancy
уме́стный, *adj.*, proper, relevant, appropriate
уме́ть, *v.*, be able (to), know, know how (to)
умножа́ть (умно́жить), *v.*, multiply, increase, augment
умножа́ющий, *adj.*, multiplying; умножа́ющее устро́йство, multiplier; умножа́ющая маши́на, multiplier
умноже́ние, *n.*, multiplication; умноже́ние в кольце́, ring multiplication
умно́женный, *adj.*, multiplied
умно́житель, *m.*, multiplier, factor
умно́жить (*perf. of* умножа́ть), *v.*
умозаключа́ть (*perf. of* умозаключи́ть), *v.*, conclude, deduce
умозаключе́ние, *n.*, conclusion, inference, deduction
умозри́тельный, *adj.*, theoretical, speculative
у́мственный, *adj.*, mental, intellectual
умы́шленно, *adv.*, intentionally
уна́р, *m.*, unar
уна́рный, *adj.*, unary
унивале́нтность, *f.*, univalence
универса́льно, *adv.*, universally
универса́льность, *f.*, universality
универса́льный, *adj.*, universal, general-purpose; универса́льный квадра́т, push-out
университе́т, *m.*, university
университе́тский, *adj.*, university
униве́рсум, *m.*, universe
уника́льный, *adj.*, unique
уникогере́нтность, *f.*, unicoherence
уникогере́нтный, *adj.*, unicoherent
уникурса́льный (*or* уникурза́льный), *adj.*, unicursal
унимода́льность, *f.*, unimodality
унимода́льный, *adj.*, unimodal
унимодуля́рный, *adj.*, unimodular
унипоте́нтный, *adj.*, unipotent
унирациона́льность, *f.*, unirationality
унирациона́льный, *adj.*, unirational
унита́льный, *adj.*, unital, unitary
унита́рность, *f.*, property of being unitary; унита́рность ма́триц, unitary property of matrices
унита́рный, *adj.*, unitary
унифика́ция, *f.*, unification
униформиза́ция, *f.*, uniformization
униформизи́рованный, *adj.*, uniformized
униформизи́ровать, *v.*, uniformize
униформизи́роваться, *v.*, be uniformized
униформизи́рующий, *adj.*, uniformizing
унифо́рмный, *adj.*, uniform
уничтожа́емый, *adj.*, annihilable, effaceable, annihilated, destroyed
уничтожа́ть (уничто́жить), *v.*, annihilate, destroy, obliterate, annul, suppress
уничтоже́ние, *n.*, destruction, annihilation, suppression
уно́ид, *m.*, unoid, unary algebra
Уо́кер, *p.n.*, Walker
Уо́лш, *p.n.*, Walsh
упа́док, *m.*, decline, decay
упа́ковка, *f.*, packing, wrapping
упако́вочный, *adj.*, packing, wrapping; упако́вочный коэффицие́нт, packing coefficient, packing factor
упира́ть (упере́ть), *v.*, rest, set, lean on, base
упла́чивать (уплати́ть), *v.*, pay
уплотне́ние, *n.*, condensation, contraction, refinement (*group theory*); continuous bijection; скачо́к уплотне́ния, shock (*wave*)
уплотня́ть (уплотни́ть), *v.*, condense, compress
уплотня́ющий, *adj.*, condensing
уплоща́емый, *adj.*, planar
уплоще́ние, *n.*, flattening; то́чка уплоще́ния, planar point
упомина́емый, *adj.*, mentioned
упомина́ние, *n.*, mention, reminder, mentioning
упомина́ть (упомяну́ть), *v.*, mention, refer (to)

упоминáться, *v.*, mention, refer
упомя́нутый, *adj.*, mentioned
упóр, *m.*, support; дéлать (сдéлать) упóр на, emphasize
упоря́дочение, *n.*, ordering, order; части́чное упоря́дочение, partial ordering; пóлное упоря́дочение, linear ordering; упоря́дочение по предпочтéниям, preference order (*or* ordering); вполнé упоря́дочение, well ordering
упоря́доченность, *f.*, ranking, ordering; простáя упоря́доченность, simple ordering; коэффициéнт корреля́ции упоря́доченности, rank correlation coefficient; ограни́ченный по упоря́доченности, order-bounded
упоря́доченный, *adj.*, ordered, simply ordered, ranked; части́чно упоря́доченный, partially ordered; непóлно упоря́доченный, partially ordered
упоря́дочивание, *n.*, ranking, ordering, regulation
упоря́дочивать (упоря́дочить), *v.*, regulate, put in order
упоря́дочивающий, *adj.*, regulating, ordering
У-поток, *m.*, Anosov flow
употреби́тельный, *adj.*, common, commonly used, customary
употреблéние, *n.*, use, usage, application; выходи́ть из употреблéния, *v.*, go out of use; вы́шедший из употреблéния, out of use, obsolete
употребля́ть (употреби́ть), *v.*, use, take, apply
управи́ть (*perf. of* управля́ть), *v.*
управлéние, *n.*, control, direction, management, control circuit; плани́рование управлéния, management planning; дуáльное управлéние, dual control; систéма управлéния, control system; управлéние запáсами, inventory
управля́емость, *f.*, controllability
управля́емый, *adj.*, controlled, guided, directed, controllable
управля́ть (управи́ть), *v.*, manage, control, handle, run, operate, govern
управля́ющий, *adj.*, control, pilot, controlling, directing, guiding; *m.*, manager
упражнéние, *n.*, exercise
упреждáющий, *adj.*, look-ahead (*in computing*)
упрости́ть (*perf. of* упрощáть), *v.*
упрóчение, *n.*, strengthening, hardening
упрощáть (упрости́ть), *v.*, simplify
упрощáться (упрости́ться), *v.*, be simplified
упрощáющий, *adj.*, simplifying
упрощéние, *n.*, simplification
упрощённый, *adj.*, simplified
упрощéнчество, *n.*, oversimplification
упру́гий, *adj.*, elastic, resilient
упру́го, *adv.*, elastically
упру́го-вя́зкий, *adj.*, viscoelastic
упругопласти́ческий, *adj.*, elasticoplastic
упру́го-свя́занный, *adj.*, elastically attached
упру́гость, *f.*, elasticity, resiliency
упускáть (упусти́ть), *v.*, let go, neglect, miss, overlook
упущéние, *n.*, neglect, omission
уравнéние, *n.*, equation; уравнéние в чáстных произвóдных, partial differential equation; рáзностное уравнéние, difference equation; уравнéние делéния окру́жности, cyclotomic equation; уравнéние в пóлных дифференциáлах, exact differential equation; уравнéние хóда лучá, ray-tracing equation; уравнéние правдоподóбия, likelihood equation
урáвнивать (уравня́ть), *v.*, equate, equalize, smooth, level
уравни́тельный, *adj.*, equalizing, equating, leveling
уравновéшенный, *adj.*, balanced, steady, in equilibrium; уравновéшенная вы́борка, balanced sample; уравновéшенный некомплéктный блок, balanced incomplete block
уравновéшивать, *v.*, put in equilibrium, balance, equalize, neutralize
уравня́ть (*perf. of* урáвнивать), *v.*, equate
урéзывание, *n.*, curtailment, reduction
урéзывать (урéзать), *v.*, reduce, curtail

у́рна, *f.*, urn
у́рновый, *adj.*, urn
у́ровень, *m.*, level, standard; у́ровень зна́чимости, significance level; у́ровень эне́ргии, energy level; ли́ния у́ровня, level curve, level line; пове́рхность у́ровня, level surface, equipotential surface
урожа́й, *m.*, yield, harvest
урысо́новский, *adj.*, Urysohn
усва́ивание, *n.*, mastery, understanding
усва́ивать (усво́ить), *v.*, assimilate, master, become familiar (with)
усва́иваться, *v.*, be understood
усвое́ние, *n.*, understanding, mastery
усече́ние, *n.*, truncation
усечённый, *adj.*, truncated, cut off; усечённое распределе́ние, truncated distribution; усечённые да́нные, censored data; усечённая вы́борка, truncated sample; усечённый ко́нус, frustum of a cone
усиле́ние, *n.*, amplification, strengthening, intensification, extension, sharpening
уси́ленный, *adj.*, reinforced, fortified, amplified, strengthened, sharpened, strong; уси́ленный зако́н больши́х чи́сел, strong law of large numbers
уси́ливать (уси́лить), *v.*, reinforce, intensify, amplify, sharpen, strengthen
уси́ливающий, *adj.*, reinforcing, amplifying
уси́лие, *n.*, stress, intensification, effort
усили́тель, *m.*, amplifier, intensifier; усили́тель мо́щности, power amplifier
уси́лить (*perf. of* уси́ливать), *v.*, amplify, intensify, sharpen, strengthen
ускользá́ние, *n.*, escape, eluding; игра́ на ускольза́ние, eluding game
ускольза́ть (ускользну́ть), *v.*, slip away, escape, elude
ускоре́ние, *n.*, acceleration, speeding up; ускоре́ние си́лы тя́жести, acceleration of gravity
ускори́тель, *m.*, accelerator, booster
ускоря́емый, *adj.*, accelerated
ускоря́ть (уско́рить), *v.*, accelerate
ускоря́ющий, *adj.*, accelerating
усла́вливаться (усло́виться), *v.*, stipulate, agree (on a condition), arrange, settle
усла́ть (*perf. of* усыла́ть), *v.*, send away
усло́вие, *n.*, condition, term, hypothesis (*of a theorem*), predicate; при усло́вии, provided that; доста́точное усло́вие, sufficient condition; необходи́мое усло́вие, necessary condition; усло́вие минима́льности, minimum condition, descending chain condition; усло́вие максима́льности, maximum condition, ascending chain condition; усло́вие Ли́пшица, Lipschitz condition, Lipschitz continuity; ве́ктор усло́вий, data vector
усло́вимся (*perf. of* усла́вливаться), let us agree (to)
усло́виться (*see* усла́вливаться), *v.*, agree (on a condition), stipulate
усло́вленный, *adj.*, agreed, fixed, arranged, stipulated
усло́вно, *adv.*, on condition (*that*), under condition, conditionally, conventionally, by convention; усло́вно по́лная [σ-по́лная] ве́кторная решётка (*see* K-простра́нство [K_σ-простра́нство])
усло́вность, *f.*, conditionality, convention
усло́вный, *adj.*, conditional, conventional, prearranged; усло́вный сою́з, conditional conjunction; усло́вная диспе́рсия, conditional variance; усло́вное распределе́ние, conditional distribution; усло́вное сре́днее (значе́ние), conditional mean (value); усло́вная вероя́тность, conditional probability; усло́вное математи́ческое ожида́ние, conditional expectation; усло́вная эквивале́нтность, conditioned equivalence (*logic*)
усложне́ние, *n.*, complication
усложня́ть (усложни́ть), *v.*, complicate
услу́га, *f.*, service
усма́тривать (усмотре́ть), *v.*, perceive, discern, discover, attend
усмотре́ние, *n.*, discretion, judgment; на усмотре́ние, to (one's) judgment; по усмотре́нию, according to (one's) judgment
усоверше́нствование, *n.*, improvement, refinement, advance
усоверше́нствованный, *adj.*, improved, perfected, adjusted

усоверше́нствовать (*perf. of* соверше́нствовать), *v.*, improve, develop, perfect, refine
усомни́ться, *v.*, doubt
успева́ть (успе́ть), *v.*, manage, be able, make progress (in), be on time
успе́х, *m.*, success, progress; с успе́хом, successfully; с тем же успе́хом, equally well, just as well
успе́шно, *adv.*, sucessfully
успе́шный, *adj.*, successful
успокое́ние, *n.*, damping
усредне́ние, *n.*, average, averaging, neutralization; усредне́ние по гру́ппе, group averaging; усредне́ние игры́, mixed extension, mixed extension of a game
усреднённый, *adj.*, neutralized, averaged
усредня́ть, *v.*, neutralize, average
усредня́ющий, *adj.*, averaging
УССР, *abbrev.* (Украинская Сове́тская Социалисти́ческая Респу́блика), Ukrainian SSR
уста́лость, *f.*, fatigue, tiredness
устана́вливаемый, *adj.*, established
устана́вливать (установи́ть), *v.*, establish, set, ascertain, determine, install
установи́в, *adv.*, having established, having determined; установи́в это, having established this
установи́вшийся, *adj.*, established, stationary, terminal, steady-state
установи́ть (*perf. of* устана́вливать), *v.*
устано́вка, *f.*, mounting, installation, arrangement, placing, aim, purpose, attitude
установле́ние, *n.*, establishment, ascertainment; установле́ние лока́льного равнове́сия, relaxation to local equilibrium
устано́вленный, *adj.*, established, fixed
устано́вочный, *adj.*, adjusting
устаре́вший, *adj.*, obsolete
устаре́лый, *adj.*, obsolete
у́стный, *adj.*, oral, verbal
усто́йчивость, *f.*, stability, steadiness, rigidity, resistance; статисти́ческая усто́йчивость, statistical regularity
усто́йчивый, *adj.*, stable, steady; усто́йчивое равнове́сие, stable equilibrium; усто́йчивое мно́жество, bargaining set (*game theory: Maschler-Peleg objection theory*)
устра́ивать (устро́ить), *v.*, make, perform, arrange, carry out, organize, place
устра́ивая, *adv.*, carrying out, performing, arranging
устране́ние, *n.*, elimination, removal, smoothing (*of singular points*)
устранённый, *adj.*, reduced, eliminated
устрани́мость, *f.*, eliminability, removability
устрани́мый, *adj.*, removable, eliminable; устрани́мая осо́бенность, removable singularity
устрани́ть (*perf. of* устраня́ть), *v.*
устраня́ть (устрани́ть), *v.*, remove, eliminate, reduce; устреми́м x к нулю́, let $x \to 0$
устремля́ть (устреми́ть), *v.*, direct, turn (to)
устремля́ться (устреми́ться), *v.*, turn (to), be directed (to), converge (to), tend (to)
устро́ить (*perf. of* устра́ивать), *v.*
устро́йство, *n.*, apparatus, arrangement, device, system, organization; machine, computer; цифрово́е счётное устро́йство, digital computer; ана́логовое устро́йство, analog computer
уступа́ть (уступи́ть), *v.*, yield, concede
у́стье, *n.*, mouth
усыла́ть (усла́ть), *v.*, send away
утверди́вшийся, *adj.*, firmly established, consolidated, accepted
утверди́тельно, *adv.*, affirmatively, positively
утверди́тельный, *adj.*, affirmative, positive
утвержда́ть (утверди́ть), *v.*, state, assert, affirm, predicate, claim, maintain
утвержда́ться, *v.*, be established, be firmly established
утвержда́ющий, *adj.*, asserting, asserting that
утвержде́ние, *n.*, statement, assertion, confirmation, affirmation, proposition, claim, conclusion (*of a theorem*)
утверждённый, *adj.*, affirmed, asserted, approved
утоми́тельный, *adj.*, tedious, tiresome

утомле́ние, *n.*, fatigue
утонча́ть (утончи́ть), *v.*, make thinner, refine
утонче́ние, *n.*, refinement, attenuation, thinning
утончённость, *f.*, refinement
уточне́ние, *n.*, more precise definition, sharpening, refinement, correction, revision
уточнённый, *adj.*, refined, more precise, proximate, corrected; уточнённый поря́док, proximate order (*complex analysis*); уточнённая фу́нкция, precise function (*continuous except on a set of arbitrarily small capacity*)
уточня́ть (уточни́ть), *v.*, make more precise, define more exactly, correct, revise
утра́ивать (утро́ить), *v.*, triple
утра́та, *f.*, loss
утра́чивание, *n.*, loss, losing
утра́чивать (утра́тить), *v.*, lose
утрое́ние, *n.*, tripling
утро́енный, *adj.*, tripled
утро́ить (*perf. of* утра́ивать), *v.*, triple
ухо́д, *m.*, leaving, departure, care, maintenance, drift; ухо́д частоты́, frequency drift
уходи́ть (уйти́), *v.*, leave, depart
уходя́щий, *adj.*, leaving, departing, going off, diverging, outgoing
ухудша́ть (уху́дшить), *v.*, make worse, worsen, deteriorate
ухудше́ние, *n.*, deterioration
уху́дшенный, *adj.*, worsened, degraded
уча́ствовать, *v.*, participate, involve
уча́стие, *n.*, participation, collaboration
участи́ть (*perf. of* учаща́ть), *v.*
уча́стник, *m.*, contestant, player, participant, partner, competitor
уча́сток, *m.*, part, section, region, locality, cell
у́часть, *f.*, destiny, fate, lot
учаща́ть (участи́ть), *v.*, make more frequent, increase the frequency
уча́щийся, *m.*, student, pupil
учёбник, *m.*, textbook, manual
учёбный, *adj.*, educational, academic
учёл (*past of* уче́сть), *v.*, considered
уче́ние, *n.*, studies, learning, doctrine, teaching
учени́к, *m.*, pupil, disciple, learner
уче́но, *adv.*, scientifically, learnedly
учёность, *f.*, learning, erudition
учёный, *adj.*, learned, erudite; *m.*, scholar
уче́сть (*perf. of* учи́тывать), *v.*, consider, take into account
учёт, *m.*, calculation, registration, accounting, discount, taking account (of); но́рма учёта, discount rate; с учётом, with regard (*for, to*), taking account of
учетверённый, *adj.*, quadruplicate, quadruple
учетверя́ть (учетвери́ть), *v.*, quadruple
учётный, *adj.*, registration, accounting, discount; учётная цена́, *f.*, accounting price; учётный проце́нт, *m.*, discount; учётные изде́ржки, *pl.*, accountings
учи́л (*past of* учи́ть), *v.*
учи́лище, *n.*, school, college
учи́тель, *m.*, teacher
учи́тывать (уче́сть), *v.*, take into account, consider
учи́тывающий, *adj.*, taking into account, considering
учи́тывая, *adv.*, taking into account, granting, bearing in mind; учи́тывая это, granting this, taking this into account
учи́ть, *v.*, teach, instruct; study, learn
учи́ться, *v.*, learn, study
учрежда́ть (учреди́ть), *v.*, set up, found, establish
учрежде́ние, *n.*, founding, establishment, institution
учтём (*from* уче́сть), *v.*, we consider
учтённый, *adj.*, accounted for, taken into account
уще́рб, *m.*, damage, injury, detriment, harm; без уще́рба для о́бщности, without loss of generality
уязви́мый, *adj.*, vulnerable
уясне́ние, *n.*, elucidation, clarification
уясня́ть (уясни́ть), *v.*, understand, clarify, explain

Ф ф

фа́за, *f.*, phase, period; у́гол сдви́га фаз, phase angle; движе́ние по фа́зе, phase motion; фа́за оживле́ния, expansion phase; фа́за сжа́тия, contraction phase; ра́зность фаз, phase difference; измене́ние фа́зы, phase change
фа́зис, *m.*, phase
фа́зный, *adj.*, phase
фа́зовый, *adj.*, phase; фа́зовое колеба́ние, phase oscillation; фа́зовое движе́ние, phase motion; фа́зовое простра́нство, phase space; фа́зовый сдвиг, phase change, phase shift
фа́йл, *m.*, file
Файн, *p.n.*, Fine
факт, *m.*, fact, case
факти́чески, *adv.*, actually, practically, in fact
факти́ческий, *adj.*, factual, actual, real, virtual
фа́ктор, *m.*, factor, coefficient, cause; фа́кторы, *pl.*, factors, elements
фактора́лгебра, *f.*, quotient algebra
факторгру́ппа, *f.*, factor group, quotient group
фа́ктор-за́мкнутый, *adj.*, factor-closed, quotient-closed
факториа́л, *m.*, factorial
факториа́льный, *adj.*, factorial
факториза́ция, *f.*, factorization
факторизу́емый, *adj.*, factored, factorable
факторкольцо́, *n.*, quotient-ring
факторме́ра, *f.*, quotient measure
фактормногообра́зие, *n.*, quotient, quotient manifold
фактормно́жество, *n.*, factor set, quotient set, quotient
фактормо́дуль, *m.*, quotient module, difference module
фа́кторный, *adj.*, factor, factorial
факторпростра́нство, *n.*, factor space, coset space, quotient space
факторси́мвол, *m.*, quotient symbol
фактортополо́гия, *f.*, quotient topology
факульте́т, *m.*, faculty, department
Фале́с, *p.n.*, Thales
фальши́вый, *adj.*, false
фами́лия, *f.*, surname, family name, last name
фанта́зия, *f.*, fantasy, fancy, imagination
фантасти́ческий, *adj.*, fantastic, imaginary
Фанья́но, *p.n.*, Fagnano
фара́д, *m.*, farad
фара́да, *f.*, farad
Фа́ркаш, *p.n.*, Farkas
фасо́нный, *adj.*, shaped, formed, fashioned
федера́ция, *f.*, federation
Фе́йер, *p.n.*, Fejér
Фе́йербах, *p.n.*, Feuerbach
фе́йеров, *adj.*, Fejér
фе́йнманов (фе́йнмановский), *adj.*, Feynman
фе́ллеровский, *adj.*, Feller
фено́мен, *m.*, phenomenon
феноменологи́ческий, *adj.*, phenomenological
ферзь, *m.*, queen (*chess*)
Ферма́, *p.n.*, Fermat
фе́рмиевский, *adj.*, Fermi
фермио́нный, *adj.*, fermion
ферромагнети́зм, *m.*, ferromagnetism
ферромагни́тный, *adj.*, ferromagnetic
ферроэлектри́ческий, *adj.*, ferroelectric
Фибона́ччи, *p.n.*, Fibonacci
фигу́ра, *f.*, figure; piece (*chess*); face card
фигури́ровать, *v.*, appear, play part of, figure, occur
фигури́рующий, *adj.*, appearing, occurring
фигу́рный, *adj.*, figured, curly; фигу́рные ско́бки, braces, curly brackets; *sometimes*, parentheses (*see* ско́бка)
фидуциа́льный, *adj.*, fiducial (*statistics*)
фи́зик, *m.*, physicist
фи́зика, *f.*, physics
физиологи́ческий, *adj.*, physiological
физиоло́гия, *f.*, physiology
физи́ческий, *adj.*, physical; физи́ческий ма́ятник, compound pendulum
фикса́ж, *m.*, fixative, fixing (agent)

фикса́тор, *m.*, index, locator, latch, holder, fixer
фикса́ция, *f.*, fixing, setting
фикси́рование, *n.*, fixing, settling, given
фикси́рованный, *adj.*, fixed, constant, settled, stipulated, given, particular, specific, given, chosen, selected; фикси́рованный объём вы́борки, fixed sample-size
фикси́ровать (*perf. same,* or зафикси́ровать), *v.*, fix, settle, state, hold fixed, record, know
фикси́рующий, *adj.*, fixing, holding fixed; фикси́рующая схе́ма, hold circuit (*computing*)
фикси́руя, *adv.*, fixing, holding fixed, if we hold fixed
фикти́вный, *adj.*, imaginary, fictitious, dummy
филиа́л, *m.*, branch (of an organization), subsidiary
филосо́фия, *f.*, philosophy
филосо́фский, *adj.*, philosophical
фильм, *m.*, film, movie
фильтр, *m.*, filter, strainer; фильтр Ка́лмана, Kalman filter
фильтрацио́нный, *adj.*, filtrational, filtration
фильтра́ция, *f.*, filtration, filtering; кольцо́ с фильтра́цией, filtered ring
фильтро́ванный, *adj.*, filtered; фильтро́ванное произведе́ние (сте́пень), reduced product (power)
фильтрова́ть, *v.*, filter, filtrate
фильтрострое́ние, *n.*, filter-composition, filter
фильтру́ющий, *adj.*, filtering
фильтру́ющийся, *adj.*, filtering, filtered; мно́жество фильтру́ющееся вле́во, left-directed set
фина́льно, *adv.*, finally; фина́льно компа́ктное простра́нство, Lindelöf space
фина́льный, *adj.*, final
фина́нсовый, *adj.*, finance, financial, fiscal
фина́нсы, *pl.*, finances
финита́рный, *adj.*, finite, finitary
фини́тно-аппроксими́руемый, *adj.*, residually finite
фини́тный, *adj.*, finite, finitary, compactly supported; фини́тная аппроксими́руемость, residual finiteness
фи́нслеров, *adj.*, Finsler
фи́рма, *f.*, firm; под фи́рмой, under the guise of; мо́щность фи́рмы, firm capacity
фи́рменный, *adj.*, firm, company; фи́рменное плани́рование, company planning
Фи́шер, *p.n.*, Fisher
флаг, *m.*, flag
фла́говый, *adj.*, flag
фла́ттер, *m.*, flutter
флуктуацио́нный, *adj.*, fluctuation, fluctuating
флуктуа́ция, *f.*, fluctuation
флуктуи́рующий, *adj.*, fluctuating; по́ле с флуктуи́рующей пло́тностью, fluctuating density field
флуоресце́нция, *f.*, fluorescence
флуоресци́рующий, *adj.*, fluorescent
флюктуа́ция (= флуктуа́ция), *f.*, fluctuation
флюоресце́нция (= флуоресце́нция), *f.*, fluorescence
фока́льный, *adj.*, focal
фо́кус, *m.*, focus; не в фо́кусе, out of focus
фокуси́ровать (сфокуси́ровать), *v.*, focus
фокусиро́вка, *f.*, focusing
фокуси́рующий, *adj.*, focusing
фо́кусный, *adj.*, focal, focus
фольга́, *f.*, foil
фон, *m.*, background; фон шу́ма, background noise
фонд, *m.*, fund, stock; фо́нды, *pl.*, funds, capital stock
фоне́ма, *f.*, phoneme
фонемати́ческий, *adj.*, phonemic
фоне́тика, *f.*, phonetics
фонети́ческий, *adj.*, phonetic
фон Не́йман, *p.n.*, von Neumann
фо́новый, *adj.*, background; фо́новое рассе́яние, background scattering, nonresonance scattering
фоно́н, *m.*, phonon (*a quantized lattice vibration*)
фо́рма, *f.*, form, shape, quantic; статисти́ческая фо́рма, partition function

формализа́ция, *f.*, formalization
формали́зм, *m.*, formalism
формализо́ванный, *adj.*, formalized
формализо́вать, *v.*, formalize
формализу́емость, *f.*, formalizability
формализу́емый, *adj.*, formalizable, formalized
формалисти́ческий, *adj.*, formalistic
формалисти́чность, *f.*, formalism
форма́льно, *adv.*, formally
форма́льность, *f.*, formality
форма́льный, *adj.*, formal
форма́ция, *f.*, formation
формирова́ние, *n.*, formation
фо́рмула, *f.*, formula; фо́рмула обраще́ния, inversion formula
формули́рование, *n.*, formulation
формули́ровать, *v.*, formulate, express, state, raise (a question)
формулиро́вка, *f.*, formula, statement, formulation
фо́рмульный, *adj.*, first-order definable, full of formulas
фо́рсинг, *m.*, forcing (*logic*)
форси́рованный, *adj.*, forced
фотограмметри́ческий, *adj.*, photogrammetric
фотограмме́трия, *f.*, photogrammetry, photographic survey
фотографи́ческий, *adj.*, photographic
фотоиониза́ция, *f.*, photo-ionization
фотомагни́тный, *adj.*, photomagnetic
фото́н, *m.*, photon
фото́нный, *adj.*, photon
фотопоглоще́ние, *n.*, photoabsorption
фоторасщепле́ние, *n.*, photodisintegration
фотосфе́ра, *f.*, photosphere
фотоумножи́тель, *m.*, photomultiplier
фотоэлектри́ческий, *adj.*, photoelectric
фотоэлеме́нт, *m.*, photocell
фотоэффе́кт, *m.*, photoeffect, photoelectric emission
фрагме́нт, *m.*, fragment
фрагмента́рный, *adj.*, fragmentary
фра́за, *f.*, phrase, sentence
фракта́л, *m.*, fractal
фракта́льный, *adj*, fractal
фракцио́нный, *adj.*, fractional, differential; фракцио́нная перего́нка, fractional distillation; уравне́ние Рэле́я для фракцио́нной перего́нки, Rayleigh's equation for differential distillation
францу́зский, *adj.*, French
Фратти́ни, *p.n.*, Frattini; подгру́ппа Фратти́ни, Frattini subgroup
Фре́дгольм, *p.n.*, Fredholm
фредго́льмов, *adj.*, Fredholm; фредго́льмов опера́тор, Fredholm operator of index zero
фредго́льмовость, *f.*, Fredholm property
фрезерова́ть, *v.*, mill, cut, notch
Фре́йденталь, *p.n.*, Freudenthal
Френе́ль, *p.n.*, Fresnel
Фре́нкель, *p.n.*, Fraenkel
Фреше́, *p.n.*, Frechét
Фри́дрихс, *p.n.*, Friedrichs
фрикцио́нный, *adj.*, frictional, friction
фробе́ниусов, *adj.*, Frobenius
фронт, *m.*, front, battle-front; пере́дний фронт, leading edge; волново́й фронт, wave front set
фронта́льный, *adj.*, frontal, front
фу́ксов, *adj.*, Fuchsian
фуксо́идный, *adj.*, Fuchsoid
фунда́мент, *m.*, base, order-dense ideal
фундамента́льный, *adj.*, fundamental, basic, solid, substantial, main; фундамента́льный после́довательность, Cauchy sequence; фундамента́льная фу́нкця, eigenfunction
фунди́рованность, *f.*, founding (*in logic*)
фунди́рованный, *adj.*, grounded (on), based (on)
фу́нктор, *m.*, functor
функциона́л, *m.*, functional
функциона́льно, *adv.*, functionally; функциона́льно по́лный, functionally complete
функциона́льно-инвариа́нтный, *adj.*, functionally invariant, invariant
функционально-по́лный, *adj.*, (functionally) complete
функциона́льно-теорети́ческий, *adj.*, function-theoretic
функциона́льный, *adj.*, functional, function; функциона́льный ана́лиз, functional analysis; функциона́льный определи́тель, Jacobian, functional determinant; функциона́льное

пространство, function space; функциональный ряд, series of functions; функциональная система, system of functions

функционирование, *n.*, functioning

функционировать, *v.*, function, operate

функция, *f.*, function; функция выгоды, utility function; функция выигрыша, payoff, payoff function; функция истинности, truth function; нуль-функция, null function, zero function; функция оборота, return function; обратная функция, inverse function; функция окончательных решений, terminal-decision function; функция-ответ, response-function; неполная бета (гамма) функция, incomplete beta (gamma) function; функция плотности, density function, frequency function; функция потерь, loss function; функция распределения, distribution function, partition function; функция риска, risk function; функция решения, decision function; решающая функция, decision function; ступенчатая функция, скачкообразная функция, step function, jump function; функция следования (за), successor function (to); функция стоимости, cost function; функция сумм, totient function; функция тока, stream function

Фурье, *p.n.*, Fourier

фут, *m.*, foot

Х х

Хаар, *p.n.*, Haar
хáмелевский, *adj.*, Hamel; хáмелевское тéло, Hamel body; хáмелевская бáза (бáзиса Хáмеля), Hamel basis
Хан, *p.n.*, Hahn
Хант, *p.n.*, Hunt
хáос, *m.*, chaos
хаоти́ческий, *adj.*, random, chaotic
хаоти́чность, *f.*, randomness, state of chaos
хаоти́чный, *adj.*, random, chaotic
харáктер, *m.*, character, nature; харáктер-фýнкция, characteristic function
характеризáция, *f.*, characterization
характеризовáть, *v.*, characterize, specify, define, describe
характеризовáться, *v.*, be characterized
характеризýющий, *adj.*, characterizing
характери́стика, *f.*, characteristic, property, index, character, measure, degree, characterization; характери́стика эксцéсса, measure of excess; грáневая характери́стика, facial characteristic; частóтная характери́стика, frequency response
характеристи́ческий, *adj.*, characteristic; характеристи́ческий вектор, eigenvector
характéрно, *adv.*, characteristically; *pred.*, is characteristic; характéрно, что, it is characteristic that
характéрный, *adj.*, typical, characteristic, distinctive
Хáрди, *p.n.*, Hardy
Хаýсдорф, *p.n.*, Hausdorff
хаусдóрфов, *adj.*, Hausdorff
хаусдóрфовость, *f.*, property of being a Hausdorff space
хватáть (хвати́ть), *v.*, suffice, be sufficient
хвост, *m.*, tail, remainder; хвост распределéния, tail of the distribution, remainder of the distribution
хвостовóй, *adj.*, tail, tail end, rear, remainder; хвостовóе отвéрстие, tail pipe
Хёлдер, *p.n.*, Hölder
Хéлли, *p.n.*, Helly
Хёрмандер, *p.n.*, Hörmander
хеш-, *prefix*, hash-
хеши́рование, *n.*, hashing (*computing*)
хеш-фýнкция, *f.*, hashing function
хи-квадрáт, *m.*, chi-square
Хилл, *p.n.*, Hill
Хи́лле, *p.n.*, Hille
хими́ческий, *adj.*, chemical
хи́мия, *f.*, chemistry
Хиронáка, *p.n.*, Hironaka
хирурги́я, *f.*, surgery
Хи́рцебрух, *p.n.*, Hirzebruch
хи́трость, *f.*, trick
Хобби, *p.n.*, Hobby
ход, *m.*, motion, run, speed, movement, course, entry, operation, progress, move, process; случáйный ход, chance move; ли́чный ход, personal move; уравнéние хóда лучá, ray-tracing equation
Ходж, *p.n.*, Hodge
ходи́ть (*indefinite of* идти́), *v.*, go, go (to), run, pass, move
хозя́йственный, *adj.*, economic, business
хозя́йство, *n.*, economy; плáновое хозя́йство, planned economy
Холл, *p.n.*, Hall
холóдный, *adj.*, cold, cool
холостóй, *adj.*, dummy, blank, empty, idle
Хопф, *p.n.*, Hopf
хóпфов, *adj.*, Hopf, Hopfian; хóпфова грýппа, Hopfian group
хóпфовский, *adj.*, Hopf
хóрда, *f.*, chord; хóрда дуги́, span
хóрдовый, *adj.*, chord
хорóший, *adj.*, good, nice
хорошó, *adv.*, well
хотéть, *v.*, wish, want
хоть, *conj.*, although, at least, even, just, for example, if only; хоть бы, if only, I wish; хоть и, although; хоть оди́н, even one
хотя́, *conj.*, although; хотя́ бы, at least, even (one), even if, if only; хотя́ и, although; хотя́ бы и так, even if it were so
хранéние, *n.*, storage, conservation
храни́ть, *v.*, keep, store, preserve

хребéт, *m.*, crest, ridge, spine
хребтóвый, *adj.*, ridge
хроматúческий, *adj.*, chromatic
хромодинáмик, *m.*, chromodynamics
хроногеомéтрия, *f.*, chronogeometry
хронóграф, *m.*, chronograph
хронологизúрующий, *adj.*, timing, dating
хронологúческий, *adj.*, chronological
хронóметр, *m.*, chronometer, time-piece
хронометрáж, *m.*, time-keeping, time-study
хронометрúрование, *n.*, exact timing
хронометрúческий, *adj.*, chronometric
хронометрúя, *f.*, chronometry
хýдо, *adv.*, badly, poorly
худóжественный, *adj.*, artistic
худóй, *adj.*, bad, lean, thin
хýдший, *adj.*, the worst, worse, inferior
хýже, *adv.*, worse
Хьюитт, *p.n.*, Hewitt
хэш- (*see* хеш-), *prefix*, hash-

Ц ц

ца́пфа, *f.*, pin, trunnion, journal
цвет, *m.*, color, tint; основны́е цвета́, primary colors
цветно́й, *adj.*, colored, chromatic, color
целево́й, *adj.*, specific, purposeful; целева́я устано́вка, aim, purpose; целево́е программи́рование, goal programming; целева́я фу́нкция, goal function, objective function; целево́е значе́ние, asymptotic value
целенапра́вленный, *adj.*, purposeful, single-minded
целесообра́зность, *f.*, appropriateness, advisability, expediency
целесообра́зный, *adj.*, appropriate, advisable, expedient
це́леустремлённый, *adj.*, goal-seeking, purposeful
целико́м, *adv.*, entirely, wholly, as a whole; целико́м и по́лностью, completely, entirely
це́лое, *n.*, integer; еди́ное це́лое, unit
целоза́мкнутость, *f.*, complete closure
целоза́мкнутый, *adj.*, completely closed, integrally closed
целозамыка́ние, *n.*, complete closure
целозна́чный, *adj.*, integral-valued
це́лостность, *f.*, completeness, entirety, integrity; о́бласть це́лостности, integral domain
це́лостный, *adj.*, integral
це́лость, *f.*, wholeness, entirety, safety
целочи́сленный, *adj.*, integer, integral, integer-valued, integral-valued; стати́стика целочи́сленных величи́н, enumerative statistics; целочи́сленный многочле́н, polynomial with integral coefficients
це́лый, *adj.*, whole, the whole, entire, integral; в це́лом, in the large, on the whole, as a whole, usually; це́лое число́, integer; це́лая фу́нкция, entire function, integral function; це́лая часть, integral part
цель, *f.*, aim, purpose, target, goal, objective; с э́той це́лью, to this end; в це́лях, with a view (*to*); фу́нкция це́ли, objective function
це́льный, *adj.*, whole, unified, total, entire
цена́, *f.*, value, price; ана́лиз цен, cost analysis; ве́ктор цен, price vector; бюдже́т рациона́льных цен, ration-point budget; ни́жняя чи́стая цена́, lower pure value; ве́рхняя чи́стая цена́, upper pure value
цензури́рование, *n.*, censoring
цензури́рованный, *adj.*, censored; цензури́рованная вы́борка, censored sample
цени́ть, *v.*, value, estimate
це́нность, *f.*, value; фу́нкция це́нности, value function
це́нный, *adj.*, valuable
це́нтиль, *m.*, centile
центр, *m.*, center, midpoint; центр тя́жести, centroid, center of gravity, barycenter
централиза́тор, *m.*, centralizer
централиза́ция, *f.*, centralization
централизо́ванный, *adj.*, centralized
центра́льно, *adv.*, centrally, center-by-; центра́льно-мета́белева гру́ппа, center-by-metabelian group
центра́льно-ра́зностный, *adj.*, central-difference
центра́льно-симметри́ческий, *adj.*, centrally symmetric
центра́льный, *adj.*, central (*statistics*); центра́льная преде́льная теоре́ма, central limit theorem; центра́льная фу́нкция, pivotal function
центри́рование, *n.*, centering
центри́рованность, *f.*, property of being centered, centrality
центри́рованный, *adj.*, centered, central, centralized; центри́рованная систе́ма мно́жеств (*P. S. Aleksandrov's school of topology*), family of sets with the finite intersection property; образу́ет центри́рованное семе́йство, has the finite intersection property; центри́рованная систе́ма (*or*) центри́рованное мно́жество,

system (*or* set) with the finite intersection property
центри́ровать, *v.*, center, centralize
центри́рующий, *adj.*, centering
центрифу́га, *f.*, centrifuge
центрифуги́рование, *n.*, centrifuging
центроаффи́нность, *f.*, centroaffineness
центроаффи́нный, *adj.*, centroaffine
центробе́жный, *adj.*, centrifugal
центро́ид, *m.*, centroid
центростреми́тельный, *adj.*, centripetal
це́пкий, *adj.*, tenacious, cohesive, prehensile
цепно́й, *adj.*, chain; цепна́я дробь, continued fraction; цепна́я ли́ния, catenary; цепно́е пра́вило, chain rule; цепна́я эквивале́нтность, chainwise equivalence
цепнорекурре́нтный, *adj.*, chain recurrent
цепо́чечный, *adj.*, chain; цепо́чечный и́ндекс, chain index
цепо́чка, *f.*, chain, sequence, circuit; усло́вие обры́ва возраста́ющей (убыва́ющей) цепо́чки, ascending (descending) chain condition
цепь, *f.*, chain, circuit; цепь Ма́ркова, Markov chain; усло́вие обры́ва цепе́й, chain condition; ∇-цепь, cochain; цепь сизи́гий, chain syzygies; цепь рёбер, path (*graph theory*); проста́я цепь, simple path; секу́щая цепь, cross-path (*graph theory*)
Церме́ло, *p.n.*, Zermelo
цефеи́да, *f.*, variable star, cepheid
цикл, *m.*, cycle, series, loop; ма́лый цикл, minor cycle, word time; цикл итера́ции, iterative loop; просто́й цикл, cycle; граф ци́клов, loop graph; гамильто́нов цикл, Hamiltonian circuit
цикли́ческий, *adj.*, cyclic; цикли́ческий ранг, cycle rank
цикли́чность, *f.*, cyclicity
циклово́й, *adj.*, cycle
цикло́ида, *f.*, cycloid
циклоида́льный, *adj.*, cycloidal, cycloid
цикло́идный, *adj.*, cycloidal, cycloid
циклони́ческий, *adj.*, cyclonic
циклотоми́ческий, *adj.*, cyclotomic
циклотро́н, *m.*, cyclotron
циклотро́нный, *adj.*, cyclotron
цили́ндр, *m.*, cylinder, drum
цилиндри́ческий, *adj.*, cylindrical, cylinder, tube, tubular; цилиндри́ческая о́бласть, tube domain
цилиндро́ид, *m.*, cylindroid
циркули́ровать, *v.*, circulate
циркули́рующий, *adj.*, circulating
ци́ркуль, *m.*, compasses, dividers
циркуля́нтный, *adj.*, circulant; циркуля́нтная ма́трица, circulant matrix
циркуля́р, *m.*, circular
циркуля́рный, *adj.*, circular, circulation, rotational
циркуля́ция, *f.*, circulation, gyration
циссо́ида, *f.*, cissoid
циссоида́льный, *adj.*, cissoidal
цита́та, *f.*, quotation, citation
цити́рование, *n.*, citing, quoting
цити́рованный, *adj.*, cited; цити́рованная литерату́ра, bibliography, list of references
цити́ровать, *v.*, cite, quote
ци́фра, *f.*, figure, number, digit, cipher
ци́фро-, *prefix*, digital-; ци́фро-ана́логовое преобразова́ние, digital-analog conversion
цифрово́й, *adj.*, digital, numerical; цифрова́я маши́на, digital computer
цо́коль, *m.*, base, basis, foundation, socle
Цорн, *p.n.*, Zorn

Ч ч

ч., *abbrev.* (час; часть; что; числó)
час, *m.*, hour
часовóй, *adj.*, clock, watch, pertaining to clock; часовáя стрéлка, hourhand, hand of a clock; по часовóй стрéлке, clockwise; прóтив часовóй стрéлки, counterclockwise
частúца, *f.*, particle, part, fraction, grain
частúчно, *adv.*, partially, partly; частúчно упорядоченное мнóжество, partially ordered set, poset; частúчно упорядоченный, partially ordered
частúчно-рекурсúвный, *adj.*, partially recursive, partial recursive
частúчно-целочúсленный, *adj.*, mixed-integer (*computing*)
частúчный, *adj.*, partial
чáстно, *adv.*, partially
чáстно-дифференциáльный, *adj.*, partial differential; чáстно-дифференциáльное пóле, partial differential field
чáстное, *n.*, quotient, fraction; пóле чáстных, field of fractions; кольцó чáстных, ring of quotients
чáстность, *f.*, detail, particularity; в чáстности, in particular, specifically
чáстный, *adj.*, partial, individual, particular, special, private; чáстная производная, partial derivative; уравнéние в чáстных производных, partial differential equation; чáстное решéние, particular solution; чáстный слýчай, special case; чáстное значéние, particular value; чáстное распределéние, marginal distribution
чáсто, *adv.*, often, frequently
частотá, *f.*, frequency, frequency ratio
частотноизбирáтельный, *adj.*, frequency selective; частотноизбирáтельная схéма, frequency selective network
частóтный, *adj.*, frequency; частóтная интерпретáция, frequency interpretation; частóтная óбласть, frequency domain
частотогрáмма, *f.*, periodogram
чáстый, *adj.*, frequent, rapid
часть, *f.*, part, side (*of an equation or inequality*), share, portion, component; прáвая часть, right (hand) side; лéвая часть, left (hand) side; по частям, partially, by parts, in parts; интегрúровать по частям, integrate by parts; бóльшей чáстью, usually, for the most part, most of the time; по бóльшей чáсти, mostly, for the most part; часть грáфа, subgraph; часть прямóй, line segment
чáстью, *adv.*, partly; *see also* часть
частям (*see* часть); интегрúровать по частям, integrate by parts
часы́, *pl.*, clock, watch; hours
чáша, *f.*, cup, bowl
чáще, *adv.* (*comparative or superlative of* чáсто, чáстый), more often, more frequently, more rapidly; чáще всегó, most commonly, most often
Чебышёв, *p.n.*, Chebyshev (*pronounced* Chebyshëv)
чебышéвский, *adj.*, Chebyshev
Чéва, *p.n.*, Ceva
чéвиана, *f.*, Cevian, Ceva line; чéвиана треугóльника, Cevian of a triangle
чегó; *gen. of* что, (of) which, (of) what; пóсле чегó, after which
Чезáро, *p.n.*, Cesàro
чезáровский, *adj.*, Cesàro
чей (чья, чьё, чьи), *pron.*, whose, of which
чекáнить, *v.*, stamp, hammer, mint
человéческий, *adj.*, human
чем, *conj.*, than, rather than, instead; *pron.* (*see* что); чем..., тем, the more ..., the more
чередовáние, *n.*, alternation, interchange, rotation
чередовáть, *v.*, alternate
чередовáться, *v.*, alternate
чередýющийся, *adj.*, alternating
чéрез, *prep.*, across, over, through, by, by means of, via
черепáха, *f.*, scoop, shell, tortoise, turtle
чересчýр, *adv.*, too, excessively
чернотá, *f.*, blackness, dark

чёрный, *adj.*, black; чёрное тéло, black body; излучéние чёрного тéла, blackbody radiation
черт., *abbrev.* (чертёж), figure, fig.
чертá, *f.*, line, stroke, streak, feature, bar (*over a letter*); в основны́х чертáх, mainly, in the main; в óбщих чертáх, roughly, generally, in a general way; проводи́ть черту́ (мéжду), *v.*, distinguish (between); оперáция с чертóй, stroke-operation; чертá свéрху, over-line, over-bar, bar
чертёж, *m.*, drawing, figure, diagram, draft
чертёжный, *adj.*, drawing; чертёжная доскá, drawing board
черти́ть, *v.*, draw, sketch, trace, describe
чёрточка, *f.*, little line, hyphen
черчéние, *n.*, drawing, designing
Чесéльский, *p.n.*, Ciesielski
чёт, *m.*, even number, even; чёт и нéчет, odd and even
четвёрка, *f.*, four (set of four), quadruple
четвернóй, *adj.*, fourfold; четвернáя гру́ппа Клéйна, Klein's four group
четверти́чный, *adj.*, quaternary
четвертнóй, *adj.*, one-fourth, quarter
четвёртый, *ord. num.*, fourth; четвёртая гру́ппа, four-group
чéтверть, *f.*, one fourth, a quarter, phase (*of the moon*); чéтверть кру́га, quadrant
чéтверть-конéц, *m.*, quarter-end
чёткий, *adj.*, clear, precise, accurate
чёткость, *f.*, clearness, accuracy
чётность, *f.*, parity, property of being even, evenness; вну́тренняя чётность, intrinsic parity
чётный, *adj.*, even
четы́ре, *num.*, four
четы́режды, *adv.*, four times, fourfold
четырёх-, *prefix*, four-, tetra-, quadri-
четырёхáдресный, *adj.*, four-address
четырёхверши́нник, *m.*, quadrangle, quadrilateral
четырёхгрáнник, *m.*, tetrahedron
четырёхгрáнный, *adj.*, tetrahedral
четырёхлепесткóвый, *adj.*, four-leaved, four-leafed; четырёхлепесткóвая рóза, four-leaved rose
четырёхли́стный, *adj.*, four-sheeted
четырёхмéрный, *adj.*, four-dimensional
четырёхпóлюсник, *m.*, quadripole, four-terminal network, four-pole network
четырёхря́дный, *adj.*, four-row
четырёхсторóнний, *adj.*, quadrilateral, four-sided
четырёхсторóнник, *m.*, quadrilateral
четырёхугóльник, *m.*, quadrangle
четырёхугóльный, *adj.*, quadrangular
Чех, *p.n.*, Čech
чечеви́ца, *f.*, lens, lentil
Чжэнь шэн-шэнь (*or* Черн *or* Чжэнь), *p.n.*, S. S. Chern
чин, *m.*, rank, grade
Чи́ни, *p.n.*, Cheney
чип, *m.*, chip
ЧИП, *abbrev.* (чи́стое исчислéние предикáтов), pure predicate calculus
чи́сла-близнецы́, *pl.*, number-twins, prime twins
чи́сленно, *adv.*, numerically
чи́сленность, *f.*, number, quantity, strength, size, count
чи́сленный, *adj.*, numerical
числи́тель, *m.*, numerator
числи́тельное, *n.*, numeral, number; коли́чественное числи́тельное, cardinal (number); поря́дковое числи́тельное, ordinal (number)
чи́слить, *v.*, count
числó, *n.*, number, quantity, integer, date; натурáльное числó, positive integer, natural number; без числá, countless, innumerable; числó Бéтти, Betti number; числó измерéний, dimension; числó степенéй свобóды, number of degrees of freedom; в том числé, among them, including; десяти́чное числó, decimal; числó разря́дов, register length; числó клáссов, class number; трансфини́тное числó, transfinite ordinal
числовóй, *adj.*, numerical, number; числовáя прямáя, number line, number axis, real axis; числовáя ши́на, number bus, number transfer bus; числовáя отмéтка, numerical label, index
чи́сто, *adv.*, purely, clearly; чи́сто мни́мый, *adj.*, pure imaginary; чи́сто

коренна́я квадрати́чная фо́рма, primitive quadratic form, properly primitive quadratic form
чи́стый, *adj.*, pure, proper, clear, clean; ни́жняя чи́стая цена́, lower pure value; ве́рхняя чи́стая цена́, upper pure value; чи́стая страте́гия, pure strategy; чи́стый вес, net weight; чи́стый спино́р, simple (*or* pure) spinor
чита́тель, *m.*, reader
чита́ть (прочита́тть), *v.*, read, scan
ч. и т. д., *abbrev.* (что и тре́бовалось доказа́ть), Q.E.D.
член, *m.*, member, term; element, component; член пропо́рции, proportional, term of a proportion; сре́дний член, mean (proportional)
члени́ть, *v.*, divide into parts, articulate
чле́нство, *n.*, membership
Чо́у (*or* Чжо́у), *p.n.*, Chow
крева́тый, *adj.*, accompanied (*by*), fraught (*with*)
чрезвыча́йно, *adv.*, especially, exceedingly, very, extraordinarily
чрезвыча́йный, *adj.*, extraordinary, extreme
чрезме́рный, *adj.*, extreme, excessive
чте́ние, *n.*, reading, scanning; частота́ чте́ния, scan frequency
что, *pron.* (*pronounced* што), what, that; *conj.*, that, how, why; так, что, so that; для того́, что́бы, in order that, in order to, so that; что не, lest, in order not (to); вот что, the following; с чего́ бы, why; что-то, something; что́-нибудь, something; что... что, whether... or; что каса́ется, concerning, as to; что и тре́бовалось доказа́ть (ч. и т. д.), Q.E.D.; есть не что ино́е как, is none other than, is nothing but
что́бы, *conj.*, that, in order that, in order to; вме́сто того́ что́бы, instead of
что́-либо, *pron.*, anything
что́-нибудь, *pron.*, anything
чувстви́тельность, *f.*, sensitivity, perceptibility, quick response
чувстви́тельный, *adj.*, sensitive, quick-response
чу́вство, *n.*, sense, feeling
чу́вствовать, *v.*, feel, experience
чу́ждый, *adj.*, alien, strange, extraneous
чужо́й, *adj.*, strange, another's
ч.у.м., *abbrev.* (части́чно упоря́доченное мно́жество), partially ordered set, poset
чуть, *adv.*, scarcely, hardly, just a little, slightly; чуть не, almost nearly; чуть то́лько, as soon as; чуть-чу́ть, almost, hardly
чью (*accus. of* чья), whose, of which
чья (*from* чей), whose, of which

Ш ш

ша́бер, *m.*, scraper
шабло́н, *m.*, mold, pattern, model
шаг, *m.*, pitch, step, pace; шаг винта́, pitch of a screw; шаг за ша́гом, step by step; шаг се́тки, mesh width; шаг инду́кции, inductive step, step of induction
ша́говый, *adj.*, step, step-type
ша́йба, *f.*, washer
Шаль, *p.n.*, Chasles
шанс, *m.*, chance
ша́пка, *f.*, cap
ша́почка, *f.*, cap, cap of a surface
шар, *m.*, ball, solid sphere; земно́й шар, terrestrial globe; возду́шный шар, balloon
Ша́рек, *p.n.*, Szarek
ша́рик, *m.*, marble, small ball, bead, globule
шарикоподши́пник, *m.*, ball-bearing
шарни́р, *m.*, hinge, joint
шарни́рно, *adv.*, freely (*in mechanics*)
шарови́дность, *f.*, sphericity
шарови́дный, *adj.*, spherical
шарово́й, *adj.*, spherical, globular; шарова́я фу́нкция, solid spherical harmonic; шарова́я то́чка, umbilical point
шарообра́зный, *adj.*, sphere-shaped, spherical
шасси́, *n.*, chassis, under-carriage
шату́н, *m.*, connecting-rod
Ша́удер, *p.n.*, Schauder
Шварц, *p.n.*, Schwarz; Schwartz; ле́мма Шва́рца, Schwarz's lemma; распределе́ния Шва́рца, Schwartz distribution
швейца́рский, *adj.*, Swiss
Шевалле́, *p.n.*, Chevalley; присоединённая гру́ппа Шевалле́, adjoint Chevalley group
шевеле́ние, *n.*, perturbation
шевели́ть (пошевели́ть), *v.*, move
Шёенберг, *p.n.*, Schoenberg
ше́йка, *f.*, neck, collar, pin, pivot
шёл (*past tense of* идти́), *v.*, went
Шёлин, *p.n.*, Sjolin
Ше́ннон, *p.n.*, Shannon
шенно́новский, *adj.*, Shannon
Шёнфельд, *p.n.*, Schonefeld *or* Schoenfeld
Шёнфлис, *p.n.*, Schoenflies
Ше́пли, *p.n.*, Shapley; ве́ктор Ше́пли, Shapley value
шерохова́тость, *f.*, roughness, coarseness
шерохова́тый, *adj.*, rough, course
шерсть, *f.*, wool
шестерёнка, *f.*, gear, pinion, drive gear
шестёрка, *f.*, the six, sextuple
шестерня́, *f.*, gear, pinion; веду́щая шестерня́, drive gear; кони́ческая шестерня́, bevel gear
ше́стеро, *n.*, six, group of six
шести́, *prefix*, six-, hex-
шестигра́нник, *m.*, hexahedron
шестигра́нный, *adj.*, hexahedral
шестидесятири́чный, *adj.*, sexagesimal, to the base 60
шестикра́тный, *adj.*, sextuple, six-fold
шестиме́рный, *adj.*, six-dimensional
шестисторо́нний, *adj.*, having six sides, six-sided
шестиуго́льник, *m.*, hexagon
шестиуго́льный, *adj.*, hexagonal
шестнадцатири́чный, *adj.*, sextodecimo; hexadecimal (*computing*)
шесто́й, *ord. num.*, sixth
шесть, *num.*, six
ши́на, *f.*, tire, bus (*computers*); ши́на переда́чи чи́сел, number transfer bus
Шип, *p.n.*, Shipp
ши́ре (*compar. of* широ́кий), *adj.*, wider, broader
ширина́, *f.*, width, breadth, range; ширина́ полосы́, band width
широ́кий, *adj.*, wide, broad, extensive; в широ́ком смы́сле сло́ва, in the broad sense of the word, in a loose sense; широ́кая тополо́гия, vague topology
широко́, *adv.*, widely, in a broad fashion
широкополо́сный, *adj.*, wide-band, broad-band; широкополо́сный

квадрати́чный усили́тель, wide-band square-law amplifier

широта́, *f.*, width, breadth, latitude, range; семи-интерквартильная широта́, semi-interquartile range; широта́ распределе́ния, range of a distribution; широта́ вы́борки, range, range of the sample

ширь, *f.*, extent, expanse, open space; во всю ширь, to its full extent

шить (сшить), *v.*, sew

шифр, *m.*, cipher, code

шкала́, *f.*, scale, unit

шка́льный, *adj.*, scale

шкаф, *m.*, cabinet, case

шкив, *m.*, pulley, sheave

Шлёмильх, *p.n.*, Schlömilch

Шле́фли, *p.n.*, Schläfli

шлифо́вка, *f.*, polishing, grinding

Шна́йдер, *p.n.*, Schneider

шнур, *m.*, cord

шов, *m.*, seam, joint, junction

Шоке́, *p.n.*, Choquet

Шо́ттки, *p.n.*, Schottky

шпе́хтовость, *f.*, Specht property

шпунт, *m.*, groove, slot, channel

шпур, *m.*, spur, trace

Шрёдер, *p.n.*, Schröder

шрёдингеров, *adj.*, Schrödinger

шре́йеров, *adj.*, Schreier

шрифт, *m.*, print, type; курси́вный шрифт, italics, italic type

штамп, *m.*, stamp, punch, die, plate

штампо́вка, *f.*, stamping, punching

шта́рковский, *adj.*, Stark; шта́рковская эне́ргия, Stark energy; шта́рковский эффе́кт, Stark effect

штат, *m.*, state, staff, establishment

Шта́удт, *p.n.*, Staudt

Ште́йнгаус, *p.n.*, Steinhaus

Ште́йнер, *p.n.*, Steiner

ште́псель, *m.*, plug, switch

ште́псельный, *adj.*, plug, switch

Штёрмер, *p.n.*, Størmer

Штольц, *p.n.*, Stolz

штраф, *m.*, penalty, fine; ме́тод штра́фа, penalization method

штрафно́й, *adj.*, penalty; штрафна́я фу́нкция, penalty function; штрафна́я зада́ча, penalized problem

штрафова́ть (оштрафова́ть), *v.*, penalize, fine

штрих, *m.*, prime, accent, stroke, dash

штрихова́ть, *v.*, shade, hatch

штрихово́й, *adj.*, dashed (*line*)

штрихпункти́рный, *adj.*, dot-and-dash

Шту́ди, *p.n.*, Study

шту́ка, *f.*, piece, thing

Штурм, *p.n.*, Sturm

шту́чный, *adj.*, piece; шту́чная рабо́та, piece-work

штырёк, *m.*, pin, nail, dowel

Шу́берт, *p.n.*, Schubert

шум, *m.*, noise; теплово́й шум, shot noise; бе́лый шум, white noise

шу́мный, *adj.*, noisy

шунт, *m.*, shunt, by-pass

шунти́ровать, *v.*, by-pass, shunt

шунти́рующий, *adj.*, shunt; шунти́рующая ёмкость, shunt capacitance

Шур, *p.n.*, Schur

Шу́тен, *p.n.*, Schouten

Щ щ

щель, *f.*, aperture, gap, crack
щётка, *f.*, brush; счи́тывающая щётка, reading brush
щёточный, *adj.*, brush
щит, *m.*, board, shield, guard; центра́льный щит прибо́ров, central control board; распредели́тельный щит, distributing board
щуп, *m.*, feeler, prober, test rod
щу́пать (пощу́пать), *v.*, feel, touch, probe

Э э

э. в., *abbrev.* (электро́нвольт), *m.*, electron-volt
эвалюа́ция, *f.* (*compare* ваилюа́ция), evaluation
ЭВМ, *abbrev.* (электро́нная вычисли́тельная маши́на), computer
эвольве́нта, *f.*, evolvent, involute
эвольве́нтный, *adj.*, evolvent, evolute
эволю́та, *f.*, evolute
эволюциони́ровать, *v.*, evolve
эволюцио́нный, *adj.*, evolutionary
эволю́ция, *f.*, evolution
эвристи́чески, *adv.*, heuristically
эвристи́ческий, *adj.*, heuristic
эвтекти́ческий, *adj.*, eutectic; эвтекти́ческая температу́ра, eutectic temperature
Эйзенштейн, *p.n.*, Eisenstein
эйзенште́йнов, *adj.*, Eisenstein
эйкона́л, *m.*, eikonal
Э́йленберг, *p.n.*, Eilenberg
Э́йлер, *p.n.*, Euler; углы́ Э́йлера, Euler angles
э́йлеров (э́йлерововский), *adj.*, Euler, Eulerian; э́йлеров граф, Eulerian graph
эйнште́йновн, *adj.*, Einstein, Einsteinian
Э́йри, *p.n.*, Airy
эква́тор, *m.*, equator
экваториа́льный, *adj.*, equatorial
эквациона́льно, *adv.*, equationally
эквациона́льный, *adj.*, equational
эквиангармони́ческий, *adj.*, equianharmonic
эквиангармони́чность, *f.*, equianharmonicity
эквиареа́льный, *adj.*, equiareal
эквиаффи́нный, *adj.*, equiaffine
эквивале́нт, *m.*, equivalent
эквивале́нтность, *f.*, equivalence; отноше́ние эквивале́нтности, equivalence relation
эквивале́нтный, *adj.*, equivalent
эквивариа́нтный, *adj.*, equivariant
эквидиста́нта, *f.*, equidistant curve
эквидиста́нтность, *f.*, equidistance
эквидиста́нтный, *adj.*, equidistant
эквиparти́ция, *f.*, equipartition
эквиполле́нтность, *f.*, equipollency
эквиполле́нтный, *adj.*, equipollent
эквипотенциа́льный, *adj.*, equipotential
эквипроекти́вный, *adj.*, equiprojective
эквиусто́йчивость, *f.*, equistability
эквихорда́льный, *adj.*, equichordal
эквицентроаффи́нный, *adj.*, equicentroaffine
экза́мен, *m.*, examination
экзаменацио́нный, *adj.*, examination
экземпля́р, *m.*, copy, specimen, sample
экзистенциали́зм, *m.*, existentialism
экзистенциа́льный, *adj.*, existential
экзоти́ческий, *adj.*, exotic
экзоэнергети́ческий, *adj.*, exoenergy
экзоэрги́ческий, *adj.*, exoergic
экипа́ж, *m.*, vehicle, crew
экли́птика, *f.*, ecliptic
эклипти́ческий, *adj.*, ecliptic
эколо́гия, *f.*, ecology
эконоМе́трика, *f.*, econometrics
эконометри́ческий, *adj.*, econometric
экономиза́ция, *f.*, economization
эконо́мика, *f.*, economics
эконо́мить, *v.*, economize
экономи́ческий, *adj.*, economic
эконо́мия, *f.*, economy
экра́н, *m.*, screen, shield, barrier
экрани́рование, *n.*, screening, shielding, insulation, screening effect
экрани́ровать, *v.*, shield, screen
экраниро́вка, *f.*, shielding, screening
эксковариа́нтный, *adj.*, excovariant
экссконтравариа́нтный, *adj.*, excontravariant
экску́рс, *m.*, excursus, digression
экспериме́нт, *m.*, experiment, test, trial
эксперимента́льно, *adv.*, experimentally
эксперимента́льный, *adj.*, experimental
эксперимента́тор, *m.*, experimenter, experimentalist
эксперименти́рование, *n.*, experimentation
эксперименти́ровать, *v.*, experiment
экспе́рт, *m.*, expert

экспертѝза, *f.*, expert opinion, consultation, examination
эксплуата́ция, *f.*, exploitation, operation
экспозѝция, *f.*, exposure, exposition
экспоне́нт, *m.*, exponent, index
экспоне́нта, *f.*, exponential curve, exponential; полино́м из экспоне́нт, exponential polynomial; ряд из экспоне́нт, exponential series
экспоненциа́л, *m.*, exponential
экспоненциа́льно, *adv.*, exponentially
экспоненциа́льный, *adj.*, exponential
экспонѝрование, *n.*, exposure, exhibition
э́кспорт, *m.*, export, exportation
экспорта́ция, *f.*, exportation
экстенсѝвно, *adv.*, extensionally, extensively
экстенсѝвный, *adj.*, extensive, extensional
экстенсиона́льность, *f.*, extensionality
экстенсиона́льный, *adj.*, extensional
экстéнсия, *f.*, extension
экстѝнкция, *f.*, extinction
экстраполѝрование, *n.*, extrapolation
экстраполѝрованный, *adj.*, extrapolated
экстраполѝровать, *v.*, extrapolate
экстраполѝрующий, *adj.*, extrapolating
экстраполяцио́нный, *adj.*, extrapolational
экстраполя́ция, *f.*, extrapolation
экстрема́ль, *f.*, extremal, extremum
экстрема́льно, *adv.*, extremally; экстрема́льно несвя́зный, extremally disconnected
экстрема́льность, *f.*, extremality
экстрема́льный, *adj.*, extreme, extremal, optimal
экстремиза́ция, *f.*, extremalization
экстре́мум, *m.*, extremum; то́чка экстре́мума, extremum, extreme point
эксцентриситéт, *m.*, eccentricity
эксцентрѝческий, *adj.*, eccentric, off center
эксцентрѝчность, *f.*, eccentricity
эксцентрѝчный, *adj.*, eccentric, eccentricity
эксцéсс, *m.*, kurtosis, excess, flatness
эл, *num.*, eleven (*in the duodecimal system*)
эла́ция, *f.*, elation
эластѝчность, *f.*, elasticity
эластѝчный, *adj.*, elastic, flexible
элега́нтность, *f.*, elegance
элега́нтный, *adj.*, elegant
электрѝческий, *adj.*, electric
электрѝчество, *n.*, electricity
электроакустѝческий, *adj.*, electroacoustical
электрова́куумный, *adj.*, electrovacuum
электрогидродинамѝческий, *adj.*, electro-hydrodynamical
электрогравитацио́нный, *adj.*, electro-gravitational
электро́д, *m.*, electrode
электродвѝжущий, *adj.*, electromotive
электродина́мика, *f.*, electrodynamics
электрокалорѝческий, *adj.*, electrocaloric, electrothermal
электролѝт, *m.*, electrolyte
электролитѝческий, *adj.*, electrolytic
электромагнѝт, *m.*, electromagnet
электромагнѝтный, *adj.*, electromagnetic
электро́н, *m.*, electron
электро́нвольт, *m.*, electron volt
электро́ника, *f.*, electronics
электро́нно-лучево́й, *adj.*, electron-emitting, electron; электро́нно-лучева́я тру́бка, electron tube, Williams tube
электро́нно-оптѝческий, *adj.*, electron-optical
электро́нно-позитро́нный, *adj.*, electron-positron
электро́нный, *adj.*, electronic, electron; электро́нная о́птика, electron optics
электроо́птика, *f.*, electro-optics
электрооптѝческий, *adj.*, electro-optic, electro-optical
электропереда́ча, *f.*, transmission, electrotransmission
электропрово́дность, *f.*, electric conductivity, conductivity, electrical conduction
электропроводя́щий, *adj.*, electrically conducting
электроско́п, *m.*, electroscope
электросопротивлéние, *n.*, resistivity, electrical resistivity
электроста́тика, *f.*, electrostatics
электростатѝческий, *adj.*, electrostatic

электроте́хника, *f.*, electrical engineering
элеме́нт, *m.*, element, cell, unit; элеме́нт запре́та, inhibit circuit
элемента́рно-геометри́ческий, *adj.*, elementary geometric
элемента́рность, *f.*, elementary character, simplicity
элемента́рный, *adj.*, elementary, primary
элеме́нтный, *adj.*, element
элеро́н, *m.*, aileron, flap
элимина́ция, *f.*, elimination
элимини́рование, *n.*, elimination
элимини́рованный, *adj.*, eliminated
элимини́ровать, *v.*, eliminate
элимини́руемость, *f.*, eliminability
элимини́руемый, *adj.*, eliminable, removable, eliminated
элимини́рующий, *adj.*, eliminating
э́ллипс, *m.*, ellipse; э́ллипс рассе́яния, ellipse of concentration, concentration ellipse
эллипсо́ид, *m.*, ellipsoid; эллипсо́ид рассе́яния, ellipsoid of concentration; эллипсо́ид ине́рции, moment ellipsoid, ellipsoid of inertia
эллипсоида́льный, *adj.*, ellipsoidal
элли́птико-гиперболи́ческий, *adj.*, elliptic-hyperbolic
эллипти́ческий, *adj.*, elliptic
эмбрио́н, *m.*, embryo
эмбриона́льный, *adj.*, embryonic; эмбриона́льное разви́тие, embryonic growth
эмиссио́нный, *adj.*, emissive, emission
эми́ссия, *f.*, emission
эми́ттер, *m.*, emitter, sender
эми́ттерный, *adj.*, emitter, emitting
эмпири́зм, *m.*, empiricism
эмпири́ческий, *adj.*, empirical
эму́льсия, *f.*, emulsion
эндоерги́ческий, *adj.*, endoergic
эндоморфи́зм, *m.*, endomorphism
эндомо́рфный, *adj.*, endomorphic
эндоморфо́з, *m.*, endomorphism
эндоморфо́зный, *adj.*, endomorphic
эндотерми́ческий, *adj.*, endothermal, endothermic
эндоэнергети́ческий, *adj.*, endoenergy
эндоэрги́ческий, *adj.*, endoergic
энергети́ческий, *adj.*, power, energy, energetic
энерги́чный, *adj.*, energetic
эне́ргия, *f.*, energy
Эно́, *p.n.*, Hénon
энта́льпия, *f.*, enthalpy
энтропи́йный, *adj.*, entropy
энтропи́ческий, *adj.*, entropic, entropy
энтропи́я, *f.*, entropy
энцефалографи́ческий, *adj.*, encephalographic
энциклопеди́ческий, *adj.*, encyclopedic
энэ́др, *m.*, *n*-hedral, *n*-hedron
эо́лов, *adj.*, aeolian, eolian
эпиде́мия, *f.*, epidemic
эпиде́рма, *f.*, epidermis, skin, hull
эпиморфи́зм, *m.*, epimorphism
эпимо́рфный, *adj.*, epimorphic, surjective
эпице́нтр, *m.*, epicenter
эпицентри́ческий, *adj.*, epicentric
эпици́кл, *m.*, epicycle
эпицикли́ческий, *adj.*, epicyclic
эпицикло́ида, *f.*, epicycloid
эпициклоида́льный, *adj.*, epicycloidal
эпо́ха, *f.*, epoch, age, era
э́псилон-энтропи́я, *f.*, epsilon entropy
эпю́ра, *f.* (эпю́р, *m.*), diagram, curve
э́ра, *f.*, era
Эратосфе́н, *p.n.*, Eratosthenes
Эрбра́н, *p.n.*, Herbrand
эрг, *m.*, erg
эргати́ческий, *adj.*, ergatic, man-machine
эргоди́ческий, *adj.*, ergodic
эргоди́чность, *f.*, ergodicity
эргоно́мика, *f.*, ergonomics, human factors engineering
Э́рдеи, *p.n.*, Erdélyi
Э́рдёш *or* **Э́рдеш**, *p.n.*, Erdős
Эрми́т, *p.n.*, Hermite
эрми́тов, *adj.*, Hermite, Hermitian
эрми́тово-, *prefix*, Hermitian-
эрми́тово-кососимметри́ческий, *adj.*, skew-Hermitian
эрми́тово-симметри́ческий, *adj.*, Hermitian-symmetric
эрми́товый, *adj.*, Hermite, Hermitian
эрсте́д, *m.*, oersted (magnetic unit)
эскала́торный, *adj.*, escalator; эскала́торный ме́тод, escalator method

эски́з, *m.*, sketch, outline, study
эски́зный, *adj.*, sketch, sketchy
экстéнзор, *m.*, extensor
э́та, *pron., f.*, this, that
эталóн, *m.*, standard (of measure)
эталони́ровать, *v.*, standardize
эталóнный, *adj.*, standard
эта́льный, *adj.*, étale
эта́п, *m.*, stage, step
э́ти (*see* э́тот), *pl.*, these
э́тим (*see* э́тот), by this, to these; с э́тим, with this
э́тими (*see* э́тот), by these; с э́тими, with these; с э́тими же свóйствамие, with the same properties
э́тих (*see* э́тот), these, of these
э́то, *pron., n.*, this, that
э́тот, *pron., m.* (э́та, *f.*; э́то, *n.*), this, that, the; с э́той цéлью, to this end; по э́тому пóводу, in this connection
этю́д, *m.*, study, sketch, exercise
эфемери́да, *f.*, ephemeris
эфемери́дный, *adj.*, ephemeris, ephemeral
эфемéрный, *adj.*, ephemeral
эффéкт, *m.*, effect, result, impact, consequences
эффекти́вно, *adv.*, effectively, efficiently
эффективно-откры́тый, *adj.*, effectively open
эффекти́вность, *f.*, effetiveness, efficiency
эффекти́вный, *adj.*, effective, efficient, efficiency, explicit; сла́бо (строго) эффекти́вный, weakly (strongly) efficient
эффéктор, *m.*, effector
эффeрéнтный, *adj.*, efferent; проводи́мость эфферéнтной ча́сти, conduction on the efferent side
эшелóн, *m.*, echelon, echelon grating; пропуска́ющий эшелóн, transmission echelon; отража́тельный эшелóн, reflection echelon

Ю ю

ю́бка, *f.*, skirt, shell, cup
юг, *m.*, south; ю́го-восто́к, *m.*, southeast; ю́го-за́пад, *m.*, southwest
южне́е, *adv.*, to the south, southward
ю́жный, *adj.*, south, southern
Юнг, *p.n.*, Young, Jung, Joung
Юпи́тер, *m.*, Jupiter (*planet*)
юрисди́кция, *f.*, jurisdiction
юри́ст, *m.*, lawyer, jurist

Я я

я, *pron.*, I, myself
яви́ться (*perf. of* явля́ться), *v.*, emerge, appear
явле́ние, *n.*, appearance, occurrence, phenomenon, emergence; явле́ние Ги́ббса, Gibbs phenomenon; явле́ние захва́та (захва́тывания), hunting phenomenon
явля́ется (*from* явля́ться), *v.*, is (*with pred. in instr. case*)
явля́ть (яви́ть), *v.*, show, be
явля́ться (яви́ться), *v.*, be; appear, emerge, be revealed
явля́ются (*from* явля́ться), *v.*, are (*with pred. in instr. case*)
явля́ющийся, *adj.*, being, which is, appearing, emerging
я́вно, *adv.*, explicitly, evidently, obviously; it is evident, it is clear
я́вный, *adj.*, explicit, evident, clear; я́вный вид, explicit form
я́вствовать, *v.*, appear, follow, be clear, be obvious
я́дерно-вы́пуклый, *adj.*, nuclear-convex
я́дерный, *adj.*, nuclear, kernel; я́дерный опера́тор, operator of trace class; я́дерная оце́нка пло́тности, kernel density estimate
ядро́, *n.*, kernel, nucleus, main body, core, null-space, salient; откры́тое ядро́, interior (*of a set*); группово́е ядро́, group germ; S-ядро́, core; N-ядро́, nucleolus; K-ядро́, kernel; ядро подгруппы, core of subgroup; S-ядро́, s-ядро́, core (*of a game*)
язы́к, *m.*, language, tongue; язы́к программи́рования, programming language
языкове́дение, *n.*, linguistics
языкозна́ние, *n.*, linguistics
язычо́к, *m.*, small clapper, reel; bolt (*of a lock*)
яйцеобра́зный, *adj.*, egg-shaped, oviform, oval
Яко́би, *p.n.*, Jacobi
якобиа́н, *m.*, Jacobian
яко́биев, *adj.*, Jacobian
я́кобы, *particle*, as though, as if, supposedly, ostensibly
я́корь, *m.*, anchor
я́ма, *f.*, hole, depression, well; возду́шная я́ма, air pocket
янгиа́н, *m.*, Yang algebra
янта́рный, *adj.*, amber
янта́рь, *m.*, amber
япо́нский, *adj.*, Japanese
ярд, *m.*, yard
я́ркий, *adj.*, bright, intense
я́рко, *adv.*, brightly, brilliantly
я́ркость, *f.*, brightness, brilliance, luminosity, intensity
ярлы́к, *m.*, tag, label; прикле́ивание ярлы́ков, tagging
ярлычо́к, *m.*, label, tag
я́рус, *m.*, stratum, layer, deck
я́сно, *adv.*, clearly, distinctly, explicitly; *short form of* я́сный; я́сно, что, it is clear that; как это зара́нее я́сно, as is already clear
я́сность, *f.*, clearness, lucidity, explicitness
я́сный, *adj.*, clear, distinct, explicit
яче́ечный, *adj.*, cell-like, cell, cellular, tesseral
яче́истый, *adj.*, cellular, cell
яче́йка, *f.*, nucleus, cell, tessera, mesh; ячейка па́мяти, storage location (*computers*)
ячейкообра́зный, *adj.*, cellular, cellulated, tesseral
я́щик, *m.*, box

For Reference
Not to be taken from this room